2026 NEW 개정판

한국산업인력공단 출제 기준에 따른 수험서!
이 책을 보는 순간 합격할 수 있다!!

합격을 위한
필수 **지침서**

위험물 기능장 기출문제집

필기

핵심이론 + 10개년 기출문제

최신 개정법과 기준 및 고시 등을 반영한 내용
꼭 필요한 핵심이론을 체계적으로 정리

주기율표 (PERIODIC TABLE)

족\주기	1A 알칼리 금속원소	2A 알칼리 토금속원소	3A	4A	5A	6A	7A	8 철족 원소(위 3) 백금족 원소(아래 67H)			1B 구리족 원소	2B 아연족 원소	3B 붕소족 원소	4B 탄소족 원소	5B 질소족 원소	6B 산소족 원소	7B 할로겐족 원소	0 비활성 기체
1	1.00797 1 **H** 1 수소																	4.0096 0 **He** 1 헬륨
2	6.939 1 **Li** 3 리튬	9.0122 2 **Be** 4 베릴륨											10.811 3 **B** 5 붕소	12.0115 ±2 ±4 **C** 6 탄소	14.0067 ±3 **N** 7 질소	15.9994 −2 **O** 8 산소	18.9984 −1 **F** 9 플루오르	20.179 0 **Ne** 10 네온
3	22.9898 1 **Na** 11 나트륨	24.312 2 **Mg** 12 마그네슘											26.9815 3 **Al** 13 알루미늄	28.086 3 **Si** 14 규소	30.9738 ±3 4 **P** 15 인	32.064 −2 4 6 **S** 16 황	35.453 −1 5 7 **Cl** 17 염소	39.948 0 **Ar** 18 아르곤
4	39.098 1 **K** 19 칼륨	40.08 2 **Ca** 20 칼슘	44.956 3 **Sc** 21 스칸듐	47.90 3 4 **Ti** 22 티탄	50.942 3 4 5 **V** 23 바나듐	51.996 2 3 6 **Cr** 24 크롬	54.9380 2 3 4 6 7 **Mn** 25 망간	55.847 2 3 **Fe** 26 철	58.9332 2 3 **Co** 27 코발트	58.70 2 3 **Ni** 28 니켈	63.546 2 **Cu** 29 구리	65.38 2 **Zn** 30 아연	69.72 3 **Ga** 31 갈륨	72.59 2 3 **Ge** 32 게르마늄	74.9216 ±3 5 **As** 33 비소	78.96 −2 4 6 **Se** 34 셀렌	79.904 −1 5 7 **Br** 35 브롬	83.80 0 **Kr** 36 크립톤
5	85.47 1 **Rb** 37 루비듐	87.62 2 **Sr** 38 스트론튬	88.905 3 **Y** 39 이트륨	91.22 4 **Zr** 40 지르코늄	92.906 5 **Nb** 41 나이오브	95.94 5 6 **Mo** 42 몰리브덴	[97] 6 7 **Tc** 43 테크네튬	101.07 3 **Ru** 44 루테늄	102.905 4 **Rh** 45 로듐	106.4 2 4 **Pd** 46 팔라듐	107.868 1 **Ag** 47 은	112.40 2 **Cd** 48 카드뮴	114.82 3 **In** 49 인듐	118.69 2 4 **Sn** 50 주석	121.75 ±3 5 **Sb** 51 안티몬	127.60 −2 4 6 **Te** 52 텔루르	126.9044 −1 5 7 **I** 53 요오드	131.30 0 **Xe** 54 크세논
6	132.905 1 **Cs** 55 세슘	137.34 2 **Ba** 56 바륨	★ 57~71 란탄계열	178.49 4 **Hf** 72 하프늄	180.948 5 **Ta** 73 탈륨	183.85 6 **W** 74 텅스텐	186.2 6 **Re** 75 레늄	190.2 3 **Os** 76 오스뮴	192.2 3 4 **Ir** 77 이리듐	195.09 2 4 **Pt** 78 백금	196.967 1 3 **Au** 79 금	200.59 1 2 **Hg** 80 수은	204.37 1 3 **Tl** 81 탈륨	207.19 2 4 **Pb** 82 납	208.980 3 5 **Bi** 83 비스무트	[209] 2 4 **Po** 84 폴로늄	[210] 1 3 5 7 **At** 85 아스타틴	[222] 0 **Rn** 86 라돈
7	[223] 1 **Fr** 87 프랑슘	[226] 2 **Ra** 88 라듐	● 89~ 악티늄계열															

원자량 → 55,847   2 → 원자가(고딕자는 보다 안정한 원자가)
원소기호 → **Fe** 3
원자번호 → 26
원소명 → 철

금속 원소
비금속 원소
전이 원소, 나머지는 전형 원소
[ ] 안의 원자량은 가장 안정한 동위체의 질량수

★ 란탄계열

	138.91 3 **La** 57 란탄	140.12 3 4 **Ce** 58 세륨	140.907 3 **Pr** 59 프라세오디뮴	144.24 3 **Nd** 60 네오디뮴	[145] 3 **Pm** 61 프로메튬	150.35 2 3 **Sm** 62 사마륨	151.96 2 3 **Eu** 63 유로퓸	157.25 3 **Gd** 64 가돌리늄	158.925 3 4 **Tb** 65 테르븀	162.50 3 **Dy** 66 디스프로슘	164.930 3 **Ho** 67 홀뮴	167.26 3 **Er** 68 에르븀	168.934 3 **Tm** 69 툴륨	173.04 2 3 **Yb** 70 이테르븀	174.97 3 **Lu** 71 루테튬

● 악티늄계열

	[227] 3 **Ac** 89 악티늄	232.038 4 **Th** 90 토륨	[231] 4 5 **Pa** 91 프로트악티늄	238.03 3 4 5 6 **U** 92 우라늄	[237] 3 4 5 6 **Np** 93 넵투늄	[244] 3 4 5 6 **Pu** 94 플루토늄	[243] 3 4 5 6 **Am** 95 아메리슘	[247] 3 **Cm** 96 퀴륨	[247] 3 4 **Bk** 97 버클륨	[251] 3 4 **Cf** 98 칼리포르늄	[254] 3 **Es** 99 아인시타이늄	[257] 3 **Fm** 100 페르뮴	[258] 3 **Md** 101 멘델레븀	[259] 2 3 **No** 102 노벨륨	[260] 3 **Lr** 103 로렌슘

머리말

오늘날 우리는 급속도로 변화하는 산업사회에 살고 있다. 이러한 경제 성장과 함께 중화학 공업도 급진적으로 발전하면서 여기에 사용되는 위험물의 종류도 다양해지고, 이에 따른 안전사고도 증가함으로써 많은 인명 손실과 재산상의 피해가 늘고 있는 설정이다.

이러한 시대적 요청에 따라 위험물 취급자의 수요는 더욱 증가하리라 생각하여 위험물을 취급하고자 하는 관계자들에게 조금이나마 도움이 되길 바라는 마음으로 이 책을 출간하게 되었다. 그러나 복잡한 생활 속에서 시간적인 여유가 없을뿐더러 짧은 시간에 위험물 취급에 대한 전반적인 지식을 습득하기에는 많은 어려움이 있을 것이다.

이에 따라 그동안 강단에서의 오랜 강의 경험과 틈틈이 준비하였던 자료와 현장실무 경험을 바탕으로 책으로 펴내게 되었다. 따라서, 위험물 산업기사 수험생과 산업 현장에서 실무에 종하사시는 산업역군들에게 조그마한 도움이 되었으면 저자로서는 다행이라고 생각이 되며, 미흡한 점을 수정 보완하여 판이 거듭될 때마다 완벽한 기술도서가 될 수 있도록 노력할 것을 약속하면서 끝으로 본서의 출간을 위해 온갖 정성을 기울여 주신 도서출판 북엠 사장님과 편집부 직원 여러분들에게 감사의 뜻을 표한다.

저자 씀

학습가이드

1. 직무 분야 : 화학·위험물
2. 자격 종목 : 위험물기능장
3. 검정 방법 : 객관식(60문항, 시험시간 : 1시간)
4. 직무 내용

위험물의 저장·취급 및 운반과 이에 따른 안전관리와 제조소등의 설계·시공·점검을 수행하고, 현장 위험물 안전관리에 종사하는 자 등을 지도·감독하며, 화재 등의 재난이 발생한 경우 응급조치 등의 총괄 업무를 수행하는 직무이다.

5. 출제 기준(적용 기간 : 2025. 01. 01 ~ 2028. 12. 31)

필기 과목명	출제 문제수	주요항목	세부항목	세세항목
화재이론, 위험물의 제조소 등의 위험물안전관리 및 공업경영에 관한 사항	60	1. 화재이론 및 유체역학	1. 화학의 이해	1. 물질의 상태 2. 물질의 성질과 화학 반응 3. 화학의 기초 법칙 4. 무기화합물의 특성 5. 유기화합물의 특성 6. 화학반응식을 이용한 계산
			2. 유체역학의 이해	1. 유체 기초이론 2. 배관 이송설비 3. 펌프 이송설비 4. 유체 계측
		2. 위험물의 성질 및 취급	1. 위험물의 연소 특성	1. 위험물의 연소이론 2. 위험물의 연소형태 3. 위험물의 연소과정 4. 위험물의 연소생성물 5. 위험물의 화재 및 폭발에 관한 현상 6. 위험물의 인화점, 발화점, 가스분석 등의 측정법 7. 위험물의 열분해 계산
			2. 위험물의 유별 성질 및 취급	1. 제1류 위험물의 성질, 저장 및 취급 2. 제2류 위험물의 성질, 저장 및 취급 3. 제3류 위험물의 성질, 저장 및 취급 4. 제4류 위험물의 성질, 저장 및 취급 5. 제5류 위험물의 성질, 저장 및 취급 6. 제6류 위험물의 성질, 저장 및 취급
			3. 소화원리 및 소화약제	1. 화재종류 및 소화이론 2. 소화약제의 종류, 특성과 저장 관리

필기 과목명	출제 문제수	주요항목	세부항목	세세항목
화재이론, 위험물의 제조소 등의 위험물안전관리 및 공업경영에 관한 사항	60	3. 시설기준	1. 제조소등의 위치구조설비기준	1. 제조소의 위치구조설비 기준 2. 옥내저장소의 위치구조설비 기준 3. 옥외탱크저장소의 위치구조설비 기준 4. 옥내탱크저장소의 위치구조설비 기준 5. 지하탱크저장소의 위치구조설비 기준 6. 간이탱크저장소의 위치구조설비 기준 7. 이동탱크저장소의 위치구조설비 기준 8. 옥외저장소의 위치구조설비 기준 9. 암반탱크저장소의 위치구조설비 기준 10. 주유취급소의 위치구조설비 기준 11. 판매취급소의 위치구조설비 기준 12. 이송취급소의 위치구조설비 기준 13. 일반취급소의 위치구조설비 기준
			2. 제조소등의 소화설비, 경보·피난 설비기준	1. 제조소등의 소화난이도등급 및 그에 따른 소화설비 2. 위험물의 성질에 따른 소화설비의 적응성 3. 소요단위 및 능력단위 산정법 4. 옥내소화전설비의 설치기준 5. 옥외소화전설비의 설치기준 6. 스프링클러설비의 설치기준 7. 물분무소화설비의 설치기준 8. 포소화설비의 설치기준 9. 불활성가스소화설비의 설치기준 10. 할로젠화합물소화설비의 설치기준 11. 분말소화설비의 설치기준 12. 수동식소화기의 설치기준 13. 경보설비의 설치 기준 14. 피난설비의 설치기준
		4. 위험물안전관리	1. 사고대응	1. 소화설비의 작동원리 및 작동방법 2. 위험물 누출 등 사고 시 대응조치
			2. 예방규정	1. 안전관리자의 책무 2. 예방규정 관련 사항 3. 제조소등의 점검방법

학습가이드

필기 과목명	출제 문제수	주요항목	세부항목	세세항목
화재이론, 위험물의 제조소 등의 위험물안전관리 및 공업경영에 관한 사항	60	4. 위험물안전관리	3. 제조소등의 저장취급 기준	1. 제조소의 저장·취급 기준 2. 옥내저장소의 저장·취급 기준 3. 옥외탱크저장소의 저장·취급 기준 4. 옥내탱크저장소의 저장·취급 기준 5. 지하탱크저장소의 저장·취급 기준 6. 간이탱크저장소의 저장·취급 기준 7. 이동탱크저장소의 저장·취급 기준 8. 옥외저장소의 저장·취급 기준 9. 암반탱크저장소의 저장·취급 기준 10. 주유취급소의 저장·취급 기준 11. 판매취급소의 저장·취급 기준 12. 이송취급소의 저장·취급 기준 13. 일반취급소의 저장·취급 기준 14. 공통기준 15. 유별 저장취급 기준
			4. 위험물의 운송 및 운반기준	1. 위험물의 운송기준 2. 위험물의 운반기준 3. 국제기준에 관한 사항
			5. 위험물사고예방	1. 위험물 화재 시 인체 및 환경에 미치는 영향 2. 위험물 취급 부주의에 대한 예방대책 3. 화재 예방 대책 4. 위험성평가 기법 5. 위험물 누출 등 사고 시 안전 대책 6. 위험물 안전관리자의 업무 등의 실무사항 사항
		5. 위험물안전관리법 행정사항	1. 제조소등 설치 및 후속절차	1. 제조소등 허가 2. 제조소등 완공검사 3. 탱크안전성능검사 4. 제조소등 지위승계 5. 제조소등 용도폐지
			2. 행정처분	1. 제조소등 사용정지, 허가취소 2. 과징금처분

필기 과목명	출제 문제수	주요항목	세부항목	세세항목
화재이론, 위험물의 제조소 등의 위험물안전관리 및 공업경영에 관한 사항	60	5. 위험물안전관리법 행정사항	3. 정기점검 및 정기검사	1. 정기점검 2. 정기검사
			4. 행정감독	1. 출입·검사 2. 각종 행정명령 3. 벌금 및 과태료
		6. 공업 경영	1. 품질관리	1. 통계적 방법의 기초 2. 샘플링 검사 3. 관리도
			2. 생산관리	1. 생산계획 2. 생산통계
			3. 작업관리	1. 작업방법연구 2. 작업시간연구
			4. 기타 공업경영에 관한 사항	1. 기타 공업경영에 관한 사항

6. 응시 자격 요건

1. 산업기사 등급 이상의 자격을 취득한 후 응시하려는 종목이 속하는 동일 또는 유사 직무분야에서 5년 이상 실무에 종사한 사람
2. 기능사 자격을 취득한 후 응시하려는 종목이 속하는 동일 또는 유사 직무분야에서 7년 이상 실무에 종사한 사람
3. 응시하려는 종목이 속하는 동일 및 유사 직무분야에서 9년 이상 실무에 종사한 사람
4. 응시하려는 종목이 속하는 동일 및 유사 직무분야의 다른 종목의 기능장 등급의 자격을 취득한 사람

차례

PART 01 과목별 핵심이론

제1과목 일반화학 · 13
- 01 물질의 상태와 구조 · 14
- 02 원자 구조 및 화학 결합 · 22
- 03 유기 화합물 · 30

제2과목 유체역학 · 31
- 01 유체 기초이론 · 32
- 02 배관 이송설비 · 35
- 03 펌프 이송설비 · 36
- 04 유체계측 · 38

제3과목 위험물의 연소 특성 · 41
- 01 화재예방 · 42
- 02 소화 방법 · 46
- 03 소방 시설 · 54
- 04 능력 단위 및 소요 단위 · 60

제4과목 안전관리 · 63
- 01 위험물 사고예방 · 64

제5과목 위험물의 성질과 취급 · 67
- 01 제1류 위험물 · 68
- 02 제2류 위험물 · 75
- 03 제3류 위험물 · 79
- 04 제4류 위험물 · 84

05 제5류 위험물 ··· 92
06 제6류 위험물 ··· 96

제6과목 공업경영 ··· 99
01 통계적 방법의 기초 ··· 100
02 샘플링검사 ·· 103
03 관리도 ·· 105
04 생산계획 ·· 107
05 생산통제 ·· 111
06 작업관리 ·· 113
07 기타 공업경영에 관한 사항 ··· 114

제7과목 위험물안전관리법 ··· 119
01 총 칙 ·· 120
02 위험물의 취급 기준 ··· 124
03 위험물 시설의 구분 ··· 129
04 위험물 취급소 구분 ··· 141
05 제조소등의 소방시설 적용기준 ··· 144
06 제조소등의 소방시설 기준 ··· 148
07 위험물 운송 시에 준수하는 기준 ··· 151
08 위험물 제조소 등의 소방시설 일반점검표 ··· 152

PART 02 과년도 기출문제

• 과년도 기출문제 ·· 153

PART 01

제1과목 **일반화학**

01 물질의 상태와 구조

1. 원자에 관한 법칙

① 질량 불변(보전)의 법칙

화학 변화에서 그 변화의 전후에서 반응에 참여한 물질의 질량 종합은 일정 불변이다.

- 예) $C + O_2 \rightarrow CO_2$
  [12g + 32g = 44g]

② 일정 성분비(정비례)의 법칙

순수한 화합물에서 성분 원소의 중량비는 항상 일정하다.

- 예) $2H_2 + O_2 \rightarrow 2H_2O$
  [4g : 32g] 즉, 물을 구성하는 수소(H_2)와 산소(O_2)의 질량비는 항상 1 : 8이다.

> **예제**
> 64g의 산소와 8g의 수소를 혼합하여 반응시켰을때 몇 g의 물이 생성되는가?
>
> **풀이** 일정 성분비의 법칙
> $2H_2 + O_2 \rightarrow 2H_2O$
> 4g 32g 36g
> 8g 64g x(g)
> $\therefore x = \dfrac{64 \times 36}{32} = 72g$
>
> **정답** 72g

③ 배수 비례의 법칙

두 가지 원소가 두 가지 이상의 화합물을 만들 때, 한 원소의 일정 중량에 대하여 결합하는 다른 원소의 중량 간에는 항상 간단한 정수비가 성립된다.

- 예) 배수 비례의 법칙이 성립되는 경우
  CO와 CO_2, H_2O와 H_2O_2, SO_2와 SO_3, NO와 NO_2, $FeCl_2$와 $FeCl_3$ 등

2. 분자에 관한 법칙

① 기체 반응의 법칙

화학 반응을 하는 물질이 기체일 때 반응 물질과 생성 물질의 부피 사이에는 간단한 정수비가 성립된다.

예 $2H_2 + O_2 \longrightarrow 2H_2O$
     2부피 1부피   2부피

즉, 소수 20mL와 10mL를 반응시키면 수증기 20mL가 얻어진다. 따라서 이들 기체의 부피 사이에는 간단한 정수비 2 : 1 : 2가 성립된다.

예제

1.5L의 메탄을 완전히 태우는 데 필요한 산소의 부피 및 연소의 결과로 생기는 이산화탄소의 부피는?

풀이 $CH_4 + 2O_2 \longrightarrow CO_2 + 2H_2O$
       1.5L   2 × 1.5L   1.5L

① 산소의 부피 : 2 × 1.5L = 3L
② 이산화탄소의 부피 : 1.5L

정답 산소 3L, 이산화탄소 1.5L

② 아보가드로의 법칙

온도와 압력이 일정하면 모든 기체 1mole이 차지하는 부피는 표준 상태(0℃, 1기압)에서 22.4L이며, 그 속에는 6.02×10^{23}개의 분자가 들어 있다.

예제

3.65kg의 염화수소 등에는 HCl 분자가 몇 개 있는가?

풀이 HCl의 분자량은 36.5g이다. 1mole속에는 6.02×10^{23}개의 분자가 존재한다.

HCl 3.65kg의 mole수는 $\dfrac{3.65 \times 10^3 g}{36.5 g}$ = 100mole이다.

1mole : 6.02×10^{23} = 100mole : x
∴ $x = 6.02 \times 10^{23} \times 100 = 6.02 \times 10^{25}$개

정답 6.02×10^{25}개

3. 화학식

① 실험식(조성식)

물질의 조성을 원소 기호로서 간단하게 표시한 식

예 NaCl

> **예제**
>
> 1. 유기 화합물을 질량 분석한 결과 C 84%, H 16%의 결과를 얻었다. 이 물질의 실험식은?
>
> **풀이** $C : H = \dfrac{84}{12} : \dfrac{16}{1} = 7 : 16$
>
> **정답** C_7H_{16}

> **예제**
>
> 2. 탄소, 산소, 수소로 되어 있는 유기물 8mg을 태워서 CO_2 15.40mg, H_2O 9.18mg을 얻었다. 이 실험식은?
>
> **풀이** ① 각 원소의 함량을 구한다.
>
> C의 양 = CO_2의 양 × $\dfrac{C의 양}{CO_2의 분자량}$ = $15.40 × \dfrac{12}{44}$ = 4.2
>
> H의 양 = H_2O의 양 × $\dfrac{2H의 양}{H_2O의 분자량}$ = $9.18 × \dfrac{2}{18}$ = 1.02
>
> O의 양 = 8 − (4.2 + 1.02) = 2.78
>
> ② 각 원소의 원소수 비를 구한다.
>
> $C : H : O = \dfrac{4.2}{12} : \dfrac{1.02}{1} : \dfrac{2.78}{16} = 2 : 6 : 1$ ∴ 실험식 = C_2H_6O
>
> **정답** C_2H_6O

② 분자식

분자를 구성하는 원자의 종류와 그 수를 나타낸 식. 즉, 조성식에 양수를 곱한 식

$$분자식 = 실험식 × n$$

여기서, n : 양수

> **예제**
>
> 어떤 화합물을 분석한 결과 질량비가 탄소 54.55%, 수소 9.10%, 산소 36.35%이고, 이 화합물 1g은 표준상태에서 0.17L라면 이 화합물의 분자식은?
>
> **풀이** 질량비가 C : 54.55%, H : 9.1%, O : 36.35%이므로, 몰수비로 바꾸어 보면
>
> $\dfrac{54.55}{12} : \dfrac{9.1}{1} : \dfrac{36.35}{16} = 4.546 : 9.1 : 2.270$이다.
>
> 간단한 정수 비로 나타내면 2 : 4 : 1이고, 따라서 실험식은 C_2H_4O이다.
>
> $1g : 0.17ℓ = x : 22.4ℓ$
>
> $x = \dfrac{1 × 22.4}{0.17} = 131.76g$
>
> $131.76 = 44 × n$, $n = 3$
>
> ∴ 분자식 = 실험식 × n
>
> $C_6H_{12}O_3 = C_2H_4O × 3$
>
> **정답** $C_6H_{12}O_3$

③ 시성식

분자식 속에 원자단(라디칼) 등의 결합 상태를 나타낸 식으로서, 물질의 성질을 나타낸 것

④ 구조식

분자 내의 원자의 결합 상태를 원소 기호와 결합식을 이용하여 표시한 식

4. 기체에 관한 법칙

① 보일의 법칙(Boyle's law)

일정한 온도에서 기체가 차지하는 부피는 압력에 반비례한다.

$$PV = P_1V_1$$

예제

30L 용기에 산소를 넣어 압력이 150기압으로 되었다. 이 용기의 산소를 온도 변화없이 동일한 조건에서 40L의 용기에 넣었다면 압력은 얼마로 되는가?

풀이 보일의 법칙 : $PV = P_1V_1$, $P_1 = \dfrac{PV}{V_1} = \dfrac{150 \times 30}{40} = 112.5\text{atm}$

정답 112.5atm

② 샤를의 법칙(Charles's law)

압력이 일정할 때 기체의 부피는 절대 온도에 비례한다.

$$\frac{V}{T} = \frac{V_1}{T_1}$$

예제

273℃에서 기체의 부피가 2L이다. 같은 압력에서 0℃일 때의 부피는 몇 L인가?

풀이 샤를의 법칙 : $\dfrac{V}{T} = \dfrac{V_1}{T_1}$, $\dfrac{2}{(273+273)} = \dfrac{V_1}{(0+273)}$

$V_1 = \dfrac{2 \times (0+273)}{(273+273)}$ ∴ $V_1 = 1\text{L}$

정답 1L

③ 보일-샤를의 법칙(Boyle – Charles's law)

일정량의 기체가 차지하는 부피는 압력에 반비례하고 절대 온도에 비례한다.

$$\frac{PV}{T} = \frac{P_1V_1}{T_1}$$

예제

0℃, 5기압의 산소 10L를 100℃, 2기압으로 하였을 때 부피는 몇 L가 되는가?

풀이 보일 – 샤를의 법칙 : $\dfrac{PV}{T} = \dfrac{P_1 V_1}{T_1}$

$\dfrac{5 \times 10}{(0+273)} = \dfrac{2 \times V_1}{(100+273)}$, $V_1 = \dfrac{5 \times 10 \times (100+273)}{2 \times (0+273)} = 31L$

정답 31L

④ 이상 기체의 상태 방정식

　㉠ 이상 기체 : 분자 상호 간의 인력을 무시하고 분자 자체의 부피가 전체 부피에 비해 너무 적어서 무시될 때의 기체, 보일 – 샤를의 법칙을 완전히 따르는 기체

　㉡ 이상 기체 상태 방정식 : 보일 – 샤를의 법칙에 아보가드로의 법칙을 대입시킨 것으로서, 표준 상태(0℃, 1기압)에서 기체 1mole이 차지하는 부피는 22.4L이며,

$\dfrac{PV}{T} = \dfrac{1\text{atm} \times 22.4L}{(273+0)K} = 0.082 \text{atm} \cdot L/K \cdot \text{mole} = R(\text{기체 상수})$

$\therefore PV = nRT \left(n = \dfrac{W(\text{무게})}{M(\text{분자량})} \right)$

예제

1. 산소 32g과 메탄 32g을 20℃에서 30L의 용기에 혼합하였을 때 이 혼합기체가 나타내는 압력은 약 몇 atm인가? (단, R = 0.082atm · L/mole · K이며, 이상 기체로 가정한다.)

풀이 $PV = nRT$, $P = \dfrac{nRT}{V}$, $\dfrac{3 \times 0.082 \times (20+273)}{30} = 2.4\text{atm}$

여기서 $n = \dfrac{\text{무게}}{\text{분자량}}$, $\dfrac{32g}{32g} + \dfrac{32g}{16g} = 3\text{mol}$

정답 2.4atm

예제

2. 물분무소화에 사용된 20℃의 물 2g이 완전히 기화되어 100℃의 수증기가 되었다면 흡수된 열량과 수증기 발생량은 약 얼마인가?(단, 기압을 기준으로 한다.)

풀이 ㉠ $Q_1 = Gc\Delta t = 2 \times 1 \times (100-20) = 160\text{cal}$

　　㉡ $Q_2 = Gr = 2 \times 539 = 1078\text{cal}$

　　　$\therefore Q_t = Q_1 + Q_2 = 160 + 1078 = 1238\text{cal}$

　　㉢ $PV = nRT$, $V = \dfrac{nRT}{P}$

　　　$= \dfrac{2/18 \times 0.082 \times (273+100)}{1} = 3.4L = 3{,}400\text{mL}$

정답 1238cal, 3,400mL

⑤ 그레이엄(Graham)의 기체 확산 속도 법칙

일정한 온도에서 기체의 확산 속도는 그 기체 밀도(분자량)의 제곱근에 반비례한다. 즉, A기체의 확산 속도를 u_1 그 분자량을 M_1, 밀도를 d_1이라 하고, B기체의 확산 속도를 u_2 그 분자량을 M_2, 밀도를 d_2라고 하면,

$$\frac{u_1}{u_2} = \sqrt{\frac{M_2}{M_1}} = \sqrt{\frac{d_2}{d_1}}$$

예제

어떤 기체의 확산속도가 SO_2의 4배일 때 이 기체의 분자량을 추정하면 얼마인가?

풀이 $\frac{u_A}{u_B} = \sqrt{\frac{M_B}{M_A}}$

$\frac{u_A}{u_{SO_2}} = \sqrt{\frac{M_{SO_2}}{M_A}} = \sqrt{\frac{64}{M_A}} = 4$

$\frac{64}{M_A} = 16, \ M_A = 4$

정답 4

5. 열역학

① **세기성질** : 어떤 물질의 양에 관계없이 일정한 성질

　예 녹는점, 밀도, 인화점, 압력, 온도, 농도, 비점, 색 등

② **크기성질** : 계의 크기에 비례하는 계의 양

　예 부피, 질량, 열용량 등

6. 용액과 용해도

① **정의**

두 종류의 순물질이 균일 상태에 섞여 있는 것으로서 용매(녹이는 물질)와 용질(녹는 물질)로 이루어진 것을 용액이라 한다.

　예 설탕물(용액) = 설탕(용질) + 물(용매)

② **용액의 분류**

　㉠ 포화 용액 : 일정한 온도, 압력하에서 일정량의 용매에 용질이 최대한 녹아 있는 용액

　㉡ 불포화 용액 : 용질이 더 녹을 수 있는 상태의 용액

　㉢ 과포화 용액 : 용질이 한도 이상으로 녹아 있는 용액

③ **용해도**

일정한 온도에서 용매 100g에 녹을 수 있는 용질의 최대 g수

$$\text{용해도} = \frac{\text{용질의 g수}}{\text{용매의 g수}} \times 100$$

예제

40℃에서 어떤 물질은 그 포화 용액 84g 속에 24g 녹아 있다. 이 온도에서 이 물질의 용해도는?

풀이 용해도 = $\dfrac{\text{용질의 g수}}{\text{용액의 g수} - \text{용질의 g수}} = \dfrac{24}{84-24} \times 100 = 40$

정답 40

참고

헨리(Henry)의 법칙

일정 온도에서 일정량의 용매에 용해하는 그 기체의 질량은 압력에 정비례한다. 그러나 보일의 법칙에 따라 기체의 부피는 압력에 반비례하므로 결국, 녹아 있는 기체의 부피는 압력에 관계없이 일정하다. 또한, 헨리의 법칙은 용해도가 큰 기체에는 잘 적용되지 않는다.

1. 적용되는 기체(물에 대한 용해도가 작다.)
   - 예) CH_4, CO_2, H_2, O_2, N_2 등
2. 적용되지 않는 기체(물에 대한 용해도가 크다.)
   - 예) HF, HCl, NH_3, H_2S 등

---

7. 용액의 농도

① 중량 백분율(% 농도)

용액 100g 속에 녹아 있는 용질의 g수를 나타낸 농도

$$\% \text{ 농도} = \dfrac{\text{용질의 양(g)}}{\text{용액의 양(g)}} \times 100$$

예제

물 100g에 10g의 소금이 용해되어 있다. 소금물은 몇 % 농도인가?

풀이 % 농도(중량 백분율)

용액 속에 녹아 있는 용질의 양(g수)을 %로 나타낸 농도

∴ 농도 = $\dfrac{\text{용질의 g수}}{\text{용액의 g수}} \times 100 = \dfrac{\text{용질}}{\text{용매}+\text{용질}} \times 100 = \dfrac{10}{100+10} \times 100 = 9.1\%$

정답 9.1%

② 몰 농도(M 농도, mole 농도)

㉠ 용액 1L 속에 녹아 있는 용질의 몰수(용질의 무게/용질의 분자량)를 나타낸 농도

$$M \text{ 농도} = \dfrac{\text{용질의 무게(W)}}{\text{용질의 분자량(M)}} \times \dfrac{1{,}000}{\text{용액의 부피(mL)}}$$

예제

순황산 9.8g을 물에 녹여 전체 부피가 500mL가 되게 한 용액은 몇 M인가?

풀이 $\dfrac{9.8}{98} \times \dfrac{1{,}000}{500} = \dfrac{9.8 \times 1{,}000}{98 \times 500} = 0.2\text{M}$

정답 0.2M

ⓒ 1,000 × 비중 × % ÷ 용질의 분자량

예제

20% HCl(비중 1.10)은 몇 M 농도인가?

풀이 M = 1,000 × 비중 × % ÷ 용질의 분자량
$= 1{,}000 \times 1.10 \times \dfrac{20}{100} \div 36.5 = 6\text{M}$

정답 6M

③ 규정 농도(N 농도, 노르말 농도)
   ㉠ 용액 1L 속에 녹아 있는 용질의 g당량수

$$\text{M 농도} = \dfrac{\text{용질의 무게(W)}}{\text{용질의 분자량(M)}} \times \dfrac{1{,}000}{\text{용액의 부피(mL)}}$$

예제

순황산 9.8g을 물에 녹여 전체 부피가 500mL가 되게 한 용액은 몇 N인가?

풀이 $\dfrac{9.8}{49} \times \dfrac{1{,}000}{500} = \dfrac{9.8 \times 1{,}000}{49 \times 500} = 0.4\text{N}$

정답 0.4N

㉠ 1,000 × 비중 ÷ 용질의 g당량수

예제

비중이 1.84이고 무게농도가 96wt%인 진한황산의 노르말 농도는 약 몇 N인가?(단, 황의 원자량은 32이다.)

풀이 N = 1,000 × 비중 × % ÷ 용질의 g당량수
$= 1{,}000 \times 1.84 \times \dfrac{96}{100} \div 49$
= 36N

정답 36N

④ 라울(Raoult)의 법칙

용해에 용질을 녹일 경우 증기압 강하의 크기는 용액 중에 녹아 있는 용질의 몰분율에 비례한다.

02 원자 구조 및 화학 결합

1. 원자 반지름과 이온 반지름

① 원자 반지름

㉠ 같은 주기에서는 Ⅰ족에서 Ⅶ족으로 갈수록 원자 반지름이 작아진다.

㉡ 같은 족에서는 원자 번호가 증가할수록 원자 반지름이 커진다(전자 껍질이 증가하기 때문이다).

할로겐 원소 중 원자 반지름이 가장 작은 원소는?

 F

② 이온 반지름

㉠ 양이온은 원자로부터 전자를 잃어 이온 반지름이 원자 반지름보다 작아진다.

㉡ 음이온은 전자를 얻어서 전자가 서로 반발함으로써 이온 반지름이 원자 반지름보다 커진다.

2. 이온화 에너지

중성인 원자로부터 전자 1개를 떼어 양이온으로 만드는 데 필요로 하는 최소한의 에너지이다.

① 이온화 에너지는 0족으로 갈수록 증가하고, 같은 족에서는 원자 번호가 증가할수록 작아진다. 즉, 비금속성이 강할수록 이온화 에너지는 증가한다.

② 이온화 에너지가 가장 작은 것은 Ⅰ족 원소인 알칼리 금속이다. 즉, 양이온이 되기 쉽다.

③ 이온화 에너지가 가장 큰 것은 0족 원소인 불활성 원소이다. 즉, 이온이 되기 어렵다.

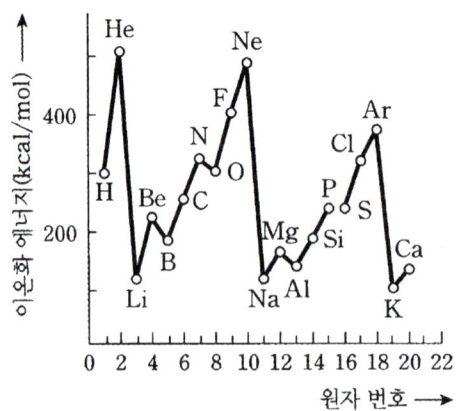

3. 화학 결합

① **이온 결합**

양이온과 음이온의 정전 인력(전기적 인력이 작용하여 쿨롱의 힘)에 의해 결합하는 화학 결합으로 주로 전기 음성도의 차이가 심한(1.7 이상) 금속성이 강한 원소(1A, 2A족)와 비금속성이 강한 원소(6B, 7B족) 간의 결합을 말한다.

　예) $NaCl$, KCl, BeF_2, MgO, CaO 등

② **공유 결합**

전기 음성도가 같은 비금속 단체나 전기 음성도의 차이가 심하지 않은(1.7 이하) 비금속과 비금속 간의 결합을 말한다.

㉠ 극성 공유 결합 : 전기 음성도가 다른 두 원자 사이에 결합

　　예) HF, HCl, NH_3, CH_3COOH, CH_3COCH_3 등

㉡ 비극성 공유 결합 : 전기 음성도가 같거나 비슷한 원자들 사이의 결합

　　예) Cl_2, O_2, F_2, CO_2, BF_3, CCl_4, C_2H_2, C_2H_4, C_2H_6, C_6H_6 등

③ **배위 결합(배위 공유 결합)**

공유할 전자쌍을 한쪽 원자에서만 일방적으로 제공하는 형식의 공유 결합으로 주로 착이온을 형성하는 물질이다.

$$H:\underset{H}{\overset{H}{N}}: + H^+ \longrightarrow \left[H:\underset{H}{\overset{H}{N}}:H \right]^+$$

↳ 비공유 전자쌍

　예) NH_4^+, Cl_2, H_3O^+, SO_4^{2-}, NO_3^-, $Cu(NH_3)_4^+$, $Ag(NH_3)_2^+$ 등

> **참고**
> 공유, 배위 결합을 모두 가지는 화합물 : [NH_4^+]

　예) $N + 3H \xrightarrow{공유} NH_3$, $NH_3 + H^+ \xrightarrow{배위} [NH_4^+]$

④ **금속 결합**

자유전자의 영향으로 높은 전기전도성을 갖는다.

⑤ **수소 결합**

전기 음성도가 매우 큰 F, O, N와 전기 음성도가 작은 H 원자가 공유 결합을 이룰 때 H 원자가 다른 분자 중의 F, O, N에 끌리면서 이루어지는 분자와 분자 사이의 결합이다.

　예) HF, H_2O, NH_3, 4℃의 물이 얼음의 밀도보다 큰 이유

㉠ 전기 음성도의 차이가 클수록 극성이 커지며, 수소 결합이 강해진다.

㉡ 분자 간의 인력이 커져서 같은 족의 다른 수소 화합물보다 비등점이 높고, 증발열도 크다.

　　예) 물(H_2O)의 비등점은 100℃, 산소(O) 원자 대신에 같은 족의 황(S) 원자를 바꾼 황화수소(H_2S)는 분자량이 큼에도 불구하고 비등점이 -61℃이다.

⑥ 반 데르 발스 결합

분자와 분자 사이에 약한 전기적 쌍극자에 의해 생기는 반 데르 발스 힘으로 액체나 고체를 이루는 분자 간의 결합이다.

🔵 아이오딘(I_2), 드라이아이스(CO_2), 나프탈렌, 장뇌 등의 승화성 물질

> **참고**
> 결합력의 세기
> 1. 공유 결합(그물 구조체) > 이온 결합 > 금속 결합 > 수소 결합 > 반 데르 발스 결합
> 2. 공유 결합 : 수소결합 : 반 데르 발스 결합 = 100 : 10 : 1

4. 분자 궤도 함수와 분자 모형

분자 궤도 함수	s 결합	sp 결합	sp^2 결합	sp^3 결합	p^3 결합	p^2 결합	p 결합
분자 모형	구형	직선형	평면 정삼각형	정사면체형	피라미드형	굽은형(V자형)	직선형
결합각	180°	180°	120°	109° 28′	90~93°	90~92°	180°
화합물	H_2	$BeCl_2$ BeF_2 BeH_2 C_2H_2	BF_3 BH_3 C_2H_4 NO_3^-	CH_4 CCl_4 SiH_4 NH_4^+	$PH_3(93.3°)$ $AsH_3(91.8°)$ $SbH_3(91.3°)$ NH_3	$H_2S(92.2°)$ $H_2Se(90.9°)$ $H_2Te(90°)$ H_2O	HF HCl HBr HI

예제

원소의 전자가 p^2 결합을 하는 것은?

풀이 H_2O

정답 H_2O

5. 총열량 불변(에너지 보존)의 법칙(Hess's law)

화학 반응에서 반응전과 반응후의 상태가 결정되면, 반응 경로와 관계없이 반응열의 총량은 일정하다.

🔵 1. $C + O_2 \rightarrow CO_2 + 94.1 kcal : Q$

2. $\begin{cases} C + \dfrac{1}{2}O_2 \rightarrow CO + 26.5 kcal : Q_1 \\ CO + \dfrac{1}{2}O_2 \rightarrow CO_2 + 67.6 kcal : Q_2 \end{cases}$

∴ $Q = Q_1 + Q_2 = 26.5 + 67.6 = 94.1 kcal$

6. 평형 상수(K)

[가역 반응] $aA + bB \underset{V_2}{\overset{V_1}{\rightleftharpoons}} cC + dD$ (a, b, c, d는 계수)

$V_1 = K_1[A]^a[B]^b$, $V_2 = K_2[C]^c[D]^d$, $V_1 = V_2$

$K_1[A]^a[B]^b = K_2[C]^c[D]^d$

$\therefore \dfrac{[C]^c[D]^d}{[A]^a[B]^b} = \dfrac{K_1}{K_2} = K$ (일정) (K : 평형 상수)

예제

25℃에서 다음과 같은 반응이 일어날 때 평형 상태에서 NO_2의 부분압력은 0.15atm이다. 혼합물 중 N_2O_4의 부분압력은 약 몇 atm인가?(단, 압력 평형 상수 Kp는 7.13이다.)

풀이 $2NO_2(g) \rightleftharpoons N_2O_4(g)$

$K = \dfrac{PN_2O_4}{PNO_2^2} = \dfrac{x}{0.15^2} = 7.13$

$x = PN_2O_4 = 0.16\text{atm}$

정답 0.16atm

7. 산화와 환원

① 산화

한 원소가 낮은 산화 상태로부터 전자를 잃어서 보다 높은 산화 상태로 되는 화학 변화

② 환원

한 원소가 높은 산화 상태로부터 전자를 얻어서 보다 낮은 산화 상태로 되는 화학 변화

구 분	산화(oxidation)	환원(reduction)
산소 관계	산소와 결합하는 현상 $C + O_2 \xrightarrow{\text{산화}} CO_2$	산소를 잃는 현상 $CuO + H_2 \xrightarrow{\text{환원}} Cu + H_2O$
수소 관계	수소를 잃는 현상 $2H_2S + O_2 \xrightarrow{\text{산화}} 2S + 2H_2O$	수소와 결합하는 현상 $H_2S + S \xrightarrow{\text{환원}} H_2S$
전자 관계	전자를 잃는 현상 $Na \xrightarrow{\text{산화}} Na^+ + e^-$	전자를 얻는 현상 $Ag^+ + e^- \xrightarrow{\text{환원}} Ag$
산화수 관계	산화수가 증가되는 현상 $Cu^{2+} + O + H_2^0 \xrightarrow[\text{환원}]{\text{산화}} Cu^0 + H_2^+O$	산화수가 감소되는 현상 $H_2S^{2-} + Cl_2^0 \xrightarrow[\text{산화}]{\text{환원}} 2HCl^{1-} + S^0$

> **산화수의 결정법**
>
> 1. 단체의 산화수는 0이다.
> 2. 화합물에서 수소(H)의 산화수는 +1로 한다(단, 수소(H)보다 이온화 경향이 큰 금속과 화합되어 있을 때는 수소(H)의 산화수는 -1이다).
> 3. 화합물에서 산소(O)의 산화수는 -2로 한다(단, 과산화물인 경우 산소는 -1이다).
> 4. 이온의 산화수는 그 이온의 전하와 같다.
> 5. 화합물 중에 포함되어 있는 원자의 산화수의 총합은 0이다.
>   - 예) $HClO_2 \rightarrow 1 + x - 4 = 0$ ∴ Cl의 산화수 = +3
> $H_2SO_4 \rightarrow (+1) \times 2 + S + (-2) \times 4 = 0$ ∴ S의 산화수 = +6
> $KMnO_4 \rightarrow (+1) + Mn + (-2) \times 4 = 0$ ∴ Mn의 산화수 = +7
> 6. 화학 결합이나 반응에서 산화와 환원을 나타내는 척도이다.

예제

$Cl_2 + H_2O \rightarrow HClO + HCl$ 에서 염소 원소는?

정답 Cl_2는 HClO에서 산소와 결합하여 산화되었고, HCl에서 수소를 얻었으므로 환원되었다.

8. 산화제와 환원제

① 산화제

다른 물질을 산화시키는 성질이 강한 물질이며 산화수는 증가한다. 즉 자신은 환원되기 쉬운 물질

㉠ 산소를 내기 쉬운 물질 : H_2O_2, $KClO_3$

㉡ 수소와 결합하기 쉬운 물질 : O_2, Cl_2

㉢ 전자를 받기 쉬운 물질 : MnO_4^-, $Cr_2O_3^{7-}$, 비금속 단체

㉣ 발생기 산소(O)를 내기 쉬운 물질 : O_2, MnO_2, $KMnO_4$, HNO_3, c-H_2SO_4 등

예제

다음 반응에서 과산화수소가 산화제로 작용한 것은?

풀이 $2HI + H_2O_2 \rightarrow I_2 + 2H_2O$
$PbS + 4H_2O_2 \rightarrow PbSO_4 + 4H_2O$

② 환원제

다른 물질을 환원시키는 성질이 강한 물질, 즉 자신은 산화되기 쉬운 물질

㉠ 수소를 내기 쉬운 물질 : H_2S

㉡ 산소와 결합하기 쉬운 물질 : H_2, SO_2

㉢ 전자를 잃기 쉬운 물질 : H_2SO_3, 금속 단체

ⓐ 발생기 수소(H)를 내기 쉬운 물질 : H_2, CO, H_2S, SO_2, $FeSO_4$, 황산제1철 등

예제

다음 반응에서 과산화수소가 환원제로 작용한 것은?

풀이 $MnO_2 + H_2O + H_2SO_4 \rightarrow MnSO_4 + 2H_2O + O_2$

9. 금속의 이온화 경향

카	카	나	마	알	아	쇠	니	주	납	수	구	수	은	백	금
K	Ca	Na	Mg	Al	Zn	Fe	Ni	Sn	Pb	[H]	Cu	Hg	Ag	Pt	Au

← ─── →

1. 이온화 경향이 크다.
2. 양이온이 되기 쉽다.
   (전자를 방출하기 쉽다.)
3. 산화되기 쉽다.

1. 이온화 경향이 작다.
2. 양이온이 되기 어렵다.
   (전자를 방출하기 어렵다.)
3. 환원되기 쉽다.

10. 전기분해

① 소금물(NaCl)의 전기 분해

$NaCl \rightleftharpoons Na^+ + Cl^-$, $H_2O \rightleftharpoons H^+ + OH^-$

(+)극에서의 변화 : $2Cl^- \longrightarrow Cl_2 \uparrow + 2e^-$ (산화)

(−)극에서의 변화 : $2H^+ + 2e^- \longrightarrow H_2 \uparrow$ (환원)

∴ 전체 반응 : $2NaCl + 2H_2O \xrightarrow{\text{전기 분해}} \underset{(-)\text{극}}{2NaOH + H_2 \uparrow} + \underset{(+)\text{극}}{Cl_2 \uparrow}$

예제

소금물을 전기 분해하여 표준상태에서 염소가스 22.4L를 얻으려면 소금 몇 g이 이론적으로 필요한가?(단, 나트륨의 원자량은 23이고, 염소의 원자량은 35.5이다)

풀이 $\underset{117g}{2NaCl} + 2H_2O \xrightarrow{\text{전기 분해}} 2NaOH + H_2 + \underset{22.4L}{Cl_2}$

정답 117g

② 물(H_2O)의 전기 분해

(+)극에서의 변화 : $2OH^- \longrightarrow H_2O + \frac{1}{2}O_2 \uparrow + 2e^-$ (산화)

(−)극에서의 변화 : $2H^+ + 2e^- \longrightarrow H_2 \uparrow$ (환원)

∴ 전체 반응 : $H_2O \xrightarrow{\text{전기 분해}} H_2 + \frac{1}{2}O_2$

예제

1패러데이(Faraday)의 전기량으로 물을 전기 분해하였을 때 생성되는 기체 중 산소 기체는 0℃, 1기압에서 몇 L 인가?

풀이 $H_2O \xrightarrow[1F]{전기 분해} \begin{cases} (+)극 : O_2 \rightarrow 1g당량 생성 : 8g(5.6L) \\ (-)극 : H_2 \rightarrow 1g당량 생성 : 1g(11.2L) \end{cases}$

∴ 5.6L

정답 5.6L

11. 패러데이 법칙

① 제1법칙

같은 물질에 대하여 전기 분해로 전극에서 석출 또는 용해되는 물질의 양은 통한 전기량에 비례한다.

참고

1F(패러데이)

물질 1g당량을 석출하는 데 필요한 전기량[96,500쿨롬, 전자(e^-) 1몰(6.02×10^{23}개)의 전기량]

[1F(96,500C)로 석출(또는 발생)되는 물질의 양]

전해액	전극	(-)극	(+)극
물(NaOH 또는 H_2SO_4 용액)	Pt	H_2 1g(11.2L)	O_2 8g(5.6L)
NaCl 수용액	Pt	NaOH 40g, H_2 1g(11.2L)	Cl_2 35.5g(11.2L)
$CuSO_4$ 수용액	Pt	Cu 31.7g	O_2 8g(5.6L)

12. 산과 염기

① 산, 염기의 학설

학설	산(acid)	염기(base)
아레니우스설	수용액에서 $H^+(H_3O^+)$을 내는 것	수용액에서 OH^-을 내는 것
브뢴스테드설	H^+을 줄 수 있는 것	H^+를 받을 수 있는 것
루이스설	비공유 전자쌍을 받는 물질	비공유 전자쌍을 줄 수 있는 물질

예제

브뢴스테드(J.N. Bronsted)설을 설명하시오.

풀이 H^+을 주는 물질을 산, H^+을 받는 물질을 염기라 한다.

$NH_3 + H_2O \rightleftharpoons NH_4^+ + OH^-$
염기   산   산   염기

② 산, 염기의 구분
　㉠ 산도 : 산 1분자 속에 포함되어 있는 H^+의 수

구분	산	
	강산	약산
1가의 산	HCl, HNO$_3$	CH$_3$COOH
2가의 산	H$_2$SO$_4$	H$_2$CO$_3$, H$_2$S
3가의 산	H$_3$PO$_4$	H$_3$BO$_3$

　㉡ 염기도 : 염기의 1분자 속에 포함되어 있는 OH^-의 수

구분	염기	
	강염기	약염기
1가의 염기	NaOH, KOH	NH$_4$OH
2가의 염기	Ca(OH)$_2$, Ba(OH)$_2$	Mg(OH)$_2$
3가의 염기		Fe(OH)$_3$, Al(OH)$_3$

13. 수소 이온 지수(power of Hydrogen, pH)

① 수소 이온 지수(pH)
　㉠ 수소 이온 지수(pH) : 수소 이온 농도의 역수를 상용대수(log)로 나타낸 값

$$pH = \log \frac{1}{[H^+]} = -\log[H^+]$$

　　∴ pH + pOH = 14

예제

0.4N HCl 500mL에 물을 가해 1L로 하였을 때 pH는 약 얼마인가?

풀이 $NV = N'V'$, $0.4N \times 0.5L = x \times 1L$
　　　$x = 0.2N$
　　　$pH = -\log H^+ = -\log 0.2 = 0.7$

정답 0.7

03 유기 화합물

1. 단백질(protein)

아미노산의 탈수 축합 반응에 의해 펩티드(peptide) 결합(-CO-NH-)으로 된 고분자 물질이다. 또한 펩티드 결합을 갖는 물질을 폴리아미드(poly amide)라 한다.

> **참고**
>
> **단백질의 검출법**
>
> ① 뷰렛(biuret) 반응
>
> 　단백질 용액 + NaOH $\xrightarrow{1\% \ CuSO_4}$ 적자색
>
> ② 크산토프로테인(xanthoprotein) 반응
>
> 　단백질 용액 $\xrightarrow[가열]{HNO_3}$ 노란색 $\xrightarrow{NaOH}$ 오렌지색
>
> ③ 밀론(Millon) 반응
>
> 　단백질 용액 + 밀론 시약[HNO_3 + $Hg(NO_3)_2$] $\xrightarrow{가열}$ 적색
>
> ④ 닌히드린(ninhydrin) 반응
>
> 　단백질 용액 + 1% 닌히드린 용액 ⟶ 끓인 후 냉각 ⟶ 보라색 또는 적자색

제2과목 유체역학

01 유체 기초이론

제2과목 : 유체역학

1. 차원

물리적 현상은 길이(L, Length)・질량(M, Mass)・시간(T, Time)을 기본량으로 하여 나타낼 수 있다. 물리량을 기본량의 조합으로 표현할 수 있을 때 이를 차원이라 한다.

① MLT계

    ㉠ [속도] = $\dfrac{[거리]}{[시간]} = \dfrac{[L]}{[T]} = [LT^{-1}]$

    ㉡ [힘] = [질량] × [가속도] = $[M] \times [LT^{-2}] = [MLT^{-2}]$

    ㉢ MLT계의 질량(M) 대신 힘(F)을 사용하는 공학 단위계이다.

② FLT계

    ㉠ [압력] = $\dfrac{[힘]}{[면적]} = [FL^{-2}]$

    ㉡ [질량] = $\dfrac{[힘]}{[가속도]} = \dfrac{[F]}{[LT^{-2}]} = [FL^{-1}T^{-2}]$

예제

압력의 차원을 질량(M), 길이(L), 시간(T)으로 표시하면?

풀이 $P = \dfrac{W}{A} (kgf/m^2) = FL^{-2} = [MLT^{-2}]L^{-2} = ML^{-1}T^{-2}$

정답 $ML^{-1}T^{-2}$

2. 유체의 밀도

예제

비중 0.8인 유체의 밀도는 몇 kg/m³인가?

풀이 밀도(ρ) = $\rho_w \times s = 1{,}000\,kg/m^3 \times 0.8 = 800\,kg/m^3$

정답 $800\,kg/m^3$

3. 비중량

$$r = Sg\rho_w$$

여기서 r : 비중량, S : 유체의 비중, g : 중력가속도, ρ_w : 4℃ 물의 밀도

4. 유체의 점성(Viscosity)

저항유체가 유동할 때 흐름의 방향에 대하여 마찰전단응력을 유발시켜 주는 성질이다.

① **뉴턴의 점성법칙** : 평행한 두 평판 사이의 접촉면이 벽면으로부터 거리 y만큼 떨어져 있고, 두 평판 사이에 유체가 채워져 있는 경우를 생각한다. 실험에 의하여 평판에 가해진 힘 F는 평판이 유체와 접촉된 면적 A와 속도 u에 비례하고, 두 평판 사이의 거리 y에는 반비례한다.

즉, 마찰력 F는 접촉면적 A와 속도구배 $\dfrac{du}{dy}$에 비례한다.

$F \propto A\dfrac{du}{dy}$ 또는 $\dfrac{F}{A}$를 τ로 하고 비례상수를 μ라 하면, 이 식을 뉴턴의 점성법칙이라 한다.

$$\tau = \frac{F}{A} = \mu\frac{du}{dy}$$

여기서, τ : 전단응력, μ : 점성계수, $\dfrac{du}{dy}$: 속도구배, ν : 동점성계수($\dfrac{\mu}{\rho}$)

> **예제**
> 뉴턴의 점성법칙에서 전단응력을 표현할 때 사용되는 것은?
>
> **정답** 점성계수, 속도구배

② **점도의 단위**

㉠ 점성계수(Coefficient of Viscosity, μ) : 절대점도라고도 하며, 유체를 움직이지 않는 상태에서 측정한 값으로 μ의 단위로 poise를 사용하는데, poise란 g/cm·sec를 말한다.

ⓐ 1poise = 1g/cm·sec(절대단위계) = 0.0102kgf·sec/m^2(공학단위계)

ⓑ 1centi poise = $\dfrac{1}{100}$ poise

㉡ 동점성계수(Kinematic Viscosity, ν : $\nu = \mu/\rho$) : 점성계수를 밀도로 나눈 값이다. 단위는 cm^2/sec와 m^2/sec이며, 일반적으로 stokes를 사용하고 있는데, 1stokes의 크기는 1cm^2/sec이다.

5. 압력의 분류

① **표준대기압(atm)**

1atm = 760mmHg = 1.0332kg/cm^2 = 10.332mAq = 1033.2cmAq = 10,332kg/m^2[mmAq]
  = 14.7psi[lb/in^2] = 1.013bar = 1013.25mbar = 101,325Pa[N/m^2]

② **절대압력(Absolute Pressure, kg/cm^{2}abs)** : 절대진공(완전진공)을 기준으로 하여 측정한 압력을 말한다.

㉠ 절대압력 = 대기압 + 게이지압력

㉡ 절대압력 = 대기압 − 진공압

③ 게이지압력(Gauge Pressure, kg/cm² · g) : 대기압을 기준으로(0kg/cm² · g)하여 측정된 압력으로 압력계에서 지시된다.

> 게이지압력 = 절대압력 - 대기압

④ 진공압력(진공도) : 대기압보다 낮은 압력을 진공 또는 부압(Negative Pressure)이라고 하며, 진공의 정도가 얼마나 깊은가를 게이지압력 단위로 cmHg 진공[또는(inHg 진공)]을 사용한다.

제2과목 : 유체역학

02 배관 이송설비

1. 달시-바이스바하(Darcy-Weisbach)식

수평관 속에 유체가 정상적으로 흐를 때 마찰손실(h)은 다음과 같다.
① 원형 직관 속을 흐르는 유체의 손실수두는 유속의 제곱에 비례한다.

$$h = \frac{P_1 - P_2}{\gamma} = \lambda \frac{l}{d} \cdot \frac{v^2}{2g}$$

여기서, λ : 관마찰계수, d : 관의 내경, γ : 비중량, v : 유체의 유속, g : 중력가속도(9.8m/s^2)

2. 레이놀즈수(Reynold's Number)

관내 유체의 층류와 난류유동을 판별하는 기준

① 레일놀즈수의 물리적 의미 : $\dfrac{\text{관성력}}{\text{점성력}}$

> **예제**
> 지름 5cm인 관 내를 흐르는 유동의 임계 레이놀즈수가 2,000이면 임계유속은 몇 cm/s인가?(단, 유체의 동점성계수 = 0.0131cm²/s)
>
> **풀이** 레이놀즈수(Re) = $\dfrac{DV\rho}{\mu} = \dfrac{DV}{\nu}$
>
> 여기서, D : 관의 내경[m], V : 유속[m/s], ρ : 밀도[kg/m³], μ : 점성계수(점도[kg/m·s]), ν : 동점성계수($\dfrac{\mu}{\rho}$[m²/s])
>
> 문제의 조건에서 $Re = 2,000$, $D = 5\text{cm}$, $\nu = 0.0131\text{cm}^2/\text{s}$
>
> $\therefore V = \dfrac{Re \cdot \nu}{D} = \dfrac{2,000 \times 0.0131\text{cm}^2/\text{s}}{5\text{cm}} = 5.24\text{cm/s}$
>
> **정답** 5.24cm/s

03 펌프 이송설비

1. 펌프

펌프	터보식 펌프	원심펌프	벌류트펌프
			터빈펌프
		사류 펌프	
		축류펌프	
	용적식 펌프	왕복펌프	피스톤펌프
			플런저펌프
			다이어프램펌프
		회전펌프	기어펌프
			나사펌프
			베인펌프
	특수 펌프	재생펌프(마찰펌프, 웨스코펌프)	
		제트펌프	
		기포펌프	
		수격펌프	

2. 상사 법칙

유량, 양정, 축동력은 그 회전 속도가 변화한 경우에는 다음과 같이 비례식이 성립한다.

$$\frac{Q_1}{Q_2} = \frac{N_1}{N_2}$$

$$\frac{H_1}{H_2} = \left(\frac{N_1}{N_2}\right)^2$$

$$\frac{L_1}{L_2} = \left(\frac{N_1}{N_2}\right)^3$$

3. 캐비테이션(Cavitation)

① 정의 : 밀폐된 용기 속에서 물의 증기압이 낮아지면 비점도 낮아지므로 펌프 본체, 내부의 저압부에서 물의 일부가 기화하여 기포가 생성되고 펌프에 큰 기계적 손상을 주는 현상으로 주로 임펠러의 입구에서 발생한다.

② 발생원인
　　㉠ 펌프와 흡수면 사이의 수직거리가 부적당하게 너무 길 때
　　㉡ 펌프에 물이 과속으로 인하여 유량이 증가할 때
　　㉢ 관속을 유동하고 있는 물속의 어느 부분이 고온일수록 포화증기압에 비례해서 상승할 때

③ 발생방지법
　　㉠ 펌프의 회전수를 낮춘다.
　　㉡ 펌프의 위치는 흡수면에 가깝게 한다.
　　㉢ 흡입양정을 작게 한다.
　　㉣ 흡입관의 배관을 간단하게 한다.
　　㉤ 흡입관의 직경을 크게 한다.
　　㉥ 흡입관 내면의 마찰저항을 작게 한다.
　　㉦ 스트레이너의 통수면적이 큰 것을 사용한다.
　　㉧ 규정량 이상의 토출량을 내지 말아야 한다.
　　㉨ 유효 흡입양정을 계산하여 펌프형식, 회전수, 흡입조건을 결정한다.

4. 관 이음

이음 종류	나사이음	용접이음	플랜지이음	유니언이음	턱걸이이음	납땜이음
도시 기호	—+—	—✕—	—‖—	—‖—	—⊂—	—○—

5. 신축이음

① 이음종류

이음 종류	루프형	슬리브형	벨로스형	스위블형
도시 기호	∩	—[ ]—	—〳〵〳〵—	⌐

㉠ 루프형(Loop Type) : 배관의 팽창 또는 수축으로 인한 관, 기구의 파손을 방지하기 위해 관을 곡관으로 만들어 배관 도중에 설치하는 신축이음재이다.
㉡ 슬리브형(Sleeve Type)
㉢ 벨로스형(Bellows Type)
㉣ 스위블형(Swivel Type)

04 유체계측

1. 압력계

① **수은기압계** : 대기압을 측정하여 대기의 절대압력을 측정하는 액주계이다.

② **피에조미터(Piezometer)** : 한 유리관을 용기에 연결하여 세웠을 때 액주계의 액체가 측정하려는 용기 내의 액체와 같을 때 사용하는 것으로, 탱크나 관 속의 작은 유체압을 측정하는 액주계이다.

③ **마노미터(Manometer)**
  U자관 압력계 : U자형의 유리관에 액주(물, 수은 등)를 넣어 만든 압력계이다.

④ **부르동관 압력계** : 측정하는 유체의 압력에 의해 생기는 금속의 탄성변형을 기계식으로 확대지시하여 압력을 측정하는 것

2. 유량계

① **벤투리관(Venturi Tube)** : 압력에너지의 일부를 속도에너지로 변환시켜 유체의 유량을 측정
  ㉠ 유량 : $Q = A_1 V_1 = A_2 V_2 \, (\text{m}^3/\text{s})$

> **예제**
> 소방수조에 물을 채워 직경 4cm의 파이프를 통해 8m/s의 유속으로 흘려 직경 1cm의 노즐을 통해 소화할 때 노즐 끝에서의 유속의 몇 m/s인가?
>
> **풀이** $Q = AV$이므로, $A_1 V_1 = A_2 V_2$에서
> $$V_2 = V_1 \left(\frac{A_1}{A_2}\right) = V_1 \left(\frac{d_1}{d_2}\right)^2 = 8 \times \left(\frac{4}{1}\right)^2 = 128 \text{m/s}$$
>
> **정답** 128m/s

② **피토관(Pitot Tube)**
  ㉠ 관로에 피토관을 삽입하고 전압과 정압의 차인 동압을 측정하여 유속을 구한다.
  ㉡ 피토관은 유체 중의 어느 점에서의 유속, 즉 국부속도를 측정하는 데 이용한다.

③ **오리피스미터(Orifice Meter)** : 흐름 단면적이 감소하면서 속도수가 증가하고 압력수가 감소하며 생기는 압력차를 측정하여 유량을 구하는 기구로서, 제작이 용이하고 비용이 저렴한 장점이 있으나 유체 수송을 위한 소요동력이 증가하는 단점이 있다.

④ **로터미터(Rota Meter)** : 면적식 유량계로서 수직으로 놓인 경사가 완만한 원추모양의 유리관 A 안에 상하운동을 할 수 있는 부자 B가 있고 유체는 관의 하부에서 도입되며, 부자 B는 그 부력과 중력이 균형 잡히는 위치에 서게 되므로 그 위치의 눈금을 읽어 유량을 알 수 있다.

3. 연속방정식(Continuity Equation)

유관을 통하여 정상 상태로 흐르고 임의의 두 단면을 잡아 그 속도, 단면적, 밀도를 각각 V_1, V_2, A_1, A_2, ρ_1, ρ_2라고 할 때 각 단면을 통과하는 단위 시간 당의 질량유동량은 같아야 한다.

$$\rho_1 A_1 V_1 = \rho_2 A_2 V_2$$
$$d(A\rho V) = 0, \; \rho A V = \text{const}$$
$$\frac{dA}{A} + \frac{d\rho}{\rho} + \frac{dV}{V} = 0$$

[연속 방정식]

① 질량유량 : $m = \rho_1 A_1 V_1 = \rho_2 A_2 V_2$

② 중량유량 : $G = \gamma_1 A_1 V_1 = \gamma_2 A_2 V_2$

③ 체적유량 : $Q = A_1 V_1 = A_2 V_2$

예제

1. 직경이 400mm인 관과 300mm인 관이 연결되어있다. 직경 400mm 관에서의 유속이 2m/s라면 300mm 관에서의 유속은 약 몇 m/s인가?

풀이 $Q = A_1 V_1 = A_2 V_2$

$$V_2 = V_1 \left(\frac{A_1}{A_2}\right) = V_1 \left(\frac{d_1}{d_2}\right)^2$$
$$= 2 \left(\frac{400}{300}\right)^2$$
$$= 3.56 \text{m/s}$$

정답 3.56m/s

예제

2. 소방수조에 물을 채워 직경 4cm의 파이프를 통해 8m/s의 유속으로 흘러 직경 1cm의 노즐을 통해 소화할 때 노즐 끝에서의 유속의 몇 m/s인가?

풀이 유속을 구하면

$$U_1 V_1 = U_2 V_2, \; U_2 = \frac{U_1 A_1}{A_2} = \frac{U_1 \times (D_1)^2}{(D_2)^2}$$

$$\therefore U_2 = \frac{U_1 \times (D_1)^2}{(D_2)^2}$$
$$= \frac{8\text{m/s} \times (4)^2}{(1)^2}$$
$$= 128 \text{m/s}$$

정답 128m/s

예제

3. 원형관 속에서 유속 3m/s로 1일 동안 20,000m³의 물을 흐르게 하는데 필요한 관의 내경은 약 몇 mm인가?

풀이) $Q = AV$ 여기서 Q : 유량(m³/s), A : 단면적(m²), V : 유속(m/s)

$$A = \frac{Q}{V} = \frac{20,000\text{m}^3/\text{일}}{3\text{m}/s} = \frac{20,000\text{m}^3/(24 \times 3,600)\text{s}}{3\text{m}/s} = 0.077\text{m}^2$$

$$A = \frac{\pi}{4}D^2 \text{ 여기서 } D : 지름(\text{m})$$

$$D^2 = \frac{4}{\pi}A$$

$$D = \sqrt{\frac{4}{\pi}A} = \sqrt{\frac{4}{\pi} \times 0.077} = 0.313 = 313\text{mm}$$

정답) 313mm

4. 베르누이 방정식(Bernoulli's Equation)

베르누이 방정식은 오일러 방정식을 적분함으로써 얻는다. 베르누이 방정식은 1차원 이상유체의 흐름에 적용되며, 압력수두·속도수두·위치수두의 합은 언제나 일정하고 그 값은 보존되며, 이 값을 H로 표시한다.

$$\frac{P}{\gamma} + \frac{V^2}{2g} + Z = H\,(일정)$$

여기서, $\frac{p}{\gamma}$: 압력수두(Pressure Head)

$\frac{V^2}{2g}$: 속도수두(Velocity Head)

Z : 위치수두(Potential Head)

H : 전수두(Total Head)

예제

비중이 1.15인 소금물이 무한히 큰 탱크의 밑면에서 내경 3cm인 관을 통하여 유출된다. 유출구 끝이 탱크 수면으로부터 3.2m 하부에 있다면 유출속도는 얼마인다?(단, 배출시의 마찰손실은 무시한다.)

풀이) $V = \sqrt{2gh} = \sqrt{2 \times 9.8 \times 3.2} = 7.92\text{m/s}^2$

여기서 V : 유속(m/s), g : 중력가속도(9.8m/s²), h : 높이(m)

정답) 7.92m/s

제3과목 위험물의 연소 특성

01 화재예방

제3과목 : 위험물의 연소 특성

1. 연소의 정의
가연성 물질이 공기 중의 산소와 반응하여 열과 빛을 내는 산화 반응

2. 점화원이 되지 못하는 것
① 기화열(증발 잠열)
② 온도
③ 압력
④ 중화열

3. 고온체의 색깔과 온도
① 발광에 따른 온도 측정
　㉠ 적열 상태 : 500℃ 부근
　㉡ 백열 상태 : 1,000℃ 이상
② 화염색에 따른 불꽃의 온도
　㉠ 암적색 : 700℃
　㉡ 적색 : 850℃
　㉢ 회적색 : 950℃
　㉣ 황적색 : 1,100℃
　㉤ 백적색 : 1,300℃
　㉥ 회백색 : 1,500℃

4. 연소의 형태
① 기체의 연소(발염 연소, 확산 연소)
　예 산소, 아세틸렌
② 액체의 연소(증발 연소)
　예 에테르, 가솔린, 석유, 알코올 등
③ 고체의 연소(증발 연소)
　㉠ 표면(직접)연소
　　예 숯, 목탄, 코크스, 나트륨, 금속분(아연분) 등
　㉡ 분해 연소
　　예 목재, 석탄, 종이, 플라스틱 등
　㉢ 증발 연소
　　예 황, 나프탈렌, 장뇌 등과 같은 승화성 물질, 촛불(양초, 파라핀), 고급 알코올 등

㉣ 내부(자기) 연소
- 예 질산에스테르류, 나이트로셀룰로오스, 제5류 위험물(피크린산) 등

5. 연소에 관한 물성

① 인화점 : 가연물을 가열하면 한쪽에 점화원을 부여하여 발화점보다 낮은 온도에서 연소가 일어나는데 이를 인화라고 하며, 인화가 일어나는 최저의 온도

> **참고**
> 인화점 50℃의 의미
> 액체의 온도가 50℃ 이상이 되면 가연성 증기를 발생하여 점화원에 의해 인화한다.

② 발화점(발화 온도, 착화점, 착화 온도) : 외부에서 점화하지 않더라도 발화하는 최저 온도
- 예 프라이팬에 기름을 붓고 가열한다. 시간이 흐른 후 기름에 불이 붙는다.

③ 정전기 방전 에너지(E)를 구하는 공식

$$E = \frac{1}{2} Q \cdot V = \frac{1}{2} Q \cdot V^2$$

여기서, E : 정전기에너지(J), Q : 전기량(C), V : 전압(V), C : 정전 용량(F)

④ 연소 범위(연소 한계, 폭발 범위, 폭발 한계, 가연 범위, 가연 한계)
연소가 일어나는 데 필요한 공기 중 가연성 가스의 농도(vol%)를 말한다.

⑤ 위험도(H. Hazards)
가연성 혼합 가스 연소 범위의 제한치를 나타내는 것으로서 위험도가 클수록 위험하다.

$$H = \frac{U - L}{L}$$

여기서, H : 위험도
      U : 연소 범위의 상한치(UFL : Upper Flammability Limit)
      L : 연소 범위의 하한치(LFL : Lower Flammability Limit)

> **예제**
> 아세틸렌(C_2H_2)의 위험도?
> **풀이** 아세틸렌의 연소 범위가 2.5~81%이므로
> $H = \frac{81 - 2.5}{2.5} = 31.4$
>
> **정답** 31.4

6. 자연 발화

① 조건
- ㉠ 표면적이 넓은 것
- ㉡ 발열량이 많을 것
- ㉢ 열전도율이 적을 것
- ㉣ 발화되는 물질보다 주위 온도가 높을 것
- ㉤ 열 축적이 클수록
- ㉥ 적당량의 수분이 존재할 것

② 형태
- ㉠ 분해열에 의한 발화
  - 예) 셀롤로이드류, 나이트로셀룰로오스(질화면), 과산화수소, 염소산칼륨 등
- ㉡ 산화열에 의한 발화
  - 예) 건성유, 원면, 석탄, 고무 분말, 발연 질산 등
- ㉢ 중합열에 의한 발화
  - 예) 시안화수소(HCN), 산화에틸렌(C_2H_4O), 염화비닐($CH_2 = CHCl$), 부타디엔(C_4H_6) 등
- ㉣ 흡착열에 의한 발화
  - 예) 활성탄, 목탄 분말 등
- ㉤ 미생물에 의한 발화
  - 예) 퇴비, 퇴적물, 먼지 등

③ 영향을 주는 인자
- ㉠ 열의 축적
- ㉡ 열전도율
- ㉢ 퇴적 방법
- ㉣ 공기의 유동 상태
- ㉤ 발열량
- ㉥ 수분(건조 상태)
- ㉦ 촉매 물질

④ 방지법
- ㉠ 통풍이 잘 되게 할 것
- ㉡ 저장실의 온도를 낮출 것
- ㉢ 습도가 높은 것을 피할 것
- ㉣ 열의 축적을 방지할 것
- ㉤ 정촉매 작용을 하는 물질을 피할 것

7. 폭발 이론

① 분진 폭발

　㉠ 분진 폭발 물질

　　마그네슘 분말, 알루미늄 분말, 황, 실리콘, 금속분, 석탄, 플라스틱, 담뱃가루, 커피 분말, 설탕, 옥수수, 감자, 밀가루, 나무 가루 등

　㉡ 분진 폭발을 하지 않는 물질

　　시멘트 가루, 석회분, 염소산칼륨 가루, 모래, 염화아세틸(제4류 위험물) 등

② BLEVE(Boiling Liquid Expanding Vapor Explosion) 액화 가스 탱크의 폭발(비등 액체 팽창 증기 폭발) : 비등 상태의 액화 가스가 기화하여 팽창하고 폭발하는 현상

③ 르 샤틀리에(Le Chatelier)의 혼합 가스 폭발 범위를 구하는 식

$$\frac{100}{L} = \frac{V_1}{L_1} + \frac{V_2}{L_2} + \frac{V_3}{L_3} + \cdots$$

여기서, L : 혼합 가스의 폭발 한계치

　　　　L_1, L_2, L_3, … : 각 성분의 단독 폭발 한계치(vol%)

　　　　V_1, V_2, V_3, … : 각 성분의 체적(vol%)

> **[예제]** 메탄 60vol%, 에탄 30vol%, 프로판 10vol%로 혼합된 가스의 공기 중 폭발 하한값은 약 몇 %인가?
>
> **[풀이]** $\frac{100}{L} = \frac{V_1}{L_1} + \frac{V_2}{L_2} + \frac{V_3}{L_3}$ 이므로 $\frac{100}{L} = \frac{60}{5} + \frac{30}{3} + \frac{10}{2.1}$
>
> $L = \frac{100}{26.76}$　　∴ $L = 3.74\%$
>
> **[정답]** 3.74%

④ 연소파와 폭굉파

　㉠ 연소파 : 0.1~10m/sec

　㉡ 폭굉파 : 1,000~3,500m/sec

⑤ 폭굉 유도 거리

　관 중에 폭굉성 가스가 존재할 경우 최초의 완만한 연소가 격렬한 폭굉으로 발전할 때까지의 거리이다. 일반적으로 짧아지는 경우는 다음과 같다.

　㉠ 정상 연소 속도가 큰 혼합 가스일수록

　㉡ 관 속에 방해물이 있거나 관 지름이 가늘수록

　㉢ 압력이 높을수록

　㉣ 점화원의 에너지가 강할수록

02 소화 방법

제3과목 : 위험물의 연소 특성

1. 화재의 종류

① A급 화재(일반 화재 – 백색)

다량의 물 또는 수용액으로 화재를 소화할 때 냉각 효과가 가장 큰 소화 역할을 할 수 있는 것으로, 연소 후 재를 남기는 화재

- 예) 종이, 목재, 섬유류 등

② B급 화재(유류 화재 – 황색)

유류와 같이 연소 후 아무 것도 남기지 않는 화재

- 예) 위험물안전관리법상 제4류 위험물 등

③ C급 화재(전기 화재 – 청색)

전기에 의한 발열체가 발화원이 되는 화재

- 예) 전기 합선, 과전류, 지락, 누전, 정전기 불꽃, 전기 불꽃 등

④ D급 화재(금속 화재)

가연성 금속류의 화재

- 예) 위험물안전관리법상 제2류 위험물 중 금속분과 제3류 위험물 등

2. 소화기의 성상

① 포말(포) 소화기

㉠ 화학포 소화기

ⓐ 정의 : A제(중조, 중탄산나트륨, $NaHCO_3$)와 B제[황산알루미늄, $Al_2(SO_4)_3$]의 화학 반응에 의해 생성된 포(CO_2)에 의해 소화하는 소화기

ⓑ 화학 반응식

$$6NaHCO_3 + Al_2(SO_4)_3 + 18H_2O \longrightarrow 3Na_2SO_4 + 2Al(OH)_3 + 6CO_2\uparrow + 18H_2O$$

(질식) (냉각)

㉮ A제(외통제) : 중조($NaHCO_3$) 등

㉯ B제(내통제) : 황산알루미늄[$Al_2(SO_4)_3$]

㉰ 기포 안정제 : 가수 분해 단백질, 젤라틴, 카세인, 사포닌, 계면활성제 등

㉡ 기계포(air foam) 소화기

ⓐ 정의 : 소화 원액과 물을 일정량 혼합한 후 발포 장치에 의해 거품을 내어 방출하는 소화기

㉮ 소화 원액 : 가수 분해 단백질, 계면활성제, 일정량의 물

㉯ 포핵(거품 속의 가스) : 공기

ⓑ 발포 배율(팽창비) = $\dfrac{\text{내용적(용량)}}{\text{전체 중량 − 빈 시료 용기의 중량}}$

ⓒ 포 소화 약제의 종류

㉮ **저팽창 포 소화 약제** : 팽창비 20 이하
- 예 단백 포, 불화 단백 포, 수성막 포 소화 약제

㉯ **고팽창 포 소화 약제** : 팽창비 80 이상 1,000 미만
- 예 합성 계면활성제 포 소화 약제

㉮ **특수 포 소화 약제** : 알코올 같은 수용성 화재에 사용하는 소화 약제
- 예 내알코올형 소화 약제

ⓓ **용도** : A, B급 화재

> **참고**
>
> **불화 단백 포 소화 약제(fluoro protein foam)**
> ① 불소계 계면활성제를 주성분으로 한 것으로 분말 소화 약제와 함께 트윈 약제 시스템(twin agent system)에 사용되어 소화효과를 높이는 약제
> ② 불소계 계면활성제를 기제로 하여 안정제 등을 첨가한 소화 약제로서 보존성·내약품성이 우수하지만, 수용성 위험물의 화재 시에는 효과가 떨어지는 것
> ③ 불소계 계면활성제를 주성분으로 하여 물과 혼합하여 사용하는 소화 약제로서 유류 화재 발생시 분말소화약제와 함께 사용이 가능한 포소화 약제

㉡ 포(foam)의 성질로서 구비하여야 할 조건

ⓐ 화재면과 부착성이 있을 것

ⓑ 열에 대한 센 막을 가지며, 유동성이 있을 것

ⓒ 바람 등에 견디고 응집성과 안정성이 있을 것

② 분말 소화기

㉠ 1종 분말(dry chemicals) − 탄산수소나트륨($NaHCO_3$)

흰색 분말이며 B, C급 화재에 좋다. 특히 요리용 기름의 화재(식당, 주방 화재) 시 비누화 반응을 일으켜 질식 효과와 재발화 방지 효과를 나타낸다.

ⓐ 270℃에서 반응

$$2NaHCO_3 \longrightarrow Na_2CO_3 + \underset{\text{질식}}{CO_2} + \underset{\text{냉각}}{H_2O} - 19.9\text{kcal(흡열 반응)}$$

ⓑ 850℃ 이상에서 반응

$$2NaHCO_3 \longrightarrow Na_2O + 2CO_2 + H_2O - Q(\text{kcal})$$

> **예제**
>
> 분말 소화 약제인 탄산수소나트륨 10kg이 1기압, 270℃에서 방사되었을 때 발생하는 이산화탄소의 양은 약 몇 m³인가?
>
> **풀이** $PV = \dfrac{W}{M}RT$ 이므로
>
> $\therefore V = \dfrac{WRT}{PM} = \dfrac{10 \times 0.082 \times (273+270)}{1 \times 168} = 2.65\text{m}^3$
>
> **정답** 2.65m³

ⓒ 2종 분말 – 탄산수소칼륨($KHCO_3$)

1종 분말보다 2배의 소화 효과가 있다. 보라색(담회색) 분말이며 B, C급 화재에 좋다.

ⓐ 190℃에서 반응

$2KHCO_3 \longrightarrow K_2CO_3 + \underline{CO_2}_{\text{질식}} + \underline{H_2O}_{\text{냉각}}$

ⓑ 590℃에서 반응

$2KHCO_3 \longrightarrow K_2O + 2CO_2 + H_2O - Q(\text{kcal})$

ⓒ 3종 분말 – 인산암모늄($NH_4H_2PO_4$)

광범위하게 사용하며, 담홍색(핑크색) 분말이며 A, B, C급 화재에 좋다.

ⓐ 166℃에서 반응

$NH_4H_2PO_4 \longrightarrow H_3PO_4 + NH_3$

ⓑ 360℃에서 반응

$NH_4H_2PO_4 \longrightarrow \underline{HPO_3}_{\text{질식}} + \underline{NH_3} + \underline{H_2O}_{\text{냉각}}$

> **예제**
>
> $NH_4H_2PO_4$ 57.5kg이 완전 열분해하여 메타인산 암모니아와 수증기로 되었을때 메타인산은 몇 kg이 생성되는가?(단, P의 원자량은 31)
>
> **풀이** $NH_4H_2PO_4 \longrightarrow HPO_3 + NH_3 + H_2O$
>
> 115kg × 80kg
> 57.5kg $x$kg, $x = \dfrac{57.5 \times 80}{115}$, $x = 40\text{kg}$
>
> **정답** 40kg

ⓔ 4종 분말

탄산수소칼륨($KHCO_3$) + 요소[$(NH_2)_2CO$] : 2종 분말 약제를 개량한 것으로 회백색(회색) 분말이며 B, C급 화재에 좋다.

$2KHCO_3 + (NH_2)_2CO \longrightarrow K_2CO_3 + 2NH_3 + \underline{2CO_2}_{\text{질식}}$

③ 탄산 가스(CO_2) 소화기
  ㉠ 정의 : 소화 약제를 불연성인 CO_2 가스의 질식과 냉각 효과를 이용한 소화기로서 CO_2는 자체압을 가져 방출용 동력이 별도로 필요하지 않으며 방사구로는 가스상으로 방사된다. 불연성기체로서 비교적 액화가 용이하며, 안전하게 저장할 수 있고 전기 절연성이 좋다.
    ⓐ 소화 후 소화약제에 의한 오손이 없다.
    ⓑ 전기 절연성이 우수하여 전기 화재에 효과적이다.
    ⓒ 밀폐된 지역에서 다량 사용시 질식의 우려가 있다.

> **예제**
> 소화기 속에 압축되어 있는 이산화탄소 1.1kg을 표준 상태에서 분사하였다. 이산화탄소의 부피는 몇 m^3가 되는가?
>
> **풀이** $PV = \dfrac{W}{M}RT$에서
>
> $\therefore V = \dfrac{WRT}{PM} = \dfrac{1.1 \times 0.082 \times 273}{1 \times 44} = 0.56 m^3$
>
> **정답** $0.56 m^3$

  ㉡ CO_2의 물성
    ⓐ 증기의 비중은 1.52이다.
    ⓑ 압계 온도는 31℃이다.
    ⓒ 0℃, 101.3kpa에서의 기체 밀도는 약 1.9768g/L이다.
    ⓓ 삼중점에 해당하는 온도는 약 -56℃이다.

  ㉢ CO_2의 소화 농도(vol%) = $\dfrac{21 - 한계\ 산소\ 농도(vol\%)}{21} \times 100$

> **예제**
> 화재 시 이산화탄소를 사용하여 공기 중 산소의 농도를 21vol%에서 13vol%로 낮추려면 공기 중 이산화탄소의 농도는 약 몇 vol%가 되어야 하는가?
>
> **풀이** CO_2의 소화 농도(vol%)
> $= \dfrac{21 - 한계\ 산소\ 농도(vol\%)}{21} \times 100 = \dfrac{21 - 13}{21} \times 100 = 38.1 vol\%$
>
> **정답** 38.1vol%

  ㉣ 용도 : B, C급 화재

④ 할로겐화물(증발성 액체)소화기
  ㉠ 정의 : 소화 약제로 증발성이 강하고 공기보다 무거운 불연성인 할로겐 화합물을 이용하여 부촉매 효과, 질식 효과 및 냉각 효과를 하는 소화기이다.
  ㉡ 소화 약제의 조건
    ⓐ 비점이 낮을 것
    ⓑ 기화되기 쉽고, 증발 잠열이 클 것

ⓒ 공기보다 무겁고(증기 비중이 클 것) 불연성일 것

ⓓ 증발 잔유물이 없을 것

ⓔ 전기 절연성이 우수할 것

ⓕ 인화성이 없을 것

ⓒ 할론 번호 순서

ⓐ 첫째 : 탄수(C)

ⓑ 둘째 : 불소(F)

ⓒ 셋째 : 염소(Cl)

ⓓ 넷째 : 취소(Br)

ⓔ 다섯째 : 옥소(I)

> **참고**
>
> **오존파괴지수(ODP, OZone Depletion Potential)**
> 어떤 물질 1kg에 의해 파괴되는 오존량을 기준물질인 CFC-11, 1kg에 의해 파괴되는 오존량으로 나눈 상대적인 비율로 오존파괴능력을 나타내는 지표

ⓔ 종류

ⓐ 사염화탄소(CCl_4, Halon1040) : CTC 소화기

㉮ 밀폐된 장소에서 CCl_4를 사용해서는 안 되는 이유

- $2CCl_4 + O_2 \longrightarrow 2COCl_2 + 2Cl_2$ (건조된 공기 중)
- $CCl_4 + H_2O \longrightarrow COCl_2 + 2HCl$ (습한 공기 중)
- $CCl_4 + CO_2 \longrightarrow 2COCl_2$ (탄산 가스 중)
- $3CCl_4 + Fe_2O_3 \longrightarrow 3COCl_2 + 2FeCl_3$ (철 존재 시)

㉯ 설치 금지 장소(할론 1301은 제외)

- 지하층
- 무창층
- 거실 또는 사무실로서 바닥 면적이 $20m^2$ 미만인 곳

ⓑ 일염화 일취화 메탄(CH_2ClBr, $H-\underset{\underset{Br}{|}}{\overset{\overset{Cl}{|}}{C}}-H$, Halon 1011) : CB 소화기

ⓒ 브로모 클로로 다이플루오로 메탄(CF_2ClBr, Halon 1211) : BCF 소화기

ⓓ 브로모 트라이플루오로 메탄(CF_3Br, Halon 1301) : BT 소화기

ⓔ 다이브로모 테트라플루오로 에탄($C_2F_4Br_2$, Halon 2402) : FB 소화기

ⓜ 용도 : A, B, C급 화재

⑤ 강화액 소화기
　㉠ 정의 : 물의 소화력을 향상시키기 위해서 물에 금속염류(K_2CO_3)을 첨가시킨 고농도의 수용액이며, 동결되지 않도록 하여 재연을 방지하고 -20℃ 이하의 겨울철이나 한랭지에서 사용 가능하도록 개발된 소화기로서, 독성과 부식성이 없으며 질소 가스에 의해 강화액을 방출한다.
　㉡ 소화 약제(탄산칼륨)의 특성
　　ⓐ 비중 : 1.3~1.4　　　　ⓑ 응고점 : -30~-17℃
　　ⓒ 강알칼리성 : pH 12　　ⓓ 독성과 부식성이 없음
　㉢ $K_2CO_3 + 2H_2O \longrightarrow 2KOH + CO_2 + H_2O$
　㉣ 용도
　　ⓐ 봉상일 경우 : A급 화재　　ⓑ 무상일 경우 : A, C급 화재

⑥ 산알칼리 소화기
　㉠ 정의 : 황산과 중조수의 화합액에 탄산 가스를 내포한 소화액을 방사한다.
　㉡ 주성분
　　ⓐ 산 : H_2SO_4　　　　ⓑ 알칼리 : $NaHCO_3$
　㉢ 반응식
　　$2NaHCO_3 + H_2SO_4 \longrightarrow Na_2SO_4 + 2CO_2 + 2H_2O$
　㉣ 용도
　　ⓐ 봉상일 경우 : A급 화재　　ⓑ 무상일 경우 : A, C급 화재

⑦ 물 소화기
　㉠ 정의 : 물을 펌프 또는 가스로 방출한다.
　㉡ 소화제로 사용하는 이유
　　ⓐ 기화열(증발 잠열)이 커서(539kcal/kg) 냉각 능력(기화 시 다량의 열을 제거)이 크기 때문이다.
　　ⓑ 구입이 용이하다.
　　ⓒ 취급상 안전하고, 숙련을 요하지 않는다.
　　ⓓ 가격이 저렴하다.

예제

20℃의 물 100kg이 100℃의 수증기로 증발하면 최대 몇 kcal의 열량을 흡수할 수 있는가?(단, 물의 증발 잠열은 540kcal/kg이다.)

풀이　$Q_1 = Gc\Delta t = 100 \times 1 \times (100 - 20) = 8,000\text{kcal}$
　　　$Q_2 = Gr = 100 \times 540 = 54,000\text{kcal}$
　　　$Q = Q_1 + Q_2 = 8,000 + 54,000 = 62,000\text{kcal}$

정답 62,000kcal

　㉢ 용도 : A급 화재

⑧ 청정 소화 약제

　㉠ 할로겐화합물 청정소화약제 : 불소, 염소, 브로민 또는 아이오딘 중 하나 이상의 원소를 포함하고 있는 유기화합물을 기본 성분으로 하는 소화약제이다.

HFC(Hydro Fluoro Carbon)	불화탄화수소
HBFC(Hydro Bromo Fluoro Carbon)	브로민불화탄화수소
HCFC(Hydro Chloro Fluoro Carbon)	염화불화탄화수소
FC, PFC(Pertiuoro Carbon)	불화탄소, 과불화탄소
FIC(Fluoroiodo Carbon)	불화아이오딘화탄소

　㉡ 불활성 가스 청정 소화 약제

헬륨, 네온, 아르곤, 질소 가스 중 하나 이상의 원소를 기본 성분으로 하는 소화 약제

소화 약제	상품명	화학식
퍼플루오로부탄(FC-3-1-10)	PFC-410	C_4F_{10}
하이드로클로로플루오로카본 혼화제 (HCFC BLEND A)	NAFS-Ⅲ	• HCFC-22($CHClF_2$) : 82% • HCFC-123($CHCl_2CF_3$) : 4.75% • HCFC-124($CHClCF_3$) : 9.5% • $C_{10}H_{16}$: 3.75%
클로로테트라플루오로에탄(HCFC-124)	FE-24	$CHClCF_3$
펜타플루오로에탄(HFC-125)	FE-25	CHF_2CF_3
헵타플루오로프로판(HFC-227ea)	FM-200	CF_3CHFCF_3
트라이플루오로메탄(HFC-23)	FE-13	CHF_3
헥사플루오로프로판(HFC-236fa)	FE-36	$CF_3CH_2CF_3$
트라이플루오로이오다이드(FIC-1311)	Tiodide	CF_3I
도데카플루오로-2-메틸펜탄-3-원(FK-5-1-12)	-	$CF_3CF_2C(O)CF(CF_3)_2$
불연성·불활성 기체 혼합 가스(IG-01)	Argon	Ar
불연성·불활성 기체 혼합 가스(IG-100)	Nitrogen	N_2
불연성·불활성 기체 혼합 가스(IG-541)	Inergen	N_2 : 52%, Ar : 40%, CO_2 : 8%
불연성·불활성 기체 혼합 가스(IG-55)	Argonite	N_2 : 50%, Ar : 50%

> **참고**
> **IG-541**
> 비할로겐 계열로서 화학적 소화보다는 물리적 소화에 의해 화재를 진압하는 소화약제

예제
질소와 아르곤과 이산화탄소의 용량비가 52 : 40 : 8인 혼합물 소화약제는?

정답 ▶ IG-541

3. 소화기의 유지 관리

① 각 소화기의 공통 사항

　㉠ 소화기의 설치 위치는 바닥으로부터 1.5m 이하의 높이에 설치할 것
　㉡ 통행이나 피난 등에 지장이 없고 사용할 때에는 쉽게 반출할 수 있는 위치에 있을 것
　㉢ 각 소화 약제가 동결, 변질 또는 분출할 염려가 없는 곳에 비치할 것
　㉣ 소화기가 설치된 주위의 잘 보이는 곳에 '소화기'라는 표시를 할 것

② 소화기의 사용방법

　㉠ 적응 화재에만 사용할 것
　㉡ 성능에 따라 방출 거리 내에서 사용할 것
　㉢ 소화 시에는 바람을 등지고 풍상에서 풍하의 방향으로 소화할 것
　㉣ 소화 작업은 양옆으로 비로 쓸듯이 골고루 사용할 것

> **참고**
> 소화기에 "B-2" 표시란?
> 유류 화재에 대한 능력 단위 2단위에 적용되는 소화기

4. 피뢰 설치

① 설치 대상

　지정 수량 10배 이상의 위험물을 취급하는 제조소(단, 제6류 위험물의 제조소 제외)

03 소방 시설

1. 소방 대상물 각 부분으로부터 소화기까지의 보행거리
① 소형 수동식 소화기 : 20m
② 대형 수동식 소화기 : 30m

2. 옥내 소화전 설비
① 옥내 소화전함의 상부의 벽면에 적색의 표시등을 설치하되, 해당 표시등의 부착면과 15° 이상의 각도가 되는 방향으로 10m 떨어진 곳에서 용이하게 식별이 가능하도록 한다.

② 옥내 소화전 설비의 비상 전원 : 자가 발전 설비 또는 축전지 설비로 45분 이상 작동할 수 있어야 한다.

③ 압력 수조를 이용한 가압 송수 장치
압력 수조의 압력은 다음 식에 의하여 구한 수치 이상으로 한다.

$$P = P_1 + P_2 + P_3 + 0.35 \text{MPa}$$

여기서, P : 필요한 압력(MPa), P_1 : 소방용 호스의 마찰 손실 수두압(MPa)
P_2 : 배관의 마찰 손실 수두압(MPa), P_3 : 낙차의 환산 수두압(MPa)

예제
위험물안전관리법령상 압력 수조를 이용한 옥내 소화전 설비의 가압 송수 장치에서 압력 수조의 최소 압력(MPa)은?(단, 소방용 호스의 마찰 손실 수두압은 3MPa, 배관의 마찰 손실 수두압은 1MPa, 낙차의 환산 수두압은 1.35MPa이다.)

풀이 $P = P_1 + P_2 + P_3 + 0.35\text{MPa} = 3 + 1 + 1.35 + 0.35 = 5.70\text{MPa}$

정답 5.70MPa

④ 펌프를 이용한 가압 송수 장치
펌프의 전양정을 다음 식에 의하여 구한 수치 이상으로 한다.

$$H = h_1 + h_2 + h_3 + 35\text{m}$$

여기서, H : 펌프의 전양정(m), h_1 : 소방용 호스의 마찰 손실 수두(m)
h_2 : 배관의 마찰 손실 수두(m), h_3 : 낙차(m)

> **예제**
> 위험물 제조소 등에 펌프를 이용한 가압 송수 장치를 사용하는 옥내 소화전을 설치하는 경우 펌프의 전양정은 몇 m인가?(단, 소방 호스의 마찰 손실 수두는 6m, 배관의 마찰 손실 수두는 1.7m, 낙차는 32m이다.)
>
> **풀이** $H = h_1 + h_2 + h_3 + 35m$
> $\quad\quad = 6m + 1.7m + 32m + 35m = 74.7m$
>
> **정답** 74.7m

⑤ 수원의 양(Q) : 옥내 소화전이 가장 많이 설치된 층의 옥내 소화전 설비의 설치 개수(N : 설치 개수가 5개 이상인 경우는 5개의 옥내 소화전)에 7.8m³를 곱한 양 이상

$$Q(m^3) = N \times 7.8m^3$$

여기서, Q : 수원의 양, N : 옥내 소화전 설비의 설치 개수

즉, 7.8m³란 법정 방수량 260L/min으로 30min 이상 기동할 수 있는 양

> **예제**
> 제조소 등의 건축물에서 옥내 소화전이 가장 많이 설치된 층의 소화전의 수가 3개일 경우 확보해야 할 수원의 양은 몇 m³ 이상인가?
>
> **풀이** $Q = N \times 7.8m^3 = 3 \times 7.8 = 24.3m^3$
> 여기서, Q : 수원의 수량
> $\quad\quad N$: 옥내 소화전 설비의 설치 개수(설치 개수가 5개 이상인 경우는 5개의 옥내 소화전)
>
> **정답** 24.3m³

⑥ 소화전의 노즐 선단의 성능 기준 : 방사 압력 350kPa(0.35MPa) 이상, 방수량 260L/min 이상

3. 옥외 소화전 설비

① 수원의 양(Q) : 옥외 소화전 설비의 설치 개수(설치 개수가 4개 이상인 경우는 4개의 옥외 소화전)에 13.5m³를 곱한 양 이상

$$Q(m^3) = N \times 13.5m^3$$

여기서, Q : 수원의 양
$\quad\quad N$: 옥외 소화전 설비 설치 개수

즉, 13.5m³란 법정 방수량 450L/min으로 30min 이상을 기동할 수 있는 양

> **예제**
> 위험물 제조소 등에 옥외 소화전을 6개 설치할 경우 수원의 수량은 몇 m³ 이상이어야 하는가?
>
> **풀이** $Q(m^3) = N \times 13.5m^3 = 4 \times 13.5 = 54m^3$
> 여기서, Q : 수원의 수량
> N : 옥내 소화전 설비의 설치 개수(설치 개수가 4개 이상인 경우는 4개의 옥내 소화전)
>
> **정답** 54m³

② 소화전 노즐 선단의 성능 기준

방사 압력 350kPa(0.35MPa) 이상, 방수량 450L/min 이상

> **예제**
> 위험물 제조소에 옥내 소화전 1개와 옥외 소화전 1개를 설치하는 경우 수원의 수량을 얼마 이상 확보하여야 하는가?
> (단, 위험물 제조소는 단층건물이다.)
>
> **풀이** 수원의 수량 ① 옥내 소화전 : $Q(m^3) = N$(5개 이상인 경우 5개) $\times 7.8m^3$
> ② 옥내 소화전 : $Q(m^3) = N$(4개 이상인 경우 4개) $\times 13.5m^3$
> ∴ 수원의 수량 = $(1 \times 7.8m^3) + (1 \times 13.5m^3) = 21.3m^3$
>
> **정답** 21.3m³

③ 개방형 스프링클러 헤드를 이용한 스프링클러 설비의 방사 구역 : 150m² 이상

④ 수동식 개방 밸브를 개방 조작하는 데 필요한 힘

개방형 스프링클러 헤드를 사용하는 경우 : 15kg 이하

⑤ 가압 송수 장치의 송수량 기준

방사 압력 100kPa(0.1MPa) 이상, 방수량 80L/min 이상

⑥ 제어밸브

바닥으로부터 0.8m 이상 1.5m 이하

4. 물분무 등 소화 설비

① 물분무 소화 설비 수원

㉠ 특수가연물 : 10L/min·m²로 20분(최대 방사구역의 바닥면적 기준, 최소 50m²)

㉡ 차고·주차장 : 20L/min·m²로 20분(최대 방수구역의 바닥면적 기준, 최소 50m²)

㉢ 절연유봉입변압기 : 10L/min·m²로 20분(바닥 부분을 제외한 표면적을 합한 면적)

㉣ 케이블트레이, 케이블덕트 : 12L/min·m²로 20분(투영된 바닥면적)

㉤ 컨베이어벨트 : 10L/min·m²로 20분(벨트 부분의 바닥면적)

> **참고**
> 방사구역은 가스계, 방수구역은 수계이다.

> **예제**
> 방사구역의 표면적이 100m²인 곳에 물분무 소화설비를 설치하고자 한다. 수원의 수량은 몇 L 이상이어야 하는가? (단, 분무 헤드가 가장 많이 설치된 방사구역의 모든 분무헤드를 동시에 사용할 경우이다.)
>
> **풀이** 수원의 수량 : $Q(m^3) = 100m^2 \times 20L/m^2 \cdot 분 \times 20분 = 40,000L$
>
> **정답** 40,000L

② 포 소화 설비

㉠ 고정식 포 소화 설비의 포 방출구

방출구 형식	지붕구조	주입방식
Ⅰ형	고정지붕구조	상부포주입법
Ⅱ형	고정지붕구조 또는 부상덮개부착 고정지붕구조	상부포주입법
특형	부상지붕구조	상부포주입법
Ⅲ형	고정지붕구조	저부포주입법
Ⅳ형	고정지붕구조	저부포주입법

㉡ 공기 포 소화 약제의 혼합 방식

ⓐ **펌프 혼합 방식(펌프 프로포셔너 방식)**

펌프의 토출관과 흡입관 사이의 배관 도중에 설치된 흡입기에 펌프에서 토출된 물의 일부를 보내고 농도 조절 밸브에서 조정된 포 소화 약제의 필요량을 포 소화 약제 탱크에서 펌프 흡입측으로 보내어 이를 혼합하는 방식

ⓑ **차압 혼합 방식(프레셔 프로포셔너 방식)**

펌프와 발포기의 중간에 설치된 벤투리관의 벤투리 작용과 펌프 가압수의 포 소화 약제 저장 탱크에 대한 압력에 의하여 포 소화 약제를 흡입·혼합하는 방식

ⓒ **관로 혼합 방식(라인 프로포셔너 방식)**

펌프와 발포기 중간에 설치된 벤투리관의 벤투리 작용에 의해 포 소화 약제를 흡입하여 혼합하는 방식

ⓓ **압입 혼합 방식(프레셔 사이드 프로포셔너 방식)**

펌프의 토출관에 압입기를 설치하여 포 소화 약제 압입용 펌프로 포 소화 약제를 압입시켜 혼합하는 방식

㉢ 수조의 설치 부속물

ⓐ **고가수조** : 배수관, 맨홀, 수위계, 오버플로우용 배수관, 보급수관

ⓑ **압력수조** : 압력계, 수위계, 배수관, 보급수관, 통기관 및 맨홀

③ 불활성 기체 소화 설비

㉠ 불활성 기체 소화 약제의 저장 용기 설치 장소

ⓐ 방호 구역 외의 장소에 설치한다.

ⓑ 온도가 40℃ 이하이고, 온도 변화가 적은 곳에 설치한다.
ⓒ 직사광선 및 빗물이 침투할 우려가 적은 장소에 설치한다.
ⓓ 저장 용기에는 안전 장치(용기 밸브에 설치되어 있는 것 포함)를 설치한다.
ⓔ 저장 용기의 외면에 소화 약제의 종류와 양, 제조년도 및 제조사를 표시한다.

ⓛ 국소 방출 방식 불활성 가스 소화 설비 중 저압식 저장용기에 설치되는 압력 경보 장치 : 2.3MPa 이상의 압력과 1.9MPa 이하의 압력에서 작동

ⓒ 기타
ⓐ 저압식 저장 용기의 충전비는 1.1 이상 1.4 이하, 고압식은 충전비가 1.5 이상 1.9 이하가 되게 한다.
ⓑ 저압식 저장 용기에는 액면계 및 압력계와 2.3MPa 이상 1.9MPa 이하의 압력에서 작동하는 압력 경보 장치를 설치한다.
ⓒ 기동용 가스 용기 및 당해 용기에 사용하는 밸브는 25MPa 이상의 압력에 견딜 수 있는 것으로 한다.

④ 할로겐화합물 소화 설비
㉠ 축압식 저장 용기 압력

약제	할론 1301, HFC-227ea, FK-5-1-12	할론 1211
저압식	2.5MPa	1.1MPa
고압식	4.2MPa	2.5MPa

⑤ 분말 소화 설비
㉠ 전역 방출 방식

소화약제의 종별	소화약제의 양
1종 분말	$0.60 kg/m^3$
2종 분말 또는 3종 분말	$0.36 kg/m^3$
4종 분말	$0.24 kg/m^3$

㉡ 전역방출방식 또는 국소방출방식의 저장용기 충전비

소화약제의 종별	충전비의 범위
1종	0.85 이상 1.45 이하
2종, 3종	1.05 이상 1.75 이하
4종	1.50 이상 2.50 이하

5. 경보 설비

지정수량 10배 이상의 위험물을 저장 또는 취급하는 제조소 등에 설치한다.(이동탱크 저장소는 제외)

① 자동 화재 탐지 설비

㉠ 자동 화재 탐지 설비의 설치 기준

ⓐ 경계 구역(화재가 발생한 구역을 다른 구역과 구분하여 식별할 수 있는 최고 단위의 구역을 말한다)은 건축물 그 밖의 공작물의 2 이상의 층에 걸치지 아니하도록 할 것. 다만, 하나의 경계 구역의 면적이 $500m^2$ 이하이면서 해당 경계 구역이 두 개의 층에 걸치는 경우이거나 계단·경사로·승강기의 승강로 그 밖에 이와 유사한 장소에 연기 감지기를 설치하는 경우에는 그러하지 아니하다.

ⓑ 하나의 경계 구역의 면적은 $600m^2$ 이하로 하고, 그 한 변의 길이는 50m(광전식 분리형 감지기를 설치할 경우에는 100m) 이하로 할 것. 다만, 해당 건축물 그 밖의 공작물의 주요한 출입구에서 그 내부의 전체를 볼 수 있는 경우에 있어서는 그 면적을 $1,000m^2$ 이하로 할 수 있다.

ⓒ 감지기는 지붕(상층이 있는 경우에는 상층의 바닥) 또는 벽의 옥내에 면한 부분(천장이 있는 경우에는 천장 또는 벽의 옥내에 면한 부분 및 천장의 뒷부분)에 유효하게 화재의 발생을 감지할 수 있도록 설이할 것

ⓓ 비상 전원을 설치할 것

ⓔ 위험물 제조소의 경우 연면적이 최소 $500m^2$일 때 설치할 것

6. 피난 구조 설비

① 유도등

㉠ 피난구 유도등

ⓐ 피난구의 바닥으로부터 1.5m 이상의 곳에 설치한다.

ⓑ 조명도는 피난구로부터 30m의 거리에서 문자 및 색채를 쉽게 식별할 수 있는 것이어야 한다.

㉡ 통로 유도등

ⓐ 조도는 통로 유도등의 바로 밑의 바닥으로부터 수평으로 0.5m 떨어진 지점에서 측정하여 1Lux 이상이어야 한다.

ⓑ 백색 바탕에 녹색으로 피난 방향을 표시한 등으로 하여야 한다.

㉢ 객석 유도등

ⓐ 조도는 통로 바닥의 중심선에서 측정하여 0.2Lux 이상이어야 한다.

ⓑ 설치 개수 = $\dfrac{객석의\ 통로\ 직선\ 부분의\ 길이(m)}{4} - 1$

㉣ 유도 표지

ⓐ 피난구 유도 표지는 출입구 상단에 설치한다.

ⓑ 통로 유도 표지는 바닥으로부터 높이 1.5m 이하의 위치에 설치한다.

㉤ 피난 유도선

04 능력 단위 및 소요 단위

1. 능력 단위

소방 기구의 소화 능력을 나타내는 수치, 즉 소요 단위에 대응하는 소화 설비 소화 능력의 기준 단위

① 마른 모래(50L, 삽 1개 포함) : 0.5단위

> **예제**
> 메탈알코올 8,000리터에 대한 소화 능력으로 삽을 포함한 마른 모래를 몇 리터 설치하여야 하는가?
>
> **풀이** 소요 단위 = $\dfrac{저장량}{지정수량 \times 10배}$ = $\dfrac{8,000}{400 \times 10}$ = 2단위
>
> 마른 모래(50L, 삽 1개 포함) = 0.5단위이므로
>
> 50L : xL = 0.5단위 : 2단위, $x = \dfrac{50 \times 2}{0.5}$
>
> ∴ x = 200L
>
> **정답** 200L

② 팽창 질석 또는 팽창 진주암(160L, 삽 1개 포함) : 1단위

③ 소화 전용 물통(8L) : 0.3단위

④ 수조
　㉠ 190L(8L 소화 전용 물통 6개 포함) : 2.5단위
　㉡ 80L(8L 소화 전용 물통 3개 포함) : 1.5단위

2. 소요 단위(1단위)

소화 설비의 설치 대상이 되는 건축물, 그 밖의 인공 구조물 규모 또는 위험물 양에 대한 기준 단위

① 제조소 또는 취급소용 건축물의 경우
　㉠ 외벽이 내화 구조로 된 것으로 연면적 100m^2

> **예제**
> 위험물 취급소의 건축물 연면적이 500m^{2}인 경우 소요 단위는?(단, 외벽은 내화 구조이다.)
>
> **풀이** $\dfrac{500\text{m}^2}{100\text{m}^2}$ = 5단위
>
> **정답** 5단위

　㉡ 외벽이 내화 구조가 아닌 것으로 연면적이 50m^2

② 저장소 건축물의 경우
　㉠ 외벽이 내화 구조로 된 것으로 연면적 $150m^2$

> **예제**
> 건축물 외벽이 내화 구조이며, 연면적 $300m^2$인 위험물 옥내 저장소의 건축물에 대하여 소화 설비의 소화 능력 단위는 최소 몇 단위 이상이 되어야 하는가?
>
> **풀이** $\dfrac{300m^2}{150m^2}$ = 2단위
>
> **정답** 2단위

　㉡ 외벽이 내화 구조가 아닌 것으로 연면적이 $75m^2$
③ 위험물의 경우 : 지정 수량 10배

> **예제**
> 가솔린 저장량이 2,000L일 때 소화 설비 설치를 위한 소요 단위는?
>
> **풀이** 소요 단위 = $\dfrac{저장량}{지정수량 \times 10배}$
>
> ∴ $\dfrac{2,000L}{200L \times 10}$ = 1단위
>
> **정답** 1단위

제4과목 안전관리

01 위험물 사고예방

1. 위험성 평가 방법

① 정성적 평가기법

- ㉠ 체크리스트(Check-list) 기법 : 공정 및 설비의 오류, 결함상태, 위험상황 등을 목록화한 형태로 작성하여 경험적으로 비교함으로써 위험성을 파악하는 것이다.
- ㉡ 사고예상 질문분석(What-if) 기법 : 공정에 잠재하고 있으면서 원하지 않은 나쁜 결과를 초래할 수 있는 사고에 대하여 예상 질문을 통해 사전에 확인함으로써 그 위험 결과 및 위험을 줄이는 방법을 제시하는 것이다.
- ㉢ 예비위험분석(PHA : Preliminary Hazards Analysis) 기법 : 모든 시스템 안전프로그램의 최초 단계의 분석으로, 시스템 내의 위험요소가 얼마나 위험한 상태에 있는가를 정성적으로 평가하는 방법
  - 예) 질산암모늄 등 유해위험물질의 위험성을 평가하는 방법

② 정량적 평가기법

- ㉠ 작업자실수분석(HEA : Human Error Analysis) 기법 : 설비의 운전원, 정비보수원, 기술자 등의 작업에 영향을 미칠만한 요소를 평가하여 그 실수의 원인을 파악하고 추적하여 실수의 상대적 수위를 결정하는 것이다.
- ㉡ 결함수분석(FTA : Fault Tree Analysis) 기법 : 하나의 특정한 사고원인의 관계를 논리게이트를 이용하여 도해적으로 분석하여 연역적·정량적 기법으로 해석해가면서 위험성을 평가하는 방법이다.
- ㉢ 사건수분석(ETA : Event Tree Analysis) 기법 : 초기 사건으로 알려진 특정한 장치의 이상이나 운전자의 실수로부터 발생되는 잠재적인 사고 결과를 평가하는 것이다.
- ㉣ 원인결과분석(CCA : Cause-Consequence Analysis) 기법 : 잠재된 사고의 결과와 이러한 사고의 근본적인 원인을 찾아내고 사고 결과와 원인의 상호관계를 예측·평가하는 것이다.

③ 기타

- ㉠ 위험과 운전분석기법(HAZOP : Hazard and Operability) : 화학공장에서의 위험성과 운전성을 정해진 규칙과 설계도면에 의해 체계적으로 분석·평가하는 방법이다.
- ㉡ 이상위험도 분석(FMECA : Failure Modes Effect and Criticality Analysis) 기법 : 공정과 설비의 고장형태 및 영향, 고장 형태별 위험도 순위 등을 결정하는 것이다.
- ㉢ 상대위험순위 판정법(DMI : Dow and Mond Indices) : 설비에 존재하는 위험에 대하여 수치적으로 상대 위험 순위를 지표화하여 그 피해 정도를 나타내는 상대적 위험 순위를 정하는 것이다.

2. 동작경제의 원칙

Ralph M. Barnes 교수가 제시한 것은 작업자가 에너지의 낭비 없이 효과적으로 작업할 수 있도록 작업자의 동작을 세밀하게 분석하여 가장 경제적이고 합리적인 표준동작을 설치하는 것이다.

① 신체의 사용에 관한 원칙
② 작업장의 배치에 관한 원칙
  ㉠ 모든 공구나 재료는 지정된 위치에 있도록 한다.
  ㉡ 공구와 재료는 작업자의 전면에 가깝게 배치한다.
  ㉢ 공구와 재료는 작업순서대로 나열한다.
  ㉣ 작업면을 적당한 높이로 한다.
  ㉤ 충분한 조명을 하여 작업자가 잘 볼 수 있도록 한다.
  ㉥ 가급적이면 낙하식 운반방법을 이용한다.
③ 공구 및 설비의 디자인에 관한 원칙

> **참고**
> 단조로운 작업의 결함을 제거하기 위해 채택되는 직무설계방법
> ① 자율 경영팀 활동을 권장한다.
> ② 하나의 연속작업시간을 늘리게 되면 작업자에게 무력감과 구속감을 더해줄 뿐이며 생산량에 대한 책임감도 더 저하되게 된다.
> ③ 작업자 스스로가 직무를 설계하도록 한다.
> ④ 직무확대, 직무충실화 등의 방법을 활용한다.

3. 하인리히 방식에 의한 재해손실비

① **직접비율**(1)
  법령으로 정한 피해자에게 지급되는 산재보상비
  ㉠ 휴업보상비
  ㉡ 장해보상비
  ㉢ 요양보상비
  ㉣ 장의비
  ㉤ 유족보상비
  ㉥ 유족특별보상비, 장해특별보상비, 상병보상연금 등

② **간접비율**(4)
  ㉠ 인적손실
  ㉡ 물적손실
  ㉢ 생산손실
  ㉣ 기타손실

4. 실험실 안전

① 화상의 정도에 의한 분류

　㉠ 1도 화상 : 화상의 부위가 분홍색이 되고 가벼운 부음과 통증을 수반한다.

　㉡ 2도 화상 : 수포성이며 화상의 부위가 분홍색이 되고, 분비액이 많이 분비된다.

　㉢ 3도 화상 : 화상의 부위가 벗겨지고 검게 된다.

　㉣ 4도 화상 : 전기화재에서 입은 화상으로 피부가 탄화되고 뼈까지 도달된다.

② 구급처지 방법

　㉠ 2도 화상 : 상처 부위를 많은 물로 씻는다.

제5과목 위험물의 성질과 취급

01 제1류 위험물

유 별	성질	품명	지정 수량	위험 등급
제1류	산화성 고체	1. 아염소산염류	50kg	Ⅰ
		2. 염소산염류	50kg	
		3. 과염소산염류	50kg	
		4. 무기과산화물	50kg	
		5. 브로민산염류	300kg	Ⅱ
		6. 질산염류	300kg	
		7. 아이오딘산염류	300kg	
		8. 과망가니즈산염류	1,000kg	Ⅲ
		9. 다이크로뮴산염류	1,000kg	
		10. 그 밖에 행정안전부령으로 정하는 것 11. 제1호부터 제10호까지의 어느 하나에 해당하는 위험물을 하나 이상 함유한 것	50kg, 300kg 또는 1,000kg	Ⅰ ~ Ⅲ

[비고] 산화성고체

고체[액체(1기압 및 20℃에서 액상인 것 또는 20℃ 초과 40℃ 이하에서 액상인 것을 말한다) 또는 기체(1기압 및 20℃에서 기상인 것을 말한다)외의 것을 말한다.]로서 산화력의 잠재적인 위험성 또는 충격에 대한 민감성을 판단하기 위하여 소방청장이 정하여 고시하는 시험에서 고시로 정하는 성질과 상태를 나타내는 것을 말한다. 이 경우 "액상"이라 함은 수직으로 된 시험관(안지름 30mm, 높이 120mm의 원통형유리관을 말한다)에 시료를 55mm까지 채운 다음 당해 시험관을 수평으로 하였을 때 시료액면의 끝부분이 30mm를 이동하는데 걸리는 시간이 90초 이내에 있는 것을 말한다.

1. 공통 성질

① 대부분 무색 결정 또는 백색 분말로서 비중이 1보다 크고 대부분 물에 잘 녹으며, 물과 작용하여 열과 산소를 발생시키는 것도 있다.
② 일반적으로 불연성이며, 산소를 많이 함유하고 있는 강산화제이다.
③ 조연성 물질로서 반응성이 풍부하여 열, 충격, 마찰 또는 분해를 촉진하는 약품과의 접촉으로 인해 폭발할 위험이 있다.
④ 모두 무기 화합물이다.

2. 소화 방법

ⓐ 산화제의 분해 온도를 낮추기 위하여 물을 주수하는 냉각 소화가 효과적이다.

ⓑ 무기 과산화물(알칼리 금속의 과산화물)은 물과 급격히 발열 반응을 하므로 건조사에 의한 피복 소화를 실시한다.

3. 위험물의 성상

① 차아염소산칼슘[$Ca(ClO)_2$]

㉠ 일반적 성질

ⓐ 자극성은 없지만, 강한 환원력이 있다.

ⓑ 살균제, 표백제로 사용된다.

② 아염소산나트륨($NaClO_2$, 아염소산소다)

㉠ 일반적 성질

ⓐ 자신은 불연성이며, 무색의 결정성 분말로 조해성이 있어서 물에 잘 녹는다.

ⓑ 산을 가하면 이산화염소(ClO_2)를 발생시키기 때문에 종이, 펄프 등의 표백제로 쓰인다.

예) $3NaClO_2 + 2HCl \longrightarrow 3NaCl + 2ClO_2 + H_2O_2$

ⓒ 분자량 90.5, 융점 240℃

㉡ 위험성

ⓐ 비교적 안정하나 시판품은 140℃ 이상의 온도에서 발열 분해하여 폭발을 일으킨다.

ⓑ 매우 불안정하여 180℃ 이상 가열하면 산소를 발생한다.

예) $NaClO_2 \longrightarrow NaCl + O_2$

③ 염소산칼륨($KClO_3$, 염소산칼리)

㉠ 일반적 성질

ⓐ 상온에서 광택이 있는 무색·무취의 결정이다. 또는 백색 분말로서 불연성 물질이다.

ⓑ 찬물이나 알코올에는 녹기 어렵고, 온수나 글리세린 등에 잘 녹는다.

ⓒ 분자량 122.5, 비중 2.32, 융점 368.4℃, 분해 온도 400℃, 용해도 7.3g/100g물(20℃)

㉡ 위험성

ⓐ 강산화제이며 가열에 의해 분해하여 산소를 발생한다. 촉매 없이 400℃ 정도에서 가열하면서 분해한다.

예) $2KClO_3 \longrightarrow 2KCl + 3O_2$

ⓑ 분해촉매로 알루미늄이 혼합되면 염소가스가 발생한다.

④ 염소산나트륨($NaClO_3$, 염소산소다)

㉠ 일반적 성질

ⓐ 무색, 무취의 결정이다.

ⓑ 조해성이 강하며 흡습성이 있고 물, 알코올, 글리세린, 에테르 등에 잘 녹는다.

ⓒ 비중 2.5, 융점 248℃, 분해 온도 300℃

ⓛ 위험성

ⓐ 매우 불안정하여 300℃의 분해 온도에서 열분해하여 산소를 발생하고, 촉매에 의해서는 낮은 온도에서 분해한다.

예) $2NaClO_3 \longrightarrow 2NaCl + 3O_2$

ⓑ 흡습성이 좋아 강한 산화제로서 철을 부식시키므로 철제 용기에는 저장하지 말아야 한다.

ⓒ 염산과 반응하여 유독한 이산화염소(ClO_2)를 발생하며, 이산화염소는 폭발성을 지닌다.

예) $2NaClO_3 + 2HCl \longrightarrow 2NaCl + 2ClO_2 + H_2O_2$

ⓓ 가연물과 혼합되어 있으면 충격·마찰에 의해 폭발할 수 있다.

⑤ 염소산암모늄(NH_4ClO_3)

㉠ 일반적 성질

ⓐ 분해 온도 100℃

ⓑ 불안정한 폭발성의 산화제이다.

⑥ 과염소산칼륨($KClO_4$)

㉠ 일반적 성질

ⓐ 무색무취, 사방 정계 결정

ⓑ 융점 610℃

㉡ 위험성

ⓐ 알코올, 황, 알루미늄 등의 가연물과 혼합될 때는 폭발의 위험이 있다.

ⓑ 불안정한 폭발성의 산화제이다.

⑦ 과염소산암모늄(NH_4ClO_4)

㉠ 일반적 성질

ⓐ 무색, 무취의 결정

ⓑ 금속부식성, 조해성, 폭발성의 산화제이다.

ⓒ 비중 1.87, 분해 온도 130℃

㉡ 위험성

ⓐ 상온에서 비교적 안정하나 약 130℃에서 분해하기 시작하여 약 300℃ 부근에서 급격히 가열하면 분해하여 폭발한다.

예) $2NH_4ClO_4 \longrightarrow \underbrace{N_2 + Cl_2 + 2O_2 + 4H_2O}_{\text{다량의 가스}}$

ⓑ 충격이나 화재에 의해 단독으로 폭발할 위험이 있으며, 금속분이나 가연성 물질과 혼합하면 위험하다.

⑧ 과산화칼륨(K_2O_2, 과산화칼리)

㉠ 일반적 성질

ⓐ 무색 또는 오렌지색의 등축 정계 분말이다.

ⓑ 가열하면 열분해하여 산화칼륨(K_2O)과 산소(O_2)를 발생한다.
　　　📘 $2K_2O_2 \longrightarrow 2K_2O + O_2$
ⓒ 흡습성이 있으므로 물과 접촉하면 수산화칼륨(KOH)과 산소(O_2)를 발생한다.
　　　📘 $2K_2O_2 + 2H_2O \longrightarrow 4KOH + O_2$
ⓓ 공기 중의 탄산 가스를 흡수하여 탄산염이 생성된다.
　　　📘 $2K_2O_2 + 2CO_2 \longrightarrow 2K_2CO_3 + O_2$
ⓔ 에틸알코올에는 용해하며, 묽은 산과 반응하여 과산화수소(H_2O_2)를 생성시킨다.
　　　📘 $K_2O_2 + 2CH_3COOH \longrightarrow 2CH_3COOK + H_2O_2$
ⓕ 분자량 110, 비중 2.9, 융점 490℃

ⓛ 위험성
　ⓐ 물과 반응하여 심하게 발열하면서 폭발 위험성이 증가한다.
　ⓑ 염산과 반응하여 과산화수소를 만든다.
　　　📘 $K_2O_2 + 2HCl \longrightarrow 2KCl + H_2O_2$

⑨ 과산화나트륨(Na_2O_2, 과산화소다)
　㉠ 일반적 성질
　　ⓐ 순수한 것은 백색이지만 보통은 황색의 분말 또는 과립성이다.
　　ⓑ 가열하면 열분해하여 산화나트륨(Na_2O)과 산소(O_2)를 발생한다.
　　　　📘 $2Na_2O_2 \longrightarrow 2Na_2O + O_2$
　　ⓒ 흡습성이 있으므로 물과 접촉하면 수산화나트륨(NaOH)과 산소(O_2)를 발생한다.
　　　　📘 $Na_2O_2 + H_2O \longrightarrow 2NaOH + \frac{1}{2}O_2$
　　ⓓ 공기 중의 탄산 가스를 흡수하여 탄산염이 생성된다.
　　　　📘 $2Na_2O_2 + 2CO_2 \longrightarrow 2Na_2CO_3 + O_2$
　　ⓔ 에틸알코올에는 녹지 않으나 묽은 산과 반응하여 과산화수소(H_2O_2)를 생성시킨다.
　　　　📘 $Na_2O_2 + 2CH_3COOH \longrightarrow 2CH_3COONa + H_2O_2$
　　ⓕ 분자량 78, 비중 2.805, 융점 460℃, 분해 온도 600℃
　㉡ 위험성
　　ⓐ 상온에서 물과 격렬하게 반응하며, 가열하면 분해되어 산소(O_2)를 발생한다.
　　ⓑ 불연성이나 물과 접촉하면 발열하며, 대량의 경우에는 폭발한다.
　㉢ 저장 및 취급방법
　　ⓐ 용기는 밀전 및 밀봉한다.

⑩ 과산화마그네슘(MgO_2)
　㉠ 일반적 성질
　　ⓐ 물에 잘 녹지 않는다.
　　ⓑ 가열하면 산소가 방출한다.

⑪ 과산화바륨(BaO_2)
- ㉠ 일반적 성질
  - ⓐ 백색 또는 회백색의 분말
  - ⓑ 분해 온도 840℃
- ㉡ 위험성
  - ⓐ 산과 반응하여 과산화수소를 만든다.
    - 예) $BaO_2 + 2HCl \longrightarrow BaCl_2 + H_2O_2$

⑫ 브로민산칼륨($KBrO_3$)
- ㉠ 일반적 성질
  - ⓐ 백색의 결정성 분말
  - ⓑ 물에 녹으며 에테르, 알코올에는 녹지 않는다.

⑬ 질산칼륨(KNO_3, 초석)
- ㉠ 일반적 성질
  - ⓐ 무색, 무취의 결정 백색 분말이며 조해성이 있다.
  - ⓑ 약 400℃로 가열하면 분해하여 아질산칼륨(KNO_2)과 산소(O_2)가 발생한다.
    - 예) $2KNO_3 \longrightarrow 2KNO_2 + O_2$
  - ⓒ 강산화제이다.
  - ⓓ 분자량 101, 비중 2.1, 융점 339℃, 분해 온도 400℃
- ㉡ 위험성
  - ⓐ 강한 산화제이므로 가연성 분말이나 유기물과 접촉 시 폭발한다.
  - ⓑ 흑색 화약(blackgun powder)을 질산칼륨(KNO_3)과 황(S), 목탄분(C)을 75% : 10% : 15%의 비율로 혼합한 것으로 각자는 폭발성이 없으나 적정 비율로 혼합되면 폭발력이 생긴다. 이것은 뇌관을 사용하지 않고도 충분히 폭발시킬 수 있다.
- ㉢ 저장 및 취급방법
  - ⓐ 물에 녹으므로 저장시 수분과의 접촉에 주의한다.

⑭ 질산암모늄(NH_4NO_3)
- ㉠ 일반적 성질
  - ⓐ 상온에서 무색, 무취의 결정 고체이다.
  - ⓑ 흡습성과 조해성이 강하며 물, 알코올, 알칼리 등에 잘 녹으며, 불안정한 물질이고 물에 녹을 때는 흡열 반응을 한다.
  - ⓒ 질산암모늄이 원료로 된 폭약은 수분이 흡수되지 않도록 포장하며, 비료용인 경우에는 우기 때 사용하지 않는 것이 좋다.
  - ⓓ 비중 1.73, 융점 165℃, 분해 온도 220℃

> **예제**
>
> 질산암모늄(NH_4NO_3)에 함유되어 있는 질소와 수소의 함량은 몇 wt%인가?
>
> **풀이** ① 질소 : $\dfrac{28}{80} \times 100 = 35$wt%
>
> ② 수소 : $\dfrac{4}{80} \times 100 = 5$wt%
>
> **정답** ① 질소 = 35wt%, ② 수소 = 5wt%

  ⓒ 위험성

    ⓐ 강력한 산화제이며 혼합 화약의 재료로 쓰인다.

    ⓑ 급격한 가열이나 충격을 주면 단독으로 폭발한다.

     예 $2NH_4NO_3 \longrightarrow 2N_2 + 4H_2O + O_2$

    ⓒ ANFO 폭약은 NH_4NO_3 : 경유를 94wt% : 6wt% 비율로 혼합시키면 폭약이 된다.

  ⓒ 용도 : ANFO 폭약의 주원료

⑮ 과망가니즈산칼륨($KMnO_4$)

  ㉠ 일반적 성질

    ⓐ 단맛이 나는 흑자색 또는 적자색 결정이다.

    ⓑ 물에 녹아 진한 보라색이 되며, 강한 산화력과 살균력을 지닌다.

    ⓒ 240℃에서 가열하면 과망가니즈산칼륨, 이산화망간, 산소를 발생한다.

     예 $2KMnO_4 \longrightarrow K_2MnO_4 + MnO_2 + O_2$

    ⓓ 비중 2.7, 분해 온도 240℃

  ⓒ 위험성

    ⓐ 진한황산과 반응할 때는 산소와 열을 발생한다.

     예 $2KMnO_4 + H_2SO_4 \longrightarrow K_2SO_4 + 2HMnO_4$

    ⓑ 묽은 황산과의 반응은 다음과 같다.

     예 $4KMnO_4 + 6H_2SO_4 \longrightarrow 2K_2SO_4 + 4MnSO_4 + 6H_2O + 5O_2$

    ⓒ 알코올 또는 글리세린과의 접촉시 폭발 위험이 있다.

  ⓒ 용도 : 살균제, 소독제

⑯ 다이크로뮴산칼륨($K_2Cr_2O_7$)

  ㉠ 일반적 성질

    ⓐ 흡습성이 있는 등적색의 결정으로 물에는 녹으나 알코올에는 녹지 않는다.

    ⓑ 비중 2.69, 분해 온도 500℃

⑰ 다이크로뮴산나트륨($Na_2Cr_2O_7$)

  ㉠ 일반적 성질

    ⓐ 등황색 또는 등적색의 결정

    ⓑ 물에는 녹으나 알코올에는 녹지 않는다.

⑱ 다이크로뮴산암모늄[$(NH_4)_2Cr_2O_7$]
  ㉠ 일반적 성질
    ⓐ 가열 분해시 질소(N_2) 가스, 물 및 푸석푸석한 초록색의 Cr_2O_3를 만든다.
      예) $(NH_4)_2Cr_2O_7 \longrightarrow N_2 + 4H_2O + Cr_2O_3$
    ⓑ 분해 온도 225℃

⑲ 삼산화크로뮴(CrO_3)
  ㉠ 일반적 성질
    ⓐ 암적색 침상 결정으로 물, 에테르, 알코올, 황산에 잘 녹는다.
    ⓑ 융점 이상으로 가열하면 200~250℃에서 분해한다.
      예) $4CrO_3 \longrightarrow 2Cr_2O_3 + 3O_2$

02 제2류 위험물

유 별	성질	품명	지정 수량	위험 등급
제2류	가연성 고체	1. 황화인	100kg	Ⅱ
		2. 적린	100kg	
		3. 황	100kg	
		4. 철분	500kg	Ⅲ
		5. 금속분	500kg	
		6. 마그네슘	500kg	
		7. 그 밖에 행정안전부령으로 정하는 것 8. 제1호부터 제7호까지의 어느 하나에 해당하는 위험물을 하나 이상 함유한 것	100kg 또는 500kg	Ⅱ ~ Ⅲ
		9. 인화성고체	1,000kg	Ⅲ

[비 고]
① 가연성고체 : 고체로서 화염에 의한 발화의 위험성 또는 인화의 위험성을 판단하기 위하여 고시로 정하는 시험에서 고시로 정하는 성질과 상태를 나타내는 것을 말한다.
② 황 : 순도가 60 중량% 이상인 것을 말하며, 순도측정을 하는 경우 불순물은 활석 등 불연성물질과 수분으로 한정한다.
③ 철분 : 철의 분말로서 53㎛ 표준체를 통과하는 것이 50 중량% 미만인 것은 제외한다.
④ 금속분 : 알칼리금속・알칼리토류금속・철 및 마그네슘외의 금속의 분말을 말하고, 구리분・니켈분 및 150㎛의 체를 통과하는 것이 50 중량% 미만인 것은 제외한다.
⑤ 마그네슘 및 제2류 제8호의 물품중 마그네슘을 함유한 것에 있어서는 다음 각목의 1에 해당하는 것은 제외한다.
　㉠ 2mm의 체를 통과하지 아니하는 덩어리 상태의 것
　㉡ 지름 2mm 이상의 막대 모양의 것
⑥ 황화인・적린・황 및 철분은 위의 ①의 규정에 의한 성상이 있는 것으로 본다.
⑦ 인화성고체 : 고형알코올 그 밖에 1기압에서 인화점이 섭씨 40℃ 미만인 고체를 말한다.

1. 공통 성질

① 비교적 낮은 온도에서 연소하기 쉬운 가연성 고체로서 이연성, 속연성 물질이다.
② 연소 속도가 매우 빠르고, 연소 시 유독 가스를 발생하며, 연소열이 크고, 연소 온도가 높다.
③ 강환원제로서 비중이 1보다 크고, 물에 녹지 않는다.
④ 산화제와 접촉, 마찰로 인하여 착화되면 급격히 연소한다.
⑤ 철분, 마그네슘, 금속분은 물과 산의 접촉 시 발열한다.

2. 소화 방법

① 주수에 의한 냉각 소화 및 질식 소화

② 금속분은 건조사

3. 위험물 성상

① 황화인

　㉠ 제법 : 가열 용융시킨 황과 황린을 서서히 반응시킨 후 증류·냉각하여 얻는다.

　　　예) $3S + P_4 \longrightarrow P_4S_3$

　㉡ 일반적 성질

　　ⓐ 삼황화인(P_4S_3) : 분자량 220.19, 비중 2.03, 융점 173℃, 발화점 100℃

　　ⓑ 오황화인(P_2S_5) : 분자량 222, 조해성이 있는 담황색 결정성 덩어리로 알코올이나 이황화탄소(CS_2)에 녹으며, 물이나 알칼리와 반응하면 분해하여 유독성 가스인 황화수소(H_2S)와 인산(H_3PO_4)으로 된다.

　　　예) $P_2S_5 + 8H_2O \longrightarrow 5H_2S + 2H_3PO_4$, $2H_2S + 3O_2 \longrightarrow 2H_2O + 2SO_2$

　　ⓒ 칠황화인(P_4S_7) : 조해성이 있는 담황색 결정으로 이황화탄소(CS_2)에는 약간 녹으며, 냉수에는 서서히, 고온의 물에는 급격히 분해하여 황화수소를 발생한다.

　㉢ 위험성

　　ⓐ 가연성 고체 물질로서 약간의 열에 의해서도 대단히 연소하기 쉬우며, 때에 따라 폭발한다.

　　ⓑ 연소 생성물은 모두 유독하다.

　　　예) $P_4S_3 + 8O_2 \longrightarrow 2P_2O_5 + 3SO_2$, $2P_2S_5 + 15O_2 \longrightarrow 2P_2O_5 + 10SO_2$

② 적린(P, 붉은인, 지정 수량 100kg)

　㉠ 일반적 성질

　　ⓐ 전형적인 비금속의 원소이며, 안정한 암적색 분말로서 공기를 차단한 상태에서 황린을 약 260℃로 가열하여 만든다.

　　ⓑ 황린과 성분 원소가 같다.

　　ⓒ 황린에 비하여 화학적으로 활성이 적고, 공기 중에서 대단히 안정하다.

　　ⓓ 황린과 달리 발화성이 없고, 독성이 약하며, 어두운 곳에서 인광을 발생하지 않는다.

　　ⓔ 비중 2.2, 융점 596℃, 발화점 260℃, 승화 온도 400℃

　㉡ 위험성

　　ⓐ 염소산염류, 과염소산염류 등 강산화제와 혼합하면 마찰에 의해 착화하기 쉽고, 불안정한 폭발물과 같이 되어 약간의 가열, 충격, 마찰에도 폭발한다.

　　　예) $6P + 5KClO_3 \longrightarrow 3P_2O_5 + 5KCl$

　　ⓑ 공기 중에서 연소하면 유독성이 심한 백색 연기의 오산화인(P_2O_5)이 생성된다.

　　　예) $4P + 5O_2 \longrightarrow 2P_2O_5$

ⓒ 저장 및 취급 방법

    석유(등유), 경유, 유동파라핀 속에 보관한다.

③ 황(S, 지정 수량 100kg)

  ㉠ 일반적 성질

    ⓐ 분자량 32인 황색의 분말로 물, 산에는 녹지 않으며 알코올에는 약간 녹고, 이황화탄소(CS_2)에는 잘 녹는다(단, 고무상황은 녹지 않는다).
    ⓑ 공기 중에서 연소하면 푸른 빛을 내며, 아황산 가스(SO_2)를 발생한다.
    ⓒ 전기의 부도체이므로 전기의 절연 재료로 사용되어 정전기 발생에 유의하여야 한다.
    ⓓ 용융된 황과 수소가 반응한다. $H_2 + S \longrightarrow H_2S + 발열$

④ 철분(Fe, 지정 수량 500kg)

  ㉠ 일반적 성질

    ⓐ 회백색의 분말이며, 공기 중에서 서서히 산화하여 산화철이 되어 은백색의 광택이 황갈색으로 변한다.
      예) $4Fe + 3O_2 \longrightarrow 2Fe_2O_3$
    ⓑ 열이나 전기의 양도체이며 염산에 반응하여 수소를 발생한다.
      예) $Fe + 2HCl \longrightarrow FeCl_2 + H_2$
    ⓒ 비중 7.86, 융점 1530℃

⑤ 금속분(지정 수량 500kg)

  ㉠ 알루미늄분(Al)

    ⓐ 일반적 성질

      ㉮ 다른 금속 산화물을 환원한다.
      ㉯ 비중 2.7

    ⓑ 위험성

      ㉮ 알루미늄 분말이 발화하면 다량의 열을 발생하며, 광택 및 흰 연기를 내면서 연소하므로 소화가 곤란하다.
        예) $2Al + 3O_2 \longrightarrow 2Al_2O_3$
      ㉯ 대부분의 산과 반응하여 수소를 발생한다.
        예) $2Al + 6HCl \longrightarrow 2AlCl_3 + 3H_2$
      ㉰ 수산화나트륨 수용액과 반응하여 수소를 발생한다.
        예) $2Al + 2NaOH + 2H_2O \longrightarrow 2NaAlO_2 + 3H_2$
      ㉱ 분말은 찬물과 반응하면 매우 느리고, 뜨거운 물과는 격렬하게 반응하여 수소를 발생한다.
        예) $2Al + 6H_2O \longrightarrow 2Al(OH)_3 + 3H_2$
      ㉲ 할로겐 원소와 반응하면 발화의 위험이 있다.

> **예제**
> Al 제조공장에서 용접 작업시 알루미늄분에 착화가 되어 소화를 목적으로 뜨거운 물을 부렸더니 수초 후 폭발 사고로 이어졌다. 이 폭발의 주원인은?
> **풀이** 알루미늄분과 물의 화학 반응으로 수소 가스를 발생하여 폭발하였다.

    ⓒ 아연분(Zn)
      ⓐ 일반적 성질
        ㉮ KCN 수용액에서 녹는다.
        ㉯ 비중 7.14, 융점 420℃
      ⓑ 위험성
        ㉮ 양쪽성을 나타내고 있어 산이나 알칼리와 반응하고, 뜨거운 물과는 격렬하게 반응하여 수소를 발생한다.
         예) $Zn + H_2SO_4 \longrightarrow ZnSO_4 + H_2$
           $Zn + 2H_2O \longrightarrow Zn(OH)_2 + H_2$
           $Zn + 2NaOH \longrightarrow Na_2ZnO_2 + H_2$
    ⓒ 주석분(Sn, tin powder)
      분말의 형태로서 150㎛의 체를 통과하는 50wt% 이상인 것

  ⑥ 마그네슘분(Mg, 지정 수량 500kg)
    ㉠ 일반적 성질
      ⓐ 은백색의 광택이 있는 가벼운 금속 분말로 공기 중 서서히 산화되어 광택을 잃는다.
      ⓑ 열전도율 및 전기 전도도가 큰 금속이다.
      ⓒ 산 및 온수와 반응하여 수소(H_2)를 발생한다.
        예) $Mg + 2HCl \longrightarrow MgCl_2 + H_2$
          $Mg + 2H_2O \longrightarrow Mg(OH)_2 + H_2$
      ⓓ 비중 1.74, 융점 650℃
    ㉡ 위험성
      ⓐ 연소하고 있을 때 주수하면 다음과 같은 과정을 거쳐 위험성이 증대한다.
        • 1차(연소) : $2Mg + O_2 \longrightarrow 2MgO + 발열$
        • 2차(주수) : $Mg + 2H_2O \longrightarrow Mg(OH)_2 + H_2$
        • 3차(수소 폭발) : $2H_2 + O_2 \longrightarrow 2H_2O$
      ⓑ CO_2 등 질식성 가스와 연소 시에는 유독성인 CO 가스를 발생한다.
        예) $2Mg + CO_2 \longrightarrow 2MgO + C$
          $Mg + CO_2 \longrightarrow MgO + CO$

  ⑦ 인화성 고체(지정 수량 1,000kg)

03 제3류 위험물

유 별	성질	품명	지정 수량	위험 등급
제3류	자연 발화성 물질 및 금수성 물질	1. 칼륨	10kg	I
		2. 나트륨	10kg	
		3. 알킬알루미늄	10kg	
		4. 알킬리튬	10kg	
		5. 황린	20kg	
		6. 알칼리금속(칼륨 및 나트륨을 제외한다) 및 알칼리토금속	50kg	II
		7. 유기금속화합물(알킬알루미늄 및 알킬리튬을 제외한다)	50kg	
		8. 금속의 수소화물	300kg	III
		9. 금속의 인화물	300kg	
		10. 칼슘 또는 알루미늄의 탄화물	300kg	
		11. 그 밖에 행정안전부령으로 정하는 것 12. 제1호 내지 제11호의 1에 해당하는 어느 하나 이상을 함유한 것	10kg, 20kg, 50kg 또는 300kg	I, II, III

[비 고]

① 자연발화성물질 및 금수성물질 : 고체 또는 액체로서 공기 중에서 발화의 위험성이 있거나 물과 접촉하여 발화하거나 가연성가스를 발생하는 위험성이 있는 것을 말한다.

② 칼륨·나트륨·알킬알루미늄·알킬리튬 및 황린은 위의 ①의 규정에 의한 성상이 있는 것으로 본다.

1. 공통 성질

① 대부분 무기물의 고체이지만 알킬알루미늄과 같은 액체도 있다.

② 금수성 물질로서 물과 접촉하면 발열 또는 발화한다.

③ 자연 발화성 물질로서 공기와의 접촉으로 자연 발화하는 경우도 있다.

④ 물과 반응하여 화학적으로 활성화된다.

2. 소화 방법

① 건조사, 팽창 질석 및 팽창 진주암 등을 사용한 질식 소화를 실시한다.

② 금속 화재용 분말 소화 약제(탄산수소염류 분말 소화 설비)에 의한 질식 소화를 실시한다.

3. 위험물 성상

① 금속 칼륨(K, 지정 수량 10kg)

㉠ 위험성

ⓐ 공기 중의 수분 또는 물과 반응하여 수소 가스를 발생하고 발화한다.

예) $2K + 2H_2O \longrightarrow 2KOH + H_2 + 92.4kcal$

ⓑ 알코올과 반응하여 칼륨에틸레이트와 수소 가스를 발생한다.

예) $2K + 2C_2H_5OH \longrightarrow 2C_2H_5OK + H_2$

ⓒ 소화 약제로 쓰이는 CO_2와 반응하면 폭발 등의 위험이 있고, CCl_4와 접촉하면 폭발적으로 반응한다.

예) $4K + 3CO_2 \longrightarrow 2K_2CO_3 + C$(연소·폭발)
$4K + CCl_4 \longrightarrow 4KCl + C$(폭발)

> **참고**
> **금속 칼륨을 석유속에 넣어 보관하는 이유**
> 습기 및 공기와의 접촉을 방지하기 위해

② 금속 나트륨(Na, 금속 소다, 지정 수량 10kg)

㉠ 일반적 성질

ⓐ 화학적 활성이 매우 큰 은백색의 광택이 있는 무른 금속이다.

ⓑ 비중 0.97

ⓒ 가연성 고체이다.

예) $4Na + O_2 \longrightarrow 2Na_2O$

㉡ 위험성

ⓐ 물과 격렬하게 반응하여 발열하고, 수소 가스를 발생하고 발화한다.

예) $2Na + 2H_2O \longrightarrow 2NaOH + H_2 + 88.2kcal$

ⓑ 알코올과 반응하여 나트륨에틸레이트와 수소 가스를 발생한다.

예) $2Na + 2C_2H_3OH \longrightarrow 2C_2H_5ONa + H_2$

ⓒ 액체 암모니아에 나트륨이 녹을 때 수소를 발생한다.

예) $2Na + 2NH_3 \longrightarrow 2NaNH_2 + H_2$

③ 트라이에틸알루미늄[$(C_2H_5)_3Al$, TEA]

㉠ 위험성

ⓐ 탄소가 $C_1 \sim C_4$까지는 공기와 접촉하여 자연 발화한다.

예) $2(C_2H_5)_3Al + 21O_2 \longrightarrow 12CO_2 + Al_2O_3 + 15H_2O + 1,470.4kcal$

ⓑ 물과 폭발적 반응을 일으켜 에탄(C_2H_6) 가스가 발화 비산되므로 위험하다.

예) $(C_2H_5)_3Al + 3H_2O \longrightarrow Al(OH)_3 + 3C_2H_6$

ⓒ 산과 격렬히 반응하여 에탄을 발생한다.
- 예) $(C_2H_5)_3Al + HCl \longrightarrow (C_2H_5)_3AlCl + C_2H_6$

ⓓ 알코올과 폭발적으로 반응한다.
- 예) $(C_2H_5)_3Al + 3CH_3OH \longrightarrow Al(CH_3O)_3 + 3C_2H_6$

예제

트라이에틸알루미늄 19kg이 물과 반응하였을 때 생성되는 가연성 가스는 표준상태에서 몇 m^3인가?(단, 알루미늄의 원자량은 27이다.)

풀이 $(C_2H_5)_3Al + 3H_2O \longrightarrow Al(OH)_3 + 3C_2H_6$

| 114kg | × | $3 \times 80m^3$ |
| 19kg | | xm^3 |

$x = \dfrac{19 \times 3 \times 22.4}{114}$

$x = 11.2 m^3$

정답 $11.2 m^3$

ⓛ 저장 및 취급 방법

ⓐ 용기 파손으로 인한 공기 누출을 방지한다.

④ 트라이메틸알루미늄[$(CH_3)_3Al$, TMA]

㉠ 일반적 성질

ⓐ 25℃에서 액체이다.

ⓑ 물과 반응 시 메탄(CH_4)을 생성하고 이때 발열, 폭발에 이른다.
- 예) $(CH_3)_3Al + 3H_2O \longrightarrow Al(OH)_3 + 3CH_4 + 발열$

⑤ 다이에틸알루미늄클로라이드[$(C_2H_5)_2AlCl$]

㉠ 일반적 성질

ⓐ 무색 투명한 액체

ⓑ 공기와 접촉하면 자연발화의 위험성이 있다.

ⓒ 물과 접촉시 폭발적으로 반응한다.

ⓓ 장기 보관시 자연분해 위험성이 있다.

⑥ 황린(P_4, 백린, 지정 수량 20kg)

㉠ 일반적 성질

ⓐ 백색 또는 담황색의 고체로 강한 마늘 냄새가 난다. 증기는 공기보다 무거우며, 가연성이다. 또한 매우 자극적이며, 맹독성 물질이다.

ⓑ 분자량 123.9, 비중 1.82, 증기 비중 4.3, 융점 44℃, 비점 280℃, 발화점 34℃

ⓛ 위험성

ⓐ 약 50℃ 전후에서 공기와의 접촉으로 자연 발화되며, 오산화인(P_2O_5)의 흰 연기를 발생한다.
- 예) $4P + 5O_2 \longrightarrow 2P_2O_5 + 2 \times 370.8 kcal$

ⓑ 인화수소(PH_3)의 생성을 방지하기 위해 보호액은 pH 9로 유지하기 위하여 알칼리제[$Ca(OH)_2$ 또는 소다회 등]로 pH를 높인다.

⑦ 리튬(Li)
  ㉠ 위험성
    ⓐ 400℃에서는 빠르게 적색 결정이 질화물(Li_3N)을 만든다.
      예) $6Li + N_2 \longrightarrow 2Li_3N$

⑧ 세슘(Cs)
  ㉠ 일반적 성질
    ⓐ 알칼리 금속원소이다.
    ⓑ 할로겐과 반응하여 할로겐 화물을 만든다.
    ⓒ 비중 1.87, 융점 28.4℃
  ㉡ 위험성
    ⓐ 수산화칼륨 용액과 반응하여 포스핀 가스를 생성한다.
      예) $P_4 + 3KOH + 3H_2O \longrightarrow PH_3 + 3KH_2PO_2$
    ⓑ 환원력이 강하여 쉽게 연소된다.

⑨ 수소화리튬(LiH)
  ㉠ 일반적 성질
    ⓐ 물과 상온에서 격렬히 반응하여 수소를 발생하므로 위험하다.
      예) $LiH + H_2O \longrightarrow LiOH + H_2$
    ⓑ 공기와 접촉하면 자연 발화의 위험이 있다.
    ⓒ 피부와 접촉 시 화상의 위험이 있다.

⑩ 수소화나트륨(NaH)
회색의 입방 정계 결정으로, 습한 공기 중에서 분해하고, 물과는 격렬하게 반응하여 수소 가스를 발생시킨다.
  예) $NaH + H_2O \longrightarrow NaOH + H_2 + 21kcal$

⑪ 인화석회(Ca_3P_2, 인화칼슘)
  ㉠ 적갈색의 괴상(덩어리 상태) 고체이다.
  ㉡ 분자량 182.3, 비중 2.51, 융점 1,600℃
  ㉢ 물 또는 산과 반응하여 유독하고, 가연성인 인화수소 가스(PH_3, 포스핀)를 발생한다.
    예) $Ca_3P_2 + 6H_2O \longrightarrow 3Ca(OH)_2 + 2PH_3$
       $Ca_3P_2 + 6HCl \longrightarrow 3CaCl_2 + 2PH_3$

⑫ 탄화칼슘(CaC_2, 카바이드)
  ㉠ 일반적 성질
    ⓐ 질소와는 약 700℃ 이상에서 질화되어 칼슘시안아미드($CaCN_2$, 석회질소)가 생성된다.
      예) $CaC_2 + N_2 \longrightarrow CaCN_2 + C + 74.6kcal$

ⓑ 물 또는 습기와 작용하여 아세틸렌 가스를 발생하고, 수산화칼슘을 생성한다.

　　예) $CaC_2 + 2H_2O \longrightarrow Ca(OH)_2 + C_2H_2 + 27.8kcal$

　　생성되는 아세틸렌 가스의 발화점 335℃ 이상, 연소 범위 2.5~81%

ⓒ 분자량 64, 비중 222

ⓓ 메탄(CH_4)과 수소(H_2)가스를 발생시키는 카바이드 : Mn_3C

　　예) $Mn_3C + 6H_2O \longrightarrow 3Mn(OH)_2 + CH_4 + H_2$

ⓛ 저장 및 취급 방법

　ⓐ 질소 가스로 봉입한다.

ⓒ 기타 카바이드

　ⓐ $Li_2C_2 + 2H_2O \longrightarrow 2LiOH + C_2H_2$

　ⓑ $Na_2C_2 + 2H_2O \longrightarrow 2NaOH + C_2H_2$

　ⓒ $MgC_2 + 2H_2O \longrightarrow Mg(OH)_2 + C_2H_2$

⑬ 탄화알루미늄(Al_4C_3)

　㉠ 일반적 성질

　　ⓐ 황색(순수한 것은 백색)의 단단한 결정 또는 분말로서 1,400℃ 이상 가열 시 분해한다.

　　ⓑ 비중 2.36, 분해 온도 1,400℃ 이상

　㉡ 위험성

　　ⓐ 물과 반응하여 가연성인 메탄(폭발 범위 : 5~15%)을 발생하므로 인화의 위험이 있다.

　　　예) $Al_4C_3 + 12H_2O \longrightarrow 4Al(OH)_3 + 3CH_4 + 360kcal$

예제

메탄 1g이 완전 연소하면 발생되는 이산화탄소는 몇 g인가?

풀이 $CH_4 + 2O_2 \longrightarrow CO_2 + 2H_2O$

　　　　16g　　　　　　　44g
　　　　　　　×
　　　　1g　　　　　　　x(g)

　　$x = \dfrac{1 \times 44}{16}$, $x = 2.75g$

정답 2.75g

---

⑭ 3염화실란($SiHCl_3$, 염소화규소화합물) : 반도체 산업에서 사용한다.

04 제4류 위험물

유 별	성질	품명		지정 수량	위험 등급
제4류	인화성 액체	1. 특수 인화물류		50L	I
		2. 제1석유류	비수용성액체	200L	II
			수용성액체	400L	III
		3. 알코올류		400L	
		4. 제2석유류	비수용성액체	1,000L	
			수용성액체	2,000L	
		5. 제3석유류	비수용성액체	2,000L	
			수용성액체	4,000L	
		6. 제4석유류		6,000L	
		7. 동·식물유류		10,000L	

[비 고]

① 인화성액체 : 액체(제3석유류, 제4석유류 및 동식물유류의 경우 1기압과 20℃에서 액체인 것만 해당한다)로서 인화의 위험성이 있는 것을 말한다. 다만, 다음 각 목의 어느 하나에 해당하는 것을 법 제20조제1항의 중요기준과 세부기준에 따른 운반용기를 사용하여 운반하거나 저장(진열 및 판매를 포함한다)하는 경우는 제외한다.
  ㉠ 「화장품법」 제2조제1호에 따른 화장품 중 인화성액체를 포함하고 있는 것
  ㉡ 「약사법」 제2조제4호에 따른 의약품 중 인화성액체를 포함하고 있는 것
  ㉢ 「약사법」 제2조제7호에 따른 의약외품(알코올류에 해당하는 것은 제외한다) 중 수용성인 인화성액체를 50 부피% 이하로 포함하고 있는 것
  ㉣ 「의료기기법」에 따른 체외진단용 의료기기 중 인화성액체를 포함하고 있는 것
  ㉤ 「생활화학제품 및 살생물제의 안전관리에 관한 법률」 제3조제4호에 따른 안전확인대상생활화학제품(알코올류에 해당하는 것은 제외한다) 중 수용성인 인화성액체를 50 부피% 이하로 포함하고 있는 것
② 특수인화물 : 이황화탄소, 디에틸에테르 그 밖에 1기압에서 발화점이 100℃ 이하인 것 또는 인화점이 -20℃ 이하이고 비점이 40℃ 이하인 것을 말한다.
③ 제1석유류 : 아세톤, 휘발유 그 밖에 1기압에서 인화점이 21℃ 미만인 것을 말한다.
④ 알코올류 : 1분자를 구성하는 탄소원자의 수가 1개부터 3개까지인 포화 1가 알코올(변성알코올을 포함한다)을 말한다. 다만, 다음 각목의 1에 해당하는 것은 제외한다.
  ㉠ 1분자를 구성하는 탄소원자의 수가 1개 내지 3개의 포화 1가 알코올의 함유량이 60 중량% 미만인 수용액
  ㉡ 가연성액체량이 60 중량% 미만이고 인화점 및 연소점(태그개방식인화점측정기에 의한 연소점을 말한다. 이하 같다) 이 에틸알코올 60 중량% 수용액의 인화점 및 연소점을 초과하는 것
⑤ 제2석유류 : 등유, 경유 그 밖에 1기압에서 인화점이 21℃ 이상 70℃ 미만인 것을 말한다. 다만, 도료류 그 밖의 물품에 있어서 가연성 액체량이 40 중량% 이하이면서 인화점이 40℃ 이상인 동시에 연소점이 60℃ 이상인 것은 제외한다.
⑥ 제3석유류 : 중유, 크레오소트유, 그 밖에 1기압에서 인화점이 70℃ 이상 200℃ 미만인 것을 말한다. 다만, 도료류 그 밖의 물품은 가연성 액체량이 40 중량% 이하인 것은 제외한다.

⑦ 제4석유류 : 기어유, 실린더유 그 밖에 1기압에서 인화점이 200℃ 이상 250℃ 미만의 것을 말한다. 다만 도료류 그 밖의 물품은 가연성 액체량이 40 중량% 이하인 것은 제외한다.
⑧ 동식물유류 : 동물의 지육 등 또는 식물의 종자나 과육으로부터 추출한 것으로서 1기압에서 인화점이 250℃ 미만인 것을 말한다. 다만, 법 제20조제1항의 규정에 의하여 행정안전부령으로 정하는 용기기준과 수납·저장기준에 따라 수납되어 저장·보관되고 용기의 외부에 물품의 통칭명, 수량 및 화기엄금(화기엄금과 동일한 의미를 갖는 표시를 포함한다)의 표시가 있는 경우를 제외한다.

1. 공통 성질

① 상온에서 액상인 가연성 액체로 대단히 인화하기 쉽다.
② 대부분 물보다 가볍고, 물에 녹기 어렵다.
③ 증기는 공기보다 무겁다(단, HCN은 제외).
④ 증기와 공기가 약간 혼합되어 있어도 연소한다.

2. 소화 방법

이산화탄소, 할로겐화물, 분말, 포 등으로 질식 소화한다.

3. 위험물의 성상

1) 특수 인화물류(지정 수량 50L)

① 디에틸에테르($C_2H_5OC_2H_5$, 에테르, 에틸에테르)
  ㉠ 일반적 성질
    ⓐ 비점이 낮고 무색 투명하며, 인화되기 쉬운 휘발성, 유동성의 액체이다.
    ⓑ 물에는 약간 녹고, 알코올 등에는 잘 녹는다.
    ⓒ 전기의 불량 도체로서 정전기가 발생하기 쉽다.
  ㉡ 위험성
    ⓐ 인화점이 낮고, 휘발성이 강하다(제4류 위험물 중 인화점이 가장 낮음).
    ⓑ 진한 증기는 마취성이 있어 장시간 흡입 시 위험하다.
  ㉢ 과산화물
    ⓐ 과산화물 검출 시약은 10% KI 용액(무색 → 황색) : 과산화물 존재
    ⓑ 과산화물 제거 시약 : 황산제일철($FeSO_4$), 환원철 등

② 이황화탄소(CS_2)
  ㉠ 일반적 성질
    ⓐ 순수한 것은 무색 투명한 액체로 냄새가 없으나, 시판품은 불순물로 인해 황색을 띠고 불쾌한 냄새를 지닌다.
    ⓑ 분자량 76, 비중 1.26, 증기 비중 2.62, 비점 46℃, 인화점 -30℃, 발화점 100℃, 연소 범위 1.2~44%

> **예제**
> 이황화탄소를 저장하는 실의 온도가 −20℃이고, 저장실내 이황화탄소의 공기 중 증기 농도가 2vol%라고 가정할 때?
>
> **풀이** 점화원이 있으면 연소한다.

  ⓒ 위험성

    ⓐ 휘발하기 쉽고 인화성이 강하며, 제4류 위험물 중 발화점이 가장 낮다.

    ⓑ 연소 시 유독한 아황산(SO_2) 가스를 발생한다.

     예) $CS_2 + 3O_2 \longrightarrow CO_2 + 5SO_2$

    ⓒ 연소 범위가 넓고 물과 150℃ 이상으로 가열하면 분해되어 이산화탄소(CO_2)와 황화수소(H_2S) 가스를 발생한다.

     예) $CS_2 + 2H_2O \longrightarrow CO_2 + 2H_2S$

    ⓓ 물보다 무겁고 물에 녹지 않아 저장 시 가연성 증기의 발생을 억제하기 위해 콘크리트 물(수조) 속의 위험물 탱크에 저장한다.

    ⓔ 강산화제와 접촉에 의해 격렬히 반응하고 혼촉 발화 폭발의 위험성이 있다.

③ 아세트알데하이드(CH_3CHO)

 제법 : 에탄올을 백금촉매로 하여 산화시켜 얻는다.

 ㉠ 일반적 성질

  ⓐ 자극성의 과일향을 지닌 무색투명한 인화성이 강한 휘발성 액체이다.

  ⓑ 산화 시 초산, 환원 시 에탄올이 생성된다.

   예) $CH_3CHO + \frac{1}{2}O_2 \longrightarrow CH_3CHOOH$

     $CH_3CHO + H_2 \longrightarrow C_2H_5OH$

  ⓒ 비중 0.783, 증기 비중 1.5, 비점 21℃, 인화점 −37.7℃, 발화점 185℃, 연소 범위 4.1~57%

 ㉡ 위험성

  ⓐ 구리, 마그네슘 등과 접촉하면 위험하다.

④ 산화프로필렌

 ㉠ 일반적 성질

  ⓐ 무색의 휘발성 액체이다.

  ⓑ 물, 알코올 등에 녹는다.

  ⓒ 증기 비중 2.0, 비점 34℃, 인화점 −37℃, 발화점 465℃

 ㉡ 저장 및 취급 방법

  ⓐ 용기에 수납할 때는 불활성 기체를 채운다.

2) 제1석유류 (지정수량 $\dfrac{\text{비수용성 액체 200L}}{\text{수용성 액체 400L}}$)

① 아세톤(CH_3COCH_3, 다이메틸케톤) – 수용성 액체

　㉠ 일반적 성질

　　ⓐ 무색투명한 액체로서 자극성의 과일 냄새(특이한 냄새)를 가진다.

　　ⓑ 물과 에테르, 알코올에 잘 녹는다.

　　ⓒ 아이오딘폼 반응을 한다.

　　ⓓ 완전 연소 반응은 다음과 같다.

　　　　예) $CH_3COCH_3 + 4O_2 \longrightarrow 3CO_2 + 3H_2O$

　　ⓔ 비중 0.79, 증기 비중 2.0, 비점 56℃, 인화점 −18℃, 발화점 538℃, 연소 범위 2.5~12.8%

② 휘발유($C_5H_{12} \sim C_9H_{20}$, 가솔린) – 비수용성 액체

　㉠ 일반적 성질

　　ⓐ 용도별로 착색하는 색상이 다르다.

　　ⓑ 비전도성이다.

　　ⓒ 비중 0.65~0.8, 인화점 −20~−43℃

　　ⓓ 옥탄값 = $\dfrac{\text{이소옥탄}}{\text{이소옥탄} + \text{노르말헵탄}} \times 100$

　　ⓔ 옥탄값이 0인 물질 : 노르말헵탄

　　ⓕ 옥탄값이 100인 물질 : 이소옥탄

③ 벤젠(C_6H_6, 벤졸) – 비수용성 액체

　㉠ 무색투명하며, 독특한 냄새를 가진 휘발성이 강한 액체로서 분자량은 78.1로 증기는 마취성과 독성이 있는 방향족 유기 화합물이다.

　㉡ 연소시키면 그을음을 많이 내면서 탄다(탄소수에 비해 수소수가 적기 때문).

　㉢ 비중 0.879, 증기 비중 2.8, 융점 5.5℃, 비점 80℃, 인화점 −11.1℃, 발화점 498℃, 연소 범위 1.4~7.8%

④ 톨루엔($C_6H_5CH_3$) – 비수용성 액체

　벤젠핵에 메틸기(−CH_3) 1개가 결합한 구조이다.

　㉠ 일반적 성질

　　ⓐ 벤젠보다는 독성이 적으나 무색투명한 액체로서 방향성의 독특한 냄새를 가지는 물질

　　ⓑ 물에는 녹지 않으나 알코올, 에테르, 벤젠 등과 잘 섞이며 벤젠보다 휘발하기 어렵다.

　　ⓒ 산화하면 벤즈알데하이드를 거쳐 벤조산(C_6H_5COOH, 안식향산)이 된다.

ⓓ 톨루엔에 진한 질산과 진한 황산을 가하면 나이트로화가 일어나 트라이나이트로톨루엔(TNT)이 생성된다.

$$C_6H_5CH_3 + 3HNO_3 \xrightarrow{c-H_2SO_4} C_6H_2(NO_2)_3CH_3 + 3H_2O$$

ⓔ 비중 0.871, 융점 -95℃, 비점 111℃, 인화점 4℃

⑤ 크실렌[$C_6H_4(CH_3)_2$] – 비수용성 액체

벤젠핵에 메틸기(-CH_3) 2개가 결합한 물질이다.

㉠ 일반적 성질

ⓐ 무색투명하고 단맛이 있으며, 방향성이 있다.

ⓑ 3가지 이성질체가 있다.

구분 \ 명칭	o-크실렌	m-크실렌	p-크실렌
구조식	(구조식)	(구조식)	(구조식)
인화점	17.2℃	23.2℃	23.0℃
구 분	제1석유류	제2석유류	제2석유류

ⓒ BTX(솔벤트나프타)는 벤젠(C_6H_6), 톨루엔($C_6H_5CH_3$), 크실렌[$C_6H_4(CH_3)_2$]이다.

⑥ 메틸에틸케톤($CH_3COC_2H_5$, MEK) – 비수용성 액체

제법 : 부탄, 부텐 유분에 황산을 반응한 후 가수 분해하여 얻은 부탄올을 탈수소하여 얻는다.

㉠ 일반적 성질

ⓐ 아세톤과 같은 냄새를 가지는 무색의 휘발성 액체이다.

ⓑ 분자량 72, 비중 0.8, 증기 비중 2.5, 비점 80℃, 인화점 -1℃, 발화점 516℃, 연소 범위 1.8~10%

⑦ 시안화수소(HCN)

㉠ 일반적 성질

ⓐ 물보다 무겁다.(비중 0.69)

ⓑ 물, 알코올에 잘 녹는다.

ⓒ 비점이 낮아 10℃ 이하에서도 증기상이다.

⑧ 메틸트라이클로로실란(CH_3SiCl_3) - 비수용성 액체
  ㉠ 일반적 성질 : 비중 1.27
  ㉡ 위험성 : 증기는 공기보다 무겁다.

3) 알코올류(R-OH, 지정 수량 400L) - 수용성 액체

① 메틸알코올(CH_3OH, 메탄올, 목정)
  ㉠ 일반적 성질
    ⓐ 방향성이 있고, 무색투명한 휘발성이 강한 액체로 분자량이 32이다.
    ⓑ 물에는 잘 녹고 유기 용매 등에는 농도에 따라 녹는 정도가 다르며, 수지 등을 잘 용해시킨다.
    ⓒ 백금(Pt), 산화구리(CuO) 존재하의 공기 속에서 산화되면 포르말린(HCHO)이 되며, 최종적으로 폼산(HCOOH)이 된다.
      예) $CH_3OH \xrightarrow{Pt, CuO} HCHO \xrightarrow{최종 산화} HCOOH$
    ⓓ 인화점 11℃, 발화점 464℃

② 에틸알코올(C_2H_5OH, 에탄올, 주정)
  ㉠ 일반적 성질
    ⓐ 당밀, 고구마, 감자 등을 원료로 발효 방법으로 제조한다.
    ⓑ 방향성이 있고, 무색투명한 휘발성 액체이다.
    ⓒ 물에는 잘 녹고, 유기 용매 등에는 농도에 따라 녹는 정도가 다르며, 수지 등을 잘 용해시킨다.
    ⓓ 산화되면 아세트알데하이드(CH_3CHO)가 되며, 최종적으로 초산(CH_3COOH)이 된다.
      예) $C_2H_5OH \xrightarrow{산화} CH_3CHO \xrightarrow{최종 산화} CH_3COOH$

4) 제2석유류 (지정수량 $\frac{비수용성 액체 1,000L}{수용성 액체 2,000L}$)

① 등유(kerosene) - 비수용성 액체
  ㉠ 일반적 성질
    ⓐ 물에는 불용이며, 여러 가지 유기 용제와 잘 섞이고 유지, 수지 등을 잘 녹인다.
    ⓑ 순수한 것은 무색이며, 오래 방치하면 연한 담황색을 띤다.

② 경유(Diesel)
  ㉠ 일반적 성질 : 인화점 50~70℃, 발화점 257℃

③ 아세트산(CH_3COOH)
  ㉠ 일반적 성질
    ⓐ 많은 금속을 강하게 부식시키고 금속과 반응하여 수소를 발생한다.
      예) $Zn + 2CH_3COOH \longrightarrow (CH_3COO)_2Zn + H_2$
    ⓑ 분자량 60, 발화점 463℃

④ 테레핀유
　㉠ 일반적 성질 : 인화점 35℃, 발화점 253℃

5) 제3석유류 (지정수량 $\frac{비수용성\ 액체\ 2,000L}{수용성\ 액체\ 4,000L}$)

① 아닐린($C_6H_5NH_2$) – 비수용성 액체

　제법 : 나이트로벤젠과 수소를 반응시키면 만든다.

　㉠ 일반적 성질
　　ⓐ 물보다 무겁고 물에 약간 녹으며, 에탄올, 벤젠, 에테르와 임의로 혼합한다. 유기 용제 등에는 잘 녹는 특유한 냄새를 가진 황색 또는 담황색의 끈기 있는 기름 상태의 액체로서 햇빛이나 공기의 작용에 의해 흑갈색으로 변색한다.
　　ⓑ 알칼리 금속 또는 알칼리 토금속과 반응하여 수소와 아닐리드를 생성한다.
　　ⓒ 인화점 70℃, 연소 범위 1.3~11%

　㉡ 위험성 : 가연성이고 독성이 강하다.

② 에틸렌글리콜[$C_2H_4(OH)_2$, 글리콜] – 수용성 액체

　㉠ 일반적 성질
　　ⓐ 무색, 무취의 단맛이 나고, 흡수성이 있는 끈끈한 액체로서 2가 알코올이다.
　　ⓑ 물, 알코올, 에테르, 글리세린 등에는 잘 녹고, 사염화탄소, 이황화탄소, 클로로포름에는 녹지 않는다.
　　ⓒ 분자량 62, 비중 1.113, 융점 -12℃, 비점 197℃, 인화점 111℃, 발화점 402℃

③ 글리세린[$C_3H_5(OH)_3$, 감유] – 수용성 액체

　㉠ 일반적 성질
　　ⓐ 물보다 무겁고 무색이며 단맛이 있고 흡습성이 좋은 3가의 알코올이다.
　　ⓑ 물, 알코올과는 어떤 비율로도 혼합되며, 에테르, 벤젠, 클로로포름 등에는 녹지 않는다.
　　ⓒ 비중 1.26, 증기 비중 3.1, 융점 19℃, 인화점 160℃, 발화점 393℃

　㉠ 용도 : 윤활제, 화장품, 폭약의 원료

6) 제4석유류(지정 수량 6,000L)

7) 동·식물유류(지정 수량 10,000L)

동물의 지육 등 또는 식물의 종자나 과육으로부터 추출한 것으로서 1기압에서 인화점이 250℃ 미만인 것을 말한다.

① 아이오딘값(옥소값) : 기름 100g에 흡수하는 아이오딘의 g수

② 아이오딘값이 크면 이중 결합을 많이 포함한 불포화지방산을 많이 가진다.

③ 아이오딘값에 따른 종류

　㉠ **건성유** : 아이오딘값이 130 이상인 것

　　이중 결합이 많아 불포화도가 높기 때문에 공기 중에서 산화되어 액 표면에 피막을 만드는 기름

　　예 들기름(192~208), 아마인유(168~190), 정어리기름(154~196), 동유(145~176), 해바라기유(113~146)

　㉡ **반건성유** : 아이오딘값이 100~130인 것

　　공기 중에서 건성유보다 얇은 피막을 만드는 기름

　　예 청어기름(123~147), 콩기름(114~138), 옥수수기름(88~147), 참기름(104~118), 면실유(88~121), 채종유(97~107)

　　　※ 참기름 : 인화점 255℃

　㉢ **불건성유** : 아이오딘값이 100 이하인 것

　　공기 중에서 피막을 만들지 않는 안정된 기름

　　예 낙화생기름(땅콩기름, 82~109), 올리브유(75~90), 피마자유(81~91), 야자유(7~16)

05 제5류 위험물

유 별	성질	품명	지정 수량	위험 등급
제5류	자기 반응성 물질	1. 유기과산화물 2. 질산에스터류 3. 나이트로화합물 4. 나이트로소화합물 5. 아조화합물 6. 다이아조화합물 7. 하이드라진 유도체 8. 하이드록실아민 9. 하이드록실아민염류 10. 그 밖에 행정안전부령으로 정하는 것 11. 제1호부터 제10호까지의 어느 하나에 해당하는 위험물을 하나 이상 함유한 것	제1종 : 10kg 제2종 : 100kg	제1종 : I 제2종 : II

[비 고]
① 자기반응성물질 : 고체 또는 액체로서 폭발의 위험성 또는 가열분해의 격렬함을 판단하기 위하여 고시로 정하는 시험에서 고시로 정하는 성질과 상태를 나타내는 것을 말하며, 위험성 유무와 등급에 따라 제1종 또는 제2종으로 분류한다.
② 제5류 제11호의 물품 : 위 물품에 있어서는 유기과산화물을 함유하는 것 중에서 불활성고체를 함유하는 것으로서 다음 각 목의 어느 하나에 해당하는 것은 제외한다.
　㉠ 과산화벤조일의 함유량이 35.5 중량% 미만인 것으로서 전분가루, 황산칼슘 2수화물 또는 인산수소칼슘 2수화물과의 혼합물
　㉡ 비스(4-클로로벤조일)퍼옥사이드의 함유량이 30 중량% 미만인 것으로서 불활성고체와의 혼합물
　㉢ 과산화다이쿠밀의 함유량이 40 중량% 미만인 것으로서 불활성고체와의 혼합물
　㉣ 1·4비스(2-터셔리뷰틸퍼옥시아이소프로필)벤젠의 함유량이 40 중량% 미만인 것으로서 불활성고체와의 혼합물
　㉤ 사이클로헥산온퍼옥사이드의 함유량이 30 중량% 미만인 것으로서 불활성고체와의 혼합물

1. 공통 성질

① 가연성 물질로서 그 자체가 산소를 함유하므로(모두 산소를 포함하고 있지는 않다) 내부(자기) 연소를 일으키기 쉬운 자기 반응성 물질이다.
② 연소 시 연소 속도가 매우 빨라 폭발성이 강한 물질이다.
③ 가열, 충격, 타격 등에 민감하며, 강산화제 또는 강산류와 접촉 시 위험하다.
④ 장시간 공기에 방치하면 산화 반응에 의해 열분해하여 자연 발화를 일으키는 경우도 있다.
⑤ 대부분 물에 잘 녹지 않으며, 물과의 직접적인 반응 위험성은 적다.

2. 소화 방법

대량의 주수 소화가 효과적이다.

3. 위험물의 성상

① 아세틸퍼옥사이드[$(CH_3 \cdot CO)_2O_2$]
- ㉠ 일반적 성질
  - ⓐ 가연성물질이다.
  - ⓑ 융점 30℃

② 벤조일퍼옥사이드[$(C_6H_5CO)_2O_2$, , BPO, 과산화벤조일]
- ㉠ 일반적 성질
  - ⓐ 무색, 무미의 백색 분말 또는 무색의 결정 고체로서 물에는 잘 녹지 않으나 알코올, 식용유에 약간 녹으며, 유기 용제에 녹는다.
  - ⓑ 상온에서는 안정하며, 강한 산화 작용을 하며, 가연성이면서 폭발성이 있다.
  - ⓒ 비중 1.33, 발화점 125℃
- ㉡ 위험성
  - ⓐ 상온에서는 열, 빛, 충격, 마찰 등에 의해 폭발의 위험이 있다.
  - ⓑ 수분이 흡수되거나 비활성 희석제(프탈산디메틸, 프탈산디부틸 등)가 첨가되면 폭발성을 낮출 수 있다.

③ 메틸에틸케톤퍼옥사이드[$(CH_3COC_2H_5)_2O_2$, MEKPO, 과산화메틸에틸케톤]
- ㉠ 일반적 성질
  - ⓐ 독특한 냄새가 있는 기름 상태의 무색 액체이다.
  - ⓑ 시판품은 50~60% 정도의 희석제(프탈산디메틸, 프탈산디부틸 등)를 첨가하여 희석시킨 것이며, 함유율(중량퍼센트)은 60 이상이다.
  - ⓒ 융점 -20℃, 인화점 58℃, 발화점 205℃
- ㉡ 위험성
  - ⓐ 상온에서 헝겊, 쇠녹 등과 접하면 분해 발화되고, 다량 연소 시는 폭발의 우려가 있다.
  - ⓑ 강한 산화성 물질로서 상온에서 규조토, 탈지면과 장시간 접촉하면 연기를 내면서 발화한다.

> **참고**
> CH_3COOOH(과초산)
> 제5류 위험물 중 유기화산화물

④ 질산메틸(CH_3ONO_2)
- ㉠ 일반적 성질
  - ⓐ 무색투명한 액체이다.

ⓑ 물에 약간 녹으며, 알코올에 잘 녹는다.

ⓒ 분자량 77, 비중 1.22, 증기 비중 2.66, 비점 66℃

⑤ 질산에틸($C_2H_5ONO_2$)

㉠ 일반적 성질

ⓐ 에탄올을 진한 질산에 작용시켜 얻는다.

ⓑ 무색투명하고 상온에서 액체이며, 방향성과 단맛을 지닌다.

ⓒ 분자량 91, 비중 1.11, 증기 비중 3.1, 융점 -112℃, 비점 88℃, 인화점 -10℃

⑥ 나이트로셀룰로오스($[C_6H_7O_2(ONO_2)_3]_n$, NC, 질화면)

㉠ 일반적 성질

ⓐ 천연 셀룰로오스를 진한 질산과 진한 황산의 혼합액에 작용시켜 제조한다.

예) $C_6H_{10}O_5 + 11HNO_3 \xrightarrow{H_2SO_4} C_{24}H_{29}O_9(NO_3)_{11} + 11H_2O$

ⓑ 무색 또는 백색의 고체이고 맛과 냄새가 없으며, 물에는 녹지 않고 아세톤, 초산에틸, 초산아밀에는 잘 녹는다.

ⓒ 질화도는 나이트로셀룰로오스 중에 포함된 질소의 농도(%)이다.

ⓓ 비중 1.7, 인화점 13℃, 발화점 160~170℃

㉡ 위험성

ⓐ 질화도가 클수록 분해도, 폭발성, 위험성이 증가한다. 질화도에 따라 차이는 있지만 점화, 가열, 충격 등에 격렬히 연소하고, 양이 많을 때는 압축 상태에서도 폭발한다.

ⓑ 약 130℃에서 서서히 분해되고, 180℃에서 격렬하게 연소하며, 다량의 CO_2, CO, H_2, N_2, H_2O 가스를 발생한다.

ⓒ 수분을 함유하면 위험성이 감소된다.

㉢ 저장 및 취급방법 : 함수알코올 등으로 습윤시킨다.

㉣ 용도 : 다이너마이트 원료, 무연화약의 원료

⑦ 나이트로글리세린[$C_3H_5(ONO_2)_3$]

㉠ 일반적 성질

ⓐ 글리세린에 질산과 황산의 혼산으로 반응시켜 만든다.

예) $C_3H_5(OH)_3 + 3HNO_3 \xrightarrow{H_2SO_4} C_3H_5(NO_3)_3 + 3H_2O$

ⓑ 여름철(30℃) 액체, 겨울철(0℃) 고체이다. 순수한 것은 동결 온도가 8~10℃이므로 겨울철에는 동결하며 백색 결정으로 변한다. 이때 체적이 수축하고 밀도가 커진다.

ⓒ 순수한 것은 무색투명한 기름 상태의 액체이나, 공업용으로 제조된 것은 담황색을 띠고 있다.

ⓓ 다공질의 규조토에 흡수하여 다이너마이트를 제조할 때 사용한다.

ⓔ 물에 녹지 않는다.

ⓕ 비중 1.6, 융점 2.8

ⓒ 위험성 : 점화하면 연소하여 다량의 가스를 발생한다.

⑧ 트라이나이트로톨루엔($C_6H_2CH_3(NO_2)_3$, TNT, , 다이너마이트)

㉠ 일반적 성질

ⓐ 담황색의 결정으로 작용기는 $-NO_2$기이며, 햇빛을 받으면 다갈색으로 변한다.

ⓑ 물에는 불용이며, 에테르, 벤젠, 아세톤 등에는 잘 녹고, 알코올에는 가열하면 약간 녹는다.

ⓒ 충격, 마찰 감도는 피크린산보다 둔하지만, 급격한 타격을 주면 폭발한다. 이때 다량의 가스를 발생한다.

  예) $2C_6H_2(NO_2)_3CH_3 \longrightarrow 12CO + 3N_2 + 5H_2 + 2C$

ⓓ 테트릴에 비해 충격·마찰에 둔감하다.

㉡ 저장 및 취급 방법 : 물을 넣어 운반하면 안전하다.

⑨ 트라이나이트로페놀($C_6H_2OH(NO_2)_3$, TNP, , 피크린산)

㉠ 일반적 성질

ⓐ 페놀을 진한 황산에 녹여 이것을 질산에 작용시켜 만든다.

  예) $C_6H_5OH + 3HNO_3 \xrightarrow{H_2SO_4} C_6H_2OH(NO_2)_3 + 3H_2O$

ⓑ 가연성 물질이며, 강한 쓴맛과 독성이 있고 순수한 것은 무색이지만 공업용은 휘황색의 침상 결정으로 분자 구조 내에 하이드록시기를 가지고 있다.

ⓒ 충격, 마찰에 비교적 둔감하며, 공기 중 자연 분해되지 않기 때문에 장기간 저장할 수 있다.

ⓓ 비중 1.8, 융점 122.5℃, 비점 255℃, 인화점 150℃, 발화점 300℃

㉡ 위험성

ⓐ 단독으로는 타격, 마찰, 충격 등에 둔감하고 비교적 안정하지만, 산화철과 혼합한 것과 에탄올을 혼합한 것은 급격한 타격에 의해 격렬히 폭발한다.

ⓑ 용융하여 덩어리로 된 것은 타격에 의하여 폭굉을 일으키며, TNT보다 폭발력이 크다.

  예) $2C_6H_2OH(NO_2)_3 \longrightarrow 12CO + H_2 + 3N_2 + 2H_2O$

㉢ 저장 및 취급 방법

ⓐ 운반 시 물에 젖게 하는 것이 안전하다.

ⓑ 자연분해의 위험이 적어서 장기간 저장할 수 있다.

⑩ 트라이메틸렌트라이나이트로아민[$(CH_2)_3(NNO_2)_3$, 헥소겐]

㉠ 일반적 성질

ⓐ 무색 또는 백색의 결정으로 물에 불용이다.

ⓑ 비중 1.8, 융점 202℃

06 제6류 위험물

유 별	성질	품명	지정 수량	위험 등급
제6류	산화성액체	1. 과염소산	300kg	I
		2. 과산화수소	300kg	
		3. 질산	300kg	
		4. 그 밖에 행정안전부령으로 정하는 것	300kg	
		5. 제1호 내지 제4호의 1에 해당하는 어느 하나 이상을 함유한 것	300kg	

[비 고]
① 산화성액체 : 액체로서 산화력의 잠재적인 위험성을 판단하기 위하여 고시로 정하는 시험에서 고시로 정하는 성질과 상태를 나타내는 것을 말한다.
② 과산화수소 : 그 농도가 36 중량% 이상인 것에 한하며, 산화성액체의 성상이 있는 것으로 본다.
③ 질산 : 그 비중이 1.49 이상인 것에 한하며, 산화성액체 성상이 있는 것으로 본다.

1. 공통 성질

① 불연성 물질로서 강산화제이며, 다른 물질의 연소를 돕는 조연성 물질이다.
② 모두 강산성의 액체이다(H_2O_2는 제외).
③ 비중이 1보다 크며, 물에 잘 녹고 물과 접촉하면 발열한다.
④ 분해하여 유독성 가스를 발생하며, 부식성이 강하여 피부에 침투한다(H_2O_2는 제외).

2. 소화 방법

① 주수 소화는 곤란하다.
② 건조사나 인산염류의 분말 등을 사용한다.
③ 과산화수소는 양의 대소에 관계없이 다량의 물로 희석 소화한다.

3. 위험물의 성상

① 과염소산($HClO_4$, 지정 수량 300kg)
  ㉠ 일반적 성질
    ⓐ 무색의 유동하기 쉬운 액체로서 공기 중에 방치하면 분해하고, 가열하면 유독성 가스를 발생한다.

ⓑ 강력한 산화제이므로 쉽게 환원될 수 있다.

ⓒ 염소산 중에서 가장 강한 산이다. 불안정하여 분해가 용이하다.

    예 $HClO_4 > HClO_3 > HClO_2 > HClO$

ⓓ 비중 1.76, 융점 -122℃

㉡ **위험성**

ⓐ 불연성이지만 유기물과 접촉시 발화의 위험이 있다.

ⓑ Fe, Cu, Zn과 격렬하게 반응하고 산화물을 만든다.

ⓒ 알코올류와 접촉시 폭발 위험이 있다.

ⓓ 물과 반응하여 열을 발생한다.

ⓔ 유독성이 있다.

㉢ **저장 및 취급방법** : 밀폐용기에 넣어 통풍이 잘되는 냉·암소에 저장한다.

② 과산화수소(H_2O_2, 지정 수량 300kg)

㉠ **일반적 성질**

ⓐ 순수한 것은 점성이 있는 무색의 액체이나, 양이 많을 경우에는 청색을 띠며, 불연성이지만, 반응성이 크다.

ⓑ 알칼리 용액에서는 급격히 분해하나, 약산성에서는 분해하기 어렵다.

ⓒ 일반 시판품은 30~40%의 수용액으로 분해하기 쉬워 분해 방지를 위해 보관 시 안정제[인산(H_3PO_4), 요산($C_2H_4N_4O_3$), 인산나트륨, 요소, 글리세린] 등을 가하거나 햇빛을 차단하며, 약산성으로 만든다. 과산화수소는 산화제 및 환원제로 작용한다.

- 3% : 옥시풀(소독약), 산화제, 발포제, 탈색제, 방부제, 살균제 등

- 30% : 표백제, 양모, 펄프, 종이, 면, 실, 식품, 섬유, 명주, 유지 등

- 85% : 비닐 화합물 등의 중합 촉진제, 중합 촉매, 폭약, 유기 과산화물의 제조, 농약, 의약품, 제트기, 로켓의 산소 공급제 등

ⓓ 농도가 66% 이상인 것은 단독으로 분해 폭발하기도 하며, 이 분해 반응은 발열 반응이고, 다량의 산소를 발생한다.

㉡ **위험성**

ⓐ 하이드라진과 접촉 시 분해·폭발한다.

ⓑ 불연성이지만 독성이 있다.

ⓒ 햇빛에 의해 분해되어 산소를 방출한다.

    예 $2H_2O_2 \longrightarrow 2H_2O + O_2$

③ 질산(HNO_3, 지정 수량 300kg)
- ㉠ 일반적 성질
    - ⓐ 무색 액체이나 보관 중 담황색으로 변하며, 직사광선에 의해 공기 중에서 분해되어 유독한 갈색 이산화질소(NO_2)를 생성시킨다.
        - 예) $4HNO_3 \longrightarrow 2H_2O + 4NO_2 + O_2$
    - ⓑ 왕수(royal water, 질산 1 : 염산 3)에 Au, Pt을 녹인다.
    - ⓒ 진한 질산에는 Al, Fe, Ni, Cr 등은 부동태를 만들며, 녹지 않는다.
    - ⓓ 크산토프로테인 반응을 한다.
    - ⓔ 불연성이지만 강한 산화력을 가지고 있는 강산화성 물질이다.
    - ⓕ 분자량 63, 비중 1.49 이상, 융점 -43.3℃, 비점 86℃
- ㉡ 위험성
    - ⓐ 환원성 물질과 혼합시 발화 위험성이 있다.
    - ⓑ 물과 접촉하면 발열하므로 주의하여야 한다.

제6과목 공업경영

제6과목 : 공업경영

01 통계적 방법의 기초

1. 모집단과 시료
① **모집단** : 모든 공정이나 로트를 말한다.
② **시료** : 모집단에서 어떤 목적을 가지고 샘플링한 것을 말한다.

> **참고**
> ① **정확성** : 어떤 측정 방법으로 동일 시료를 무한 횟수 측정하였을 때 데이터 분포의 평균치와 모집단 참값과의 차
> ② **최빈값(Mode)** : 모집단의 중심적 경향을 나타낸 측도
> ① **최빈수** : 도수분포표에서 도수가 최대인 계급의 대푯값

2. 모수와 통계량
① **모수** : 시료가 취하여진 모집단에 대한 값이다.
② **통계량** : 시료의 어떤 품질 특성을 측정하여 얻은 측정치의 함수이다.
③ **통계량 기호**
  ㉠ R : 범위
  ㉡ S : 시료 표준 편차
  ㉢ $\bar{x}$: 산술평균

3. 계수치 분포
① **이항분포** : 매회 A가 일어난 확률이 일정한 값 P일때, n회의 독립 시행 중 사상 A가 x회 일어날 확률 $p(x)$를 구하는 식은?(단, N은 로트의 크기, n은 시료의 크기, P는 로트의 모부적합품률이다.)

$$p(x) = \binom{n}{x} P^x (1-p)^{n-x}$$

> **예제**
> 부적합품률이 1%인 모집단에서 5개의 시료를 랜덤하게 샘플링할 때, 부적합품 수가 1개일 확률은 약 얼마인가?(단, 이항분포를 이용하여 계산한다)
>
> **풀이** $p(x=1) = {}_nC_x p^x q^{n-x} = {}_5C_1 0.01^1 \times (1-0.01)^{5-1}$
> $= 5 \times 0.01 \times 0.99^4 = 0.0480$
>
> **정답** 0.048

② **포아송 분포** : 이항분포에서 np를 일정하게 하고, $n = \infty$로 했을 때의 극한 분포를 포아송 분포라 한다.

$$p(x) = \frac{e^{-x} m^x}{x!}$$

여기서 $p(x)$: 사건 x가 발생할 확률

e : 자연상수(약 2.718)

m : 단위시간(또는 면적) 당 평균 발생 횟수

x : 실제 발생 횟수(0, 1, 2, · · ·)

$x!$: x의 팩토리얼(1부터 x까지의 모든 자연수의 곱을 x에 대하여 이르는 말)

③ **초기하 분포** : 이항분포와 밀접한 관계가 있는 분포로서 N이 적은 경우 초기하 분포로 되는데, 차이점은 이항분포는 시행할 때마다 확률이 같은데 비하여 초기하 분포는 시행할 때마다 확률이 같지 않다.

㉠ 초기하 분포는 복원 추출이 아닌 샘플링 문제에 사용된다.

㉡ 불량률이 낮은 경우, 시료 크기를 늘려야 불량을 잡을 확률이 올라간다.

㉢ 매우 흔히 쓰이는 불량 검출 확률 계산 방식이다.

$$p(X = x) = \frac{\binom{D}{x} \cdot \binom{N-D}{n-x}}{\binom{N}{n}}$$

여기서, N : 전체 품목 수

p : 불량률

$D = Np$: 전체 불량품 수

        : 전체 양품 수

n : 추출한 시료 수

x : 시료 중 불량 수

$n - x$: 시료 중 양품 수

예제

로트의 크기 30, 부적합품률이 10%인 로트에서 시료의 크기를 5로 하여 랜덤 샘플링할 때, 시료 중 부적합품 수가 1개 이상일 확률은 약 얼마인가?(단, 초기화 분포를 이용하여 계산한다)

풀이 $P(x \geq 1) = 1 - P(X = 0)$

여기에서, $P(x \geq 1)$: 시료 중 불량이 1개 이상 포함될 확률

$P(x = 0)$: 전체 경우 중 모두 양품일 확률

중간 과정 : $P(x = 0) = \dfrac{\binom{27}{5}}{\binom{30}{5}} = \dfrac{27 \times 26 \times 25 \times 24 \times 23}{30 \times 29 \times 28 \times 27 \times 26} = 0.5665$

분자 : 양품 27개 중에서 5개 고르는 경우

분모 : 전체 30개 중에서 5개 고르는 경우

계산 결과 : $P(x \geq 1) = 1 - P(X = 0) ≒ 1 - 0.5665 = 0.4335$

정답 0.4335

4. 계량치 분포

① 정규분포의 성질

⊙ 평균치를 중심으로 좌우대칭이다.

ⓒ 곡선은 평균치 근처에서 높고 양측으로 갈수록 낮아진다.

ⓒ 평균치는 곡선의 위치를 정한다.

② 표준편차는 곡선의 모양을 정한다.

⑩ 평균치가 0이고 표준편차가 1인 정규분포를 표준 정규분포라 한다.

⑪ 대체로 표준편차가 클수록 산포가 나쁘다고 본다.

⊗ 일반적으로 평균치가 중앙값보다 작다.

02 샘플링검사

1. 샘플링검사
로트에서 랜덤하게 시료를 추출하여 검사한 후 그 결과에 따라 로트의 합격, 불합격을 판정하는 검사방법

2. 샘플검사의 종류

① 검사 공정에 의한 분류
  ㉠ 수입검사   ㉡ 공정검사
  ㉢ 최종검사   ㉣ 출하검사
  ㉤ 기타 검사

② 검사 장소에 의한 분류
  ㉠ 정위치 검사   ㉡ 순회검사
  ㉢ 출장검사

③ 검사 성질에 의한 분류
  ㉠ 파괴검사   ㉡ 비파괴검사
  ㉢ 관능검사

④ 판정의 대상에 의한 분류
  ㉠ 전수검사   ㉡ 로트별 샘플링검사
  ㉢ 관리 샘플링검사 ㉣ 무검사
  ㉤ 자주검사

⑤ 검사항목에 의한 분류
  ㉠ 수량검사   ㉡ 외관검사
  ㉢ 중량검사   ㉣ 치수검사
  ㉤ 성능검사

⑥ 샘플링검사의 목적에 따른 분류
  ㉠ 표준형   ㉡ 선별형
  ㉢ 조정형   ㉣ 연소생산형

3. 계수 규준형 1회 샘플링검사

① 검사에 제출된 로트의 제조 공정에 관한 사전정보가 없어도 샘플링검사를 적용할 수 있다.

② 생산자 측과 구매자 측이 요구하는 품질보호를 동시에 만족시키도록 샘플링검사 방식을 선정한다.

③ 파괴검사의 경우와 같이 전수검사가 불가능한 때에 사용할 수 있다.

④ 1회만의 거래 시에도 사용할 수 있다.

4. OC곡선

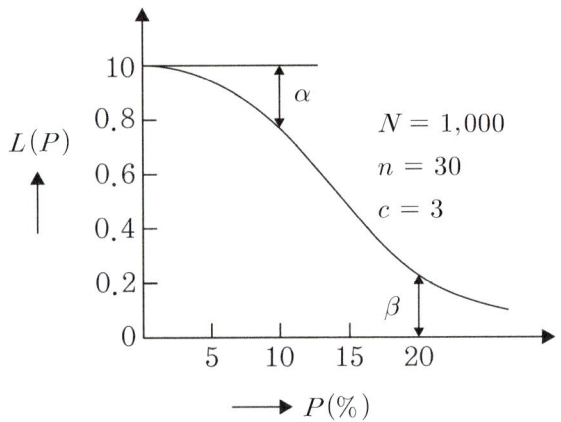

- α : 생산자 위험
- $L(P)$: 로트가 합격할 확률
- β : 소비자 위험
- $P(\%)$: 부적합품률

① **층별샘플링** : 200개들이 상자가 15개 있다. 각 상자로부터 제품을 랜덤하게 10개씩 샘플링 하는 경우

② **계통샘플링** : 모집단으로부터 공간적, 시간적으로 간격을 일정하게 하여 샘플링하는 방식

> **참고**
> $1-\alpha$
> 계수규준형 샘플링검사의 OC곡선에서 좋은 로트를 합격시키는 확률(단, α는 제1종과오, β는 제2종과오임)

③ **취락샘플링** : 취락간의 차는 작게, 취락내의 차는 크게 한다.

④ 샘플링검사보다 전수검사를 실시하는 것이 유리한 경우 : 품질특성치가 치명적인 결점을 포함하는 경우

⑤ 전수검사보다 샘플링검사가 유리한 경우 : 검사항목이 많을 경우

03 관리도

제6과목 : 공업경영

1. 관리도의 종류

① $\bar{x} - R$ 관리도 : 공정에서 채취한 시료의 길이, 무게, 시간, 강도, 성분, 수확률 등의 계량치 데이터에 대해서 공정을 관리하는 관리도이다.

> 예) 축의 완성된 지름, 철사의 인장강도, 아스피린의 순도, 바이트의 소입온도, 전구의 소비전력 등

관리도	데이터	분포
$\bar{x} - R$ 관리도	계량치	정규분포
x 관리도		
$x - R$ 관리도		
np 관리도	계수치	이항분포
p 관리도		
c 관리도		포아송분포
u 관리도		

② x 관리도 : 데이터를 군으로 나누지 않고 한 개 한 개의 측정치를 그대로 사용하여 공정을 관리할 경우에 사용한다. 데이터를 얻는 간격이 크거나, 군으로 나누어도 별로 의미가 없는 경우 또는 정해진 공정으로부터 한 개의 측정치 밖에 얻을 수 없을 때에 사용한다.

> 예) 시간이 많이 소요되는 화학분석치, 알코올의 농도, 뱃취 반응공정의 수율, 1일 전력 소비량, 볼펜의 길이 등

③ np 관리도 : 공정을 불량개수 np에 의해 관리할 경우에 사용한다. 이 경우에 시료의 크기는 일정하지 않으면 안 된다.

> 예) 전구꼭지쇠의 불량개수, 나사길이의 불량, 전화기의 겉보기 불량 등

예제

np 관리도에서 시료군보다 시료 수(n)는 100이고, 시료군의 수(k)는 20, $\sum np$ = 77이다. 이때 np 관리도의 관리 상한선(UCL)을 구하면 약 얼마인가?

풀이 $n\bar{p} = \dfrac{\sum np}{K} = \dfrac{77}{20} = 3.85$

$\bar{p} = \dfrac{3.85}{100} = 0.0385$

$ULC = n\bar{p} + 3\sqrt{n\bar{p}(1-\bar{p})} = 3.85 + 3\sqrt{3.85(1-0.0385)} = 9.62$

정답 9.62

④ p 관리도 : 공정을 불량률 p에 의거 관리할 경우에 사용한다. 작성방법은 np 관리도와 같다. 다만, 관리 한계의 계산식이 약간 다르며 시료의 크기가 다를 때는 n에 따라 한계의 폭이 변한다.
  - 예 전구꼭지의 불량률, 2급품률, 작은 나사의 길이 불량률, 규격 외품의 비율 등

⑤ c 관리도 : c 관리도는 미리 정해진 일정단위 중에 포함된 부적합수에 의거하여 공정을 관리할 때 사용되는 관리도
  - 예 어느 일정단위 중에 나타나는 홈의 수, 라디오 한 대 중에 납땜 불량개수 등

> **예제**
>
> c 관리도에서 k = 20인 군의 총 부적합수 합계는 58이었다. 이 관리도의 UCL, LCL을 계산하면 약 얼마인가?
>
> **풀이** 총 부적합수 $\bar{c} = \dfrac{\Sigma C}{K} = \dfrac{58}{20} = 2.9$
>
> $\bar{c} \pm 3\sqrt{\bar{c}} = 2.9 \pm 3\sqrt{2.9} = 8.01$
>
> **정답** UCL = 8.01, LCL = 고려하지 않음

⑤ u 관리도 : u 관리도는 검사하는 시료의 면적이나 길이 등이 일정하지 않는 경우에 사용한다.
  - 예 직물의 얼룩, 에나멜동선의 핀홀

> **예제**
>
> 부적합수 관리도를 작성하기 위해 Σc = 559, Σn = 222를 구하였다. 시료의 크기가 부분군마다 일정하지 않기 때문에 u 관리도를 사용하기로 하였다. n = 10일 경우 u 관리도의 UCL 값은 약 얼마인가?
>
> **풀이** $\text{UCL} = \bar{u} + 3\sqrt{\dfrac{\bar{u}}{n}} = \dfrac{559}{222} + 3\sqrt{\dfrac{\frac{559}{222}}{10}} = 4.023$
>
> **정답** 4.023

2. 관리도의 사용절차

① 관리하려는 제품이나 종류 선정
② 관리하여야 할 항목의 선정
③ 관리도의 선정
④ 시료를 채취하고 측정하여 관리도를 작성

> **예제**
>
> $\bar{x}$ 관리도에서 관리상한이 22.15, 관리하한이 6.85, $\bar{R}$ = 7.5일 때 시료군의 크기(n)는 얼마인가?(단, n = 2일 때 A_2 = 1.88, n = 3일 때 A_2 = 1.02, n = 4일 때 A_2 = 0.73, n = 5일 때 A_2 = 0.58)
>
> **풀이** $\bar{x}$ 관리도 : UCL = 22.15, LCL = 6.85, $\bar{R}$ = 7.5
>
> $\begin{cases} \text{UCL} = \bar{x} + A_2\bar{R} \\ \text{LCL} = \bar{x} + A_2\bar{R} \end{cases}$
>
> $\overline{\text{UCL} - \text{LCL} = 2A_2\bar{R}}$
>
> $\therefore A_2 = \dfrac{\text{UCL} - \text{LCL}}{2\bar{R}} = \dfrac{22.15 - 6.85}{2 \times 7.5} = 1.02 \sim n = 3$
>
> **정답** 3

3. **경향(Trend)** : 관리도에서 측정한 값을 차례로 타점했을 때 점이 순차적으로 상승하거나 하강하는 것

04 생산계획

1. 제조 로트(Lot)의 결정방법

① **로트의 의의** : 단위생산수량이라고도 하는데, 생산이 이루어지는 단위 수량으로서 여러 개 혹은 그 이상의 상당한 수량을 한 묶음 내지 한 단위로 하여 생산이 이루어지는 경우를 말한다.
② **로트수** : 일정한 제조횟수를 표시하는 개념이다. 즉, 예정생산목표량을 몇 회로 분할 생산하는가이다.
③ **로트의 크기** : 예정생산목표량을 로트수로 나눈 것이다.
④ **로트의 종류**
 ㉠ 제조명령 로트
 ㉡ 가공 로트
 ㉢ 이동 로트

> **참고**
> 로트의 크기가 시료의 크기에 비해 10배 이상 클 때, 시료의 크기와 합격 판정 개수를 일정하게 하고 로트의 크기를 증가시키면 검사특성곡선의 모양은 거의 변화하지 않는다.

2. 경제적 로트의 산출방식

① 로트수와 작업시간과의 관계

$$T_n = T_p + T_s$$

여기서, T_n : 총작업시간, T_p : 준비작업시간, T_s : 정미작업시간, N : 로트수

> **예제**
> 로트수가 10이고 준비작업시간이 20분이며, 로트별 정미작업시간이 60분이라면 1로트당 작업시간은?
>
> **풀이** ① 로트란 단위생산수량이라고도 하며, 생산이 이루어지는 단위수량으로서 여러 개 혹은 그 이상의 상당한 수량을 한 묶음 내지, 한 단위로 하여 생산이 이루어지는 경우이다.
> ② 1로트당 작업시간 = $\dfrac{20 + (60 \times 10)}{10}$ = 62분
>
> **정답** 62분

② F.W. Harris식

$$경제적 발주량(Q) = \sqrt{\frac{2DP}{CI}}$$

예제

연간 소요량 4,000개인 어떤 부품의 발주비용은 매회 200원이며, 부품단가는 100원, 연간 재고유지비율이 10%일 때 F.W. Harris식에 의한 경제적 주문량은 얼마인가?

풀이 F.W. Harris식에서

$$경제적 발주량(Q) = \sqrt{\frac{2DP}{CI}}$$

Q : 로트의 크기(경제적 발주량), D : 소비예측(연간소비량), P : 준비비(1회 발주비용), C : 단위비(구입 단가)
I : 단위당 연간재고유지(이자, 보관, 손실 등)

$$Q = \sqrt{\frac{2 \times 4,000 \times 200}{100 \times 0.1}} = 400개/회$$

정답 400개/회

$$연간 총관계비용\ Y^* = \sqrt{2CIRP}$$

여기서, Q : 로트의 크기(경제적 발주량), R : 소비예측(연간 소비량), P : 준비비(1회 발주비용)
C : 단위비(구입 단가), I : 단위당 연간 재고유지(이자, 보관, 손실 등)

③ P.N. Lehouzcky식

$$X = \sqrt{\frac{M}{L}\left(\frac{S \cdot T + J - S \cdot I}{2}\right)},\ S = \frac{제품단가}{재료비},\ J = \frac{제조수량}{제조능력}$$

여기서, X : 1년간의 생산 로트수, L : 준비비
M : 1년간 1회 구입했을 때의 재료비에 대한 이자(즉, 총자재비 × 이자율)
$S \cdot T$: 단가, T : 연간 수요량, J : 연간 총 보유비용, I : 이자율 또는 보유비율

3. 손익분기점

예제

어떤 회사의 매출액이 80,000원, 고정비가 15,000원, 변동비가 40,000원일 때 손익분기점 매출액은 얼마인가?

풀이 손익분기점 매출액 $= \dfrac{고정비}{1 - \dfrac{변동비}{매출액}} = \dfrac{15,000}{1 - \dfrac{40,000}{80,000}} = 30,000원$

정답 30,000원

4. 수요예측

장래의 일정한 기간 동안에 생산하여야 할 제품의 생산수량을 사전에 예정하는 생산수량 계획을 세움에 있어서 확실한 수요량을 판단하는 것이다.

> **참고**
> 시장조사법
> 신제품에 대한 수요예측방법으로 가장 적절하다.

5. 수요예측 방법의 분류

① **시계열분석** : 과거의 자료를 수리적으로 분석하여 일정한 경향을 도출한 후 가까운 장래의 매출액, 생산량 등을 예측하는 방법

② **회귀분석** : 과거의 자료부터 회귀방정식을 도출하고, 이를 검정하여 미래를 예측하는 것

③ **구조분석** : 수요상황을 산정하는 구조모델을 추정하고, 이것으로부터 미래를 예측하는 것

④ **의견분석** : 신제품의 경우와 같이 일반 사용자의 의견을 집계분석하여 미래를 예측하는 것

6. 수요예측 기법

① **최소 자승법** : 동적평균선을 관찰자와 경향치와의 편차자승의 총합계가 최소가 되도록 구하고 회귀직선을 연장해서 예측하는 방법이다.

$$Y = a + bx$$

$$a = \frac{(\sum y \sum x^2) - (\sum x \sum xy)}{(n \sum x^2 - \sum x)^2}, \quad b = \frac{(n \sum xy) - (\sum x \sum y)}{(n \sum x^2 - \sum x)^2}$$

여기서, Y : 예측치
a : Y축과 교점,
b : 직선의 기울기
x : 연도

② **단순이동평균법**

㉠ 단순이동평균(SMA) : 과거 n개 데이터의 비가중 평균을 말한다.

예) $\frac{(4+6+8)}{3} = 6$

계산이 간단하나 변화에 대응이 어렵다.

예제

다음을 참조하여 5개월 단순이동평균법으로 7월의 수요를 예측하면 몇 개인가?

월	1	2	3	4	5	6
실적(개)	48	50	53	60	64	68

풀이 $ED = \dfrac{\sum xi}{n} = \dfrac{48 + 50 + 53 + 60 + 64 + 68}{6} = 57.17$

정답 57

ⓛ 지수이동평균(EMA) : 최근 데이터에 가중치를 부여한다.

  예 EMA = (현대수치 × a) + {전일EMA × (1- a)}, {$a = \dfrac{2}{(n+1)}$}

추세를 빠르게 반영한다.

ⓒ 가중이동평균(WMA) : 데이터 포인트에 차등 가중치를 적용한다.

  예 WMA = $\dfrac{(4 \times 1 + 5 \times 20 + 6 \times 3)}{(1 + 2 + 3)} = 5.33$

최근값에 포인트를 두었다.

05 생산통계

제6과목 : 공업경영

1. 생산관리

예제

자전거를 셀 방식으로 생산하는 공장에서, 자전거 1대당 소요공수가 14.5H이며, 1일 8H, 월 25일 작업을 한다면 작업자 1명 당월 생산 가능대수는 몇 대인가?(단, 작업자의 생산종합효율은 80%이다.)

풀이 작업자 1명당 월생산 가능대수 $= \dfrac{25일 \times 8H/일 \times 0.8}{14.5H/대} = 11대$

정답 11대

2. 설비보전

① 생산보전의 내용

　㉠ **보전예방(MP : Maintenance Prevention)** : 설비의 설계 및 설치 시에 고장이 적은 설비를 선택해서 설비의 신뢰성과 보전성을 향상시키는 방법

　㉡ **예방보존(PM : Preventive Maintenance)** : 설비를 사용 중에 예방보전을 실시하는 쪽이 사후보전을 하는 것보다 비용이 적게 드는 설비에 대해서 정기적인 점검 및 검사와 조기수리를 행함으로써 생산활동 중에 기계고장을 방지하는 기법으로 효과는 다음과 같다.

　　ⓐ 기계의 수리비용이 감소한다.
　　ⓑ 생산시스템의 신뢰도가 향상된다.
　　ⓒ 고장으로 인한 중단시간이 감소한다.

　㉢ **개량보전(CM : Corrective Maintenance)** : 고장원인을 분석하여 보전비용이 적게들도록 설비의 기능 일부를 개량해서 설비 그 자체의 체질을 개선하는 기법

　㉣ **사후보전(BM : Breakdown Maintenance)** : 고장이 난 후에 보전하는 쪽이 비용이 적게 드는 설비에 적용하는 방식으로, 설비의 열화정도가 수리한계를 지난 경우에 사용하는 기법

> **참고**
> **TPM 활동체제 구축을 위한 5가지 기능**
> ① 설비초기 관리체계 구축활동
> ② 설비효율화의 개별개선 활동
> ③ 운전과 보전의 스킬업 훈련활동
> ④ 자주보전체제 구축
> ⑤ 보전부분의 계획보전체제 구축

② 설비보전 조직형태
　㉠ 집중보전 : 공장의 모든 보전요원을 한 사람의 관리자 밑에 두고 활동
　㉡ 지역보전 : 지역별로 책임자를 두고 보전요원이 활동
　　ⓐ 장점
　　　• 조업요원과 지역보전요원과의 관계가 밀접해진다.
　　　• 보전요원이 현장에 있으므로 생산본위가 되며, 생산의욕을 가진다.
　　　• 같은 사람이 같은 설비를 담당하므로 설비를 잘 알며, 충분한 서비스를 할 수 있다.
　　ⓑ 단점
　　　• 노동력의 유효이용 곤란
　　　• 인원배치의 유연성 제약
　　　• 보전용 설비공구의 중복
　㉢ 부문보전 : 보전작업자는 조직상 각 제조부분의 감독자 밑에 둔다.
　　ⓐ 장점 : 운전자와 일체감 및 현장 감독의 용이성
　　ⓑ 단점 : 생산 우선에 의한 보전작업 경시, 보전기술 향상의 곤란성
　㉣ 절충보전 : 지역보전 또는 부문보전과 집중보전을 결합하여 장점을 살리고 결점을 보완

06 작업관리

1. 작업개선을 위한 공정분석

① 제품 공정분석

② 사무 공정분석

③ 작업자 공정분석

④ 부대분석

2. 작업측정의 목적

① 작업개선

② 표준시간 설정

③ 과업관리

④ 원가분석

⑤ 작업자 성과평가

⑥ 생산계획수립

07 기타 공업경영에 관한 사항

1. 비용구배(Cost Slope)
일정통제를 할 때 1일당 그 작업을 단축하는데 소요되는 비용의 증가를 의미한다.

예제
정상소요기간이 5이고, 비용이 20,000원이며 특급 소요기간이 3일이고, 이때의 비용이 30,000원이라면 비용구배는 얼마인가?

풀이 비용구배(Cost Slope) = $\dfrac{\Delta cost}{\Delta time}$ = $\dfrac{특급비용 - 정상비용}{정상공기 - 특급공기}$ = $\dfrac{30,000 - 20,000}{5 - 3}$ = 5,000원/일

정답 5,000원/일

2. PTS(Predetermined Time Standard Time System)법

① PTS법
모든 작업을 기본동작으로 분해하고 각 기본동작에 대하여 성질과 조건에 따라 미리 정해놓은 시간치를 적용하여 정비시간을 산정하는 방법

② PTS법의 종류
㉠ MTM(Methods Time Measurement)
ⓐ MTM의 의의 : MTM의 정의는 PTS의 정의와 동일하다. 인간이 행하는 작업을 몇 개의 기본동작으로 분석하여 그 기본동작 간의 관계나 그것에 필요로 하는 시간치를 밝히는 방법이다.
ⓑ MTM의 시간치 : MTM에서 사용하는 시간단위는 0.00001시간으로 TMU(Time Measurement Unit)라 한다.

1TMU = 0.00001시간	1초 = 27.8TMU
1TMU = 0.0006분	1분 = 1666.7TMU
1TMU = 0.036초	1시간 = 100,000TMU

㉡ WF(Work Factor)
ⓐ WF법의 의의 : 표준시간 설정을 위해 여러 정밀 계측시계를 이요하여 극소동작에 대한 상세한 데이터를 취하고 움직인 거리, 사용한 신체부위, 취급물의 중량 또는 저항, 인위적 조절 등과 같은 영향을 미치는 요인들에 대해 상세한 분석과 연구를 한 결과 만족할만한 기초적인 동작시간 공식을 작성하였다.
ⓑ 1WFU = 0.006초 = 0.0001분 = 0.0000017시

ⓒ 4가지 인위적 조절 요소

일정한 정지(D), 방향의 조절(S), 주의(P), 방향변경(U)

3. 공정분석

① 공정분석도와 공정분석기호
- ㉠ 작업(Operation) : ○
- ㉡ 운반(Transportation) : ⇨
- ㉢ 검사(Inspection) : □
- ㉣ 지연(Delay) : D
- ㉤ 저장(Storage) : ▽

② 작업방법 개선의 기본 4원칙
- ㉠ 배제(Eliminate)
- ㉡ 결합(Combine)
- ㉢ 재배치(Rearrange)
- ㉣ 간소화(Simplify)

> **참고**
> 유통공정도
> 공정 중에 발생하는 모든 작업, 검사, 운반, 저장, 정체 등이 도식화된 것이며 또한 분석에 필요하다고 생각되는 소요시간, 운반거리 등의 정보가 기재된 것

4. PERT/CPM

① PERT(Program Evaluation & Review Technique, Program Evaluation Research Task)의 의의 : PERT기법이란 경영관리자가 사업목적을 달성하기 위해 수행하는 기본계획·세부계획 및 통계기능에 도움을 줄 수 있는 수적기법이며, 계획공정도를 중심으로 한 종합적인 관리기법이다. 이것은 합리적인 계획으로 실패를 줄이며, 성공하는 방법이다.

② CPM(Critical Path Method)의 의의 : 각 활동의 소요일수 대 비용의 관계를 조사하여 최소비용으로 공사계획이 수행될 수 있도록 최적의 공기를 구하는 데 있다. 이것은 비용을 극소화하여 이윤을 극대화시키는 방법이다.

5. 설비 배치 및 개선의 목적

① 설비투자 최소화
② 이동거리의 감소
③ 작업자 부하 평준화
④ 제공품의 감소
⑤ 생산공정의 단순화
⑥ 공간 이용률의 향상
⑦ 작업환경의 개선

6. 품질관리와 데이터

① 데이터

　㉠ **계수치 데이터** : 불량개수, 홈의 수, 결점수, 사고건수 등과 가이 1, 2, 3, …으로 헤아릴 수 있는 이상적인 데이터

　㉡ **계량치 데이터** : 길이, 무게, 두께, 눈금, 시간, 수분, 온도, 강도, 수율, 함유량 등과 같이 연속량으로 측정하여 얻어지는 품질 특성치

② 파레토도

제품의 불량이나 결점 등의 데이터를 그 내용이나 월·일별로 분류하여 발생상황의 크기 차례로 놓아 기둥 모양으로 나타낸 그림으로, 불량이나 결점 등을 중점관리를 하고자 할 때 사용된다.

③ 도수분포법

도수분포법은 품질의 변동을 분포의 형상으로 또는 수량적으로 파악하는 통계적 방법

　㉠ 도수분포의 목적

　　ⓐ 데이터의 흩어진 모양을 알고 싶을 때

　　ⓑ 많은 데이터로부터 평균치와 표준편차를 구할 때

　　ⓒ 원 데이터를 규격과 대조하고 싶을 때

　㉡ 도수분포표에서 알 수 있는 정보

　　ⓐ 로트 분포의 모양

　　ⓑ 로트의 평균 및 표준편차

　　ⓒ 규격과의 비교를 통한 부적합품률의 추정

④ 히스토그램

도수분포표로 정리된 변수의 활동수준을 막대의 길이로 표시하여 수평이나 수직으로 늘어놓아 상호비교가 쉽도록 만드는 그림이다.

⑤ 특성요인도

특성과 요인관계를 도표로하여 어골상으로 세분화한 것으로 재해의 통계적 원인분석 중 결과에 대한 원인요소를 상호의 관계를 인간관계로 결부하여 나타내는 작업으로 브레인스토밍과 관계가 깊다.

7. 우발적(이상)원인

공정에서 안정적으로 존재하는 것은 아니고 산발적으로 발생하며, 품질의 변동에 크게 영향을 끼치는 요주의 원인

8. 우연(불가피, 억제할 수 없는)원인

품질 변동의 원인 가운데에서 엄격한 공정 관리하에서도 발생할 소지가 있는 불가피한 변동원인

9. 품질관리 시스템에서 4M

① Man(작업자)

② Machine(기계, 설비)

③ Material(재료)

④ Method(작업방식)

10. 품질 특성을 나타내는 데이터

① **계수치 데이터** : 부적합품의 수, 불량개수, 홈의 수, 결점수, 사고건수 등

② **계량치 데이터** : 무게, 길이, 눈금, 인장강도, 온도 등

11. 품질관리기능의 사이클

품질설계 → 공정관리 → 품질보증 → 품질개선

12. 관리 사이클 순서

P(Plan) → D(Do) → C(Check) → A(Action)

13. 사내표준을 작성할 때 갖추어야 할 요건

① 내용이 구체적이고 객관적이어야 한다.

② 장기적 방침 및 체계하에서 추진할 것

③ 작업표준에는 수단 및 행동을 직접 제시할 것

④ 당사자에게 의견을 말하는 기회를 부여하는 절차로 정할 것

제7과목 위험물안전관리법

01 총칙

1. 위험물안전관리법의 목적

위험물의 저장·취급 및 운반과 이에 따른 안전관리에 관한 사항을 규정함으로써 위험물로 인한 위해를 방지하여 공공의 안전을 확보함을 목적으로 한다.

2. 용어의 정의

① **위험물** : 인화성 또는 발화성 등의 성질을 가지는 것으로서 대통령령이 정하는 물품을 말한다.
② **지정수량** : 위험물의 종류별로 위험성을 고려하여 대통령령이 정하는 수량으로서 제조소 등의 허가 등에 있어서 최저의 기준이 되는 수량을 말한다.
③ **제조소 등** : 제조소·저장소 및 취급소를 말한다.

3. 제조소 등의 승계 및 용도 폐지

제조소 등의 승계	제조소 등의 용도 폐지
• 신고처 : 시·도지사	• 신고처 : 시·도지사
• 신고 기간 : 30일 이내	• 신고 기간 : 14일 이내

4. 위험물 안전관리자

① 안전관리자를 해임하거나 퇴직한 때에는 그 날로부터 30일 이내에 다시 선임하여야 하고, 선임시에는 14일 이내에 소방본부장 또는 소방서장에게 신고하여야 한다.
② 안전관리자를 선임한 제조소 등의 관계인은 안전관리자가 여행·질병 그 밖의 사유로 인하여 일시적으로 직무를 수행할 수 없거나 안전관리자의 해임 또는 퇴직과 동시에 다른 안전관리자를 선임하지 못하는 경우에는 국가기술자격법에 따른 위험물의 취급에 관한 자격 취득자 또는 위험물안전에 관한 기본 지식과 경험이 있는 자로서 행정안전부령이 정하는 자를 대리자(代理者)로 지정하여 그 직무를 대행하게 하여야 한다. 이 경우 대리자가 안전관리자의 직무를 대행하는 기간은 30일을 초과할 수 없다.

5. 위험물 안전관리자의 책무

안전관리자는 위험물의 취급에 관한 안전관리와 감독에 관한 다음의 업무를 성실하게 행하여야 한다.

① 위험물의 취급 작업에 참여하여 당해 작업이 법 제5조 제3항의 규정에 의한 저장 또는 취급에 관한 기술기준과 법 제17조의 규정에 의한 예방규정에 적합하도록 해당 작업자(당해 작업에 참여하는 위험물 취급 자격자를 포함한다. 이하 같다)에 대하여 지시 및 감독하는 업무
② 화재 등의 재난이 발생한 경우 응급 조치 및 소방관서 등에 대한 연락 업무

③ 위험물 시설의 안전을 담당하는 자를 따로 두는 제조소 등의 경우에는 그 담당자에게 다음 규정에 의한 업무의 지시, 그 밖의 제조소 등의 경우에는 다음 규정에 의한 업무
  ㉠ 제조소등의 위치·구조 및 설비를 법 제5조 제4항의 기술기준에 적합하도록 유지하기 위한 점검과 점검 상황의 기록·보존
  ㉡ 제조소 등의 구조 또는 설비의 이상을 발견한 경우 관계자에 대한 연락 및 응급조치
  ㉢ 화재가 발생하거나 화재 발생의 위험성이 현저한 경우 소방관서 등에 대한 연락 및 응급조치
  ㉣ 제조소 등의 계측 장치·제어 장치 및 안전 장치 등의 적정한 유지·관리
  ㉤ 제조소 등의 위치·구조 및 설비에 관한 설계 도서 등의 정비·보존 및 제조소 등의 구조 및 설비의 안전에 관한 사무의 관리
④ 화재 등의 재해의 방지에 관하여 인접하는 제조소 등과 그 밖의 관련되는 시설의 관계자와 협조체제의 유지
⑤ 위험물의 취급에 관한 일지의 작성·기록
⑥ 그 밖에 위험물을 수납한 용기를 차량에 적재하는 작업, 위험물 설비를 보수하는 작업 등 위험물의 취급과 관련된 작업의 안전에 관하여 필요한 감독의 수행

6. 예방 규정

① 예방 규정 작성 대상

작성 대상	지정 수량의 배수	제외 대상
제조소	10배 이상	지정수량의 10배 이상의 위험물을 취급하는 일반취급소. 다만, 제4류 위험물(특수인화물을 제외한다)만을 지정수량의 50배 이하로 취급하는 일반 취급소(제1석유류·알코올류의 취급량이 지정 수량의 10배 이하인 경우에 한한다)로서 다음의 어느 하나에 해당하는 것을 제외한다. ① 보일러·버너 또는 이와 비슷한 것으로서 위험물을 소비하는 장치로 이루어진 일반 취급소 ② 위험물을 용기에 옮겨 담거나 차량에 고정된 탱크에 주입하는 일반 취급소
옥내 저장소	150배 이상	
옥외 탱크 저장소	200배 이상	
옥외 저장소	100배 이상	
이송 취급소	전 대상	
일반 취급소	10배 이상	
암반 탱크 저장소	전 대상	

② 예방 규정에서 정할 사항
  ㉠ 위험물의 안전관리 업무를 담당하는 자의 직무 및 조직에 관한 사항
  ㉡ 위험물 안전관리자가 그 직무를 수행할 수 없는 경우 그 직무를 대행하는 사람에 관한 사항
  ㉢ 자체 소방대의 편성과 화학 소방 자동차의 배치에 관한 사항
  ㉣ 위험물 안전에 관계된 작업에 종사하는 사람에 대한 안전 교육에 관한 사항
  ㉤ 위험물 시설 및 작업장에 대한 안전 순찰에 관한 사항
  ㉥ 제조소 등의 시설과 관련 시설에 대한 점검 및 정비에 관한 사항
  ㉦ 제조소 등의 시설의 운전 또는 조작에 관한 사항

ⓞ 위험물 취급 작업의 기준에 관한 사항
ⓩ 이송 취급소에 있어서는 배관 공사 시의 안전 확보에 관한 사항
ⓒ 재난, 그 밖의 비상 시의 경우에 취하여야 하는 조치에 관한 사항
ⓚ 위험물의 안전에 관한 기록에 관한 사항
ⓣ 제조소 등의 위치·구조 및 설비를 명시한 서류와 도면의 정비에 관한 사항
ⓟ 그 밖에 위험물의 안전 관리에 관하여 필요한 사항

7. 정기 점검 대상이 되는 제조소 등

① 예방 규정 작성 대상인 제조소 등
  ㉠ 지정 수량의 10배 이상의 제조소·일반 취급소
  ㉡ 지정 수량의 100배 이상의 옥외 저장소
  ㉢ 지정 수량의 150배 이상의 옥내 저장소
  ㉣ 지정 수량의 200배 이상의 옥외 탱크 저장소
  ㉤ 암반 탱크 저장소
  ㉥ 이송 취급소
② 지하 탱크 저장소
③ 이동 탱크 저장소
④ 위험물을 취급하는 탱크로서 지하에 매설된 탱크가 있는 제조소·주유 취급소 또는 일반 취급소

> **참고**
> 예방 규정을 정하여야 하는 제조소 등의 관계인은 위험물 제조소 등에 기술 기준에 적합한지 여부를 연 1회 이상 점검한다(단, 100만L 이상의 옥외 탱크 저장소는 제외한다).

8. 제조소 및 일반 취급소의 자체 소방대의 기준

① 제조소 및 일반 취급소의 자체 소방대의 기준

사업소의 구분	화학 소방 자동차	자체 소방대원의 수
제조소 등에서 취급하는 제4류 위험물의 최대 수량의 합이 지정 수량의 3천 배 이상 12만 배 미만인 사업소	1대	5인
제조소 등에서 취급하는 제4류 위험물의 최대 수량의 합이 지정 수량의 12만 배 이상 24만 배 미만인 사업소	2대	10인
제조소 등에서 취급하는 제4류 위험물의 최대 수량의 합이 지정 수량의 24만 배 이상 48만 배 미만인 사업소	3대	15인
제조소 등에서 취급하는 제4류 위험물의 최대 수량의 합이 지정 수량의 48만 배 이상인 사업소	4대	20인
옥외탱크저장소에 저장하는 제4류 위험물의 최대 수량이 지정 수량의 50만 배 이상인 사업소	2대	10인

② 자체 소방대에 두어야 하는 화학 소방 자동차에 갖추어야 하는 소화 능력 및 설비 기준

화학 소방차의 구분	소화 능력	비치량
분말 방사차	35kg/s 이상	1,400kg 이상
할로겐화물 방사차	40kg/s 이상	1,000kg 이상
CO_2 방사차		3,000kg 이상
포 수용액 방사차	2,000L/min 이상	10만L 이상
제독차		가성소다 및 규조토를 각각 50kg 이상

02 위험물의 취급 기준

1. 지정 수량 이상의 위험물을 임시로 제조소 등이 아닌 장소에서 취급할 경우
관할 소방서장에게 승인 후 90일 이내

2. 취급 중 제조 공정시

① 증류 공정
위험물을 취급하는 설비의 내부 압력의 변동 등에 의하여 액체 또는 증기가 새지 않도록 한다.

② 추출 공정
추출관의 내부 압력이 비정상으로 상승하지 않도록 한다.

③ 건조 공정
위험물의 온도가 국부적으로 상승하지 않는 방법으로 가열 또는 건조한다.

④ 분쇄 공정
위험물의 분말이 현저하게 부유하고 있거나 기계, 기구 등에 부착된 상태로 그 기계・기구를 취급하지 않는다.

3. 위험물의 운반에 관한 기준

위험물	수납률
알킬알루미늄 등	90% 이하(50℃에서 5% 이상 공간 용적 유지)
고체 위험물	95% 이하
액체 위험물	98% 이하(55℃에서 누설되지 않는 것)

> **참고**
> 기계에 의하여 하역하는 구조로 된 운반용기에 대한 수납기준에 의하면 액체 위험물을 수납하는 경우에는 55℃의 온도에서 증기압이 130kpa 이하가 되도록 수납한다.

4. 위험물 적재 방법

위험물은 그 운반 용기의 외부에 다음에서 정하는 바에 따라 위험물의 품명, 수량 등을 표시하여 적재하여야 한다.

① 위험물의 품명・위험 등급・화학명 및 수용성('수용성' 표시는 제4류 위험물로서 수용성인 것에 한한다.)

② 위험물의 수량

③ 수납하는 위험물에 따라 다음의 규정에 의한 주의 사항

㉠ 위험물 운반 용기 주의 사항

ⓐ 제1류 위험물 중 알칼리 금속의 과산화물 또는 이를 함유한 것에 있어서는 "화기·충격주의", "물기 엄금" 및 "가연물 접촉 주의", 그 밖의 것에 있어서는 "화기·충격 주의" 및 "가연물 접촉 주의"

ⓑ 제2류 위험물 중 철분·금속분·마그네슘 또는 이들 중 어느 하나 이상을 함유한 것에 있어서는 "화기 주의" 및 "물기 엄금", 인화성 고체에 있어서는 "화기 엄금", 그 밖의 것에 있어서는 "화기 주의"

ⓒ 제3류 위험물 중 자연 발화성 물질에 있어서는 "화기 엄금" 및 "공기 접촉 엄금", 금수성 물질에 있어서는 "물기 엄금"

ⓓ 제4류 위험물에 있어서는 "화기 엄금"

ⓔ 제5류 위험물에 있어서는 "화기 엄금" 및 "충격 주의"

ⓕ 제6류 위험물에 있어서는 "가연물 접촉 주의"

㉡ 제조소의 게시판 주의 사항

위험물		주의 사항
제1류 위험물	알칼리 금속의 과산화물	물기 엄금
	기타	별도의 표시를 하지 않는다.
제2류 위험물	인화성 고체	화기 엄금
	기타	화기 주의
제3류 위험물	자연 발화성 물질	화기 엄금
	금수성 물질	물기 엄금
제4류 위험물		화기 엄금
제5류 위험물		
제6류 위험물		별도의 표시를 하지 않는다.

5. 방수성 있는 피복 조치

유별	적용 대상
제1류 위험물	알칼리 금속의 과산화물
제2류 위험물	철분, 금속분, 마그네슘
제3류 위험물	금수성 물품

6. 차광성이 있는 피복 조치

유별	적용 대상
제1류 위험물	전부
제3류 위험물	자연 발화성 물품
제4류 위험물	특수 인화물
제5류 위험물	전부
제6류 위험물	

7. 유별을 달리하는 위험물의 혼재 기준

위험물의 구분	제1류	제2류	제3류	제4류	제5류	제6류
제1류		×	×	×	×	○
제2류	×		×	○	○	×
제3류	×	×		○	×	×
제4류	×	○	○		○	×
제5류	×	○	×	○		×
제6류	○	×	×	×	×	

[비고] 1. × 표시는 혼재할 수 없음을 표시한다.
2. ○ 표시는 혼재할 수 있음을 표시한다.
3. 이 표는 지정수량 $\frac{1}{10}$ 이하의 위험물에 대하여는 적용하지 아니한다.

> **참고**
> 위험물운반을 위해 적재하는 경우 제4류 위험물과 혼재가 가능한 액화석유가스 또는 압축천연가스의 용기 내용적은 120L 미만이다.

8. 위험물 저장탱크의 용량

① 위험물을 저장 또는 취급하는 탱크의 용량은 해당 탱크의 내용적에서 공간 용적을 뺀 용적으로 한다.
② 탱크의 공간 용적은 탱크 내용적의 100분의 5 이상 100분의 10 이하로 한다.

예제
위험물 탱크의 내용적이 10,000L이고 공간 용적이 내용적의 10%일 때 탱크의 용량은?

풀이 탱크의 공간 용적 : 탱크 내용적의 $\frac{5}{100}$ 이상 $\frac{10}{100}$ 이하로 한다.
∴ 10,000L × 0.9 = 9,000L

정답 9,000L

③ 타원형 탱크의 내용적

㉠ 양쪽이 볼록한 것 : $V = \dfrac{\pi ab}{4}\left(l + \dfrac{l_1 + l_2}{3}\right)$

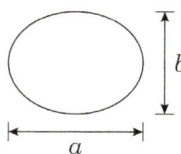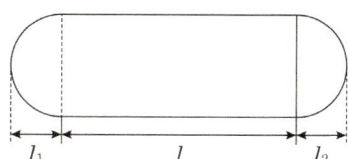

예제

그림과 같은 타원형 탱크의 내용적은 약 몇 m³인가?

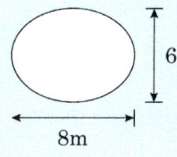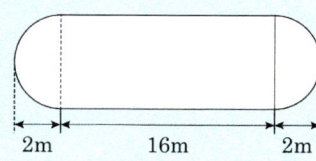

풀이 $V = \dfrac{\pi ab}{4}\left(l + \dfrac{l_1 + l_2}{3}\right) = \dfrac{\pi \times 8 \times 6}{4} \times \left(16 + \dfrac{2+2}{3}\right) = 653\,\text{m}^3$

정답 653m³

㉡ 한쪽이 볼록하고, 다른 한쪽은 오목한 것 : $V = \dfrac{\pi ab}{4}\left(l + \dfrac{l_1 - l_2}{3}\right)$

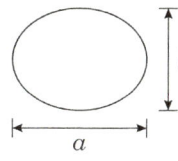

④ 원형 탱크의 내용적

㉠ 횡(수평)으로 설치한 것 : $V = \pi r^2 \left(l + \dfrac{l_1 + l_2}{3}\right)$

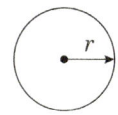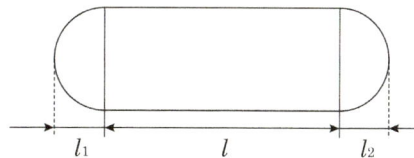

예제

그림과 같이 횡으로 설치한 원통형 위험물 탱크에 대하여 탱크의 용량을 구하면 약 몇 m³인가?

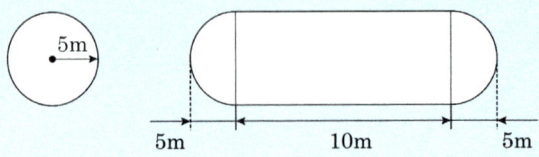

풀이 $V = \pi r^2 \left(l + \dfrac{l_1 + l_2}{3} \right) = \pi \times 5^2 \left(10 + \dfrac{5+5}{3} \right) = 1046.67 \text{m}^3$

여기서 공간 용적이 5%인 탱크의 용량 = 1046.67 × 0.95 = 994.34m³

정답 653m³

ⓒ 종(수직)으로 설치한 것 : $V = \pi r^2 l$

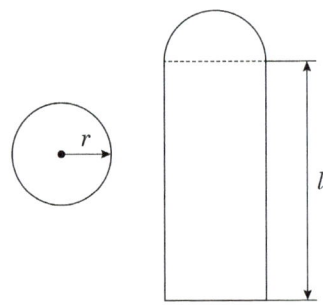

예제

위험물을 저장하는 원통형 탱크를 종으로 설치할 경우 공간 용적을 옳게 나타낸 것은?(단, 탱크의 지름은 10m, 높이는 16m이며, 원칙적인 경우)

풀이 탱크의 내용적 = $\pi r^2 l = \pi \times 5^2 \times 16 = 1256.64 \text{m}^3$

탱크의 공간 용적 : 탱크 내용적의 $\dfrac{5}{100}$ 이상 $\dfrac{10}{100}$ 이하

1256.64 × 0.95 = 62.8m³, 1256.84 × 0.90 = 125.7m³

∴ 62.8m³ 이상 25.7m³ 이하

정답 62.8m³ 이상 25.7m³ 이하

03 위험물 시설의 구분

1. 제조소

1) 안전거리

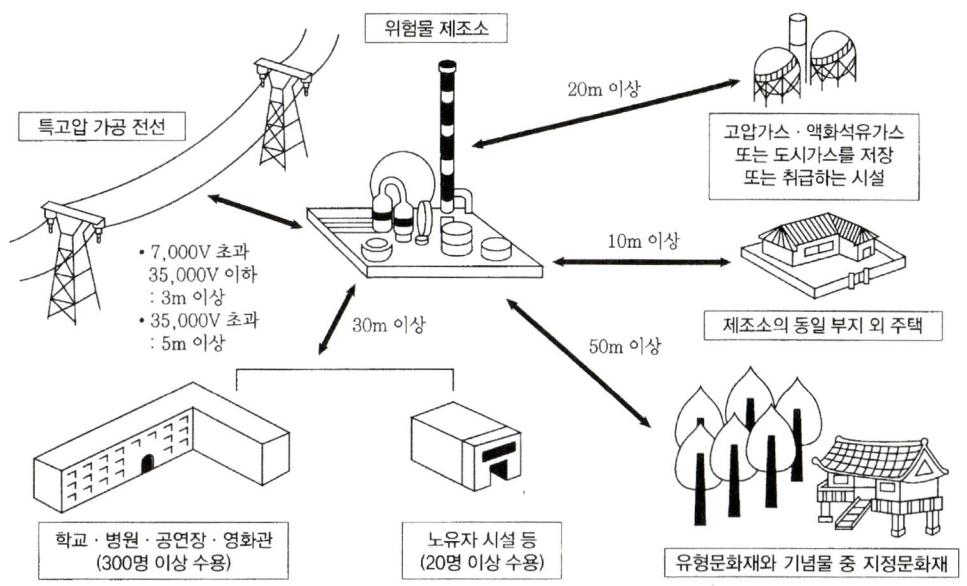

[위험물 제조소와의 안전거리]

2) 안전 거리의 적용 대상

① 위험물 제조소(제6류 위험물을 취급하는 제조소 제외)
② 일반 취급소
③ 옥내 저장소
④ 옥외 탱크 저장소
⑤ 옥외 저장소

3) 보유 공지

위험물 시설 또는 그 구성 부분의 주위에 확보해야 할 절대 공간을 말하며, 소방 활동의 공간을 제공하고 화재 시 상호 연소 방지를 위해 설치한다.

취급하는 위험물의 최대 수량	공지의 너비
지정 수량 10배 이하	3m 이상
지정 수량 10배 초과	5m 이상

4) 제조소의 건축물 구조 기준

① 지하층이 없도록 한다.

② 벽, 기둥, 바닥, 보, 서까래 및 계단은 불연 재료로 하고, 연소의 우려가 있는 외벽은 개구부가 없는 내화 구조의 벽으로 하여야 한다.

③ 지붕은 폭발력이 위로 방출될 정도의 가벼운 불연 재료로 덮어야 한다.

④ 출입구와 비상구는 갑종 방화문 또는 을종 방화문을 설치하며, 연소의 우려가 있는 외벽에 설치하는 출입구는 자동 폐쇄식의 갑종 방화문을 설치한다.

⑤ 위험물을 취급하는 건축물의 창 및 출입구에 유리를 이용하는 경우에는 망입 유리로 한다.

⑥ 액체의 위험물을 취급하는 건축물의 바닥은 위험물이 침윤하지 못하는 재료를 사용하고, 적당한 경사를 두어 그 최저부에 집유 설비를 한다.

5) 환기 설비

① 환기는 자연 배기 방식으로 한다.

② 급기구는 해당 급기구가 설치된 실의 바닥 면적 150m²마다 1개 이상으로 하되, 급기구의 크기는 800cm² 이상으로 한다. 다만, 바닥 면적이 150m² 미만인 경우에는 다음의 크기로 하여야 한다.

바닥 면적	급기구의 면적
60m² 미만	150cm² 이상
60m² 이상 90m²	300cm² 이상
90m² 이상 120m²	450cm² 이상
120m² 이상 150m²	600cm² 이상

③ 급기구는 낮은 곳에 설치하고, 가는 눈의 구리망 등으로 인한 방지망을 설치한다.

④ 환기구는 지붕 위 또는 지상 2m 이상의 높이에 회전식 고정 벤틸레이터 또는 루프팬 방식으로 설치한다.

6) 배출 설비

국소 방식의 경우 배출 능력은 1시간당 배출 장소 용적의 20배 이상인 것으로 하여야 한다. 다만, 전역 방식의 경우에는 바닥 면적 1m²당 18m³ 이상으로 할 수 있다.

7) 정전기 제거 설비의 설치 기준

① 접지에 의한 방법(접지법)

② 공기 중의 상대 습도를 70% 이상으로 하는 방법(수증기 분사법)

③ 공기를 이온화하는 방법(공기의 이온화법)

8) 압력계 및 안전 장치

① 자동적으로 압력의 상승을 정지시키는 장치(일반적으로 안전 밸브를 사용)

② 감압측에 안전 밸브를 부착한 감압 밸브

③ 안전 밸브를 병용하는 경보 장치

④ 파괴판(위험물의 성질에 따라 안전 밸브의 작동이 곤란한 가압 설비에 한함)

2. 옥내 저장소

1) 옥내 저장소의 기준

① 보유 공지

저장 또는 취급하는 위험물의 최대수량	공지의 너비	
	벽, 기둥 및 바닥이 내화구조로 된 건축물	그 밖의 건축물
지정 수량의 5배 이하	–	0.5m 이상
지정 수량의 5배 초과 10배 이하	1m 이상	1.5m 이상
지정 수량의 10배 초과 20배 이하	2m 이상	3m 이상
지정 수량의 20배 초과 50배 이하	3m 이상	5m 이상
지정 수량의 50배 초과 200배 이하	5m 이상	10m 이상
지정 수량의 200배 초과	10m 이상	15m 이상

단, 지정 수량의 20배를 초과하는 옥내 저장소와 동일한 부지 내에 있는 다른 옥내 저장소와의 사이에는 동표에 정하는 공지 너비의 $\frac{1}{3}$(해당 수치가 3m 미만인 경우는 3m)의 공지를 보유할 수 있다.

② 저장 창고 바닥 면적 기준

㉠ 다음의 위험물을 저장하는 창고 : $1,000m^2$ 이하

ⓐ 제1류 위험물 중 아염소산염류, 염소산염류, 과염소산염류, 무기 과산화물, 그 밖에 지정 수량이 50kg인 위험물

ⓑ 제3류 위험물 중 칼륨, 나트륨, 알킬알루미늄, 알킬리튬, 그 밖에 지정 수량이 10kg인 위험물 및 황린

ⓒ 제4류 위험물 중 특수 위험물, 제1석유류 및 알코올류

ⓓ 제5류 위험물 중 유기 과산화물, 질산에스테르류, 그 밖에 지정 수량이 10kg인 위험물

ⓔ 제6류 위험물

㉡ ㉠의 위험물 외의 위험물을 저장하는 창고 : $2,000m^2$ 이하

2) 위험물의 저장 기준

① 운반 용기에 수납하여 저장한다.

② 품명별로 구분하여 저장한다.

③ 위험물과 비위험물과의 상호 거리 : 1m 이상

④ 혼재할 수 있는 위험물과 위험물의 상호 거리 : 1m 이상

⑤ 자연 발화 위험이 있는 위험물 : 지정 수량 10배 이하마다 0.3m 이상 간격을 둔다.

3) 위험물 용기를 겹쳐 쌓을 수 있는 높이

① 기계에 의하여 하역하는 구조로 된 용기만을 겹쳐 쌓는 경우 : 6m

② 제4류 위험물 중 제3석유류, 제4석유류 및 동·식물유류를 수납하는 용기만을 겹쳐 쌓는 경우 : 4m

③ 그 밖의 경우 : 3m

4) 상호 1m 이상의 간격을 유지하는 경우에도 동일한 옥내 저장소에 저장할 수 있는 것

① 제1류 위험물(알칼리 금속의 과산화물 또는 이를 함유한 것은 제외) + 제5류 위험물

② 제1류 위험물 + 제6류 위험물

③ 제1류 위험물 + 자연 발화성 물품(황린)

④ 제2류 위험물 중 인화성 고체 + 제4류 위험물

⑤ 제3류 위험물 중 알킬알루미늄 등 + 제4류 위험물(알킬알루미늄·알킬리튬을 함유한 것)

⑥ 제4류 위험물 중 유기 과산화물 또는 이를 함유하는 것 + 제5류 위험물 중 유기 과산화물 또는 이를 함유하는 것

5) 지정 유기과산화물 외벽의 기준

① 두께 20cm 이상의 철근콘크리트조, 철골철근콘크리트조

② 두께 30cm 이상의 보강시멘트블록조

3. 옥외 저장소

1) 옥외 저장소에 저장할 수 있는 위험물

① 제2류 위험물 중 황 또는 인화성고체(인화점이 0℃ 이상인 것에 한 함)

② 제4류 위험물 중 제1석유류(인화점 0℃ 이상인 것에 한 함), 알코올류, 제2석유류, 제3석유류, 제4석유류 및 동·식물유류

③ 제6류 위험물

2) 옥외 저장소의 선반 설치 기준

선반의 높이는 6m를 초과하지 아니할 것

3) 위험물의 저장 기준

① 운반 용기에 수납하여 저장한다.

② 위험물과 비위험물의 상호 거리 : 1m 이상

③ 위험물과 위험물의 상호 거리 : 1m 이상

4) 위험물을 저장하는 경우 높이를 초과하여 겹쳐 쌓지 아니한다.

① 기계에 의하여 하역하는 구조로 된 용기만을 겹쳐 쌓는 경우 : 6m

② 제4류 위험물 중 제3석유류, 제4석유류 및 동·식물유류를 수납하는 용기만을 겹쳐 쌓는 경우 : 4m

③ 그 밖의 경우 : 3m

5) 옥외 저장소 중 덩어리 상태의 황만을 지반면에 설치한 경계 표시의 안쪽에서 저장·취급하는 것

① 하나의 경계 표시의 내부 면적 : $100m^2$ 이하

② 2개 이상의 경계 표시를 설치하는 경우에 있어서는 각각의 경계 표시 내부의 면적을 합산한 면적 : $1,000m^2$ 이하

③ 황 옥외 저장소의 경계 표시 높이 : 1.5m 이하

④ 경계 표시에는 황이 넘치거나 비산하는 것을 방지하기 위한 천막 등을 고정하는 장치를 설치하되 천막 등을 고정하는 장치는 경계 표시의 길이 2m마다 1개 이상 설치한다.

4. 옥외 탱크 저장소

1) 탱크 구조 기준

① 재질 및 두께 : 두께 3.2mm 이상의 강철판

② 탱크 통기 장치의 기준

㉠ 밸브 없는 통기관

ⓐ 통기관의 직경 : 30mm 이상

ⓑ 통기관의 선단은 수평으로부터 45° 이상 구부려 빗물 등의 침투를 막는 구조일 것

ⓒ 가는 눈의 구리망 등으로 인화 방지 장치를 설치할 것

㉡ 대기 밸브 부착 통기관

ⓐ 5kPa 이하의 압력 차이로 작동할 수 있을 것

ⓑ 가는 눈의 구리망 등으로 인화 방지 장치를 설치할 것

③ 옥외 탱크 저장소의 금속 사용 제한 및 위험물 저장 기준

㉠ 금속 사용 제한 조치 기준 : 아세트알데히드 또는 산화프로필렌의 옥외 탱크 저장소에는 은, 수은, 동, 마그네슘 또는 이들 합금과는 사용하지 말 것

ⓛ 아세트알데하이드, 산화프로필렌 등의 저장 기준
　ⓐ 옥외 저장 탱크에 아세트알데하이드 또는 산화프로필렌을 저장하는 경우에는 그 탱크 안에 불연성 가스를 봉입해야 한다.
　ⓑ 옥외 저장 탱크(옥내 저장 탱크 또는 지하 저장 탱크) 중 압력 탱크 외의 탱크에 저장하는 경우
　　㉮ 에틸에테르 또는 산화프로필렌 : 30℃ 이하
　　㉯ 아세트알데하이드 : 15℃ 이하
　ⓒ 옥외 저장 탱크(옥내 저장 탱크 또는 지하 저장 탱크) 중 압력 탱크에 저장하는 경우 : 에틸에테르, 아세트알데하이드 또는 산화프로필렌의 온도는 40℃ 이하

> **참고**
> **보냉 장치의 유무에 따른 이동 저장 탱크**
> ① 보냉 장치가 있는 이동 저장 탱크에 저장하는 아세트알데하이드 등 또는 디에틸에테르 등의 온도는 해당 위험물의 비점 이하로 유지한다.
> ② 보냉 장치가 없는 이동 저장 탱크에 저장하는 아세트알데하이드 등 또는 디에틸에테르 등의 온도는 40℃ 이하로 유지한다.

2) 옥외 저장 탱크의 펌프 설비 설치 기준
① 펌프 설비 주위에는 너비 3m 이상의 공지를 보유할 것(방화상 유효한 격벽을 설치하는 경우, 제6류 위험물, 지정 수량의 10배 이하 위험물은 제외)
② 펌프 설비로부터 옥외 저장 탱크까지의 사이에는 해당 옥외 저장 탱크의 보유 공지 너비의 $\frac{1}{3}$ 이상 거리를 유지할 것
③ **펌프실의 벽, 기둥, 바닥, 보 : 불연 재료**
④ **펌프실의 지붕 : 폭발력이 위로 방출될 정도의 가벼운 불연 재료**
⑤ 펌프실의 창 및 출입구에는 갑종 방화문 또는 을종 방화문을 설치
⑥ 펌프실의 창 및 출입구에 유리를 이용하는 경우에는 망입 유리로 할 것
⑦ 펌프실의 바닥 주위에는 높이 0.2m 이상의 턱을 만들고 그 최저부에는 집유 설비를 설치할 것
⑧ 펌프실 외의 장소에 설치하는 펌프 설비의 기준
　㉠ 펌프 설비 그 직하의 지반면 주위에 높이 0.15m 이상의 턱을 만든다.
　㉡ 펌프 설비 그 직하의 지반면의 최저부에는 집유 설비를 만든다.
　㉢ 제4류 위험물(온도 20℃의 물 100g에 용해되는 양이 1g 미만인 것에 한한다.)을 취급하는 펌프 설비에 있어서는 해당 위험물이 직접 배수구에 유입되지 아니하도록 집유 설비에 유분리 장치를 설치하여야 한다.

3) 옥외 탱크 저장소의 방유제 설치 기준

① 설치 목적 : 저장 중인 액체 위험물이 주위로 누설 시 그 주위에 피해 확산을 방지하기 위하여 설치한 담이다.

② 용량

    ㉠ 인화성 액체 위험물(CS_2 제외)의 옥외 탱크 저장소의 탱크

        ⓐ 1기 이상 : 탱크 용량 × 1.1(110%) 이상(인화성이 없는 액체 위험물은 탱크 용량의 100% 이상)

        ⓑ 2기 이상 : 최대 용량 × 1.1(110%) 이상

> **예제**
> 휘발유를 저장하는 옥외 탱크 저장소의 하나의 방유제 안에 10,000L, 20,000L 탱크 각각 1기가 설치되어 있다. 방유제의 용량은 몇 L 이상이어야 하는가?
>
> **풀이** 옥외 탱크 저장소 방유제 용량(탱크 1기인 경우)
> = 탱크 용량 × 1.1 이상(비인화성 액체의 경우 × 1.0 이상)
> = 20,000 × 1.1 = 22,000L 이상
>
> **정답** 22,000L 이상

    ㉡ 위험물 제조소의 옥외에 있는 위험물 취급 탱크(용량이 지정 수량의 $\frac{1}{5}$ 미만인 것은 제외)

        ⓐ 1개의 탱크 : 방유제 용량 = 탱크 용량 × 0.5

        ⓑ 2개 이상의 탱크 : 방유제 용량 = 최대 탱크 용량 × 0.5 + 기타 탱크 용량의 합 × 0.1

> **예제**
> 제조소의 옥외에 모두 3기의 휘발유 취급 탱크를 설치하고, 그 주위에 방유제를 설치하고자 한다. 방유제 안에 설치하는 각 취급 탱크의 용량이 50,000L, 30,000L, 20,000L일 때 필요한 방유제의 용량은 몇 L 이상인가?
>
> **풀이** 방유제 용량 = 최대 용량 × 0.5 + (기타 탱크 용량의 합 × 0.1)
> = 50,000 × 0.5 + (30,000 + 20,000) × 0.1 = 25,000 + 5,000
> = 30,000L 이상
>
> **정답** 30,000L 이상

    ㉢ 위험물 제조소의 옥내에 있는 위험물 취급 탱크의 방유턱의 용량

        ⓐ 1기일 때 : 탱크 용량 이상

        ⓑ 2기 이상 : 최대 탱크 용량 이상

③ 높이 : 0.5m 이상 3.0m 이하

④ 면적 : 80,000m^2 이하

⑤ 높이가 1m 이상이면 계단 또는 경사로를 약 50m마다 설치한다.

5. 옥내 탱크 저장소

1) 탱크와 탱크 전용실과의 이격 거리

① 탱크와 탱크 전용실 벽과의 사이 : 0.5m 이상

② 탱크와 탱크 상호 간 : 0.5m 이상(점검 및 보수에 지장이 없는 경우는 예외)

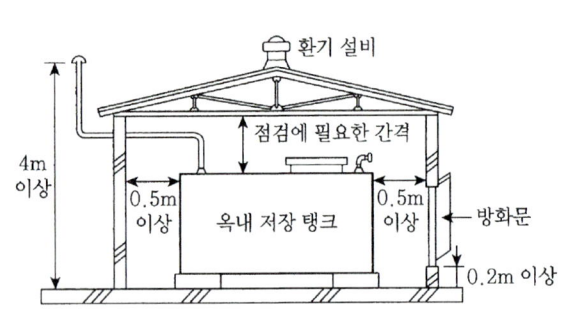 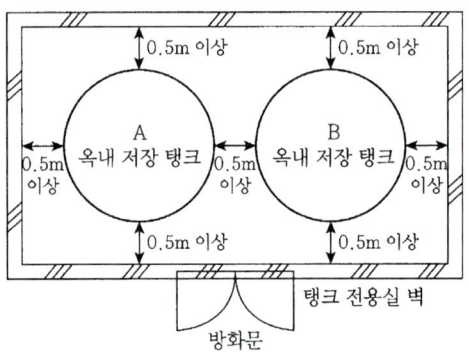

2) 옥내 탱크의 통기 장치(밸브 없는 통기관) 기준

① 통기관의 지름 : 30mm 이상

② 통기관의 선단은 수평면에 대하여 아래로 45° 이상 구부려 빗물 등이 들어가지 않는 구조로 할 것(단, 빗물이 들어가지 않는 구조일 경우는 제외)

③ 통기관의 선단은 건축물의 창 또는 출입구 등의 개구부로부터 1m 이상 떨어진 옥외에 설치할 것

④ 통기관 선단으로부터 지면까지의 거리는 4m 이상의 높이로 할 것

⑤ 통기관은 가스 등이 체류하지 않도록 굴곡이 없게 할 것

3) 옥내 탱크 저장소의 탱크 전용실을 단층 건축물 외에 설치하는 경우

황화린, 적린, 덩어리황, 황린, 제4류 위험물 중 인화점이 38℃ 이상인 것, 질산

6. 지하 탱크 저장소

1) 지하 탱크 저장소의 구조

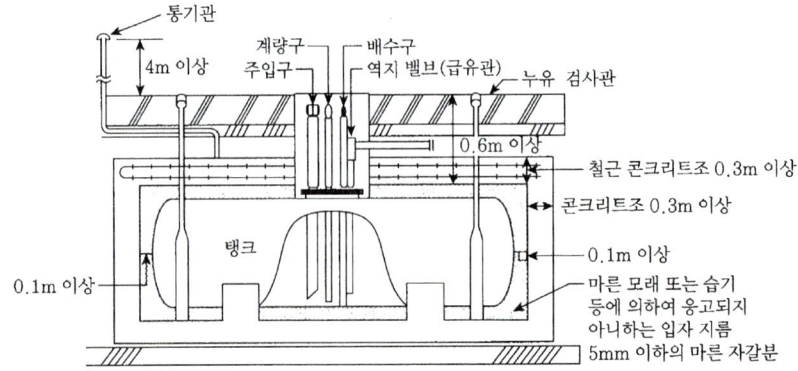

[지하 탱크 매설도]

2) 지하 탱크 저장소의 구조

① 탱크 전용실 콘크리트의 두께(벽·바닥 및 뚜껑) : 0.3m 이상
② 탱크 전용실과 대지 경계선, 지하 매설물과의 거리 : 0.1m 이상(단, 전용실이 설치되지 않을 경우 : 0.6m 이상)
③ 탱크와 탱크 전용실과의 간격 : 0.1m 이상
④ 탱크 본체의 윗부분과 지면까지의 거리 : 0.6m 이상
⑤ 해당 탱크 주위에 마른 모래 또는 습기 등에 의하여 응고되지 아니하는 입자 지름 5mm 이하의 마른 자갈분을 채워야 한다.
⑥ 탱크를 2개 이상 인접하였을 때 상호 거리는 다음과 같다.
    ⓐ 지정 수량 100배 초과 : 1m 이상
    ⓑ 지정 수량 100배 이하 : 0.5m 이상
⑦ 누유 검사관의 개수는 4개소 이상 적당한 위치에 설치한다.

3) 과충전 방지 장치

탱크 용량의 최소 90%가 찰 때 경보음이 울린다.

4) 수압시험

① 압력 탱크 : 최대 상용 압력이 1.5배의 압력으로 10분간 실시하여 새거나 변형이 없을 것
② 압력 탱크(최대 상용압력이 46.7kPa 이상인 탱크) 외의 탱크 : 70kPa의 압력으로 10분간 실시하여 새거나 변형이 없을 것

7. 이동 탱크 저장소

1) 이동 탱크 저장소의 탱크 구조 기준

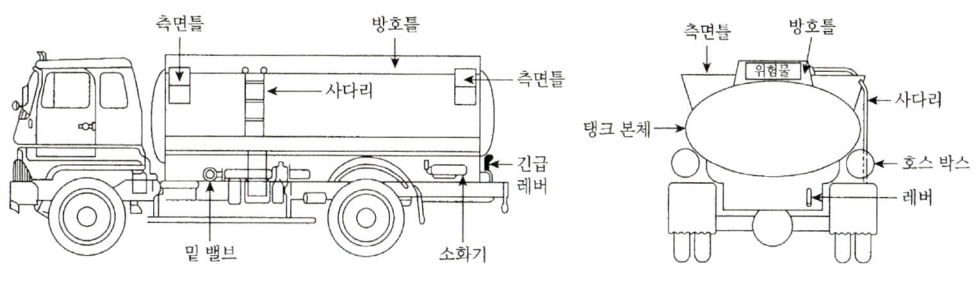

[이동 탱크 저장소 측면]   [이동 탱크 저장소 뒷면]

탱크 강철관의 두께는 다음과 같다.

① 본체 : 3.2mm 이상   ② 측면틀 : 3.2mm 이상
③ 안전 칸막이 : 3.2mm 이상   ④ 방호틀 : 2.3mm 이상
⑤ 방파판 : 1.6mm 이상

2) 수압 시험

① 압력 탱크 : 최대 상용 압력은 1.5배의 압력으로 각각 10분간 수압 시험을 실시하여 새거나 변형되지 아니할 것. 이 경우 수압 시험은 용접부에 대한 비파괴 시험과 기밀 시험으로 대신할 수 있다.

② 압력 탱크(최대 상용 압력이 46.7kPa 이상인 탱크) 외의 탱크 : 70 kPa의 압력으로 10분간 수압 시험을 실시하여 새거나 변형되지 아니할 것

3) 안전 장치 작동 압력

① 상용 압력이 20kPa 이하 : 20kPa 이상 24kPa 이하의 압력

② 상용 압력이 20kPa 초과 : 상용 압력이 1.1배 이하의 압력

4) 측면틀 부착 기준

① 최외측선(측면틀의 최외측과 탱크의 최외측을 연결하는 직선)의 수평면에 대하여 내각이 75° 이상일 것

② 최대 수량의 위험물을 저장한 상태에 있을 때의 해당 탱크 중량의 중심선과 측면틀의 최외측을 연결하는 직선과 그 중심선을 지나는 직선 중 최외측선과 직각을 이루는 직선과의 내각이 35° 이상이 되도록 할 것

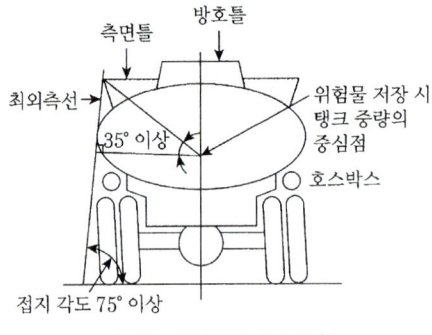

[탱크 뒷부분의 입면도]

5) 안전 칸막이

① 재질은 두께 3.2mm 이상의 강철판

② 4,000L 이하마다 구분하여 설치

> **예제**
> 액체 위험물을 저장하는 용량 10,000L의 이동 저장 탱크는 최소 몇 개 이상의 실로 구획하여야 하는가?
>
> **풀이** $\dfrac{10,000L}{4,000L} = 2.5 ≒ 3$
>
> **정답** 3

6) 이동 탱크 저장소의 위험물 취급 기준

① 주입관의 선단을 이동 저장 탱크 안의 밑바닥에 밀착시킬 것

② 정전기 등으로 인한 발생 방지 조치 사항

> **예** 휘발유를 저장하던 이동 저장 탱크에 등유나 경유를 주입하거나, 등유나 경유를 저장하던 이동 저장 탱크에 휘발유를 저장하는 경우

  ㉠ 탱크의 위쪽 주입관에 의해 위험물을 주입할 경우의 주입 속도 1m/sec 이하

  ㉡ 탱크이 밑바닥에 설치된 고정 주입 배관에 의해 위험물을 주입할 경우 주입 속도 1m/sec 이하

③ 이동 저장 탱크에 알킬알루미늄 등을 꺼낼 때에는 동시에 200kPa 이하의 압력으로 불활성의 기체를 봉입한다.

④ 이동 저장 탱크에 아세트알데하이드 등을 꺼낼 때에는 동시에 100kPa 이하의 압력으로 불활성 기체를 봉입한다.

참고

이동탱크저장소의 불활성기체 봉입압력

	저장(주입할 때)	취급(꺼낼 때)
알킬알루미늄 등	20kPa 이하	200kPa 이하
아세트알데하이드 등	항상 불활성기체 봉입	100kPa 이하

7) 위험물을 운송할 때 위험물 운송자의 위험물 안전 카드 작성 대상 위험물

① 제1류 위험물

② 제2류 위험물

② 제3류 위험물

② 제4류 위험물(특수인화물, 제1석유류)

② 제5류 위험물

② 제6류 위험물

8) 이동 탱크 저장소의 위험물 운송 시 운송 책임자의 감독 · 지원을 받아야 하는 위험물

① 알킬알루미늄

② 알킬리튬

② 알킬알루미늄 또는 알킬리튬을 함유하는 위험물

9) 이동 저장 탱크의 외부 도장

유별	도장의 색상	비고
제1류	회색	탱크의 앞면과 뒷면을 제외한 면적의 40% 이내의 면적은 다른 유별의 색상 외의 색상으로 도장하는 것이 가능하다.
제2류	적색	
제3류	청색	
제4류	도장에 색상 제한은 없으나 적색을 권장한다.	
제5류	황색	
제6류	청색	

8. 간이 탱크 저장소

1) 탱크의 구조 기준

① 두께 3.2mm 이상의 강판으로 흠이 없도록 제작
② **시험 방법** : 70kPa 압력으로 10분간 수압 시험을 실시하여 새거나 변형되지 아니할 것
③ 하나의 탱크 용량은 600L 이하로 할 것
④ 탱크의 외면에는 녹을 방지하기 위한 도장을 할 것

2) 탱크의 설치방법

하나의 간이 탱크 저장소에 설치하는 탱크의 수는 3기 이하로 할 것(단, 동일한 품질의 위험물 탱크를 2기 이상 설치하지 말 것)

9. 암반 탱크 저장소

- **공간 용적** : 위험물 암반 탱크의 공간 용적은 해당 탱크 내에 용출하는 7일간의 지하수 양에 상당하는 용적과 해당 탱크 내용적 $\frac{1}{100}$의 용적 중 보다 큰 용적으로 한다.

예제

위험물 암반 탱크가 다음과 같은 조건일 때 탱크의 용량은 몇 L 인가?

- 암반 탱크의 내용적 : 600,000L
- 1일간 탱크 내에 용출하는 지하수의 양 : 800L

풀이 암반 탱크에 있어서는 해당 탱크 내에 용출하는 7일간이 지하수의 양에 상당하는 용적과 해당 탱크의 내용적의 100분의 1의 용적중에서 보다 큰 용적을 공간 용적으로 한다.
즉, 탱크 용량 = 내용적 − 공간 용적, 공간 용적 : 800L × 7일 = 5,600L
내용적의 $\frac{1}{100}$: 600,000L × 0.01 = 6,000L, 이중 큰 값은 6,000L
따라서 탱크 용량 = 600,000 − 6,000L = 594,000L

정답 594,000L

04 위험물 취급소 구분

1. 주유 취급소

1) 주유 취급소의 게시판 기준

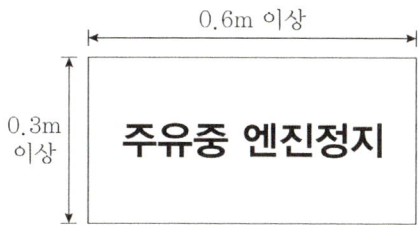

① 규격 : 한 변의 길이가 0.3m 이상, 다른 한 변의 길이가 0.6m 이상
② 색깔 : 황색 바탕에 흑색 문자

2) 전용 탱크 1개의 용량 기준

① 자동차 등에 주유하기 위한 고정주유설비에 직접 접속하는 전용탱크 : 50,000L 이하(고속국도 주유 취급소는 60,000L 이하)
② 고정 급유 설비에 직접 접속하는 전용 탱크 : 50,000L 이하(고속국도 주유 취급소는 60,000L 이하)
③ 보일러 등에 직접 접속하는 전용 탱크 : 10,000L 이하
④ 자동차 등을 점검·정비하는 작업장 등(주유 취급소 안에 설치된 것에 한한다)에서 사용하는 폐유·윤활유 등의 위험물을 저장하는 탱크로서 용량(2기 이상 설치하는 경우에는 각 용량의 합계를 말한다) 2,000L 이하인 탱크
⑤ 고정 주유 설비 또는 고정 급유 설비에 직접 접속하는 3기 이하의 간이 탱크

3) 고정 주유 설비 등

① 고정 주유 설비의 중심선을 기점으로
　㉠ 도로 경계선까지 : 4m 이상
　㉡ 부지 경계선·담 및 건축물의 벽까지 : 2m(개구부가 없는 벽까지는 1m) 이상
② 고정 급유 설비의 중심선을 기점으로
　㉠ 도로 경계선까지 : 4m 이상
　㉡ 부지 경계선 및 담까지 : 1m 이상
　㉢ 건축물의 벽까지 : 2m(개구부가 없는 벽까지는 1m) 이상
③ 고정 주유 설비와 고정 급유 설비 사이 : 4m 이상

4) 셀프용 고정 주유 설비의 기준

1회 연속 주유량 및 주유 시간의 상한

㉠ 휘발유 : 100L 이하, 4분 이하

㉡ 경유 : 600L 이하, 12분 이하

5) 셀프용 고정 급유 설비의 기준

1회 연속 급유량 및 급유 시간의 상한

㉠ 유종 관계없이 : 100L 이하, 6분 이하

> **참고**
> **주유 취급소의 피난 설비 기준**
> 주유 취급소 중 건축물의 2층을 휴게 음식점의 용도로 사용하는 것에 있어 해당 건축물의 2층으로부터 직접 주유 취급소의 부지 밖으로 통하는 출입구와 해당 출입구로 통하는 통로 계단에는 유도등을 설치한다.

2. 판매 취급소

용기에 수납하여 위험물을 판매하는 취급소이다.

1) 제1종 판매 취급소

저장 또는 취급하는 위험물의 수량이 지정 수량의 20배 이하인 취급소이다.

① 건축물의 1층에 설치한다.

② 배합실은 다음과 같다.

㉠ 바닥 면적은 $6m^2$ 이상 $15m^2$ 이하이다.

㉡ 내화 구조 또는 불연 재료로 된 벽으로 구획한다.

㉢ 바닥은 위험물이 침투하지 아니하는 구조로 하여 적당한 경사를 두고 집유 설비를 한다.

㉣ 출입구에는 수시로 열 수 있는 자동 폐쇄식의 갑종 방화문을 설치한다.

㉤ 출입구 문턱의 높이는 바닥면으로 0.1m 이상으로 한다.

㉥ 내부에 체류한 가연성 증기 또는 가연성의 미분을 지붕 위로 방출하는 설비를 한다.

> **참고**
> 배합실에서 배합하여서는 안되는 위험물 : 과산화수소

2) 제2종 판매 취급소

저장 또는 취급하는 위험물의 수량이 40배 이하인 취급소이다.

> **예제**
> 제4류 위험물 중 경유를 판매하는 제2종 취급소를 허가받아 운영하고자 한다. 취급할 수 있는 최대 수량은?
>
> **풀이** 제2종 판매 취급소의 최대 허가량은 지정 수량의 40배 이하이다. 경유는 지정 수량이 1,000L이므로
> ∴ 40배 × 1,000L = 40,000L
>
> **정답** 40,000L

3. 이송 취급소

① 배관 외면과의 거리

　㉠ 건축물(지하가 내외 건축물을 제외) : 1.5m 이상

　㉡ 지하가 및 터널 : 10m 이상

　㉢ 수도법에 의한 수도시설(위험물의 유입 우려가 있는 것) : 300m 이상

　㉣ 다른 공작물 사이 : 0.3m 이상

　㉤ 지표면과의 거리

　　ⓐ 산이나 들 : 0.9m 이상

　　ⓑ 그 밖의 지역 : 1.2m 이상

② 이송 기지 내의 지상에 설치되는 배관 등은 전체 용접부의 20% 이상 발췌하여 비파괴 시험을 할 수 있다.

③ 경보 설비

　㉠ 이송 기지 : 확성 장치, 비상벨 장치

　㉡ 가연성 증기를 발생하는 위험물을 취급하는 펌프실 등 : 가연성 증기 경보 설비

④ 이송 취급소 설치 장소에서 제외되는 곳

　㉠ 철도 및 도로의 터널안

　㉡ 고속국도 및 자동차전용도로의 차도·길어깨 및 중앙분리대

　㉢ 호수·저수지 등으로서 수리의 수원이 되는 곳

　㉣ 급경사 지역으로서 붕괴의 위험이 있는 지역

05 제조소등의 소방시설 적용기준

1. 소화난이도 등급 I에 해당하는 제조소등의 소화 설비 구분

1) 소화 난이도 등급 I에 해당하는 제조소등

제조소등의 구분	제조소등의 규모, 저장 또는 취급하는 위험물의 품명 및 최대수량 등
제조소 일반취급소	연면적 1,000m² 이상인 것
	지정수량의 100배 이상인 것(고인화점위험물만을 100℃ 미만의 온도에서 취급하는 것 및 제48조의 위험물을 취급하는 것은 제외)
	지반면으로부터 6m 이상의 높이에 위험물 취급설비가 있는 것(고인화점위험물만을 100℃ 미만의 온도에서 취급하는 것은 제외)
	일반취급소로 사용되는 부분 외의 부분을 갖는 건축물에 설치된 것(내화구조로 개구부 없이 구획 된 것 및 고인화점위험물만을 100℃ 미만의 온도에서 취급하는 것 및 별표 16 X의 2의 화학실험의 일반취급소는 제외)
주유취급소	별표 13 V 제2호에 따른 면적의 합이 500m²를 초과하는 것
옥내 저장소	지정수량의 150배 이상인 것(고인화점위험물만을 저장하는 것 및 제48조의 위험물을 저장하는 것은 제외)
	연면적 150m²를 초과하는 것(150m² 이내마다 불연재료로 개구부없이 구획된 것 및 인화성고체 외의 제2류 위험물 또는 인화점 70℃ 이상의 제4류 위험물만을 저장하는 것은 제외)
	처마높이가 6m 이상인 단층건물의 것
	옥내저장소로 사용되는 부분 외의 부분이 있는 건축물에 설치된 것(내화구조로 개구부없이 구획된 것 및 인화성고체 외의 제2류 위험물 또는 인화점 70℃ 이상의 제4류 위험물만을 저장하는 것은 제외)
옥외 탱크 저장소	액표면적이 40m² 이상인 것(제6류 위험물을 저장하는 것 및 고인화점위험물만을 100℃ 미만의 온도에서 저장하는 것은 제외)
	지반면으로부터 탱크 옆판의 상단까지 높이가 6m 이상인 것(제6류 위험물을 저장하는 것 및 고인화점위험물만을 100℃ 미만의 온도에서 저장하는 것은 제외)
	지중탱크 또는 해상탱크로서 지정수량의 100배 이상인 것(제6류 위험물을 저장하는 것 및 고인화점위험물만을 100℃ 미만의 온도에서 저장하는 것은 제외)
	고체위험물을 저장하는 것으로서 지정수량의 100배 이상인 것
옥내 탱크 저장소	액표면적이 40m² 이상인 것(제6류 위험물을 저장하는 것 및 고인화점위험물만을 100℃ 미만의 온도에서 저장하는 것은 제외)
	바닥면으로부터 탱크 옆판의 상단까지 높이가 6m 이상인 것(제6류 위험물을 저장하는 것 및 고인화점위험물만을 100℃ 미만의 온도에서 저장하는 것은 제외)
	탱크전용실이 단층건물 외의 건축물에 있는 것으로서 인화점 38℃ 이상 70℃ 미만의 위험물을 지정수량의 5배 이상 저장하는 것(내화구조로 개구부없이 구획된 것은 제외한다)

옥외 저장소	덩어리 상태의 황을 저장하는 것으로서 경계표시 내부의 면적(2 이상의 경계표시가 있는 경우에는 각 경계표시의 내부의 면적을 합한 면적)이 100㎡ 이상인 것	
	별표 11 Ⅲ의 위험물을 저장하는 것으로서 지정수량의 100배 이상인 것	
암반 탱크 저장소	액표면적이 40㎡ 이상인 것(제6류 위험물을 저장하는 것 및 고인화점위험물만을 100℃ 미만의 온도에서 저장하는 것은 제외)	
	고체위험물만을 저장하는 것으로서 지정수량의 100배 이상인 것	
이송 취급소	모든 대상	

[비 고]

제조소등의 구분별로 오른쪽란에 정한 제조소등의 규모, 저장 또는 취급하는 위험물의 수량 및 최대수량 등의 어느 하나에 해당하는 제조소등은 소화난이도등급 Ⅰ에 해당하는 것으로 한다.

2) 소화 난이도 등급 Ⅰ의 제조소등에 설치하여야 하는 소화 설비

제조소등의 구분		소화설비
제조소 및 일반취급소		옥내소화전설비, 옥외소화전설비, 스프링클러설비 또는 물분무등소화설비(화재발생시 연기가 충만할 우려가 있는 장소에는 스프링클러설비 또는 이동식 외의 물분무등소화설비에 한한다)
주유취급소		스프링클러설비(건축물에 한정한다), 소형수동식소화기등(능력단위의 수치가 건축물 그 밖의 공작물 및 위험물의 소요단위의 수치에 이르도록 설치할 것)
옥내 저장소	처마높이가 6m 이상인 단층건물 또는 다른 용도의 부분이 있는 건축물에 설치한 옥내저장소	스프링클러설비 또는 이동식 외의 물분무등소화설비
	그 밖의 것	옥외소화전설비, 스프링클러설비, 이동식 외의 물분무등소화설비 또는 이동식 포소화설비(포소화전을 옥외에 설치하는 것에 한한다)
옥외 탱크 저장소	지중탱크 또는 해상탱크 외의 것	황만을 저장 취급하는 것	물분무소화설비
		인화점 70℃ 이상의 제4류 위험물만을 저장취급하는 것	물분무소화설비 또는 고정식 포소화설비
		그 밖의 것	고정식 포소화설비(포소화설비가 적응성이 없는 경우에는 분말소화설비)
	지중탱크	고정식 포소화설비, 이동식 이외의 불활성가스소화설비 또는 이동식 이외의 할로젠화합물소화설비
	해상탱크	고정식 포소화설비, 물분무소화설비, 이동식이외의 불활성가스소화설비 또는 이동식 이외의 할로젠화합물소화설비

옥내 탱크 저장소	황만을 저장취급하는 것	물분무소화설비
	인화점 70℃ 이상의 제4류 위험물만을 저장취급하는 것	물분무소화설비, 고정식 포소화설비, 이동식 이외의 불활성가스소화설비, 이동식 이외의 할로젠화합물소화설비 또는 이동식 이외의 분말소화설비
	그 밖의 것	고정식 포소화설비, 이동식 이외의 불활성가스소화설비, 이동식 이외의 할로젠화합물소화설비 또는 이동식 이외의 분말소화설비
옥외저장소 및 이송취급소		옥내소화전설비, 옥외소화전설비, 스프링클러설비 또는 물분무등소화설비(화재발생시 연기가 충만할 우려가 있는 장소에는 스프링클러설비 또는 이동식 이외의 물분무등소화설비에 한한다)
암반 탱크 저장소	황만을 저장취급하는 것	물분무소화설비
	인화점 70℃ 이상의 제4류 위험물만을 저장취급하는 것	물분부소화설비 또는 고정식 포소화설비
	그 밖의 것	고정식 포소화설비(포소화설비가 적응성이 없는 경우에는 분말소화설비)

[비 고]

1. 위 표 오른쪽란의 소화설비를 설치함에 있어서는 당해 소화설비의 방사범위가 당해 제조소, 일반취급소, 옥내저장소, 옥외탱크저장소, 옥내탱크저장소, 옥외저장소, 암반탱크저장소(암반탱크에 관계되는 부분을 제외한다) 또는 이송취급소(이송기지 내에 한한다)의 건축물, 그 밖의 공작물 및 위험물을 포함하도록 하여야 한다. 다만, 고인화점위험물만을 100℃ 미만의 온도에서 취급하는 제조소 또는 일반취급소의 경우에는 당해 제조소 또는 일반취급소의 건축물 및 그 밖의 공작물만 포함하도록 할 수 있다.
2. 고인화점위험물만을 100℃ 미만의 온도에서 취급하는 제조소 또는 일반취급소의 위험물에 대해서는 대형수동식소화기 1개 이상과 당해 위험물의 소요단위에 해당하는 능력단위의 소형수동식소화기를 설치하여야 한다. 다만, 당해 제조소 또는 일반취급소에 옥내·외소화전설비, 스프링클러설비 또는 물분무등소화설비를 설치한 경우에는 당해 소화설비의 방사능력범위 내에는 대형수동식소화기를 설치하지 아니할 수 있다.
3. 가연성증기 또는 가연성미분이 체류할 우려가 있는 건축물 또는 실내에는 대형수동식소화기 1개 이상과 당해 건축물, 그 밖의 공작물 및 위험물의 소요단위에 해당하는 능력단위의 소형수동식소화기 등을 추가로 설치하여야 한다.
4. 제4류 위험물을 저장 또는 취급하는 옥외탱크저장소 또는 옥내탱크저장소에는 소형수동식소화기 등을 2개 이상 설치하여야 한다.
5. 제조소, 옥내탱크저장소, 이송취급소, 또는 일반취급소의 작업공정상 소화설비의 방사능력범위 내에 당해 제조소등에서 저장 또는 취급하는 위험물의 전부가 포함되지 아니하는 경우에는 당해 위험물에 대하여 대형수동식소화기 1개 이상과 당해 위험물의 소요단위에 해당하는 능력단위의 소형수동식소화기 등을 추가로 설치하여야 한다.

3) 소화 난이도 등급Ⅲ의 제조소등에 설치하여야 하는 소화 설비

제조소등의 구분	소화설비	설치기준	
지하탱크저장소	소형수동식소화기등	능력단위의 수치가 3 이상	2개 이상
이동탱크저장소	자동차용소화기	무상의 강화액 8L 이상	2개 이상
		이산화탄소 3.2kg 이상	
		브로모클로로다이플루오로메탄(CF$_2$ClBr) 2L 이상	
		브로모트라이플루오로메탄(CF$_3$Br) 2L 이상	
		다이브로모테트라플루오로에탄(C$_2$F$_4$Br$_2$) 1L 이상	
		소화분말 3.3kg 이상	
	마른 모래 및 팽창질석 또는 팽창진주암	마른모래 150L 이상	
		팽창질석 또는 팽창진주암 640L 이상	
그 밖의 제조소등	소형수동식소화기등	능력단위의 수치가 건축물 그 밖의 공작물및 위험물의 소요단위의 수치에 이르도록 설치할 것. 다만, 옥내소화전설비, 옥외소화전설비, 스프링클러설비, 물분무등소화설비 또는 대형수동식소화기를 설치한 경우에는 당해 소화설비의 방사능력범위내의 부분에 대하여는 수동식소화기등을 그 능력단위의 수치가 당해 소요단위의 수치의 1/5 이상이 되도록 하는 것으로 족하다	

[비 고]
알킬알루미늄등을 저장 또는 취급하는 이동탱크저장소에 있어서는 자동차용소화기를 설치하는 외에 마른모래나 팽창질석 또는 팽창진주암을 추가로 설치하여야 한다.

06 제조소등의 소방시설 기준

1. 소화 설비의 적응성

소화설비의 구분			대상물 구분									
			건축물·그 밖의 공작물	전기설비	제1류 위험물		제2류 위험물			제3류 위험물		제4류 위험물	제5류 위험물	제6류 위험물
					알칼리금속과산화물 등	그 밖의 것	철분·금속분·마그네슘 등	인화성고체	그 밖의 것	금수성물품	그 밖의 것			
옥내소화전 또는 옥외소화전 설비			○			○		○	○		○		○	○
스프링클러 설비			○			○		○	○		○	△	○	○
물분무 등 소화 설비	물분무 소화 설비		○	○		○		○	○		○	○	○	○
	포 소화 설비		○			○		○	○		○	○	○	○
	불활성 가스 소화 설비			○				○				○		
	할로젠 화합물 소화 설비			○				○				○		
	분말 소화 설비	인산염류 등	○	○		○		○	○			○		○
		탄산수소염류 등		○	○		○	○			○	○		
		그 밖의 것			○		○				○			
대형·소형 수동식 소화기	봉상수(棒狀水) 소화기		○			○		○	○		○		○	○
	무상수(霧狀水) 소화기		○	○		○		○	○		○		○	○
	봉상 강화액 소화기		○			○		○	○		○		○	○
	무상 강화액 소화기		○	○		○		○	○		○	○	○	○
	포 소화기		○			○		○	○		○	○	○	○
	이산화탄소 소화기			○				○				○		△
	할론 소화 설비			○				○				○		
	분말 소화기	인산염류 소화기	○	○		○		○	○			○		○
		탄산수소염류 소화기		○	○		○	○			○	○		
		그 밖의 것			○		○				○			
기타	물통 또는 수조		○			○		○	○		○		○	○
	건조사				○	○	○	○	○	○	○	○	○	○
	팽창 질석 또는 팽창 진주암				○	○	○	○	○	○	○	○	○	○

[비고]
1. "○"표시는 당해 소방 대상물 및 위험물에 대하여 소화 설비가 적응성이 있음을 표시하고, "△"표시는 제4류 위험물을 저장 또는 취급하는 장소의 살수 기준 면적에 따라 스프링클러 설비의 살수 밀도가 다음 표에 정하는 기준 이상인 경우에는 당해 스프링클러 설비가 제4류 위험물에 대하여 적응성이 있음을, 제6류 위험물을 저장 또는 취급하는 장소로서 폭발의 위험이 없는 장소에 한하여 이산화탄소 소화기가 제6류 위험물에 대하여 적응성이 있음을 각각 표시한다.

살수기준면적(m^2)	방사밀도($ℓ/m^2$)		비고
	인화점 38℃ 미만	인화점 38℃ 이상	
279 미만	16.3 이상	12.2 이상	살수 기준 면적은 내화 구조의 벽 및 바닥으로 구획된 하나의 실의 바닥 면적을 말하고, 하나의 실의 바닥 면적이 465m^2 이상인 경우의 살수 기준 면적은 465m^2로 한다. 다만, 위험물의 취급을 주된 작업 내용으로 하지 아니하고 소량의 위험물을 취급하는 설비 또는 부분이 넓게 분산되어 있는 경우에는 방사 밀도는 8.2$ℓ/m^2$분 이상, 살수 기준 면적은 279m^2 이상으로 할 수 있다.
279 이상 372 미만	15.5 이상	11.8 이상	
372 이상 465 미만	13.9 이상	9.8 이상	
465 이상	12.2 이상	8.1 이상	

2. 인산염류 등은 인산염류, 황산염류 그 밖에 방염성이 있는 약제를 말한다.
3. 탄산수소염류 등은 탄산수소염류 및 탄산수소염류와 요소의 반응 생성물을 말한다.
4. 알칼리금속과산화물 등은 알칼리금속의 과산화물 및 알칼리금속의 과산화물을 함유한 것을 말한다.
5. 철분·금속분·마그네슘 등은 철분·금속분·마그네슘과 철분·금속분 또는 마그네슘을 함유한 것을 말한다.

2. 제조소등별로 설치하여야 하는 경보설비의 종류

제조소등의 구분	제조소등의 규모, 저장 또는 취급하는 위험물의 종류 및 최대수량 등	경보설비
1. 제조소 및 일반 취급소	• 연면적이 500m² 이상인 것 • 옥내에서 지정수량의 100배 이상을 취급하는 것(고인화점위험물만을 100℃ 미만의 온도에서 취급하는 것을 제외한다) • 일반취급소로 사용되는 부분 외의 부분이 있는 건축물에 설치된 일반취급소(일반취급소와 일반취급소 외의 부분이 내화구조의 바닥 또는 벽으로 개구부 없이 구획된 것을 제외한다)	자동화재탐지설비
2. 옥내저장소	• 지정수량의 100배 이상을 저장 또는 취급하는 것(고인화점위험물만을 저장 또는 취급하는 것을 제외한다) • 저장창고의 연면적이 150m²를 초과하는 것[당해 저장창고가 연면적 150m² 이내마다 불연재료의 격벽으로 개구부 없이 완전히 구획된 것과 제2류 또는 제4류의 위험물(인화성고체 및 인화점이 70℃ 미만인 제4류 위험물을 제외한다)만을 저장 또는 취급하는 것에 있어서는 저장창고의 연면적이 500m² 이상의 것에 한한다] • 처마높이가 6m 이상인 단층건물의 것 • 옥내저장소로 사용되는 부분 외의 부분이 있는 건축물에 설치된 옥내저장소[옥내저장소와 옥내저장소 외의 부분이 내화구조의 바닥 또는 벽으로 개구부 없이 구획된 것과 제2류 또는 제4류의 위험물(인화성고체 및 인화점이 70℃ 미만인 제4류 위험물을 제외한다)만을 저장 또는 취급하는 것을 제외한다]	자동화재탐지설비
3. 옥내탱크저장소	단층건물 외의 건축물에 설치된 옥내탱크저장소로서 소화난이도등급Ⅰ에 해당하는 것	
4. 주유 취급소	옥내주유취급소	
5. 옥외탱크저장소	특수인화물, 제1석유류 및 알코올류를 저장 또는 취급하는 탱크의 용량이 1,000만리터 이상인 것	자동화재탐지설비, 자동화재속보설비
6. 제1호 내지 제5호의 자동화재탐지설비 설치대상에 해당하지 아니하는 제조소등	지정수량의 10배 이상을 저장 또는 취급하는 것	자동화재탐지설비, 비상경보설비, 확성장치 또는 비상방송설비 중 1종 이상

[비 고]
이송취급소에 설치하는 경보설비는 별표 15 Ⅳ 제14호의 규정에 의한다.

07 위험물 운송 시에 준수하는 기준

위험물 운송자는 장거리(고속 국도에 있어서는 340km 이상, 그 밖의 도로에 있어서는 200km 이상을 말한다)에 걸친 운송을 하는 때에는 2명 이상의 운전자로 한다.

① 운송 책임자를 동승시킨 경우

② 운송하는 위험물이 제2류 위험물, 제3류 위험물(칼슘 또는 알루미늄의 탄화물과 이것만을 함유한 것에 한한다) 또는 제4류 위험물(특수 인화물 제외한다)인 경우

③ 운송 도중에 2시간 이내마다 20분 이상씩 휴식하는 경우

※ 서울 – 부산 거리(서울 톨게이트에서 부산 톨게이트까지) : 410.3km

08 위험물 제조소 등의 소방시설 일반점검표

제7과목 : 위험물안전관리법

1. 이동 탱크 저장소
    ① 점검 항목 : 가연성 증기 회수 설비
    ② 점검 내용
        ㉠ 회수구의 변형·손상의 유무
        ㉡ 호스 결합 장치의 균열·손상의 유무
        ㉢ 완충이음 등의 균열·변형·손상의 유무

2. 옥외 저장소
    ① 점검 항목 : 선반
    ② 점검 내용
        ㉠ 변형·손상의 유무
        ㉡ 고정 상태의 적부
        ㉢ 낙하 방지 조치의 적부

3. 스프링클러 설비
    ① 점검 항목 : 헤드
    ② 점검 내용
        ㉠ 변형·손상의 유무
        ㉡ 부착 각도의 적부
        ㉢ 기능의 적부

4. 포 소화 설비
    ① 점검 항목 : 약체 저장 탱크
    ② 점검 내용
        ㉠ 누설의 유무
        ㉡ 변형·손상의 유무
        ㉢ 도장 상황 및 부식의 유무
        ㉣ 배관 접속부의 이탈의 유무
        ㉤ 고정상태의 적부
        ㉥ 통기관의 막힘의 유무
        ㉦ 압력 탱크 방식의 경우 압력계의 지시 상황

PART 02

과년도
기출문제

제59회 위험물기능장

시행일 : 2016년 4월 2일

01 위험물탱크의 내용적이 10,000L이고 공간용적이 내용적의 10%일 때 탱크의 용량은?

① 19,000L ② 11,000L
③ 9,000L   ④ 1,000L

해설

탱크의 공간용적 : 탱크 내용적의 $\frac{5}{100}$ 이상 $\frac{10}{100}$ 이하이다.

그러므로 10,000L × 0.9 = 9,000L

02 하나의 옥내저장소에 염소산나트륨을 300kg, 아이오딘산칼륨 150kg, 과망가니즈산칼륨 500kg을 저장하고 있다. 각물질의 지정수량 배수의 합은 얼마인가?

① 5배 ② 6배
③ 7배 ④ 8배

해설

$\frac{300}{50} + \frac{150}{300} + \frac{500}{1,000} = 7$배

03 위험물안전관리법령상 위험등급이 나머지 셋과 다른 하나는?

① 아염소산나트륨 ② 알킬알루미늄
③ 아세톤   ④ 황린

해설

① I등급   ② I등급
③ II등급 ④ I등급

04 위험물안전관리법령상 주유취급소작업장(자동차 등을 점검·정비)에서 사용하는 폐유·윤활유 등의 위험물을 저장하는 탱크의 용량(L)은 얼마 이하이어야 하는가?

① 2,000   ② 10,000
③ 50,000 ④ 60,000

해설

전용 탱크 1개의 용량 기준
① 자동차 등에 주유하기 위한 고정주유설비에 직접 접속하는 전용탱크 : 50,000L 이하(고속국도 주유취급소는 60,000L 이하)
② 고정급유설비에 직접 접속하는 전용탱크 : 50,000L 이하
③ 보일러 등에 직접 접속하는 전용탱크 : 10,000L 이하
④ 자동차 등을 점검·정비하는 작업장 등(주유취급소안에 설치된 것에 한한다.)에서 사용하는 폐유·윤활유 등의 위험물을 저장하는 탱크로서 용량(2기 이상 설치하는 경우에는 각 용량의 합계를 말한다.) 2,000L 이하인 탱크
⑤ 고정주유설비 또는 고정급유설비에 직접 접속하는 3기 이하의 간이탱크

05 위험물안전관리법령상 운반용기 내용적의 95% 이하의 수납률로 수납하여야 하는 위험물은?

① 과산화벤조일
② 질산메틸
③ 나이트로글리세린
④ 메틸에틸케톤퍼옥사이드

해설

위험물의 운반에 관한 기준

위험물	수납률
알킬알루미늄	90% 이하(50℃에서 5% 이상 공간용적유지)
고체위험물	95% 이하
액체위험물	98% 이하(55℃에서 누설되지 않을 것)

과산화벤조일은 고체위험물이므로 95% 이하이다.

정답 01 ③ 02 ③ 03 ③ 04 ① 05 ①

06 위험물안전관리법령상 제4류 위험물의 지정수량으로서 옳지 않은 것은?

① 피리딘 : 400L
② 아세톤 : 400L
③ 나이트로벤젠 : 1,000L
④ 아세트산 : 2,000L

해설
③ 나이트로벤젠 : 2,000L

07 위험물안전관리법령상 염소화규소화합물은 제 몇 류 위험물에 해당되는가?

① 제1류   ② 제2류
③ 제3류   ④ 제5류

해설
염소화규소화합물 : 제3류 위험물

08 위험물안전관리법령에서 정한 제2류 위험물의 저장·취급 기준에 해당되지 않는 것은?

① 산화제와의 접촉·혼합을 피한다.
② 철분·금속분·마그네슘 및 이를 함유한 것에 있어서는 물이나 산과의 접촉을 피한다.
③ 인화성고체에 있어서는 함부로 증기를 발생시키지 아니하여야 한다.
④ 고온체와의 접근·과열 또는 공기와의 접촉을 피한다.

해설
④ 가열하거나 화기를 피하며 불티, 불꽃, 고온체와의 접촉을 피한다.

09 다음 금속원소 중 이온화에너지가 가장 큰 원소는?

① 리튬   ② 나트륨
③ 칼륨   ④ 루비듐

해설
이온화에너지는 같은 족에서는 원자번호가 증가할수록 작아진다.

10 위험물안전관리법령상 제1류 위험물제조소의 외벽 또는 이에 상응하는 공작물의 외측으로부터 문화재와의 안전거리 기준에 관한 설명으로 옳은 것은?

① 문화재보호법의 규정에 의한 유형문화재와 무형문화재 중 지정문화재까지 50m 이상 이격할 것
② 문화재보호법의 규정에 의한 유형문화재와 기념물 중 지정문화재까지 50m 이상 이격할 것
③ 문화재보호법의 규정에 의한 유형문화재와 기념물 중 지정문화재까지 30m 이상 이격할 것
④ 문화재보호법의 규정에 의한 유형문화재와 무형문화재 중 지정문화재까지 30m 이상 이격할 것

해설
위험물제조소와 문화재와의 안전거리
문화재보호법의 규정에 의한 유형문화재와 기념물 중 지정문화재까지 50m 이상 이격한다.

11 알코올류의 탄소수가 증가함에 따른 일반적인 특징으로 옳은 것은?

① 인화점이 낮아진다.
② 연소범위가 넓어진다.
③ 증기비중이 증가한다.
④ 비중이 증가한다.

해설
탄소수가 증가할수록 변화되는 현상
㉠ 인화점이 높아진다.
㉡ 연소범위가 좁아진다.
㉢ 액체비중, 증기비중이 커진다.
㉣ 발화점이 낮아진다.
㉤ 수용성이 감소된다.

12 위험물저장탱크에 설치하는 통기관선단의 인화방지망은 어떤 소화효과를 이용한 것인가?

① 질식소화   ② 부촉매소화
③ 냉각소화   ④ 제거소화

해설
통기관 선단의 인화방지망 : 냉각소화

정답 06 ③ 07 ③ 08 ④ 09 ① 10 ② 11 ③ 12 ③

13 이황화탄소의 성질 또는 취급방법에 대한 설명 중 틀린 것은?

① 물보다 가볍다.
② 증기가 공기보다 무겁다.
③ 물을 채운 수조에 저장한다.
④ 연소 시 유독한 가스가 발생한다.

해 설
① 물보다 무겁다(비중 1.26).

14 위험물안전관리법령상 한 변의 길이는 10m, 다른 한 변의 길이는 50m인 옥내저장소에 자동화재탐지설비를 설치하는 경우 경계구역은 원칙적으로 최소한 몇 개로 하여야하는가? (단, 차동식스포트형감지기를 설치한다)

① 1   ② 2
③ 3   ④ 4

해 설
자동화재탐지설비의 설치기준
① 자동화재탐지설비의 경계구역(화재가 발생한 구역을 다른 구역과 구분하여 식별할 수 있는 최소단위의 구역)은 건축물 그 밖의 공작물의 2 이상의 층에 걸치지 아니하도록 할 것. 다만, 하나의 경계구역의 면적이 500m² 이하이면서 해당 경계구역이 두 개의 층에 걸치는 경우이거나 계단·경사로·승강기의 승강로 그 밖에 이와 유사한 장소에 연기감지기를 설치하는 경우에는 그러하지 아니하다.
② 하나의 경계구역의 면적은 600m² 이하로 하고 그 한 변의 길이는 50m(광전식분리형감지기를 설치할 경우에는 100m²) 이하로 할 것. 다만, 해당 건축물 그 밖의 공작물의 주요한 출입구에서 그 내부의 전체를 볼 수 있는 경우에 있어서는 그 면적을 1,000m² 이하로 할 수 있다.
면적 = 10m × 50m = 500m²이다.
∴ 경계구역 = 500m² ÷ 600m² = 0.83 → 1구역

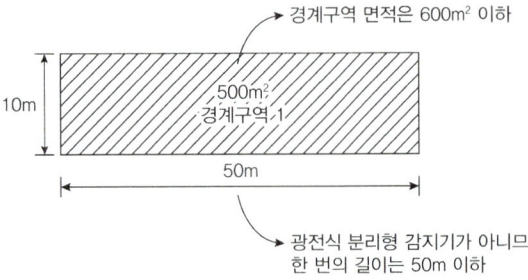

∴ 경계구역은 최소 1개

15 특정옥외저장탱크 구조기준 중 펠릿용접의 사이즈 (S, mm)를 구하는 식으로 옳은 것은?[단, t_1 : 얇은 쪽의 강판의 두께(mm), t_2 : 두꺼운 쪽의 강판의 두께(mm)이며, $S ≥ 4.5$이다]

① $t_1 ≥ S ≥ t_2$ ② $t_1 ≥ S ≥ \sqrt{2t_2}$
③ $\sqrt{2t_1} ≥ S ≥ t_2$ ④ $t_1 ≥ S ≥ 2t_2$

해 설
㉠ 특정옥외탱크저장소 : 옥외탱크저장소 중 그 저장 또는 취급하는 액체위험물의 최대수량의 100만L 이상의 것
㉡ 펠릿용접의 사이즈(부등사이즈가 되는 경우에는 작은 쪽의 사이즈를 말함)
$t_1 ≥ S ≥ \sqrt{2t_2}$ (단, $S ≥ 4.5$)
[t_1 : 얇은 쪽 강판의 두께(mm), t_2 : 두꺼운 쪽 강판의 두께(mm), S : 사이즈(mm)]

16 다음 [보기]의 물질 중 제1류 위험물에 해당하는 것은 모두 몇 개인가?

- 아염소산나트륨   • 염소산나트륨
- 차아염소산칼슘   • 과염소산칼륨

① 4개   ② 3개
③ 2개   ④ 1개

해 설
제1류 위험물의 종류와 지정수량

유 별	성 질	품 명	지정수량	위험등급
제1류	산화성 고체	1. 아염소산염류 (아염소산나트륨)	50kg	I
		2. 염소산염류(염소산나트륨, 차아염소산칼슘)	50kg	
		3. 과염소산염류 (과염소산칼륨)	50kg	
		4. 무기과산화물	50kg	

정답 13 ① 14 ① 15 ② 16 ①

17 인화성액체위험물을 저장하는 옥외탱크저장소의 주위에 설치하는 방유제에 관한 내용으로 틀린 것은?

① 방유제는 높이 0.5m 이상 3m 이하, 두께 0.2m 이상, 지하매설깊이 1m 이상으로 한다.
② 2기 이상의 탱크가 있는 경우 방유제의 용량은 그 탱크 중 용량이 최대인 것의 용량이 110% 이상으로 한다.
③ 용량이 1,000만L 이상인 옥외저장탱크의 주위에 설치하는 방유제에는 탱크마다 간막이 둑을 흙 또는 철근콘크리트로 설치한다.
④ 간막이 둑을 설치하는 경우 간막이 둑 안에 설치된 탱크용량의 110% 이상이어야 한다.

해설
④ 간막이 둑의 용량은 간막이 둑 안에 설치된 탱크용량의 10% 이상일 것

18 각 유별 위험물의 화재예방대책이나 소화방법에 관한 설명으로 틀린 것은?

① 제1류 - 염소산나트륨은 철제용기에 넣은 후 나무상자에 보관한다.
② 제2류 - 적린은 다량의 물로 냉각소화한다.
③ 제3류 - 강산화제와의 접촉을 피하고, 건조사, 팽창질석, 팽창진주암 등을 사용하여 질식소화를 시도한다.
④ 제5류 - 분말, 할론, 포 등에 의한 질식소화는 효과가 없으며, 다량의 주수소화가 효과적이다.

해설
① 제1류 : 염소산나트륨은 철을 부식시키므로 철제용기에 저장하지 말아야 하며, 용기는 차고 건조하며 환기가 잘 되는 안전한 곳에 저장한다.

19 제3류 위험물의 화재 시 소화에 대한 설명으로 틀린 것은?

① 인화칼슘은 물과 반응하여 포스핀가스가 발생하므로 마른모래로 소화한다.
② 세슘은 물과 반응하여 수소를 발생하므로 물에 의한 냉각소화를 피해야 한다.
③ 다이에틸아연은 물과 반응하므로 주수소화를 피해야 한다.
④ 트라이에틸알루미늄은 물과 반응하여 산소를 발생하므로 주수소화는 좋지 않다.

해설
④ 트라이에틸알루미늄은 물과 반응하여 에탄(C_2H_6)가스를 발생하므로 주수소화는 좋지 않다.

20 위험물운반용기의 외부에 표시하는 사항이 아닌 것은?

① 위험등급
② 위험물의 제조일자
③ 위험물의 품명
④ 주의사항

해설
위험물운반용기의 외부에 표시하는 사항
㉠ 위험물의 품명·위험등급·화학명 및 수용성(수용성 표시는 제4류 위험물로서 수용성인 것에 한함)
㉡ 위험물의 수량
㉢ 주의사항

21 제6류 위험물에 대한 설명으로 옳은 것은?

① 과염소산은 무취, 청색의 기름상액체이다.
② 알루미늄, 니켈 등은 진한질산에 녹지 않는다.
③ 과산화수소는 크산토프로테인 반응과 관계가 있다.
④ 오불화브로민(오플루오린화브로민)의 화학식은 C_2F_5Br이다.

해설
① 과염소산은 무색무취의 유동하기 쉬운 액체이다.
③ 질산은 크산토프로테인 반응과 관계가 있다.
④ 오불화브로민(오플루오린화브로민)의 화학식은 BrF_5이다.

정답 17 ④ 18 ① 19 ④ 20 ② 21 ②

과년도 기출문제

22 다음에서 설명 하고 있는 법칙은?

> 온도가 일정할 때 기체의 부피는 절대압력에 반비례한다.

① 일정성분비의 법칙
② 보일의 법칙
③ 샤를의 법칙
④ 보일-샤를의 법칙

해설
① 일정성분비(정비례)의 법칙 : 순수한 화합물에서 성분원소의 중량비는 항상 일정하다. 즉, 한 가지 화합물을 구성하는 각 성분원소의 질량비는 항상 일정하다.
③ 샤를의 법칙 : 압력이 일정할 때 일정량의 기체의 부피는 절대온도에 비례한다.
④ 보일-샤를의 법칙 : 일정량의 기체가 차지하는 부피는 압력에 반비례하고 절대온도에 비례한다.

23 다음은 옥내저장소의 저장창고와 옥내탱크저장소의 탱크전용실에 관한 설명이다. 위험물안전관리법령상의 내용과 상이한 것은?

① 제4류 위험물 제1석유류를 저장하는 옥내저장소에 있어서 하나의 저장창고의 바닥면적은 $1,000m^2$ 이하로 설치하여야 한다.
② 제4류 위험물 제1석유류를 저장하는 옥내탱크저장소의 탱크전용실은 건축물의 1층 또는 지하층에 설치하여야 한다.
③ 다층건물 옥내저장소의 저장창고에서 연소의 우려가 있는 외벽은 출입구 외의 개구부를 갖지 아니하는 벽으로 하여야 한다.
④ 제3류 위험물인 황린을 단독으로 저장하는 옥내탱크저장소의 탱크전용실은 지하층에 설치할 수 있다.

해설
옥내탱크저장소 기준
옥내저장탱크는 탱크전용실에 설치한다. 이 경우 제2류 위험물 중 황화린, 적린 및 덩어리 황, 제3류 위험물 중 황린, 제6류 위험물 중 질산의 탱크전용실은 1층 또는 지하층에 설치한다.

24 다음 중 지하탱크저장소의 수압시험기준으로 옳은 것은?

① 압력의 탱크는 상용압력의 30kPa의 압력으로 10분간 실시하여 새거나 변형이 없을 것
② 압력탱크는 최대상용압력의 1.5배의 압력으로 10분간 실시하여 새거나 변형이 없을 것
③ 압력 외 탱크는 상용압력의 30kPa의 압력으로 20분간 실시하여 새거나 변형이 없을 것
④ 압력탱크는 최대상용압력의 1.1배의 압력으로 10분간 실시하여 새거나 변형이 없을 것

해설
지하탱크저장소의 수압시험
㉠ 압력탱크 : 최대상용압력의 1.5배의 압력으로 10분간 실시하여 새거나 변형이 없을 것
㉡ 압력탱크(최대상용압력이 46.7kPa 이상인 탱크) 외의 탱크 : 70kPa의 압력으로 10분간 실시하여 새거나 변형이 없을 것

25 제조소 등에서의 위험물 저장의 기준에 관한 설명 중 틀린 것은?

① 제3류 위험물 중 황린과 금수성물질은 동일한 저장소에서 저장하여도 된다.
② 옥내저장소에서 재해가 현저하게 증대할 우려가 있는 위험물을 다량 저장하는 경우에는 지정수량의 10배 이하마다 구분하여 상호간 0.3m 이상의 간격을 두어 저장하여야 한다.
③ 옥내저장소에서는 용기에 수납하여 저장하는 위험물의 온도가 55℃를 넘지 아니하도록 필요한 조치를 강구하여야 한다.
④ 컨테이너식 이동탱크저장소 외의 이동탱크저장소에 있어서는 위험물을 저장한 상태로 이동저장탱크를 옮겨 싣지 아니하여야 한다.

해설
① 제3류 위험물 중 황린과 금수성물질은 동일한 저장소에서 저장할 수 없다.

정답 22 ② 23 ③ 24 ② 25 ①

26 제조소 내 액체위험물을 취급하는 옥외설비의 바닥 둘레에 설치하여야 하는 턱의 높이는 얼마 이상이어야 하는가?

① 0.1m 이상　　② 0.15m 이상
③ 0.2m 이상　　④ 0.25m 이상

해설
제조소 내 액체위험물을 취급하는 옥외 설비의 바닥둘레에 설치하여야 하는 턱의 높이 : 0.15m 이상

27 벤조일퍼옥사이드(과산화벤조일)에 대한 설명으로 틀린 것은?

① 백색 또는 무색 결정성분말이다.
② 불활성용매 등의 희석제를 첨가하면 폭발성이 줄어든다.
③ 진한황산, 진한질산, 금속분 등과 혼합하면 분해를 일으켜 폭발한다.
④ 알코올에는 녹지 않고, 물에 잘 용해한다.

해설
④ 알코올에는 약간 녹고, 물에 잘 녹지 않는다.

28 위험물안전관리법령상 IF_5의 지정수량은?

① 20kg　　② 50kg
③ 200kg　　④ 300kg

해설
제6류 위험물의 품명과 지정수량

유별	성질	품명	지정수량	위험등급
제6류	산화성 고체	1. 과염소산	300kg	I
		2. 과산화수소	300kg	
		3. 질산	300kg	
		4. 그 밖의 행정안전부령이 정하는 것 할로겐간 화합물 (BrF_3, BrF_5, IF_5 등)	300kg	
		5. 제1호 내지 제4호의1에 해당하는어느 하나 이상을 함유한 것	300kg	

29 유량을 측정하는 계측기구가 아닌 것은?

① 오리피스미터　　② 피에조미터
③ 로터미터　　　④ 벤투리미터

해설
② 피에조미터 : 유체의 압력을 측정한다.

30 위험물암반탱크가 다음과 같은 조건일 때 탱크의 용량은 몇 L 인가?

- 암반탱크의 내용적 : 600,000L
- 1일간 탱크 내에 용출하는 지하수의 양 : 800L

① 594,400　　② 594,000
③ 593,600　　④ 592,000

해설
암반탱크의 공간용적
㉠ 암반탱크에 있어서는 해당 탱크 내에 용출하는 7일간의 지하수의 양에 상당하는 용적과 해당 탱크의 내용적의 100분의 1의 용적중에서 보다 큰 용적을 공간 용적으로 한다.
㉡ 즉, 탱크용량=내용적-공간용적, 공간용적 : 800L×7일=5,600L, 내용적의 $\frac{1}{100}$: 600,000L×0.01=6,000L, 이중 큰 값은 6,000L
따라서 탱크용량=600,000-6,000L=594,000L

31 질산칼륨에 대한 설명으로 틀린 것은?

① 황화인, 질소와 혼합하면 흑색 화약이 된다.
② 에테르에 잘 녹지 않는다.
③ 물에 녹으므로 저장 시 수분과의 접촉에 주의한다.
④ 400℃로 가열하면 분해하여 산소를 방출한다.

해설
① 황, 목탄분과 혼합하면 흑색 화약이 된다.

정답 26 ② 27 ④ 28 ④ 29 ② 30 ② 31 ①

32 다음 중 옥내저장소에 위험물을 저장하는 제한높이가 가장 높은 경우는?

① 기계에 의하여 하역하는 구조로 된 용기만을 겹쳐 쌓는 경우
② 중유를 수납하는 용기만을 겹쳐 쌓는 경우
③ 아마인유를 수납하는 용기만을 겹쳐 쌓는 경우
④ 적린을 수납하는 용기만을 겹쳐 쌓는 경우

해설
옥내저장소에 위험물을 저장하는 제한높이
㉠ 기계에 의하여 하역하는 구조로 된 용기만을 겹쳐쌓는 경우 : 6m
㉡ 제4류 위험물 중 제3석유류(중유), 제4석유류 및 동·식물유류(아마인유)를 수납하는 용기만을 겹쳐 쌓는 경우 : 4m
㉢ 기타(적린을 수납하는 용기) : 3m

33 방폭구조 결정을 위한 폭발위험장소를 옳게 분류한 것은?

① 0종 장소, 1종 장소
② 0종 장소, 1종 장소, 2종 장소
③ 1종 장소, 2종 장소, 3종 장소
④ 0종 장소, 1종 장소, 2종 장소, 3종 장소

해설
폭발위험장소의 분류
㉠ 0종 장소, ㉡ 1종 장소, ㉢ 2종 장소

34 분진폭발에 대한 설명으로 틀린 것은?

① 밀폐공간 내 분진운이 부유할 때 폭발위험성이 있다.
② 충격, 마찰도 착화에너지가 될 수 있다.
③ 2차, 3차 폭발의 발생 우려가 없으므로 1차, 폭발 소화에 주력하여야 한다.
④ 산소의 농도가 증가하면 위험성이 증가할 수 있다.

해설
③ 분진폭발은 1차, 2차 폭발로 나눈다. 그러므로 1차, 2차 폭발의 소화에 주력하여야 한다.

35 위험물안전관리법령상 알칼리금속과산화물에 적응성이 있는 소화설비는?

① 할로젠화합물소화설비
② 탄산수소염류분말소화설비
③ 물분무소화설비
④ 스프링클러소화설비

해설

36 위험물안전관리법령상 적린, 황화인에 적응성이 없는 소화설비는?

① 옥외소화전설비
② 포소화설비
③ 불활성가스소화설비
④ 인산염류 등의 분말소화설비

해설
35번 해설 참조

정답 32 ① 33 ② 34 ③ 35 ② 36 ③

37 위험물안전관리법령상 위험물제조소 등에 자동화재탐지설비를 설치할 때 설치기준으로 틀린 것은?

① 하나의 경계구역의 면적은 $600m^2$ 이하로 할 것
② 광전식분리형감지기를 설치한 경우 경계구역의 한 변의 길이는 50m 이하로 할 것
③ 감지기는 지붕 또는 벽의 옥내에 면하는 부분에 유효하게 화재의 발생을 감지할 수 있도록 설치할 것
④ 비상전원을 설치할 것

해설
② 하나의 경계구역의 면적은 $600m^2$ 이하로 하고, 그 한 변의 길이는 50m(광전식분리형감지기를 설치한 경우에는 100m) 이하로 한다.

38 소형수동식소화기의 설치기준에 따라 방호대상물의 각 부분으로부터 하나의 소형수동식소화기까지의 보행거리가 20m 이하가 되도록 설치하여야 하는 제조소 등에 해당하는 것은? (단, 옥내소화전설비, 옥외소화전설비, 스프링클러설비, 물분무등소화설비 또는 대형수동식소화기와 함께 설치하지 않은 경우이다)

① 지하탱크저장소 ② 주유취급소
③ 판매취급소 ④ 옥내저장소

해설
소형수동식소화기 등의 설치기준
소형수동식소화기 또는 그 밖의 소화설비는 지하탱크저장소, 간이탱크저장소, 이동탱크저장소, 주유취급소, 판매취급소에서는 유효하게 소화할 수 있는 위치에 설치한다.

39 지정수량이 나머지 셋과 다른 위험물은?

① 브로민산칼륨 ② 질산나트륨
③ 과염소산칼륨 ④ 아이오딘산칼륨

해설
① 300kg ② 300kg
③ 50kg ④ 300kg

40 소화약제의 종류에 관한 설명으로 틀린 것은?

① 제2종 분말소화약제는 B급, C급 화재에 적응성 있다.
② 제3종 분말소화약제는 A급, B급, C급 화재에 적응성 있다.
③ 이산화탄소소화약제의 주된 소화효과는 질식효과이며 B급, C급 화재에 주로 사용한다.
④ 합성계면활성제 포소화약제는 고팽창포로 사용하는 경우 사정거리가 길어 고압가스, 액화가스, 석유탱크 등의 대규모 화재에 사용한다.

해설
④ 합성계면활성제 포소화약제는 고팽창포로 사용하는 경우 대형의 유류화재 뿐만 아니라 일반 건물화재의 소화에도 사용한다.

41 분무도장작업 등을 하기 위한 일반취급소를 안전거리 및 보유공지에 관한 규정을 적용하지 않고 건축물 내의 구획실 단위로 설치하는 데 필요한 요건으로 틀린 것은?

① 취급하는 위험물의 수량은 지정수량의 30배 미만일 것
② 건축물 중 일반취급소의 용도로 사용하는 부분은 벽·기둥·바닥·보 및 지붕(상층이 있는 경우에는 상층의 바닥)을 내화구조로 할 것
③ 도장, 인쇄 또는 도포를 위하여 제2류 또는 제4류 위험물(특수인화물은 제외)을 취급하는 것일 것
④ 건축물 중 일반취급소의 용도로 사용하는 부분의 출입구에는 갑종방화문 또는 을종방화문을 설치할 것

해설
④ 건축물 중 일반취급소의 용도로 사용하는 부분의 출입구에는 갑종방화문을 설치하되, 연소의 우려가 있는 외벽 및 해당 부분 외의 부분과의 격벽에 있는 출입구에는 수시로 열 수 있는 자동폐쇄식의 것으로 한다.

정답 37 ② 38 ④ 39 ③ 40 ④ 41 ④

42 다음은 옥내저장소에 유별을 달리하는 위험물을 함께 저장·취급할 수 있는 경우를 나열한 것이다. 위험물안전관리법령상의 내용과 다른 것은? (단, 유별로 정리하고 서로 1m 이상 간격을 두는 경우이다)

① 과산화나트륨 – 유기과산화물
② 염소산나트륨 – 황린
③ 디에틸에테르 – 고형알코올
④ 무수크로뮴산 – 질산

해설

(1) 상호 1m 이상의 간격을 유지하는 경우에도 동일한 옥내저장소에 저장할 수 있는 것
　① 제1류 위험물(알칼리 금속의 과산화물 또는 이를 함유한 것은 제외) + 제5류 위험물
　② 제1류 위험물 + 제6류 위험물
　③ 제1류 위험물 + 자연 발화성 물품(황린)
　④ 제2류 위험물 중 인화성 고체 + 제4류 위험물
　⑤ 제3류 위험물 중 알킬알루미늄 등 + 제4류 위험물(알킬알루미늄·알킬리튬을 함유한 것)
　⑥ 제4류 위험물 중 유기과산화물 또는 이를 함유한 것 + 제5류 위험물 중 유기과산화물 또는 이를 함유한 것

(2) ① 과산화나트륨(제1류 중 알칼리금속의 과산화물 또는 이를 함유한 것은 제외) : 유기관산화물(제5류)
　② 염소산나트륨(제1류) : 황린(제3류)
　③ 디에틸에테르(제4류) : 고형알코올(제2류 중 인화성 고체)
　④ 무수크로뮴산(제1류) : 질산(제6류)

43 황화인에 대한 설명 중 틀린 것은?

① 삼황화인은 과산화물, 금속분 등과 접촉하면 발화의 위험성이 높아진다.
② 삼황화인이 연소하면 SO_2와 P_2O_5가 발생한다.
③ 오황화인이 물과 반응하면 황화수소가 발생한다.
④ 오황화인은 알칼리와 반응하여 이산화황과 인산이 된다.

해설

④ 오황화인은 알칼리에 분해하여 가연성가스인 황화수소와 인산이 된다.

44 다음 중 위험물안전관리법령상 "고인화점위험물"이란?

① 인화점이 섭씨 100도 이상인 제4류 위험물
② 인화점이 섭씨 130도 이상인 제4류 위험물
③ 인화점이 섭씨 100도 이상인 제4류 위험물 또는 제3류 위험물
④ 인화점이 섭씨 100도 이상인 위험물

해설

고인화점위험물이란 인화점이 섭씨 100도 이상인 제4류 위험물

45 칼륨을 저장하는 위험물 옥내저장소에 화재예방을 위한 조치가 아닌 것은?

① 작은 용기에 소분하여 저장한다.
② 석유 등의 보호액 속에 저장한다.
③ 화재 시에 다량의 물로 소화하도록 소화수조를 설치한다.
④ 용기의 파손이나 부식에 주의하고 안전점검을 철저히 한다.

해설

③ 화재 시 물로 소화하면 물과 격렬히 반응하여 발열하고 수소가스를 발생한다.

46 C_6H_6의 $C_6H_5CH_3$의 공통적인 특징으로 설명한 것으로 틀린 것은?

① 무색의 투명한 액체로서 냄새가 있다.
② 물에는 잘 녹지 않으나 에테르에는 잘 녹는다.
③ 증기는 마취성과 독성이 있다.
④ 겨울에 대기 중의 찬 곳에서 고체가 된다.

해설

④ 벤젠은 융점이 6℃, 톨루엔은 융점이 –95℃이므로 벤젠은 대기 중의 찬 곳에서 고체가 되지만 톨루엔은 고체가 되지 않는다.

정답 42 ① 43 ④ 44 ① 45 ③ 46 ④

47 다음 위험물 중에서 물과 반응하여 가연성가스를 발생하지 않는 것은?

① 칼륨 ② 황린
③ 나트륨 ④ 알킬 리튬

해설
① 2K + 2H₂O ⟶ 2KOH + H₂
② 황린은 물속에 넣어 보관한다.
③ 2Na + 2H₂O ⟶ 2NaOH + H₂
④ 2Li + 2H₂O ⟶ 2LiOH + H₂

48 알코올류의 성상, 위험성, 저장 및 취급에 대한 설명으로 틀린 것은?

① 농도가 높아질수록 인화점이 낮아져 위험성이 증대된다.
② 알칼리금속과 반응하면 인화성이 강한 수소를 발생한다.
③ 위험물안전관리법령상 1분자를 구성하는 탄소원자의 수가 1개 내지 3개의 포화1가 알코올의 함유량이 60부피% 미만인 수용액은 알코올류에서 제외한다.
④ 위험물안전관리법령상 "알코올류"라 함은 1분자를 구성하는 탄소원자의 수가 1개부터 3개까지인 포화1가 알코올(변성알코올을 포함한다)을 말한다.

해설
③ 위험물안전관리법령상 1분자를 구성하는 탄소원자의 수가 1개 내지 3개의 포화1가 알코올의 함유량이 60중량% 미만인 수용액은 알코올류에서 제외한다.

49 아세톤에 대한 설명으로 틀린 것은?

① 보관 중 분해하여 청색으로 변한다.
② 아이오딘폼 반응을 일으킨다.
③ 아세틸렌의 저장에 이용된다.
④ 연소범위는 약 2.6~12.8%이다.

해설
① 보관 중 황색으로 변질되며 백광을 쪼이면 분해한다.

50 위험물안전관리법령상 경보설비의 설치 대상에 해당하지 않는 것은?

① 지정수량의 5배를 저장 또는 취급하는 판매취급소
② 옥내주유취급소
③ 연면적 500m²인 제조소
④ 처마높이가 6m인 단층건물의 옥내저장소

해설
제조소 등에 설치하여야 하는 경보설비

제조소 등의 구분	제조소 등의 규모, 저장 또는 취급하는 위험물의 종류 및 최대 수량 등	경보 설비
1. 제조소 및 일반 취급소	• 연면적이 500m² 이상인 것 • 옥내에서 지정수량의 100배 이상을 취급하는 것(고인화점위험물만을 100℃ 미만의 온도에서 취급하는 것을 제외한다) • 일반취급소로 사용되는 부분 외의 부분이 있는 건축물에 설치된 일반취급소[일반취급소와 일반취급소 외의 부분이 내화구조의 바닥 또는 벽으로 개구부 없이 구획된 것을 제외한다]	자동화재탐지설비
2. 옥내 저장소	• 지정수량의 100배 이상을 저장 또는 취급하는 것(고인화점위험물만을 저장 또는 취급하는 것은 제외한다) • 저장창고의 연면적이 150m²를 초과하는 것[당해 저장창고가 연면적 150m² 이내마다 불연재료의 격벽으로 개구부 없이 완전히 구획된 것과 제2류 또는 제4류의 위험물(인화성고체 및 인화점이 70℃ 미만인 제4류 위험물을 제외한다)만을 저장 또는 취급하는 것에 있어서는 저장창고의 연면적이 500m² 이상의 것에 한한다] • 처마높이가 6미터 이상인 단층건물의 것 • 옥내저장소로 사용되는 부분 외의 부분이 있는 건축물에 설치된 옥내저장소[옥내저장소와 옥내저장소 외의 부분이 내화구조의 바닥 또는 벽으로 개구부 없이 구획된 것과 제2류 또는 제4류의 위험물(인화성고체 및 인화점이 70℃ 미만인 제4류 위험물을 제외한다)만을 저장 또는 취급하는 것을 제외한다]	자동화재탐지설비
3. 옥내 탱크 저장소	단층건물 외의 건축물에 설치된 옥내탱크저장소로서 소화난이도등급Ⅰ에 해당하는 것	
4. 주유 취급소	옥내주유취급소	
5. 옥외탱크저장소	특수인화물, 제1석유류 및 알코올류를 저장 또는 취급하는 탱크의 용량이 1,000만리터 이상인 것	자동화재탐지설비 자동화재속보설비
6. 제1호 내지 제5호의 자동화재탐지설비 설치대상에 해당하지 아니하는 제조소등	지정수량의 10배 이상을 저장 또는 취급하는 것	자동화재탐지설비 비상경보설비 확성장치 또는 비상방송설비 중 1종 이상

51 제2류 위험물의 화재 시 소화방법으로 틀린 것은?

① 황은 다량의 물로 냉각소화가 적당하다.
② 알루미늄분은 건조사로 질식소화가 효과적이다.
③ 마그네슘은 이산화탄소에 의한 소화가 가능하다.
④ 인화성고체는 이산화탄소에 의한 소화가 가능하다.

해설
35번 해설 참조

52 위험물이동탱크저장소에 설치하는 자동차용 소화기의 설치기준으로 틀린 것은?

① 무상의 강화액 8L 이상(2개 이상)
② 이산화탄소 3.2kg 이상(2개 이상)
③ 소화분말 2.2kg 이상(2개 이상)
④ CF_2ClBr 2L 이상(2개 이상)

해설
이동탱크저장소에 설치하는 자동차용 소화기의 설치기준

이동탱크저장소	자동차용 소화기	무상의 강화액 8L 이상	2개 이상
		이산화탄소 3.2킬로그램 이상	
		일브로민화일염화이플루오르메탄 (CF$_2$ClBr) 2L 이상	
		일브로민화삼플루오르메탄(CF$_3$Br) 2L 이상	
		이브로민화사플루오르에탄(C$_2$F$_4$Br$_2$) 1L 이상	
		소화분말 3.5 킬로그램 이상	
	마른모래 및 팽창질석 또는 팽창진주암	마른모래 150L 이상	
		팽창질석 또는 팽창진주암 640L 이상	

53 위험물을 장거리운송 시에는 2명 이상의 운전자가 필요하다. 이 경우 장거리에 해당하는 것은?

① 자동차 전용도로 - 80km 이상
② 지방도 - 100km 이상
③ 일반국도 - 150km 이상
④ 고속국도 - 340km 이상

해설
위험물운송자는 장거리(고속국도에 있어서는 340km 이상, 그 밖의 도로에 있어서는 200km 이상을 말함)에 걸친 운송을 하는 때에는 2명 이상이 운전자로 한다.

54 메탄 75vol%, 프로판 25vol%인 혼합기체의 연소하한계는 약 몇 vol%인가? (단, 연소범위는 메탄 5~15vol%, 프로판 2.1~9.5vol%이다)

① 2.72
② 3.72
③ 4.63
④ 5.63

해설
$\frac{100}{L} = \frac{V_1}{L_1} + \frac{V_2}{L_2}$, $\frac{100}{L} = \frac{75}{5} + \frac{25}{2.1}$, $L = \frac{100}{26.9}$

∴ $L = 3.72$vol%

55 어떤 작업을 수행하는 데 작업소요시간이 빠른 경우 5시간, 보통이면 8시간, 늦으면 12시간 걸린다고 예측되었다면 3점견적법에 의한 기대 시간치와 분산을 계산하면 약 얼마인가?

① $te = 8.0$, $a^2 = 1.17$
② $te = 8.2$, $a^2 = 1.36$
③ $te = 8.3$, $a^2 = 1.17$
④ $te = 8.3$, $a^2 = 1.36$

해설
3점 견적: 소요시간을 낙관값, 최가능값, 비관값의 3점으로 견적하고 그 분포를 확정하여 기댓값을 구한다.

㉠ 기대시간(te) = $\frac{T_o + T_m + T_p}{6}$, 분산($\sigma_2$) = $\frac{t_e}{6}$

여기서 T_p: 비관값, T_m: 최가능값, T_o: 낙관값

㉡ 기대시간(te) = $\frac{5 + (4 \times 8) + 12}{6} = 8.1666 ≒ 8.2$

㉢ 분산(σ_2) = $\frac{8.2}{6} = 1.36$

56 정규분포에 관한 설명 중 틀린 것은?

① 일반적으로 평균치가 중앙값보다 크다.
② 평균을 중심으로 좌우대칭의 분포이다.
③ 대체로 표준편차가 클수록 산포가 나쁘다고 본다.
④ 평균치가 0이고 표준편차가 1인 정규분포를 표준정규분포라 한다.

해설
① 일반적으로 평균치가 중앙값보다 작다.

정답 51 ③ 52 ③ 53 ④ 54 ② 55 ② 56 ①

57 일반적으로 품질코스트 가운데 가장 큰 비율을 차지하는 것은?

① 평가코스트 ② 실패코스트
③ 예방코스트 ④ 검사코스트

해설
품질코스트 : 요구된 품질을 만들기 위한 비용으로 재료비, 노무비를 제외한 제조경비이다.
㉠ 평가코스트 : 제품의 품질을 올바르게 평가함으로써, 회사의 품질수준을 유지하는데 드는 비용
㉡ 실패코스트 : 소정의 품질수준유지에 실패한 경우 발생하는 불량제품, 불량원료에 대한 손실비용으로 품질코스트 가운데 가장 큰 비율을 차지한다.
㉢ 예방코스트 : 처음부터 불량이 발생하지 않도록 하는데 소요되는 비용

58 계량값 관리도에 해당되는 것은?

① c 관리도 ② u 관리도
③ R 관리도 ④ np 관리도

해설
관리도의 종류

계량형 관리도	• $\bar{x} - R$ 관리도($\bar{x}$ 관리도, R 관리도) : 보편적으로 사용 • $\bar{x} - S$ 관리도 • x 관리도 • $Me - R$ 관리도 • $L - S$ 관리도
계수형 관리도	• np 관리도(부적합품수 관리도) • p 관리도(부적합품률 관리도) • c 관리도(부적합수(결점수) 관리도) • u 관리도(단위당 부적합수(결점수) 관리도)
특수 관리도	• 부적합 관리도 • 이동평균 관리도 • 지수가중 이동평균 관리도 • 차이 관리도 • Z 변환 관리도

59 작업측정의 목적 중 틀린 것은?

① 작업개선
② 표준시간 설정
③ 과업관리
④ 요소작업 분할

해설
작업측정의 목적
㉠ ①, ②, ③
㉡ 원가분석
㉢ 작업자성과평가
㉣ 생산계획수립

60 계수규준형 샘플링검사의 OC 곡선에서 좋은 로트를 합격시키는 확률을 뜻하는 것은? (단, α는 제1종 과오, β는 제2종 과오이다)

① α ② β
③ $1 - \alpha$ ④ $1 - \beta$

해설
① α : 제1종 과오(Error Type Ⅰ) 참을 참이 아니라고(거짓이라고) 판정하는 과오
② β : 제2종 과오(Error Type Ⅱ) 참이 아닌 거짓을 참이라고 판정하는 과오
③ $1 - \alpha$: (신뢰율) 좋은 로트를 합격시키는 확률
④ $1 - \beta$: (검출력) 거짓을 거짓이라고 판정하는 확률

제60회 위험물기능장

시행일 : 2016년 7월 10일

01 식용유화재 시 비누화(Saponification) 현상(반응)을 통해 소화할 수 있는 분말소화약제는?

① 제1종 분말소화약제
② 제2종 분말소화약제
③ 제3종 분말소화약제
④ 제4종 분말소화약제

해설
비누화 현상 : 제1종 분말소화약제를 사용할 경우 흰색고체의 금속비누(Na_2O)를 형성하게 되는데 이 비누가 거품에 의해 질식효과를 갖게 되는 현상
$2NaHCO_3 \longrightarrow Na_2O + 2CO_2 + H_2O$

02 인화성액체위험물(CS_2는 제외)을 저장하는 옥외탱크저장소에서 방유제의 용량에 대해 다음 ( ) 안에 알맞은 수치를 차례대로 나열한 것은?

> 방유제의 용량은 방유제 안에 설치된 탱크가 하나인 때에는 그 탱크용량의 ( )% 이상, 2기 이상인 때에는 그 탱크 중 용량이 최대인 것의 용량의 ( )% 이상으로 할 것. 이 경우 방유제의 용량은 당해 방유제의 내용적에서 용량이 최대인 탱크 외의 탱크의 방유제높이 이하 부분의 용적, 당해 방유제 내에 있는 모든 탱크의 지반면 이상 부분의 기초의 체적, 간막이 둑의 체적 및 당해 방유제 내에 있는 배관 등의 체적을 뺀 것으로 한다.

① 50, 100
② 100, 110
③ 110, 100
④ 110, 110

해설
인화성액체위험물(CS_2는 제외)의 옥외탱크저장소 방유제 용량
㉠ 1기 이상 : 탱크용량의 110% 이상(인화성이 없는 액체위험물은 탱크용량의 100% 이상)
㉡ 2기 이상 : 최대용량의 110% 이상

03 에테르의 과산화물을 제거하는 시약으로 사용되는 것은?

① KI
② $FeSO_4$
③ $NH_3(OH)$
④ CH_3COCH_3

해설
에테르
㉠ 과산화물 검출시약 : 10% KI용액(무색 → 황색) : 과산화물 존재
㉡ 과산화물 제거시약 : 황산제일철($FeSO_4$), 환원철 등
㉢ 과산화물 생성방지법 : 40메시(Mesh)의 Cu망을 넣는다.

04 위험물안전관리법령상 용기에 수납하는 위험물에 따라 운반용기 외부에 표시하여야 할 주의사항으로 옳지 않은 것은?

① 자연발화성물질 - 화기엄금 및 공기접촉엄금
② 인화성액체 - 화기엄금
③ 자기반응성물질 - 화기엄금 및 충격주의
④ 산화성액체 - 화기·충격주의 및 가연물접촉주의

해설
위험물운반용기의 주의사항

위험물		주의사항
제1류 위험물	알칼리금속의 과산화물	• 화기·충격주의 • 물기엄금 • 가연물접촉주의
	기 타	• 화기·충격주의 • 가연물접촉주의
제2류 위험물	철분·금속분·마그네슘	• 화기주의 • 물기엄금
	인화성고체	화기엄금
	기 타	화기주의
제3류 위험물	자연발화성 물질	• 화기엄금 • 공기접촉엄금
	금수성물질	물기엄금
제4류 위험물		화기엄금
제5류 위험물		• 화기엄금 • 충격주의
제6류 위험물		가연물접촉주의

정답 01 ① 02 ④ 03 ② 04 ④

05 금속칼륨 10g을 물에 녹였을 때 이론적으로 발생하는 기체는 약 몇 g인가?

① 0.12g ② 0.26g
③ 0.32g ④ 0.52g

해설

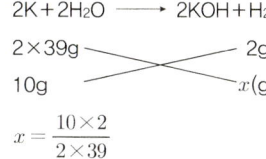

$2K + 2H_2O \longrightarrow 2KOH + H_2$
$2 \times 39g \qquad \qquad 2g$
$10g \qquad \qquad x(g)$

$x = \dfrac{10 \times 2}{2 \times 39}$

$x = 0.256g$

06 위험물안전관리법령상 위험물을 적재할 때에 방수성 덮개를 해야 하는 것은?

① 과산화나트륨 ② 염소산칼륨
③ 제5류 위험물 ④ 과산화수소

해설
방수성 있는 피복조치

유 별	적용대상
제1류 위험물	알칼리금속의 과산화물
제2류 위험물	철분, 금속분, 마그네슘
제3류 위험물	금수성물질

07 위험물안전관리법령상 위험물의 운반에 관한 기준에서 운반용기의 재질로 명시되지 않은 것은?

① 섬유판 ② 도자기
③ 고무류 ④ 종이

해설
위험물운반용기의 재질
강판, 알루미늄판, 양철판, 유리, 금속판, 종이, 플라스틱, 섬유판, 고무류, 합성섬유, 삼, 짚, 나무

08 위험물안전관리법령상 NH_2OH의 지정수량을 옳게 나타낸 것은?

① 10kg ② 50kg
③ 100kg ④ 200kg

해설
제5류 위험물의 품명과 지정수량

유 별	성 질	품 명	지정수량	위험등급
제5류	자기반응성 물질	1. 유기과산화물 2. 질산에스터류 3. 나이트로화합물 4. 나이트로소화합물 5. 아조화합물 6. 다이아조화합물 7. 하이드라진 유도체 8. 하이드록실아민(NH_2OH) 9. 하이드록실아민염류 10. 그 밖에 행정안전부령이 정하는 것 11. 제1호부터 제10호까지의 어느 하나에 해당하는 위험물을 하나 이상 함유한 것	제1종 : 10kg 제2종 : 100kg	제1종 : Ⅰ 제2종 : Ⅱ

09 유별을 달리하는 위험물의 혼재기준에서 1개 이하의 다른 유별의 위험물과만 혼재가 가능한 것은? (단, 지정수량의 $\dfrac{1}{10}$을 초과하는 경우이다)

① 제2류 ② 제3류
③ 제4류 ④ 제5류

해설
유별을 달리하는 위험물의 혼재기준

위험물의 구분	제1류	제2류	제3류	제4류	제5류	제6류
제1류		×	×	×	×	○
제2류	×		×	○	○	×
제3류	×	×		○	×	×
제4류	×	○	○		○	×
제5류	×	○	×	○		×
제6류	○	×	×	×	×	

정답 05 ② 06 ① 07 ② 08 ③ 09 ②

10 위험물안전관리법령상 벤조일퍼옥사이드의 화재에 적응성 있는 소화설비는?

① 분말소화설비
② 불활성가스소화설비
③ 할로젠화합물소화설비
④ 포소화설비

해설
소화설비의 적응성

소화설비의 구분		건축물·그 밖의 공작물	전기설비	제1류 위험물		제2류 위험물			제3류 위험물		제4류 위험물	제5류 위험물	제6류 위험물
				알칼리금속과산화물 등	그 밖의 것	철분·금속분·마그네슘 등	인화성고체	그 밖의 것	금수성물품	그 밖의 것			
옥내소화전 또는 옥외소화전설비		○			○		○	○		○		○	○
스프링클러설비		○			○		○	○		○	△	○	○
물분무등소화설비	물분무소화설비	○	○		○		○	○		○	○	○	○
	포소화설비	○			○		○	○		○	○	○	○
	불활성가스소화설비		○				○				○		
	할로젠화합물소화설비		○				○				○		
	분말소화설비	인산염류 등	○	○		○		○	○			○		○
		탄산수소염류 등		○	○		○	○		○		○		
		그 밖의 것			○			○		○				
대형·소형수동식소화기	봉상수(棒狀水)소화기	○			○		○	○		○		○	○
	무상수(霧狀水)소화기	○	○		○		○	○		○		○	○
	봉상강화액소화기	○			○		○	○		○		○	○
	무상강화액소화기	○	○		○		○	○		○	○	○	○
	포소화기	○			○		○	○		○	○	○	○
	이산화탄소소화기		○				○				○		△
	할론소화기		○				○				○		
	분말소화기	인산염류소화기	○	○		○		○	○			○		○
		탄산수소염류소화기		○	○		○	○		○		○		
		그 밖의 것			○			○		○				
기타	물통 또는 수조	○			○		○	○		○		○	○
	건조사			○	○	○	○	○	○	○	○	○	○
	팽창질석 또는 팽창진주암			○	○	○	○	○	○	○	○	○	○

11 전기의 부도체이고 황산이나 화약을 만드는 원료로 사용되며, 연소하면 푸른색을 내는 것은?

① 황
② 적린
③ 철분
④ 마그네슘

해설
황의 설명이다.

12 위험물안전관리법령상 옥내저장소의 저장창고 바닥면적을 1,000m² 이하로 하여야 하는 위험물이 아닌 것은?

① 아염소산염류
② 나트륨
③ 금속분
④ 과산화수소

해설
옥내저장소의 저장창고 바닥면적
① 바닥면적 1,000m² 이하로 하는 위험물
  ㉠ 제1류 위험물 중 아염소산염류, 염소산염류, 과염소산염류, 무기과산화물, 지정수량이 50kg인 위험물
  ㉡ 제3류 위험물 중 칼륨, 나트륨, 알킬알루미늄, 알킬리튬, 황린, 지정수량이 10kg인 위험물
  ㉢ 제4류 위험물 중 특수인화물, 제1석유류, 알코올류
  ㉣ 제5류 위험물 중 유기과산화물, 질산에스테르류, 지정수량이 10kg인 위험물
  ㉤ 제6류 위험물
② 바닥면적 2,000m² 이하로 하여야 하는 위험물 : ① 이외의 위험물(제2류 위험물의 금속분)

13 위험물안전관리법령상 위험물의 저장·취급에 관한 공통기준에서 정한 내용으로 틀린 것은?

① 제조소 등에 있어서는 허가를 받았거나 신고한 수량 초과 또는 품명 외의 위험물을 저장·취급하지 말 것
② 위험물을 보호액 중에 보존하는 경우에는 당해 위험물이 보호액으로부터 노출되지 아니하도록 하여야 할 것
③ 위험물을 저장·취급하는 건축물은 위험물의 수량에 따라 차광 또는 환기를 할 것
④ 위험물을 용기에 수납하는 경우에는 용기의 파손, 부식, 틈 등이 생기지 않도록 할 것

해설
③ 위험물을 저장 또는 취급하는 건축물 그 밖의 공작물 또는 설비는 위험물의 성질에 따라 차광 또는 환기를 실시하여야 한다.

정답 10 ④ 11 ① 12 ③ 13 ③

14 제3류 위험물에 대한 설명으로 옳지 않은 것은?

① 탄화알루미늄은 물과 반응하여 메탄가스를 발생한다.
② 칼륨은 물과 반응하여 발열반응을 일으키며 수소가스를 발생한다.
③ 황린이 공기 중에서 자연발화하여 오황화인이 발생된다.
④ 탄화칼슘이 물과 반응하여 발생하는 가스의 연소범위는 약 2.5~81%이다.

해설
③ $4P + 5O_2 \longrightarrow 2P_2O_5$

15 위험물안전관리법령상 위험물제조소 등에 설치하는 소화설비 중 옥내소화전설비에 관한 기준으로 틀린 것은?

① 옥내소화전의 배관은 소화전 설비의 성능에 지장을 주지 않는다면 전용으로 설치하지 않아도 되고 주배관 중 입상관은 직경이 50mm 이상이어야 한다.
② 설비의 비상전원은 자가발전설비 또는 축전지설비로 설치하되, 용량은 옥내소화전설비를 45분 이상 유효하게 작동시키는 것이 가능한 것이어야 한다.
③ 비상전원으로 사용하는 큐비클식 외의 자가발전설비는 자가발전장치의 주위에 0.6m 이상의 공지를 보유하여야 한다.
④ 비상전원으로 사용하는 축전지설비 중 큐비클식 외의 축전지 설비를 동일실에 2개 이상 설치하는 경우에는 상호간에 0.5m 이상 거리를 두어야 한다.

해설
④ 비상전원으로 사용하는 축전지설비 중 큐비클식 외의 축전지 설비를 동일실에 2개 이상 설치하는 경우에는 축전지설비의 상호간격을 0.6m(높이가 1.6m이상인 선반 등을 설치하는 경우에는 1m) 이상 거리를 두어야 한다.

16 다음 중 위험물안전관리법령상 제2석유류가 아닌 것은?

① 가연성액체량이 40wt% 이하면서 인화점이 39℃, 연소점이 65℃인 도료
② 가연성액체량이 50wt% 이하면서 인화점이 39℃, 연소점이 65℃인 도료
③ 가연성액체량이 40wt% 이하면서 인화점이 40℃, 연소점이 65℃인 도료
④ 가연성액체량이 50wt% 이하면서 인화점이 40℃, 연소점이 65℃인 도료

해설
제외 대상
㉠ 제2석유류 제외 : 도료류 그 밖의 물품에 있어서 가연성액체량이 40wt% 이하면서 인화점이 40℃ 이상인 동시에 연소점이 60℃ 이상인 것
㉡ 제3석유류 제외 : 도료류 그 밖의 물품에 있어서 가연성액체량이 40wt% 이하인 것
㉢ 제4석유류 제외 : 도료류 그 밖의 물품에 있어서 가연성액체량이 40wt% 이하인 것

17 위험물의 운반기준에 대한 설명으로 틀린 것은?

① 위험물을 수납한 운반용기가 현저하게 마찰 또는 동요를 일으키지 아니하도록 운반하여야 한다.
② 지정수량 이상의 위험물을 차량으로 운반할 때에는 한 변의 길이가 0.3m 이상, 다른 한 변은 0.6m 이상인 직사각형 표지판을 설치하여야 한다.
③ 위험물의 운반도중 재난발생의 우려가 있는 경우에는 응급조치를 강구하는 동시에 가까운 소방관서 그 밖의 관계기관에 통보하여야 한다.
④ 지정수량 이하의 위험물을 차량으로 운반하는 경우 적응성이 있는 소형수동식소화기를 위험물의 소요단위에 상응하는 능력단위 이상으로 비치하여야 한다.

해설
④ 지정수량 이상의 위험물을 차량으로 운반하는 경우 적응성이 있는 소형소화기를 위험물의 소요단위에 상응하는 능력단위 이상으로 비치하여야 한다.

정답 14 ③ 15 ④ 16 ③ 17 ④

18 탄화칼슘이 물과 반응하면 가연성가스가 발생한다. 이 때 발생한 가스를 촉매 하에서 물과 반응시켰을 때 생성되는 물질은?

① 디에틸에테르 ② 에틸아세테이트
③ 아세트알데하이드 ④ 산화프로필렌

해설
㉠ $CaC_2 + 2H_2O \longrightarrow Ca(OH)_2 + C_2H_2$
㉡ $C_2H_2 + H_2O \longrightarrow CH_3CHO$

19 수소화리튬에 대한 설명으로 틀린 것은?

① 물과 반응하여 가연성가스를 발생한다.
② 물보다 가볍다.
③ 대량의 저장용기 중에는 아르곤을 봉입한다.
④ 주수소화가 금지되어 있고 이산화탄소소화기가 적응성이 있다.

해설
④ 주수엄금, 포소화엄금, 건조사 및 건조한 흙에 의해 질식소화한다. CO_2, 할로젠화합물소화약제(할론 1211, 할론 1301)는 적응하지 않으므로 사용을 금한다.

20 다음 중 위험물안전관리법령상 압력탱크가 아닌 저장탱크에 위험물을 저장할 때 유지하여야 하는 온도의 기준이 가장 낮은 경우는?

① 디에틸에테르를 옥외저장탱크에 저장하는 경우
② 산화프로필렌을 옥내저장탱크에 저장하는 경우
③ 산화프로필렌을 지하저장탱크에 저장하는 경우
④ 아세트알데하이드를 지하저장탱크에 저장하는 경우

해설
저장온도
㉠ 옥외저장탱크, 옥내저장탱크, 지하 저장탱크 중 압력탱크 외의 탱크에 저장하는 경우
 • 디에틸에테르 등, 산화프로필렌 : 30℃ 이하
 • 아세트알데하이드 등 : 15℃ 이하
㉡ 옥외저장탱크, 옥내저장탱크, 지하 저장탱크 중 압력탱크에 저장하는 경우
 • 디에틸에테르 등, 아세트알데하이드 등 : 40℃ 이하

21 위험물안전관리법령상 위험물제조소 등의 자동화재탐지설비의 설치기준으로 틀린 것은?

① 계단・경사로・승강기의 승강로 그 밖의 이와 유사한 장소에 연기감지기를 설치하는 경우에는 자동화재탐지설비의 경계구역이 2 이상의 층에 걸칠 수 있다.
② 하나의 경계구역의 면적은 $600m^2$(예외적인 경우에는 $1,000m^2$ 이하) 이하로 하고 광전식분리형감지기를 설치하는 경우에는 한 변의 길이는 50m 이하로 하여야 한다.
③ 자동화재탐지설비의 감지기는 지붕 또는 벽의 옥내에 면한 부분에 유효하게 화재의 발생을 감지하도록 설치하여야 한다.
④ 자동화재탐지설비에는 비상전원을 설치하여야 한다.

해설
자동화재탐지설비의 설치기준
㉠ 자동화재탐지설비의 경계구역(화재가 발생한 구역을 다른 구역과 구분하여 식별할 수 있는 최소단위의 구역을 말함)은 건축물 그 밖의 공작물의 2 이상의 층에 걸치지 아니하도록 할 것. 다만 하나의 경계구역의 면적이 $500m^2$ 이하이면서 당해 경계구역이 두 개 층에 걸치는 경우이거나 계단, 경사로 승강기의 승강로 그 밖에 이와 유사한 장소에 연기감지기를 설치하는 경우에는 그러하지 아니하다.
㉡ 하나의 경계구역의 면적은 $600m^2$ 이하로 하고 그 한 변의 길이는 50m(광전식분리형감지기를 설치할 경우에는 100m) 이하로 할 것. 다만, 당해 건축물 그 밖의 공작물의 주요한 출입구에서 그 내부의 전체를 볼 수 있는 경우에 있어서는 그 면적을 $1,000m^2$ 이하로 할 수 있다.
㉢ 자동화재탐지설비 감지기는 지붕(상층이 있는 경우에는 상층의 바닥) 또는 벽의 옥내에 면한 부분(천장이 있는 경우에는 천장 또는 벽의 옥내에 면한 부분 및 천장의 뒷부분)에 유효하게 화재의 발생을 감시할 수 있도록 설치할 것
㉣ 자동화재탐지설비에는 비상전원을 설치할 것

22 0℃, 0.5기압에서 질산 1mol은 몇 g인가?

① 31.5g ② 63g
③ 126g ④ 252g

해설
HNO_3 = 63g

정답 18 ③ 19 ④ 20 ④ 21 ② 22 ②

23 폼산(formic acid)에 대한 설명으로 틀린 것은?

① 화학식은 CH_3COOH이다.
② 비중은 약 1.2로 물보다 무겁다.
③ 개미산이라고도 한다.
④ 융점은 약 8.5℃이다.

해설
① 화학식은 HCOOH이다.

24 위험물안전관리법령상 옥내저장소에 6개의 옥외소화전을 설치할 때 필요한 수원의 수량은?

① $28m^3$ 이상
② $39m^3$ 이상
③ $54m^3$ 이상
④ $81m^3$ 이상

해설
$Q(m^3) = N \times 13.5 = 54m^3$
여기서, Q : 수원의 양
N : 옥외소화전설비 설치개수(설치개수가 4개 이상인 경우는 4개의 옥외소화전)

25 백색 또는 담황색 고체로 수산화칼륨용액과 반응하여 포스핀가스를 생성하는 것은?

① 황린
② 트라이메틸알루미늄
③ 적린
④ 황

해설
$P_4 + 3KOH + 3H_2O \longrightarrow PH_3 + 3KH_2PO_2$

26 위험물안전관리법령상 옥외탱크저장소에 설치하는 높이가 1m를 넘는 방유제 및 간막이 둑의 안팎에 설치하는 계단 또는 경사로는 약 몇 m마다 설치하여야 하는가?

① 20m
② 30m
③ 40m
④ 50m

해설
옥외탱크저장소에 설치하는 높이가 1m를 넘는 방유제 및 간막이 둑의 안팎에는 방유제 내에 출입하기 위한 계단 또는 경사로를 약 50m마다 설치한다.

27 메탄의 확산속도는 28m/s이고, 같은 조건에서 기체 A의 확산속도는 14m/s이다. 기체 A의 분자량은 얼마인가?

① 8
② 32
③ 64
④ 128

해설
그레이엄의 확산속도법칙
$\dfrac{u_B}{u_A} = \sqrt{\dfrac{M_A}{M_B}}$, $\dfrac{28}{14} = \sqrt{\dfrac{M_A}{16}}$
∴ $M_A = 64$

28 위험물제조소 등의 완공검사의 신청시기에 대한 설명으로 옳은 것은?

① 이동탱크저장소는 이동저장탱크의 제작 전에 신청한다.
② 이송취급소에서 지하에 매설하는 이송배관공사의 경우는 전체의 이송배관공사를 완료한 후에 신청한다.
③ 지하탱크가 있는 제조소 등은 당해 지하탱크를 매설한 후에 신청한다.
④ 이송취급소에서 하천에 매설하는 이송배관의 공사의 경우에는 이송배관을 매설하기 전에 신청한다.

해설
제조소 등의 완공검사 신청 시기
㉠ 지하탱크가 있는 제조소 등은 당해 지하탱크를 매설하기 전에
㉡ 이동탱크저장소는 이동저장탱크를 완공하고 상치장소를 확보한 후에
㉢ 이송취급소는 이송배관공사의 전체 또는 일부를 완료한 후 다만 지하, 하천 등에 매설하는 이송배관의 공사의 경우에는 이송배관을 매설하기 전
㉣ 전체 공사가 완료된 후에는 완공검사를 실시하기 곤란한 경우
  • 위험물설비 또는 배관의 설치가 완료되어 기밀시험 또는 내압시험을 실시하는 시기
  • 배관을 지하에 설치하는 경우에는 시·도지사 소방서장 또는 공사가 지정하는 부분을 매몰하기 직전
  • 공사가 지정하는 부분의 비파괴 시험을 실시하는 시기
㉤ ㉠ ~ ㉣에 해당하지 아니하는 제조소의 경우는 제조소 등의 공사를 완료한 후

정답 23 ① 24 ③ 25 ① 26 ④ 27 ③ 28 ④

29 제4류 위험물 중 제1석유류의 일반적인 특성이 아닌 것은?

① 증기의 연소 하한값이 비교적 낮다.
② 대부분 비중이 물보다 작다.
③ 다른 석유류보다 화재 시 보일오버나 슬롭오버 현상이 일어나기 쉽다.
④ 대부분 증기밀도가 공기보다 크다.

해설
③ 제3석유류나 제4석유류는 보일오버나 슬톱오버 현상이 일어나기 쉽다.

30 위험물제조소 옥외에 있는 위험물 취급탱크용량이 100,000L인 곳의 방유제 용량은 몇 L 이상이어야 하는가?

① 50,000
② 90,000
③ 100,000
④ 110,000

해설
위험물제조소 옥외에 있는 위험물 취급탱크(용량이 지정수량의 1/5 미만인 것은 제외)
㉠ 1개의 탱크 : 방유제 용량
  = 탱크용량 × 0.5 = 100,000L × 0.5 = 50,000L
㉡ 2개 이상의 탱크 : 방유제 용량
  = 최대탱크용량 × 0.5 + 기타 탱크용량의 합 × 0.1

31 위험물안전관리법령상 제5류 위험물에 속하지 않는 것은?

① $C_3H_5(ONO_2)_3$
② $C_6H_2(NO_2)_3OH$
③ CH_3COOOH
④ $C_3Cl_3N_3O_3$

해설
위험물안전관리법령상 위험물의 분류

종 류	명 칭	유 별
$C_3H_5(ONO_2)_3$	나이트로글리세린	제5류 위험물 질산에스테르류
$C_6H_2(NO_2)_3OH$	피크린산	제5류 위험물 나이트로화합물
CH_3COOOH	과초산	제5류 위험물 유기과산화물류
$C_3Cl_3N_3O_3$	트라이클로로이소시아눌산	제1류 위험물 염소화이소시아눌산(그 밖에 행정안전부령이 정하는 것)

32 위험성 평가기법을 정량적 평가기법과 정성적 평가기법으로 구분할 때 다음 중 그 성격이 다른 하나는?

① HAZOP
② FTA
③ ETA
④ CCA

해설
(1) 위험성 평가
  ㉠ 독성·가연성 물질 화학공장의 사고를 줄이기 위해 공장의 잠재위험성을 찾는 효과적인 방법
  ㉡ 대상물에 대한 위험요소를 발견하고 예상위험의 크기를 정량화하며 사고의 결과를 사전에 예측하는 과정
(2) (화학공장에서의) 위험성 평가방법

	위험요소를 확률적으로 분석·평가하는 방법	
정량적 방법 (HAZAN)	위험요소를 확률적으로 분석·평가하는 방법	· 결함수분석(FTA) · 사건수분석(ETA) · 원인결과분석(CCA)
정성적 방법 (HAZID)	어떤 위험요소가 존재하는지 찾아내는 방법	· 사고 예상 질문 분석법(What-If) · 체크리스트법 (Process/System Check-List) · 이상위험도 분석법(FMECA) · 작업자 실수 분석법 (Human Error Analysis) · 위험과 운전성 분석법(HAZOP) · 안전성 검토법(Safety Review) · 예비위험 분석법(PHA) · 상대위험순위 판정법 (Relative Ranking)

33 위험물안전관리법령상 소방공무원 경력자가 취급할 수 있는 위험물은?

① 법령에서 정한 모든 위험물
② 제4류 위험물을 제외한 모든 위험물
③ 제4류 위험물과 제6류 위험물
④ 제4류 위험물

해설
위험물취급자격자의 자격

위험물취급자격자의 구분	취급할 수 있는 위험물
위험물기능장, 위험물산업기사, 위험물기능사 자격을 취득한 사람	모든 위험물
소방청장이 실시하는 안전관리자교육을 이수한 자	제4류 위험물
소방공무원경력자 (소방공무원 근무경력 3년 이상인 자)	제4류 위험물

정답 29 ③ 30 ① 31 ④ 32 ① 33 ④

34 다음 중 크산토프로테인 반응을 하는 물질은?

① H_2O_2　　② HNO_3
③ $HClO_4$　　④ $NH_4H_2PO_4$

해설
크산토프로테인 반응

단백질 용액 $\xrightarrow[\text{가열}]{HNO_3}$ 노란색 $\xrightarrow{NaOH}$ 오렌지색

35 트라이에틸알루미늄이 물과 반응하였을 때 생성되는 물질은?

① $Al(OH)_3$, C_2H_2　　② $Al(OH)_3$, C_2H_6
③ Al_2O_3, C_2H_2　　④ Al_2O_3, C_2H_6

해설
$(C_2H_5)_3Al + 3H_2O \longrightarrow Al(OH)_3 + 3C_2H_6$

36 다음 중 제2류 위험물의 일반적인 성질로 가장 거리가 먼 것은?

① 연소 시 유독성가스를 발생한다.
② 연소속도가 빠르다.
③ 불이 붙기 쉬운 가연성물질이다.
④ 산소를 함유하고 있지 않은 강한 산화성물질이다.

해설
④ 인화성고체를 제외하고는 강력한 환원제로서 산소와 결합이 용이하며, 산화되기 쉽고 저농도의 산소에서도 결합한다.

37 고분자중합제품, 합성고무, 포장재 등에 사용되는 제2석유류로서 가열, 햇빛, 유기과산화물에 의해 쉽게 중합 반응하여 점도가 높아져 수지상으로 변화하는 것은?

① 하이드라진　　② 스타이렌
③ 아세트산　　④ 모노부틸아민

해설
스타이렌(styrene, $C_6H_5CH=CH_2$)의 설명이다.

38 제조소에서 위험물을 취급하는 건축물 그 밖의 시설의 주위에는 그 취급하는 위험물의 최대수량에 따라 보유해야 할 공지가 필요하다. 취급하는 위험물이 지정수량의 10배인 경우 공지의 너비는 몇 미터 이상으로 해야 하는가?

① 3m　　② 4m
③ 5m　　④ 10m

해설
㉠ 보유공지 : 위험물을 취급하는 건축물, 그 밖의 시설의 주위에 마련해 놓은 안전을 위한 빈 터
㉡ 보유공지 너비

위험물의 최대수량	공지 너비
지정수량 10배 이하	3m 이상
지정수량 10배 초과	5m 이상

39 위험물안전관리법령상 보일러 등으로 위험물을 소비하는 일반취급소를 건축물의 다른 부분과 구획하지 않고 설비단위로 설치하는 데 필요한 특례요건이 아닌 것은? (단, 건축물의 옥상에 설치하는 경우는 제외한다)

① 위험물을 취급하는 설비의 주위에 원칙적으로 너비 3m 이상의 공지를 보유할 것
② 일반취급소에서 취급하는 위험물의 최대수량은 지정수량의 10배 미만일 것
③ 보일러, 버너 그 밖에 이와 유사한 장치로 인화점 70℃ 이상의 제4류 위험물을 소비하는 취급일 것
④ 일반취급소의 용도로 사용하는 부분의 바닥(설비의 주위에 있는 공지를 포함)에는 집유설비를 설치하고 바닥의 주위에 배수구를 설치할 것

해설
③ 보일러, 버너 그 밖에 이와 유사한 장치로 인화점 38℃ 이상의 제4류 위험물을 소비하는 일반취급소로서 지정수량의 30배 미만의 것

정답 34 ②　35 ②　36 ④　37 ②　38 ①　39 ③

40 위험물안전관리법령상 주유취급소의 주유원 간이대기실의 기준으로 적합하지 않은 것은?

① 불연재료로 할 것
② 바퀴가 부착되지 아니한 고정식일 것
③ 차량의 출입 및 주유작업에 장애를 주지 아니하는 위치에 설치할 것
④ 주유공지 및 급유공지 외의 장소에 설치하는 것은 바닥면적이 2.5m² 이하일 것

해설
④ 바닥면적이 2.5m² 이하일 것. 다만 주유공지 및 급유공지 외의 장소에 설치하는 것은 그러하지 아니하다.

41 모두 액체인 위험물로만 나열된 것은?

① 제3석유류, 특수인화물, 과염소산염류, 과염소산
② 과염소산, 과아이오딘산, 질산, 과산화수소
③ 동·식물유류, 과산화수소, 과염소산, 질산
④ 염소화이소시아눌산, 특수인화물, 과염소산, 질산

해설
위험물의 상태

명칭	상태	명칭	상태
제3석유류	액체	특수인화물	액체
과염소산염류	고체	과염소산	액체
과아이오딘산	고체	질산	액체
과산화수소	액체	동·식물유류	액체
염소화이소시아눌산	고체		

42 다음 중 세기성질(Intensive Pproperty)이 아닌 것은?

① 녹는점 ② 밀도
③ 인화점 ④ 부피

해설
㉠ 세기성질 : 어떤 물질의 양에 관계없이 일정한 성질(녹는점, 밀도, 인화점, 압력, 온도, 농도, 비점, 색 등)
㉡ 크기성질 : 계의 크기에 비례하는 계의 양(부피, 질량, 열용량 등)

43 다음 정전기에 대한 설명 중 가장 옳은 것은?

① 전기저항이 낮은 액체가 유동하면 정전기를 발생하며 그 정도는 그 액체의 고유저항이 작을수록 대전하기 쉬워 정전기 발생의 위험성이 높다.
② 전기저항이 높은 액체가 유동하면 정전기를 발생하며 그 정도는 그 액체의 고유저항이 작을수록 대전하기 쉬워 정전기 발생의 위험성이 높다.
③ 전기저항이 낮은 액체가 유동하면 정전기를 발생하며 그 정도는 그 액체의 고유저항이 클수록 대전하기 쉬워 정전기 발생의 위험성이 낮다.
④ 전기저항이 높은 액체가 유동하면 정전기를 발생하며 그 정도는 그 액체의 고유저항이 클수록 대전하기 쉬워 정전기 발생의 위험성이 높다.

해설
정전기(Static Electricity) : 서로 다른 두 물체를 마찰시키면 그 물체는 전기를 띠게 되는데, 이것을 마찰전기의 정적인 전기적 현상이라 한다.

44 아이오딘폼 반응이 일어나는 물질과 반응 시 색상을 옳게 나타낸 것은?

① 메탄올, 적색   ② 에탄올, 적색
③ 메탄올, 노란색 ④ 에탄올, 노란색

해설
아이오딘폼 반응 : 에탄올에 KOH 또는 NaOH와 I_2를 작용시키면 독특한 냄새를 가진 CHI_3(아이오딘폼)의 노란색 침전이 생기는 반응을 한다.
$C_2H_5OH + 4I_2 + 6NaOH \longrightarrow HCOONa + 5NaI + CHI_3 + 5H_2O$

45 과염소산, 질산, 과산화수소의 공통점이 아닌 것은

① 다른 물질을 산화시킨다.
② 강산에 속한다.
③ 산소를 함유한다.
④ 불연성물질이다.

해설
② 과산화수소를 제외하고 강산성물질이다.

정답 40 ④ 41 ③ 42 ④ 43 ④ 44 ④ 45 ②

46 위험물안전관리법령상 차량에 적재하여 운반 시 차광 또는 방수덮개를 하지 않아도 되는 위험물은?

① 질산암모늄 ② 적린
③ 황린 ④ 이황화탄소

해설
방수성 있는 피복조치

유 별	적용대상
제1류 위험물	알칼리금속의 과산화물
제2류 위험물	철분, 금속분, 마그네슘
제3류 위험물	금수성물질

47 위험물안전관리법령상 인화성고체는 1기압에서 인화점이 섭씨 몇 도인 고체를 말하는가?

① 20℃ 미만 ② 30℃ 미만
③ 40℃ 미만 ④ 50℃ 미만

해설
인화성고체란 고형알코올 그 밖에 1기압에서 인화점이 40℃ 미만인 고체

48 위험물안전관리법령상 주유취급소에 캐노피를 설치하려고 할 때의 기준에 해당하지 않는 것은?

① 배관이 캐노피 내부를 통과할 경우에는 1개 이상의 점검구를 설치할 것
② 캐노피 외부의 점검이 곤란한 장소에 배관을 설치하는 경우에는 용접이음으로 할 것
③ 캐노피의 면적은 주유취급 바닥면적의 2분의 1 이하로 할 것
④ 캐노피 외부의 배관이 일광열의 영향을 받을 우려가 있는 경우에는 단열재로 피복할 것

해설
주유취급소 캐노피 설치기준
㉠ 배관이 캐노피 내부를 통과할 경우에는 1개 이상의 점검구를 설치할 것
㉡ 캐노피 외부의 점검이 곤란한 장소에는 용접이음으로 할 것
㉢ 캐노피 외부의 배관이 일광열의 영향을 받을 우려가 있는 경우에는 단열재로 피복할 것

49 트라이클로로실란(Trichlorosilane)의 위험성에 대한 설명으로 옳지 않은 것은?

① 산화성물질과 접촉하면 폭발적으로 반응한다.
② 물과 심하게 반응하여 부식성의 염산을 생성한다.
③ 연소범위가 넓고 인화점이 낮아 위험성이 높다.
④ 증기비중이 공기보다 작으므로 높은 곳에 체류해 폭발가능성이 높다.

해설
④ 증기비중이 공기보다 크므로 낮은 곳에 체류해 폭발가능성이 높다.

예 트라이클로로실란($HSiCl_3$)분자량 : 135.5, $\frac{135.5}{29} = 4.67$

50 위험물안전관리법령상 아세트알데하이드 이동탱크저장소의 경우 이동저장탱크로부터 아세트알데하이드를 꺼낼 때는 동시에 얼마 이하의 압력으로 불활성기체를 봉입하여야 하는가?

① 20kPa ② 24kPa
③ 100kPa ④ 200kPa

해설
이동저장탱크에 불활성기체 봉입장치기준
㉠ 알킬알루미늄 등을 저장하는 경우 : 20kPa 이하의 압력
㉡ 알킬알루미늄 등을 꺼낼 때 : 200kPa 이하의 압력
㉢ 아세트알데하이드 등을 꺼낼 때 : 100kPa 이하의 압력

51 BaO_2에 대한 설명으로 옳지 않은 것은?

① 알칼리토금속의 과산화물 중 가장 불안정하다.
② 가열하면 산소를 분해 방출한다.
③ 환원제, 섬유와 혼합하면 발화의 위험이 있다.
④ 지정수량이 50kg이고 묽은 산에 녹는다.

해설
① 알칼리토금속의 과산화물 중 가장 안정한 물질이다.

정답 46 ② 47 ③ 48 ③ 49 ④ 50 ③ 51 ①

52 위험물안전관리법령상 제3류 위험물의 종류에 따라 위험물을 수납한 용기에 부착하는 주의사항의 내용에 해당 하지 않는 것은?

① 충격주의 ② 화기엄금
③ 공기접촉엄금 ④ 물기엄금

해설
위험물운반용기의 주의사항

위험물		주의사항
제1류 위험물	알칼리금속의 과산화물	• 화기・충격주의 • 물기엄금 • 가연물접촉주의
	기 타	• 화기・충격주의 • 가연물접촉주의
제2류 위험물	철분・금속분・마그네슘	• 화기주의 • 물기엄금
	인화성고체	화기엄금
	기 타	화기주의
제3류 위험물	자연발화성 물질	• 화기엄금 • 공기접촉엄금
	금수성물질	물기엄금
제4류 위험물		화기엄금
제5류 위험물		• 화기엄금 • 충격주의
제6류 위험물		가연물접촉주의

53 위험물안전관리법령상 옥내저장소에서 글리세린을 수납하는 용기만을 겹쳐 쌓는 경우에 높이는 얼마를 초과할 수 없는가?

① 3m ② 4m
③ 5m ④ 6m

해설
옥내저장소
㉠ 기계에 의하여 하역하는 구조로 된 용기만을 겹쳐 쌓는 경우 : 6m
㉡ 제4류 위험물 중 제3석유류(글리세린), 제4석유류 및 동식물유류를 수납하는 용기만을 겹쳐 쌓는 경우 : 4m
㉢ 그 밖의 경우 : 3m

54 프로판–공기의 혼합기체가 양론비로 반응하여 완전연소 된다고 할 때 혼합기체 중 프로판의 비율은 약 몇 vol%인가? (단, 공기 중 산소는 21vol%이다)

① 23.8 ② 16.7
③ 4.03 ④ 3.12

해설
$C_3H_8 + 5O_2 \longrightarrow 3CO_2 + 4H_2O$
1L (5/0.21)L

혼합기체 중 프로판의 비율 = $\dfrac{1}{1+(5/0.21)} \times 100 = 4.03\%$

55 표준시간 설정 시 미리 정해진 표를 활용하여 작업자의 동작에 대해 시간을 산정하는 시간연구법에 해당되는 것은?

① PTS법 ② 스톱워치법
③ 워크샘플링법 ④ 실적자료법

해설
② 워크샘플링법 : 측정자는 무작위로 현장에서 작업하는 내용에 대해 측정률 및 가동시간에 대한 측정결과를 조합하여 표준시간을 설정하는 방법
③ 스톱워치법 : 실제로 현장에서 이루어지는 모든 작업공정에 대해 사전에 미리 구분하여 별도의 측정표본을 통해 표준시간을 산정하는 방법
④ 실적자료법 : 과거 실적자료를 활용하여 표준시간을 데이터베이스화하여 사용하는 방법

56 다음 표는 어느 자동차 영업소의 월별 판매실적을 나타낸 것이다. 5개월 단순이동 평균법으로 6월의 수요를 예측하면 몇 대인가?

월	1월	2월	3월	4월	5월
판매량	100대	110대	120대	130대	140대

① 120대 ② 130대
③ 140대 ④ 150대

해설
$ED = \dfrac{\sum x_i}{n} = \dfrac{100+110+120+130+140}{5} = 120$대

정답 52 ③ 53 ② 54 ③ 55 ① 56 ①

57 다음 내용은 설비보전조직에 대한 설명이다. 어떤 조직의 형태에 대한 설명인가?

> 보전작업자는 조직상 각 제조부문의 감독자 밑에 둔다.
> - 단점 : 생산우선에 의한 보전작업 경시, 보전기술 향상의 곤란성
> - 장점 : 운전자와 일체감 및 현장감독의 용이성

① 집중보전　　② 지역보전
③ 부문보전　　④ 절충보전

해설
설비보전조직의 형태 및 장·단점
① 집중보전 : 조직상이나 배치상으로 보전요원을 한 관리자 밑에 두어 배치하는 형태
- 장점 : 기동성, 인원배치의 유연성, 노동력의 유효한 이용
- 단점 : 운전과의 일체감의 결합성, 현장감독의 곤란성, 연장왕복시간 증대
② 지역보전 : 조직상으로는 집중적인 형태이나 배치상으로는 지역으로 분산되는 형태
- 장점 : 운전과의 일체감, 현장감독의 용이성, 현장왕복시간 단축
- 단점 : 노동력의 유효이용 곤란, 인원배치의 유연성 제약, 보전용 설비공구의 중복
③ 절충보전
- 장점 : 집중그룹의 기동성, 지역그룹의 운전과의 일체감
- 단점 : 집중그룹의 보행손실, 지역그룹의 노동효율

58 샘플링에 관한 설명으로 틀린 것은?

① 취락샘플링에서는 취락 간의 차는 작게, 취락 내의 차는 크게 한다.
② 제조공정의 품질특성에 주기적인 변동이 있는 경우 계통샘플링을 적용하는 것이 좋다.
③ 시간적 또는 공간적으로 일정 간격을 두고 샘플링하는 방법을 계통샘플링이라고 한다.
④ 모집단을 몇 개의 층으로 나누어 각 층마다 랜덤하게 시료를 추출하는 것을 층별샘플링이라고 한다.

해설
② 제조공정의 품질특성에 주기적인 변동이 있는 경우 계통샘플링을 적용하면 추출되는 시료가 거의 같은 습성의 것만 나올 우려가 있어 적합하지 않으며, 지그재그샘플링을 적용하는 것이 좋다.

59 이항분포(Binomial Distribution)에서 매회 A가 일어나는 확률이 일정한 값 P일 때, n회의 독립시행 중 사상 A가 x회 일어날 확률 $P(x)$를 구하는 식은? (단, N은 로트의 크기, n은 시료의 크기, P는 로트의 모부적합품률이다)

① $P(x) = \dfrac{n!}{x!(n-x)!}$

② $P(x) = e^{-x} \cdot \dfrac{(nP)^x}{x!}$

③ $P(x) = \dfrac{\binom{NP}{x}\binom{N-NP}{n-x}}{\binom{N}{n}}$

④ $P(x) = \binom{n}{x} P^x (1-P)^{n-x}$

해설
이항분포가 일어날 확률 : $P(x) = \binom{n}{x} P^x (1-P)^{n-x}$

60 다음은 관리도의 사용 절차를 나타낸 것이다. 관리도의 사용절차를 순서대로 나열한 것은?

> ㉠ 관리하여야 할 항목의 선정
> ㉡ 관리도의 선정
> ㉢ 관리하려는 제품이나 종류선정
> ㉣ 시료를 채취하고 측정하여 관리도를 작성

① ㉠ → ㉡ → ㉢ → ㉣
② ㉠ → ㉢ → ㉣ → ㉡
③ ㉢ → ㉠ → ㉡ → ㉣
④ ㉢ → ㉣ → ㉠ → ㉡

해설
관리도의 사용절차
관리하려는 제품이나 종류 선정 → 관리하여야 할 항목의 선정 → 관리도의 선정 → 시료를 채취하고 측정하여 관리도를 작성

정답 57 ③　58 ②　59 ④　60 ③

제61회 위험물기능장

시행일 : 2017년 3월 5일

01 고온에서 용융된 황과 수소가 반응하였을 때의 현상으로 옳은 것은?

① 발열하면서 H_2S가 생성된다.
② 흡열하면서 H_2S가 생성된다.
③ 발열은 하지만 생성물은 없다.
④ 흡열은 하지만 생성물은 없다.

해설
① $H_2 + S \longrightarrow H_2S + 발열$

02 위험물안전관리자의 선임신고를 허위로 한 자에게 부과하는 과태료의 금액은?

① 200만 원 ② 300만 원
③ 400만 원 ④ 500만 원

해설
㉠ 위험물안전관리자의 재선임 : 30일 이내
㉡ 위험물안전관리자의 직무대행 : 30일 이내
㉢ 위험물안전관리자의 선임신고 : 14일 이내
㉣ 위험물안전관리자의 선임신고를 허위로 한 자의 과태료 : 500만 원

03 위험물안전관리법령상 간이저장탱크에 설치하는 밸브 없는 통기관의 설치기준에 대한 설명으로 옳은 것은?

① 통기관의 지름은 20mm 이상으로 한다.
② 통기관은 옥내에 설치하고 선단의 높이는 지상 1.5m 이상으로 한다.
③ 가는 눈의 구리망 등으로 인화방지장치를 한다.
④ 통기관의 선단은 수평면에 대하여 아래로 35도 이상 구부려 빗물 등이 들어가지 않도록 한다.

해설
① 통기관의 지름은 25mm 이상으로 한다.
② 통기관은 옥외에 설치하고 선단의 높이는 지상 1.5m 이상으로 한다.
④ 통기관의 선단은 수평면에 대하여 아래로 45도 이상 구부려 빗물 등이 들어가지 않도록 한다.

04 다음 제2류 위험물 중 지정수량이 나머지 셋과 다른 하나는?

① 철분 ② 금속분
③ 마그네슘 ④ 황

해설
제2류 위험물의 품명과 지정수량

유별	성질	품 명	지정수량	위험등급
제2류	가연성 고체	1. 황화인	100kg	Ⅱ
		2. 적린	100kg	
		3. 황	100kg	
		4. 철분	500kg	Ⅲ
		5. 금속분	500kg	
		6. 마그네슘	500kg	
		7. 그 밖의 행정안전부령이 정하는 것 8. 제1호부터 제7호까지의 어느하나에 해당하는 위험물을 하나 이상 함유한 것	100kg 또는 500kg	Ⅱ Ⅲ
		9. 인화성고체	1,000kg	Ⅲ

05 순수한 과산화수소의 녹는점과 끓는점을 70wt% 농도의 과산화수소와 비교한 내용으로 옳은 것은?

① 순수한 과산화수소의 녹는점은 더 낮고, 끓는점은 더 높다.
② 순수한 과산화수소의 녹는점은 더 높고, 끓는점은 더 낮다.
③ 순수한 과산화수소의 녹는점과 끓는점이 모두 더 낮다.
④ 순수한 과산화수소의 녹는점과 끓는점이 모두 더 높다.

해설
순수한 과산화수소(95wt%)의 녹는점(-0.43℃)과 끓는점(150.2℃)은 70wt% 농도의 과산화수소 보다 모두 더 높다.

정답 01 ① 02 ④ 03 ③ 04 ④ 05 ④

06 인화알루미늄의 위험물안전관리법령상 지정수량과 인화알루미늄이 물과 반응하였을 때 발생하는 가스의 명칭을 옳게 나타낸 것은?

① 50kg, 포스핀 ② 50kg, 포스겐
③ 300kg, 포스핀 ④ 300kg, 포스겐

해설
㉠ 인화알루미늄(AlP) 지정수량 : 300kg
㉡ AlP + 3H$_2$O ⟶ Al(OH)$_3$ + PH$_3$

07 다음은 위험물안전관리법령에서 정한 황이 위험물로 취급되는 기준이다. ( )에 알맞은 말을 차례대로 나타낸 것은?

> 황은 순도가 ( )중량퍼센트 이상인 것을 말한다. 이 경우 순도측정에 있어서 불순물은 활석 등 불연성물질과 ( )에 한한다.

① 40, 가연성물질 ② 40, 수분
③ 60, 가연성물질 ④ 60, 수분

해설
황제법 : 천연황 또는 지하황에서 직접 얻거나 석유정제시 황을 회수하여 얻는다.

08 다음 물질 중 증기비중이 가장 큰 것은?

① 이황화탄소 ② 시안화수소
③ 에탄올 ④ 벤젠

해설

위험물 종류	증기비중
이황화탄소	2.64
시안화수소	0.94
에탄올	1.59
벤젠	2.8

09 위험물안전관리법령상 이송취급소의 위치·구조 및 설비의 기준에서 배관을 지하에 매설하는 경우에는 배관은 그 외면으로부터 지하가 및 터널까지 몇 m 이상의 안전거리를 두어야 하는가? (단, 원칙적인 경우에 한함)

① 1.5m ② 10m
③ 150m ④ 300m

해설
이송취급소의 배관을 지하에 매설 시 안전거리
㉠ 건축물(지하가 내의 건축물은 제외한다) : 1.5m 이상
㉡ 지하가 및 터널 : 10m 이상
㉢ 수도법에 의한 수도시설(위험물의 유입 우려가 있는 것에 한함) : 300m 이상
㉣ 배관은 그 외면으로부터 다른 공작물에 대하여 0.3m 이상의 거리를 보유할 것
㉤ 배관의 외면과 지표면과의 거리는 산이나 들에 있어서는 0.9m 이상, 그 밖의 지역에 있어서는 1.2m 이상으로 한다.

10 위험물안전관리법령상 주유취급소의 주위에는 자동차 등이 출입하는 쪽 외의 부분에 높이 몇 m 이상의 담 또는 벽을 설치하여야 하는가? (단, 주유취급소의 인근에 연소의 우려가 있는 건축물이 없는 경우이다)

① 1 ② 1.5
③ 2 ④ 2.5

해설
주유취급소의 담 또는 벽 : 유리를 부착하는 위치는 주입구, 고정주유설비 및 고정급유설비로부터 4개 이상 이격한다.

11 50%의 N$_2$와 50%의 Ar으로 구성된 소화약제는?

① HFC-125 ② IG-100
③ HFC-23 ④ IG-55

해설
불활성가스 청정소화약제

소화약제	상품명	화학식
HFC-125	FE-25	CHF$_2$CF$_3$
IG-100	Nitrogen	N$_2$
HFC-23	FE-13	CHF$_3$
IG-55	Argonite	N$_2$: 50%, Ar : 50%

정답 06 ③ 07 ④ 08 ④ 09 ② 10 ③ 11 ④

12 분자량은 약 72.06이고, 증기비중이 약 2.48인 것은?

① 큐멘 ② 아크릴산
③ 스타이렌 ④ 하이드라진

해설
② 아크릴산의 설명이다.

13 다음 중 위험물안전관리법의 적용 제외대상이 아닌 것은?

① 항공기로 위험물을 국외에서 국내로 운반하는 경우
② 철도로 위험물을 국내에서 국내로 운반하는 경우
③ 선박(기선)으로 위험물을 국내에서 국외로 운반하는 경우
④ 국제해상위험물규칙(IMDG Code)에 적합한 운반용기에 수납된 위험물을 자동차로 운반하는 경우

해설
위험물안전관리법 적용 제외대상 : 항공기, 선박 철도 및 궤도에 의한 위험물의 저장·취급 및 운반에 있어서는 이를 적용하지 아니한다.

14 위험물안전관리법령상 간이탱크저장소의 설치기준으로 옳지 않은 것은?

① 하나의 간이탱크저장소에 설치하는 간이저장탱크의 수는 3 이하로 한다.
② 간이저장탱크의 용량은 600L 이하로 한다.
③ 간이저장탱크는 두께 2.3mm 이상의 강판으로 제작한다.
④ 간이저장탱크에는 통기관을 설치하여야 한다.

해설
간이저장탱크는 두께 3.2mm 이상의 강판 흠이 없도록 제작한다.

15 소금물을 전기분해하여 표준상태에서 염소가스 22.4L를 얻으려면 소금 몇 g이 이론적으로 필요한가? (단, 나트륨의 원자량은 23이고, 염소의 원자량은 35.5이다)

① 18g ② 36g
③ 58.5g ④ 117g

해설

$$\underline{2NaCl} + 2H_2O \xrightarrow{전기분해} 2NaOH + H_2 + \underline{Cl_2}$$
117g   22.4L

16 아염소산나트륨을 저장하는 곳에 화재가 발생하였다. 위험물안전관리법령상 소화설비로 적응성이 있는 것은?

① 포소화설비
② 불활성가스소화설비
③ 할로젠화합물소화설비
④ 탄산수소염류분말소화설비

해설
소화설비의 적응성

소화설비의 구분			건축물·그 밖의 공작물	전기설비	제1류 위험물		제2류 위험물			제3류 위험물		제4류 위험물	제5류 위험물	제6류 위험물
					알칼리금속 과산화물 등	그 밖의 것	철분·금속분·마그네슘 등	인화성고체	그 밖의 것	금수성물품	그 밖의 것			
옥내소화전 또는 옥외소화전설비			○			○		○	○		○		○	○
스프링클러설비			○			○		○	○		○	△	○	○
물분무등소화설비	물분무소화설비		○	○		○		○	○		○	○	○	○
	포소화설비		○			○		○	○		○	○	○	○
	불활성가스 소화설비			○				○				○		
	할로젠화합물 소화설비			○				○				○		
	분말 소화 설비	인산염류 등	○	○		○		○	○			○		○
		탄산수소염류 등		○	○			○	○		○	○		
		그 밖의 것			○			○			○			

정답 12 ② 13 ④ 14 ③ 15 ④ 16 ①

17 과염소산과 질산의 공통 성질로 옳은 것은?

① 환원성물질로서 증기는 유독하다.
② 다른 가연물의 연소를 돕는 가연성물질이다.
③ 강산이고 물과 접촉하면 발열한다.
④ 부식성은 적으나 다른 물질과 혼촉발화 가능성이 높다.

해설
① 산화성물질로서 증기는 유독하다.
② 다른 가연물의 연소를 돕는 지연성물질이다.
④ 부식성은 크고 다른 물질과 혼촉발화 가능성이 높다.

18 다음 중 NH_4NO_3에 대한 설명으로 옳지 않은 것은?

① 조해성이 있기 때문에 수분이 포함되지 않도록 포장한다.
② 단독으로도 급격한 가열로 분해하여 다량의 가스를 발생할 수 있다.
③ 무취의 결정으로 알코올에 녹는다.
④ 물에 녹을 때 발열반응을 일으키므로 주의한다.

해설
④ 물에 녹을 때 흡열반응을 일으키므로 주의한다.

19 위험물안전관리법령상 위험등급 I인 위험물은?

① 과아이오딘산칼륨
② 아조화합물
③ 나이트로화합물
④ 질산에스테르류

해설
① 위험등급 II
② 위험등급 II
③ 위험등급 II
④ 위험등급 I

20 이동탱크저장소에 의한 위험물의 장거리운송 시 2명 이상이 운전하여야 하나 다음 중 그렇게 하지 않아도 되는 위험물은?

① 탄화알루미늄　② 과산화수소
③ 황린　④ 인화칼슘

해설
위험물운송자는 장거리(고속도로에 있어서는 340km 이상, 그 밖의 도로에 있어서는 200km 이상을 말함)에 걸치는 운송을 하는 때에는 2명 이상의 운전자로 할 것. 다만, 다음의 어느 하나에 해당하는 경우에는 그러하지 아니하다.
㉠ 운송책임자를 동승시킨 경우
㉡ 위험물이 제2류 위험물·제3류 위험물(칼슘 또는 알루미늄의 탄화물과 이것만을 함유한 것에 한함) 또는 제4류 위험물(특수인화물을 제외)인 경우
㉢ 운송 도중에 2시간 이내마다 20분 이상씩 휴식하는 경우

21 위험물안전관리법령상 알코올류와 지정수량이 같은 것은?

① 제1석유류(비수용성)
② 제1석유류(수용성)
③ 제2석유류(비수용성)
④ 제2석유류(수용성)

해설
제4류 위험물의 품명과 지정수량

유별	성질	품명		지정수량	위험등급
제4류	인화성 액체	1. 특수인화물류		50L	I
		2. 제1석유류	비수용성액체	200L	II
			수용성액체	400L	
		3. 알코올류		400L	
		4. 제2석유류	비수용성액체	1,000L	III
			수용성액체	2,000L	
		5. 제3석유류	비수용성액체	2,000L	
			수용성액체	4,000L	
		6. 제4석유류		6,000L	
		7. 동·식물유류		10,000L	

정답 17 ③　18 ④　19 ④　20 ①　21 ②

22 물과 반응하였을 때 생성되는 탄화수소가스의 종류가 나머지 셋과 다른 하나는?

① Be_2C
② Mn_3C
③ MgC_2
④ Al_4C_3

해설
① $Be_2C + 4H_2O \longrightarrow 2Be(OH)_2 + CH_4$
② $Mn_3C + 6H_2O \longrightarrow 3Mn(OH)_2 + CH_4 + H_2$
③ $MgC_2 + 2H_2O \longrightarrow Mg(OH)_2 + C_2H_2$
④ $Al_4C_3 + 12H_2O \longrightarrow 4Al(OH)_3 + 3CH_4$

23 액체위험물의 옥외저장탱크에는 위험물의 양을 자동적으로 표시할 수 있는 계량장치를 설치하여야 한다. 그 종류로서 적당하지 않은 것은 어느 것인가?

① 기밀부유식 계량장치
② 증기가 비산하는 구조의 부유식 계량장치
③ 전기압력자동방식에 의한 자동계량장치
④ 방사성 동위원소를 이용한 방식에 의한 자동계량장치

해설
액체위험물 옥외저장탱크 계량장치
㉠ 기밀부유식 계량장치(위험물의 양을 자동적으로 표시하는 장치)
㉡ 부유식 계량장치(증기가 비산하지 아니하는 구조)
㉢ 전기압력방식, 방사성 동위원소를 이용한 자동계량장치
㉣ 유리게이지

24 다음 중 가연성물질로만 나열된 것은?

① 질산칼륨, 황린, 나이트로글리세린
② 나이트로글리세린, 과염소산, 탄화알루미늄
③ 과염소산, 탄화알루미늄, 아닐린
④ 탄화알루미늄, 아닐린, 폼산메틸

해설
① 질산칼륨 : 지연성(조연성)물질
　황린, 나이트로글리세린 : 가연성물질
② 나이트로글리세린 : 가연성물질
　과염소산 : 지연성(조연성)물질
　탄화알루미늄 : 가연성물질
③ 과염소산 : 지연성(조연성)물질
　탄화알루미늄, 아닐린 : 가연성물질

25 위험물안전관리법령상 스프링클러 헤드의 설치 기준으로 틀린 것은?

① 개방형 스프링클러 헤드는 헤드 반사판으로부터 수평방향으로 30cm의 공간을 보유하여야 한다.
② 폐쇄형 스프링클러 헤드의 반사판과 헤드의 부착면과의 거리는 30cm 이하로 한다.
③ 폐쇄형 스프링클러 헤드 부착장소의 평상시 최고 주위온도가 28℃ 미만인 경우 58℃ 미만의 표시온도를 갖는 헤드를 사용한다.
④ 개구부에 설치하는 폐쇄형 스프링클러 헤드는 해당 개구부의 상단으로부터 높이 30cm이내의 벽면에 설치한다.

해설
④ 개구부에 설치하는 폐쇄형 스프링클러 헤드는 해당 개구부의 상단으로부터 높이 0.15m 이내의 벽면에 설치한다.

26 위험물제조소 등의 안전거리를 단축하기 위하여 설치하는 방화상 유효한 담의 높이는 $H > pD^2 + a$인 경우 $h = H - p(D^2 - d^2)$에 의하여 산정한 높이 이상으로 한다. 여기서 d가 의미하는 것은?

① 제조소 등과 인접 건축물과의 거리(m)
② 제조소 등과 방화상 유효한 담과의 거리(m)
③ 제조소 등과 방화상 유효한 지붕과의 거리(m)
④ 제조소 등과 인접 건축물 경계선과의 거리(m)

해설
방화상 유효한 담의 높이
$H > pD^2 + a$인 경우 $h = H - p(D^2 - d^2)$
여기서, D : 제조소 등과 인근 건축물 또는 공작물과의 거리(m)
　　　　H : 인근 건축물 또는 공작물의 높이(m)
　　　　a : 제조소 등의 외벽의 높이(m)
　　　　d : 제조소 등과 방화상 유효한 담과의 거리(m)
　　　　h : 방화상 유효한 담의 높이(m)
　　　　p : 상수

정답 22 ③　23 ②　24 ④　25 ④　26 ②

27 다음 제1류 위험물 중 융점이 가장 높은 것은?

① 과염소산칼륨   ② 과염소산나트륨
③ 염소산나트륨   ④ 염소산칼륨

해설

위험물의 종류	융 점
과염소산칼륨	610℃
과염소산나트륨	482℃
염소산나트륨	240℃
염소산칼륨	368℃

28 위험물안전관리법령상 자동화재탐지설비의 하나의 경계구역의 면적은 해당 건축물, 그 밖의 공작물의 주요한 출입구에서 그 내부의 전체를 볼 수 있는 경우에 있어서는 그 면적을 몇 m² 이하로 할 수 있는가?

① 500   ② 600
③ 1,000 ④ 2,000

해설

자동화재탐지설비 설치기준 : 하나의 경계구역의 면적은 600m² 이하로 하고 그 한 변의 길이는 50m(광전식분리형감지기를 설치할 경우에는 100mL) 이하로 한다. 다만, 해당 건축물, 그 밖의 공작물의 주요한 출입구에서 그 내부의 전체를 볼 수 있는 경우에 있어서는 그 면적을 1,000m² 이하로 한다.

29 위험물안전관리법령상 염소산칼륨을 금속제 내장용기에 수납하여 운반하고자 할 때 이 용기의 최대용적은?

① 10L   ② 20L
③ 30L   ④ 40L

해설

고체위험물

내장용기		수납 위험물의 종류		
		제1류 위험물		
내장용기	최대용적 또는 중량	I	II	III
유리용기 또는 플라스틱 용기	10ℓ	○	○	○
금속제 용기	30ℓ	○	○	○

※ 염소산칼륨은 위험등급 I이다.

30 다음 위험물을 저장할 때 안정성을 높이기 위해 사용할 수 있는 물질의 종류가 나머지 셋과 다른 하나는?

① 나트륨   ② 이황화탄소
③ 황린   ④ 나이트로셀룰로오스

해설

위험물의 종류	안정성을 높이기 위해 사용할 수 있는 물질
나트륨	석유(등유)
이황화탄소, 황린, 나이트로셀룰로오스	물 속

31 다음 중 나머지 셋과 위험물의 유별 구분이 다른 것은?

① 나이트로글리세린 ② 나이트로셀룰로오스
③ 셀룰로이드   ④ 나이트로벤젠

해설

위험물 종류	위험물의 유별
나이트로글리세린	제5류 위험물
나이트로셀룰로오스	제5류 위험물
셀룰로이드	제5류 위험물
나이트로벤젠	제4류 위험물

32 NH_4ClO_3에 대한 설명으로 틀린 것은?

① 산화력이 강한 물질이다.
② 조해성이 있다.
③ 충격이나 화재에 의해 폭발할 위험이 있다.
④ 폭발 시 CO_2, HCl, NO_2 가스를 주로 발생한다.

해설

④ 폭발 시에는 다량의 기체를 발생한다.
$$2NH_4ClO_4 \longrightarrow \underbrace{N_2 + Cl_2 + O_2 + 4H_2O}_{\text{다량의 가스}}$$

33 물분무소화에 사용된 20℃의 물 2g이 완전히 기화되어 100℃의 수증기가 되었다면 흡수된 열량과 수증기 발생량은 약 얼마인가? (단, 1기압을 기준으로 한다)

① 1,238cal, 2,400mL
② 1,238cal, 3,400mL
③ 2,476cal, 2,400mL
④ 2,476cal, 3,400mL

해설
㉠ $Q_1 = Gc\Delta t = 2 \times 1 \times (100 - 20) = 160 cal$
㉡ $Q_2 = G\gamma = 2 \times 539 = 1,078 cal$
∴ $Q = Q_1 + Q_2 = 160 + 1,078 = 1,238 cal$
㉢ $PV = nRT$
$V = \dfrac{nRT}{P} = \dfrac{2/18 \times 0.082 \times (273 + 100)}{1}$
$= 3.4L = 3,400mL$

34 위험물안전관리법령상 불활성가스소화설비가 적응성을 가지는 위험물은?

① 마그네슘
② 알칼리금속
③ 금수성물질
④ 인화성고체

해설
16번 해설 참조

35 나이트로글리세린에 대한 설명으로 옳지 않은 것은?

① 순수한 것은 상온에서 푸른색을 띤다.
② 충격마찰에 매우 민감하므로 운반 시 다공성물질에 흡수시킨다.
③ 겨울철에는 동결할 수 있다.
④ 비중은 약 1.6으로 물보다 무겁다.

해설
① 순수한 것은 무색투명한 무거운 기름상의 액체이며, 시판공업용 제품은 담황색이다.

36 디에틸에테르(diethyl ether)의 화학식으로 옳은 것은?

① $C_2H_5C_2H_5$
② $C_2H_5OC_2H_5$
③ $C_2H_5COC_2H_5$
④ $C_2H_5COOC_2H_5$

해설
화학식에는 실험식, 분자식, 시성식, 구조식이 있다.

37 다음 중 에틸알코올의 산화로부터 얻을 수 있는 것은?

① 아세트알데하이드
② 폼알데하이드
③ 디에틸에테르
④ 폼산

해설
$C_2H_5OH \xrightarrow{\text{산화}} CH_3CHO \xrightarrow{\text{산화}} CH_3COOH$

38 아연분이 NaOH 수용액과 반응하였을 때 발생하는 물질은?

① H_2
② O_2
③ Na_2O_2
④ $NaZn$

해설
$Zn + 2NaOH \longrightarrow Na_2ZnO_2 + H_2$

39 금속칼륨을 등유 속에 넣어 보관하는 이유로 가장 적합한 것은?

① 산소의 발생을 막기 위해
② 마찰 시 충격을 방지하려고
③ 제4류 위험물과의 혼재가 가능하기 때문에
④ 습기 및 공기와의 접촉을 방지하려고

해설
금속칼륨을 등유 속에 넣어 보관하는 이유 : 습기 및 공기와의 접촉을 방지하려고

정답 33 ② 34 ④ 35 ① 36 ② 37 ① 38 ① 39 ④

40 다음 중 Mn의 산화수가 +2인 것은?

① $KMnO_4$ ② MnO_2
③ $MnSO_4$ ④ K_2MnO_4

해설
① $KMnO_4 = 1 + x + 4 \times (-2) = 0$ ∴ $x = +7$
② $MnO_2 = x + 2 \times (-2) = 0$ ∴ $x = +4$
③ $MnSO_4 = x + 6 + 4 \times (-2) = 0$ ∴ $x = +2$
④ $K_2MnO_4 = 2 \times (+1) + x + 4 \times (-2) = 0$ ∴ $x = +6$

41 다음 위험물 중 동일 질량에 대해 지정수량의 배수가 가장 큰 것은?

① 부틸리튬   ② 마그네슘
③ 인화칼슘   ④ 황린

해설
① $\frac{64kg}{10kg} = 6.4$배
② $\frac{24kg}{500kg} = 0.048$배
③ $\frac{162kg}{300kg} = 0.54$배
④ $\frac{124kg}{20kg} = 6.2$배

42 다음 물질 중 조연성가스에 해당하는 것은 어느 것인가?

① 수소   ② 산소
③ 아세틸렌   ④ 질소

해설
① 수소 : 가연성가스
② 산소 : 조연성가스
③ 아세틸렌 : 용해가스
④ 질소 : 불연성가스

43 직경이 500mm인 관과 300mm인 관이 연결되어 있다. 직경 500mm인 관에서의 유속이 3m/s라면 300mm인 관에서의 유속은 약 몇 m/s인가?

① 8.33   ② 6.33
③ 5.56   ④ 4.56

해설
$Q = A_1 V_1 = A_2 V_2$
∴ $V_2 = V_1 \left(\frac{A_1}{A_2}\right) = V_1 \left(\frac{d_2}{d_1}\right)^2 = 3 \left(\frac{500}{300}\right)^2 = 8.33 m/s$

44 탄화알루미늄이 물과 반응하였을 때 발생하는 가스는?

① CH_4 ② C_2H_2
③ C_2H_6 ④ CH_3

해설
$Al_4C_3 + 12H_2O \longrightarrow 4Al(OH)_3 + 3CH_4$

45 어떤 화합물을 분석한 결과 질량비가 탄소 54.55%, 수소 9.10%, 산소 36.35%이고, 이 화합물 1g은 표준상태에서 0.17L라면 이 화합물의 분자식은?

① $C_2H_4O_2$ ② $C_4H_8O_4$
③ $C_4H_8O_2$ ④ $C_6H_{12}O_3$

해설
질량비가 C : 54.55%, H : 9.1%, O : 36.35%이므로, 몰수비로 바꾸어 보면
$\frac{54.55}{12} : \frac{9.1}{1} : \frac{36.35}{16} = 4.546 : 9.1 : 2.270$이다.
간단한 정수 비로 나타내면 2 : 4 : 1이고, 따라서 실험식은 C_2H_4O이다.
$1g : 0.17\ell = x : 22.4\ell$
$x = \frac{1 \times 22.4}{0.17} = 131.76g$
$131.76 = 44 \times n$, $n = 3$
∴ 분자식 = 실험식 × n
$C_6H_{12}O_3 = C_2H_4O \times 3$

정답 40 ③ 41 ① 42 ② 43 ① 44 ① 45 ④

46 위험물안전관리법령상 물분무소화설비가 적응성이 있는 대상물이 아닌 것은?

① 전기설비
② 철분
③ 인화성고체
④ 제4류 위험물

해설
16번 해설 참조

47 벽·기둥 및 바닥이 내화구조로 된 옥내저장소의 건축물에서 저장 또는 취급하는 위험물의 최대수량이 지정수량의 15배일 때 보유공지 너비기준으로 옳은 것은?

① 0.5m 이상
② 1m 이상
③ 2m 이상
④ 3m 이상

해설
옥내저장소 보유공지

저장 또는 취급하는 위험물의 최대수량	공지의 너비	
	벽, 기둥 및 바닥이 내화구조로 된 건축물	그 밖의 건축물
지정수량의 5배 이하	–	0.5m 이상
지정수량의 5배 초과 10배 이하	1m 이상	1.5m 이상
지정수량의 10배 초과 20배 이하	2m 이상	3m 이상
지정수량의 20배 초과 50배 이하	3m 이상	5m 이상
지정수량의 50배 초과 200배 이하	5m 이상	10m 이상
지정수량의 200배 초과	10m 이상	15m 이상

단, 지정수량의 20배를 초과하는 옥내저장소와 동일한 부지 내에 있는 다른 옥내저장소와의 사이에는 공지 너비의 1/3(해당 수치가 3m 미만인 경우는 3m)의 공지를 보유할 수 있다.

48 폼산(formic acid)의 증기비중은 약 얼마인가?

① 1.59
② 2.45
③ 2.78
④ 3.54

해설
폼산의 증기비중 : 1.59

49 위험물안전관리법령상 수납하는 위험물에 따라 운반용기의 외부에 표시하는 주의사항을 모두 나타낸 것으로 옳지 않은 것은?

① 제3류 위험물 중 금수성물질 : 물기엄금
② 제3류 위험물 중 자연발화성물질 : 화기엄금 및 공기접촉엄금
③ 제4류 위험물 : 화기엄금
④ 제5류 위험물 : 화기주의 및 충격주의

해설
위험물운반용기의 주의사항

위험물		주의사항
제1류 위험물	알칼리금속의 과산화물	• 화기·충격주의 • 물기엄금 • 가연물접촉주의
	기 타	• 화기·충격주의 • 가연물접촉주의
제2류 위험물	철분·금속분·마그네슘	• 화기주의 • 물기엄금
	인화성고체	화기엄금
	기 타	화기주의
제3류 위험물	자연발화성 물질	• 화기엄금 • 공기접촉엄금
	금수성물질	물기엄금
제4류 위험물		화기엄금
제5류 위험물		• 화기엄금 • 충격주의
제6류 위험물		가연물접촉주의

50 각 위험물의 지정수량을 합하면 가장 큰 값을 나타내는 것은?

① 다이크로뮴산칼륨+아염소산나트륨
② 다이크로뮴산나트륨+아질산칼륨
③ 과망가니즈산나트륨+염소산칼륨
④ 아이오딘산칼륨+아질산칼륨

해설
① 1,000kg+50kg=1,050kg
② 1,000kg+300kg=1,300kg
③ 1,000kg+50kg=1,050kg
④ 300kg+300kg=600kg

정답 46 ② 47 ③ 48 ① 49 ④ 50 ②

51 다음은 위험물안전관리법령에 따른 인화점측정시험 방법을 나타낸 것이다. 어떤 인화점측정기에 의한 인화점측정시험인가?

> - 시험장소는 1기압, 무풍의 장소로 할 것
> - 시료컵의 온도를 1분간 설정온도로 유지할 것
> - 시험불꽃을 점화하고, 화염의 크기를 직경 4mm가 되도록 조정할 것
> - 1분 경과 후 개폐기를 작동하여 시험불꽃을 시료컵에 2.5초간 노출시키고 닫을 것. 이 경우 시험불꽃을 급격히 상하로 움직이지 아니하여야 한다.

① 태그밀폐식 인화점측정기
② 신속평형법 인화점측정기
③ 클리브랜드 개방컵 인화점측정기
④ 침강평형법 인화점측정기

해설

(1) 태그밀폐식 인화점측정기
1. 시험장소는 1기압, 무풍의 장소로 할 것
2. 「원유 및 석유제품 인화점 시험방법 - 태그밀폐식 시험방법」(KS M 2010)에 의한 인화점 측정기의 시료컵에 시험물품 50cm³를 넣고 시험물품 표면의 기포를 제거한 후 뚜껑을 덮을 것
3. 시험불꽃을 점화하고 화염의 크기를 직경 4mm가 되도록 조정할 것
4. 시험물품의 온도가 60초간 1℃의 비율로 상승하도록 수조를 가열하고 시험물품의 온도가 설정온도보다 5℃ 낮은 온도에 도달하면 개폐기를 작동하여 시험불꽃을 시료컵에 1초간 노출시키고 닫을 것. 이 경우 시험불꽃을 급격히 상하로 움직이지 아니하여야 한다.
5. 제4호의 방법에 의하여 인화하지 않는 경우에는 시험물품의 온도가 0.5℃ 상승할 때마다 개폐기를 작동하여 시험불꽃을 시료컵에 1초간 노출시키고 닫는 조작을 인화할 때까지 반복할 것
6. 제5호의 방법에 의하여 인화한 온도가 60℃ 미만의 온도이고 설정온도와의 차가 2℃를 초과하지 않는 경우에는 당해 온도를 인화점으로 할 것
7. 제4호의 방법에 의하여 인화한 경우 및 제5호의 방법에 의하여 인화한 온도와 설정온도와의 차가 2℃를 초과하는 경우에는 제2호 내지 제5호에 의한 방법으로 반복하여 실시할 것
8. 제5호의 방법 및 제7호의 방법에 의하여 인화한 온도가 60℃ 이상의 온도인 경우에는 제9호 내지 제13호의 순서에 의하여 실시할 것
9. 제2호 및 제3호와 같은 순서로 실시할 것
10. 시험물품의 온도가 60초간 3℃의 비율로 상승하도록 수조를 가열하고 시험물품의 온도가 설정온도보다 5℃ 낮은 온도에 도달하면 개폐기를 작동하여 시험불꽃을 시료컵에 1초간 노출시키고 닫을 것. 이 경우 시험불꽃을 급격히 상하로 움직이지 아니하여야 한다.
11. 제10호의 방법에 의하여 인화 하지 않는 경우에는 시험물품의 온도가 1℃ 상승마다 개폐기를 작동하여 시험불꽃을 시료컵에 1초간 노출시키고 닫는 조작을 인화할 때까지 반복할 것
12. 제11호의 방법에 의하여 인화한 온도와 설정온도와의 차가 2℃를 초과하지 않는 경우에는 당해 온도를 인화점으로 할 것
13. 제10호의 방법에 의하여 인화한 경우 및 제11호의 방법에 의하여 인화한 온도와 설정온도와의 차가 2℃를 초과하는 경우에는 제9호 내지 제11호와 같은 순서로 반복하여 실시할 것

(2) 신속평형법 인화점측정기
1. 시험장소는 1기압, 무풍의 장소로 할 것
2. 신속평형법 인화점측정기의 시료컵을 설정온도까지 가열 또는 냉각하여 시험물품(설정온도가 상온보다 낮은 온도인 경우에는 설정온도까지 냉각한 것) 2mL를 시료컵에 넣고 즉시 뚜껑 및 개폐기를 닫을 것
3. 시료컵의 온도를 1분간 설정온도로 유지할 것
4. 시험불꽃을 점화하고 화염의 크기를 직경 4mm가 되도록 조정할 것
5. 1분 경과 후 개폐기를 작동하여 시험불꽃을 시료컵에 2.5초간 노출시키고 닫을 것. 이 경우 시험불꽃을 급격히 상하로 움직이지 아니하여야 한다.
6. 제5호의 방법에 의하여 인화한 경우에는 인화하지 않을 때까지 설정온도를 낮추고, 인화하지 않는 경우에는 인화할 때까지 설정온도를 높여 제2호 내지 제5호의 조작을 반복하여 인화점을 측정할 것

(3) 클리브랜드 개방컵 인화점 측정기
1. 시험장소는 1기압, 무풍의 장소로 할 것
2. 「인화점 및 연소점 시험방법 - 클리브랜드 개방컵 시험방법」(KS M ISO 2592)에 의한 인화점 측정기의 시료컵의 표선(標線)까지 시험물품을 채우고 시험물품의 표면의 기포를 제거할 것
3. 시험불꽃을 점화하고 화염의 크기를 직경 4mm가 되도록 조정할 것
4. 시험물품의 온도가 60초간 14℃의 비율로 상승하도록 가열하고 설정온도보다 55℃ 낮은 온도에 달하면 가열을 조절하여 설정온도보다 28℃ 낮은 온도에서 60초간 5.5℃의 비율로 온도가 상승하도록 할 것
5. 시험물품의 온도가 설정온도보다 28℃ 낮은 온도에 달하면 시험불꽃을 시료컵의 중심을 횡단하여 일직선으로 1초간 통과시킬 것. 이 경우 시험불꽃의 중심을 시료컵 위쪽 가장자리의 상방 2mm 이하에서 수평으로 움직여야 한다.
6. 제5호의 방법에 의하여 인화하지 않는 경우에는 시험물품의 온도가 2℃ 상승할 때마다 시험불꽃을 시료컵의 중심을 횡단하여 일직선으로 1초간 통과시키는 조작을 인화할 때까지 반복할 것
7. 제6호의 방법에 의하여 인화한 온도와 설정온도와의 차가 4℃를 초과하지 않는 경우에는 당해 온도를 인화점으로 할 것
8. 제5호의 방법에 의하여 인화한 경우 및 제6호의 방법에 의하여 인화한 온도와 설정온도와의 차가 4℃를 초과하는 경우에는 제2호 내지 제6호와 같은 순서로 반복하여 실시할 것

(4) 침강평형법(인화점측정시험이 아님)
초원심분리기에 의한 침강측정법의 하나로, 용질의 침강과 확산의 평형 시 농도분포로부터 그 분자량을 측정하는 방법

정답 51 ②

52 다음은 위험물안전관리법령에서 규정하고 있는 사항이다. 규정내용과 상이한 것은?

① 위험물탱크 충수·수압시험은 탱크의 제작이 완성된 상태여야 하고, 배관 등의 접속이나 내·외부 도장작업은 실시하지 아니한 단계에서 물을 탱크최대사용높이 이상까지 가득 채워서 실시한다.

② 암반탱크의 내벽을 정비하는 것은 이 위험물저장소에 대한 변경허가를 신청할 때 기술검토를 받지 아니하여도 되는 부분적 변경에 해당한다.

③ 탱크안전성능시험은 탱크 내부의 중요부분에 대한 구조, 불량접합사항까지 검사하는 것이 필요하므로 탱크를 제작하는 현장에서 실시하는 것을 원칙으로 한다.

④ 용량 1,000kL인 원통종형탱크의 충수시험은 물을 채운 상태에서 24시간이 경과한 후 지반침하가 없어야 하고, 또한 탱크의 수평도와 수직도를 측정하여 이 수치가 법정기준을 충족하여야 한다.

해설
③ 위험물탱크안전성능시험은 위험물탱크의 설치현장에 출장하여 시험하는 것을 원칙으로 한다. 다만, 부득이하게 제작현장에서 시험을 실시하는 경우 신청자는 운반 중에 손상이 발생하지 않도록 하는 조치를 하여야 한다.

53 위험물안전관리법령상 제조소 등 별로 설치하여야 하는 경보설비의 종류 중 자동화재탐지설비에 해당하는 표의 일부이다. ( )에 알맞은 수치를 차례대로 나타낸 것은?

제조소 등의 구분	제조소 등의 규모, 저장 또는 취급하는 위험물의 종류 및 최대수량	경보설비
제조소 및 일반 취급소	• 연면적 ( )m² 이상인 것 • 옥내에서 지정수량의 ( )배 이상을 취급하는 것(고인화점 위험물만을 ( )℃ 미만의 온도에서 취급하는 것을 제외)	자동화재 탐지설비

① 150, 100, 100
② 500, 100, 100
③ 150, 10, 100
④ 500, 10, 70

해설
제조소 등 별로 설치하여야 하는 경보설비의 종류

제조소 등의 구분	제조소 등의 규모, 저장 또는 취급하는 위험물의 종류 및 최대수량	경보설비
제조소 및 일반취급소	• 연면적 500m² 이상인 것 • 옥내에서 지정수량의 100배 이상을 취급하는 것(고인화점 위험물만을 100℃ 미만의 온도에서 취급하는 것을 제외한다) • 일반취급소로 사용되는 부분 외의 부분이 있는 건축물에 설치된 일반취급소(일반취급소와 일반취급소 외의 부분이 내화구조의 바닥 또는 벽으로 개구부 없이 구획된 것을 제외한다)	자동화재 탐지설비

54 1몰의 트라이에틸알루미늄의 충분한 양의 물과 반응하였을 때 발생하는 가연성가스는 표준상태를 기준으로 몇 L인가?

① 11.2
② 22.4
③ 44.8
④ 67.2

해설
$(C_2H_5)_3Al + 3H_2O \longrightarrow Al(OH)_3 + 3C_2H_6$
114g　　　　　　　　　　　　3×22.4L
∴ 3×22.4L = 67.2L

55 부적합품률이 20%인 공정에서 생산되는 제품을 매시간 10개씩 샘플링검사하여 공정을 관리하려고 한다. 이때 측정되는 시료의 부적합품수에 대한 기댓값과 분산은 약 얼마인가?

① 기댓값 : 1.6, 분산 : 1.3
② 기댓값 : 1.6, 분산 : 1.6
③ 기댓값 : 2.0, 분산 : 1.3
④ 기댓값 : 2.0, 분산 : 1.6

해설
X는 N개를 추출하였을 때의 불량품의 개수를 나타내는 변수
여기서, p : 불량일 확률
　　　　q : 정상일 확률
　　　　n : 추출개수
㉠ 기댓값 : $E(X) = np = 10(0.2) = 2.0$
㉡ 분산 : $V(X) = npq = (0.2)(0.8)(10) = 1.6$

정답 52 ③　53 ②　54 ④　55 ④

56
3σ법의 $\overline{X}$ 관리도에서 공정이 관리상태에 있는 데도 불구하고 관리상태가 아니라고 판정하는 제1종 과오는 약 몇 %인가?

① 0.27
② 0.54
③ 1.0
④ 1.2

해설

3σ법

평균치의 상하에 표준편차 3배의 폭을 잡은 한계에서 관리상태를 판단하는 방법. 수식±3σ의 범위에 정규 분포의 경우에는 99.73%가 들어가고, 벗어나는 것은 0.27% 밖에 안 된다. 일반적으로 사용되는 관리도는 관리한계로 LCL=수식+3σ, UCL=수식-3σ를 사용하므로 이를 3시그마법이라고 한다.

시그마레벨	오차율(ppm)	오차율(%)
1	317,400	31.74
2	45,600	4.56
3	2,700	0.27
4	63	0.0063
5	0.57	0.000057
6	0.002	0.0000002

57
검사의 종류 중 검사공정에 의한 분류에 해당되지 않는 것은?

① 수입검사
② 출하검사
③ 출장검사
④ 공정검사

해설

검사의 분류

㉠ 검사공정 : 수입검사(구입검사), 공정검사(중간검사), 최종검사(완성검사), 출하검사(출고검사)
㉡ 검사장소 : 정위치검사, 순회검사, 출장검사(입회검사)
㉢ 검사성질 : 파괴검사, 비파괴검사, 관능검사
㉣ 검사방법(판정대상) : 전수검사, Lot별샘플링검사, 관리샘플링검사, 무검사

58
워크샘플링에 관한 설명 중 틀린 것은?

① 워크샘플링은 일명 스냅리딩(Snap Reading)이라 불린다.
② 워크샘플링은 스톱워치를 사용하여 관측대상을 순간적으로 관측하는 것이다.
③ 워크샘플링은 영국의 통계학자 L.H.C. Tippet가 가동률 조사를 위해 창안한 것이다.
④ 워크샘플링은 사람의 상태나 기계의 가동상태 및 작업의 종류 등을 순간적으로 관측하는 것이다.

해설

② 워크샘플링은 여러 사람의 관측자가 여러 사람 또는 여러 대의 기계를 측정하는 방법이다.

59
설비보전조직 중 지역보전(Area Maintenance)의 장·단점에 해당하지 않는 것은?

① 현장 왕복시간이 증가한다.
② 조업요원과 지역보전요원과의 관계가 밀접해진다.
③ 보전요원이 현장에 있으므로 생산본위가 되며 생산의욕을 가진다.
④ 같은 사람이 같은 설비를 담당하므로 설비를 잘 알며 충분한 서비스를 할 수 있다.

해설

설비보전조직 중 지역보전의 장·단점

장 점	단 점
• 조업요원과 지역보전요원과의 관계가 밀접해진다. • 보전요원이 현장에 있으므로 생산본위가 되며 생산의욕을 가진다. • 같은 사람이 같은 설비를 담당하므로 설비를 잘 알며, 충분한 서비스를 할 수 있다. • 작업일정 조정이 용이하다. • 현장 왕복시간이 단축된다.	• 노동력의 유효이용 곤란 • 인원배치의 유연성 제약 • 보전용 설비공구의 중복

정답 56 ① 57 ③ 58 ② 59 ①

60 설비배치 및 개선의 목적을 설명한 내용으로 가장 관계가 먼 것은?

① 제공품의 증가
② 설비투자 최소화
③ 이동거리의 감소
④ 작업자 부하 평준화

해설

설비배치 및 개선의 목적
㉠ ②, ③, ④
㉡ 제공품의 감소
㉢ 생산공정의 단순화
㉣ 공간이용률의 향상
㉤ 작업환경의 개선

정답 60 ①

M/E/M/O

제62회 위험물기능장

시행일 : 2017년 7월 8일

01 위험물안전관리법령에 의하여 다수의 제조소 등을 설치한 자가 1인의 안전관리자를 중복하여 선임할 수 있는 경우가 아닌 것은 어느 것인가? (단, 동일구 내에 있는 저장소로서 동일인이 설치한 경우이다)

① 15개의 옥내저장소
② 30개의 옥외탱크저장소
③ 10개의 옥외저장소
④ 10개의 암반탱크저장소

해설
(1) 1인의 안전관리자를 중복하여 선임할 수 있는 저장소 등
① 10개 이하의 옥내저장소, 옥외저장소, 암반탱크저장소
② 30개 이하의 옥외탱크저장소
③ 옥내탱크저장소
④ 지하탱크저장소
⑤ 간이탱크저장소
(2) 1인의 안전관리자를 중복하여 선임할 수 있는 경우
① 보일러·버너 또는 이와 비슷한 것으로서 위험물을 소비하는 장치로 이루어진 7개 이하의 일반취급소와 그 일반취급소에 공급하기 위한 위험물을 저장하는 저장소
② 위험물을 차량에 고정된 탱크 또는 운반용기에 옮겨 담기 위한 5개 이하의 일반취급소 [일반취급소 간의 거리(보행거리를 말함)가 300m 이내인 경우에 한함]와 그 일반취급소에 공급하기 위한 위험물을 저장하는 저장소를 동일인이 설치한 경우
③ 동일구 내에 있거나 상호 100m 이내의 거리에 있는 저장소로서 저장소의 규모, 저장하는 위험물의 종류 등을 고려하여 행정안전부령이 정하는 저장소를 동일인이 설치한 경우
④ 다음 각목의 기준에 모두 적합한 5개 이하의 제조소 등을 동일인이 설치한 경우
  ㉠ 각 제조소 등이 동일구내에 위치하거나 상호 100m 이내의 거리에 있을 것
  ㉡ 각 제조소 등에서 저장 또는 취급하는 위험물의 최대수량이 지정수량의 3,000배 미만일 것. 다만, 저장소의 경우에는 그러하지 아니하다
  ㉢ 그 밖에 행정안전부령이 정하는 제조소 등을 동일인이 설치한 경우

02 다음은 위험물안전관리법령상 위험물의 성질에 따른 제조소의 특례에 관한 내용이다. ( )에 해당하는 위험물은?

( )을(를) 취급하는 설비는 은·수은·동·마그네슘 또는 이들을 성분으로 하는 합금으로 만들지 아니할 것

① 에테르
② 콜로디온
③ 아세트알데하이드
④ 알킬알루미늄

해설
아세트알데하이드 등을 취급 시 사용금지 성분 : 은, 수은, 동, 마그네슘

03 다음에서 설명하는 탱크는 위험물안전관리법령상 무엇이라고 하는가?

저부가 지반면 아래에 있고 상부가 지반면 이상에 있으며 탱크 내 위험물의 최고액면이 지반면 아래에 있는 원통종형식의 위험물탱크를 말한다.

① 반지하탱크
② 지반탱크
③ 지중탱크
④ 특정옥외탱크

해설
옥외탱크 중 설치위치에 따라
㉠ 지중탱크
㉡ 해상탱크 해상의 동일 장소에 정치되어 육상에 설치된 설비와 배관 등에 의하여 접속된 위험물탱크
㉢ 특정옥외탱크 : 저장·취급하는 액체위험물의 최대수량이 100만L 이상인 것

정답 01 ① 02 ③ 03 ③

04 다음과 같은 성질을 가지는 물질은?

- 가장 간단한 구조의 카르복시산이다.
- 알데하이드기와 카르복시기를 모두 가지고 있다.
- CH_3OH와 에스테르화 반응을 한다.

① CH_3COOH
② $HCOOH$
③ CH_3CHO
④ CH_3COCH_3

해설
의산(HCOOH)에 관한 설명이다.

05 어떤 물질 1kg에 의해 파괴되는 오존량을 기준물질인 CFC-11, 1kg에 의해 파괴되는 오존량으로 나눈 상대적인 비율로 오존파괴능력을 나타내는 지표는?

① CFC
② ODP
③ GWP
④ HCFC

해설
① 염화불화탄소(CFC; Chloro Fluoro Carbon) : 염화불화탄소라 하며, 냉매·발포제·분사제·세정제 등으로 산업계에 폭넓게 사용되는 가스이며 일명 프레온가스라고 불린다. 화학명이 클로로플로르카본인 CFC는 인체에 독성이 없고 불연성을 가진 이상적인 화합물이어서 한때 꿈의 물질이라고까지 불렸으나 CFC는 태양의 자외선에 의해 염소원소로 분해되어 오존층을 뚫는 주범으로 밝혀져 몬트리올 의정서에서 사용을 규제하고 있다.
② 오존파괴지수(ODP; Ozone Depletion Potential) : 오존을 파괴시키는 물질의 능력을 나타내는 척도로, 대기 내 수명, 안정성, 반응, 그리고 염소와 브로민과 같이 오존을 공격할 수 있는 원소의 양과 반응성 등에 그 근거를 두고 있다. 모든 오존파괴지수는 CFC-11을 1로 기준을 삼는다.
③ 지구온난화지수(GWP; relative value of Global Warming Potential based on CFC-11) : 어떤 물질의 지구온난화에 기여하는 능력을 상대적으로 나타내는 지표로, 기준 물질 CFC-11의 GWP를 1로 하여 같은 무게의 어떤 물질을 지구온난화에 기여하는 양의 비로 나타낸 것을 말한다.
④ 수소염화불화탄소(HCFC; Hydro Chloro Fluro Carbon) : 수소염화불화탄소라 하며, 오존층 파괴물질인 프레온가스, 즉 CFC의 대체 물질의 하나이며 HCFC는 CFC와 HFC의 중간물질로 주로 가정용 에어컨 냉매로 사용 중이다. HCFC는 탄소에 수소가 결합되어 있어 대류권에서 분해되기 쉬우나 CFC의 10% 정도의 염소성분을 가지고 있어 약간의 오존층 파괴효과를 나타내고 있다. 따라서 장기적인 CFC의 대체물이 될 수는 없으며 몬트리올 의정서의 코펜하겐 수정안에서는 2030년까지 HCFC를 모두 폐기시키도록 규정하고 있다.

06 황화인 중에서 융점이 약 173℃이며 황색 결정이고 물에는 불용성인 것은?

① P_2S_5
② P_2S_3
③ P_4S_3
④ P_4S_7

해설
삼황화인(P_4S_3)에 관한 설명이다.

07 이동탱크저장소의 측면틀의 기준에 있어서 탱크 뒷부분의 입면도에서 측면틀의 최외측과 탱크의 최외측을 연결하는 직선의 수평면에 대한 내각은 얼마 이상이 되도록 하여야 하는가?

① 35°
② 65°
③ 75°
④ 90°

해설
측면틀 : 내각이 75° 이상, 최대수량의 위험물을 저장한 상태에 있을 때 해당 탱크중량의 중심선과 측면틀의 최외측을 연결하는 직선과 그 중심점을 지나는 직선 중 최외측선과 직각을 이루는 직선과의 내각이 35° 이상이 되도록 한다.

08 제4류 위험물 중 지정수량이 옳지 않은 것은?

① n-헵탄 : 200L
② 벤즈알데하이드 : 2,000L
③ n-펜탄 : 50L
④ 에틸렌글리콜 : 4,000L

해설
① n-헵탄 : 200L(제1석유류 비수용성)
② 벤즈알데하이드((C_6H_5)CHO) : 1,000L(제2석유류 비수용성)
③ n-펜탄 : 50L(특수인화물)
④ 에틸렌글리콜($C_2H_4(OH)_2$) : 4,000L(제3석유류 수용성)

정답 04 ② 05 ② 06 ③ 07 ③ 08 ②

09 탄화칼슘이 물과 반응하였을 때 발생하는 가스는?

① 메탄 ② 에탄
③ 수소 ④ 아세틸렌

해설
$CaC_2 + 2H_2O \longrightarrow Ca(OH)_2 + C_2H_2$

10 세슘(Cs)에 대한 설명으로 틀린 것은?

① 알칼리토금속이다.
② 암모니아와 반응하여 수소를 발생한다.
③ 비중이 1보다 크므로 물보다 무겁다.
④ 사염화탄소와 접촉 시 위험성이 증가한다.

해설
① 알칼리금속이다.

11 위험물안전관리법령상 위험물의 유별 구분이 나머지 셋과 다른 하나는?

① 사에틸납(tetraethyl lead)
② 백금분
③ 주석분
④ 고형알코올

해설
① : 제3류 위험물 유기금속화합물류
②, ③, ④ : 제2류 위험물

12 벤젠핵에 메틸기 1개와 하이드록실기 1개가 결합된 구조를 가진 액체로서 독특한 냄새를 가지는 물질은?

① 크레솔(cresol)
② 아닐린(aniline)
③ 큐멘(cumene)
④ 나이트로벤젠(nitrobenzene)

해설
① 크레솔($CH_3C_6H_4OH$,)의 설명이다.

13 다음 위험물안전관리법령상 $C_6H_5CH=CH_2$를 70,000L 저장하는 옥외탱크저장소에는 능력단위 3단위 소화기를 최소 몇 개 설치하여야 하는가? (단, 다른 조건은 고려하지 않는다)

① 1 ② 3
③ 3 ④ 4

해설
㉠ 소요단위 = $\frac{70,000}{1,000 \times 10}$ = 7단위
㉡ 소요단위에 해당하는 능력단위의 소화기를 비치하므로
소화기 개수 = $\frac{7단위}{3단위}$ = 2.33 ≒ 3개

14 위험물 옥외탱크저장소의 방유제 외측에 설치하는 보조포소화전의 상호간의 거리는?

① 보행거리 40m 이하
② 수평거리 40m 이하
③ 보행거리 75m 이하
④ 수평거리 75m 이하

해설
옥외탱크저장소 방유제 외측의 소화활동상 유효한 위치에 설치하되 각각의 보조포소화전 상호간의 보행거리가 75m 이하가 되도록 설치한다.

15 위험물안전관리법령상 충전하는 일반취급소의 특례기준을 적용받을 수 있는 일반취급소에서 취급 할 수 없는 위험물을 모두 기술한 것은?

① 알킬알루미늄 등, 아세트알데하이드 등 및 하이드록실아민 등
② 알킬알루미늄 등 및 아세트알데하이드 등
③ 알킬알루미늄 등 및 하이드록실아민 등
④ 아세트알데하이드 등 및 하이드록실아민 등

해설
충전하는 일반취급소의 특례기준을 적용받을 수 있는 일반취급소에서 취급할 수 없는 위험물
알킬알루미늄 등, 아세트알데하이드 등 및 하이드록실아민 등

정답 09 ④ 10 ① 11 ① 12 ① 13 ③ 14 ③ 15 ①

16 탱크안전성능검사에 관한 설명으로 옳은 것은?

① 검사자로는 소방서장, 한국소방산업기술원 또는 탱크안전성능시험자가 있다.
② 이중벽탱크에 대한 수압검사는 탱크의 제작지를 관할하는 소방서장도 할 수 있다.
③ 탱크의 종류에 따라 기초·지반검사, 충수·수압검사, 용접부검사 또는 암반탱크검사 중에서 어느 하나의 검사를 실시한다.
④ 한국소방산업기술원은 엔지니어링사업자, 탱크안전성능시험자 등이 실시하는 시험의 과정 및 결과를 확인하는 방법으로도 검사를 할 수 있다.

해설
① 검사자로서는 시·도지사가 한다.
② 기술원은 이중벽탱크에 대하여 수압검사를 탱크안전성능시험자가 실시하는 수압시험의 과정 및 결과를 확인하는 방법으로 할 수 있다.
③ 탱크의 종류에 따라 기호·지반검사, 충수·수압검사, 용접부검사 또는 암반탱크검사 중에서 암반탱크 외에는 3가지 모두 받아야 한다.

17 다음의 위험물을 저장할 경우 총 저장량이 지정수량 이상에 해당하는 것은?

① 브로민산칼륨 80kg, 염소산칼륨 40kg
② 질산 100kg, 알루미늄분 200kg
③ 질산칼륨 120kg, 다이크로뮴산나트륨 500kg
④ 브로민산칼륨 150kg, 기어유 2,000L

해설
① $\frac{80kg}{300kg} + \frac{40kg}{50kg} = 0.27 + 0.8 = 1.07$배
② $\frac{100kg}{300kg} + \frac{200kg}{500kg} = 0.33 + 0.4 = 0.73$배
③ $\frac{120kg}{300kg} + \frac{500kg}{1,000kg} = 0.4 + 0.5 = 0.9$배
④ $\frac{150kg}{300kg} + \frac{2,000L}{6,000L} = 0.5 + 0.33 = 0.83$배

18 다음은 위험물안전관리법령에서 정한 인화성액체위험물(이황화탄소는 제외)의 옥외탱크저장소 탱크 주위에 설치하는 방유제 기준에 관한 내용이다. ( ) 안에 알맞은 수치는?

> 방유제는 옥외저장탱크의 지름에 따라 그 탱크의 옆판으로부터 다음에 정하는 거리를 유지할 것. 다만, 인화점이 200℃ 이상인 위험물을 저장 또는 취급하는 것에 있어서는 그러하지 아니하다.
> • 지름이 (ⓐ)m 미만인 경우에는 탱크높이의 (ⓑ) 이상
> • 지름이 (ⓐ)m 이상인 경우에는 탱크높이의 (ⓒ) 이상

① ⓐ 12, ⓑ $\frac{1}{3}$, ⓒ $\frac{1}{2}$
② ⓐ 12, ⓑ $\frac{1}{3}$, ⓒ $\frac{2}{3}$
③ ⓐ 15, ⓑ $\frac{1}{3}$, ⓒ $\frac{1}{2}$
④ ⓐ 15, ⓑ $\frac{1}{3}$, ⓒ $\frac{2}{3}$

해설
옥외탱크저장소의 방유제와 탱크 측면의 이격거리

탱크지름	이격거리
15m 미만	탱크높이의 $\frac{1}{3}$ 이상
15m 이상	탱크높이의 $\frac{1}{2}$ 이상

19 질산암모늄에 대한 설명 중 틀린 것은?

① 강력한 산화제이다.
② 물에 녹을 때는 흡열반응을 나타낸다.
③ 조해성이 있다.
④ 흑색화약의 재료로 쓰인다.

해설
④ 화약, 폭약의 산소공급제, AN-FO 폭약, 질소비료 등

정답 16 ④ 17 ① 18 ③ 19 ④

20 위험물안전관리법령상 $n-C_4H_9OH$의 지정수량은?

① 200L ② 400L
③ 1,000L ④ 2,000L

해설
$n-C_4H_9OH$: 1,000L(제2석유류, 비수용성)

21 산소 32g과 메탄 32g을 20℃에서 30L의 용기에 혼합하였을 때 이 혼합기체가 나타내는 압력은 약 몇 atm인가? (단, R = 0.082atm · L/mol · K이며, 이상기체로 가정한다)

① 1.8 ② 2.4
③ 3.2 ④ 4.0

해설
$PV = nRT$

$P = \dfrac{nRT}{V} = \dfrac{3 \times 0082 \times (20+273)}{30} = 2.4 atm$

여기서 $n = \dfrac{무게}{분자량}, \dfrac{32g}{32g} + \dfrac{32g}{10g} = 3mol$

22 옥외저장소에 저장하는 위험물 중에서 위험물을 적당한 온도로 유지하기 위한 살수설비를 설치하여야 하는 위험물이 아닌 것은?

① 인화성고체(인화점 20℃)
② 경유
③ 톨루엔
④ 메탄올

해설
옥외저장소에 저장하는 위험물 중 살수설비를 설치하여야 하는 위험물
① 인화성고체(인화점 20℃)
② 제1석유류(톨루엔)
④ 알코올류(메탄올)

23 물과 심하게 반응하여 독성의 포스핀을 발생시키는 위험물은?

① 인화칼슘 ② 부틸리튬
③ 수소화나트륨 ④ 탄화알루미늄

해설
① $Ca_3P_2 + 6H_2O \longrightarrow 3Ca(OH)_2 + 2PH_3$
② $C_4H_9Li + H_2O \longrightarrow C_4H_9OH + LiH$
③ $NaH + H_2O \longrightarrow NaOH + H_2$
④ $Al_4C_3 + 12H_2O \longrightarrow 4Al(OH)_3 + 3CH_4$

24 위험물제조소로부터 30m 이상의 안전거리를 유지하여야 하는 건축물 또는 공작물은?

① 문화재보호법에 따른 지정문화재
② 고압가스안전관리법에 따라 신고하여야 하는 고압가스저장시설
③ 사용전압이 75,000V인 특고압가공전선
④ 고등교육법에서 정하는 학교

해설
① 50m 이상
② 20m 이상
③ 5m 이상

25 삼산화크로뮴에 대한 설명으로 틀린 것은?

① 독성이 있다.
② 고온으로 가열하면 산소를 방출한다.
③ 알코올에 잘 녹는다.
④ 물과 반응하여 산소를 발생한다.

해설
④ 물과 반응하여 격렬하게 발열하고, 따라서 가연물과 혼합하고 있을 때 물이 침투되면 발화위험이 있다.

정답 20 ③ 21 ② 22 ② 23 ① 24 ④ 25 ④

26 위험물안전관리법령상 불활성기체소화설비 기준에서 저장용기설치기준으로 틀린 것은?

① 저장용기에는 안전장치(용기밸브에 설치되어 있는 것에 한한다)를 설치할 것
② 온도가 40℃ 이하이고 온도변화가 적은 장소에 설치할 것
③ 방호구역 외의 장소에 설치할 것
④ 저장용기의 외면에 소화약제의 종류와 양, 제조년도 및 제조자를 표시할 것

해설
저장용기 설치기준
㉠ 방호구역 외의 장소에 설치할 것
㉡ 온도가 40℃ 이하이고, 온도변화가 적은 장소에 설치할 것
㉢ 직사광선 및 빗물이 침투할 우려가 적은 장소에 설치할 것
㉣ 저장용기에는 안전장치(용기밸브에 설치되어 있는 것 포함)를 설치할 것
㉤ 저장용기의 외면에 소화약제의 종류와 양, 제조년도 및 제조자를 표시할 것

27 위험물안전관리법령상 제1류 위험물을 운송하는 이동탱크저장소의 외부도장 색상은?

① 회색   ② 적색
③ 청색   ④ 황색

해설
위험물 이동저장탱크의 외부 도장 색상

유 별	외부도장 색상	비 고
제1류	회 색	탱크의 앞면과 뒷면을 제외한 면적의 40% 이내의 면적은 다른 유별의 색상 외의 색상으로 도장할 수 있다.
제2류	적 색	
제3류	청 색	
제4류	도장에 색상 제한은 없으나 적색을 권장한다.	
제5류	황 색	
제6류	청 색	

28 다음 위험물 중 지정수량의 표기가 틀린 것은?

① $CO(NH_2)_2 \cdot H_2O_2$ - 10kg
② K_2CrO_7 - 1,000kg
③ KNO_2 - 300kg
④ $Na_2S_2O_8$ - 1,000kg

해설
① $CO(NH_2)_2 \cdot H_2O_2$(요소과산화물, 제5류 유기과산화물) - 10kg
② K_2CrO_7(다이크로뮴산칼륨, 제1류 다이크로뮴산염류) - 1,000kg
③ KNO_2(아질산칼륨, 제1류 아질산염류) - 300kg
④ $Na_2S_2O_8$(과산화이황산나트륨, 제1류 퍼옥소이황산염류) - 300kg

29 다음의 연소반응식에서 트라이에틸알루미늄 114kg이 산소와 반응하여 연소할 때 약 몇 kcal의 열을 방출하겠는가? (단, Al의 원자량은 27이다)

$$2(C_2H_5)_3Al + 21O_2 \rightarrow 12CO_2 + Al_2O_3 + 15H_2O + 1,470kcal$$

① 375   ② 735
③ 1,470 ④ 2,940

해설
$2(C_2H_5)_3Al + 21O_2 \longrightarrow 12CO_2 + Al_2O_3 + 15H_2O + 1,470kcal$
$2 \times 114g$ 1,470kcal
$114g$ x kcal
$\therefore x = \dfrac{114 \times 1,470}{2 \times 114} = 735 Kcal$

30 미지의 액체 시료가 있는 시험관에 불에 달군 구리줄을 넣을 때 자극적인 냄새가 나며, 붉은색 침전물이 생기는 것을 확인하였다. 이 액체 시료는 무엇인가?

① 등유   ② 아마인유
③ 메탄올   ④ 글리세린

해설
메탄올에 대한 설명이다.

정답 26 ① 27 ① 28 ④ 29 ② 30 ③

31 1기압에서 인화점이 200℃인 것은 제 몇 석유류인가? (단, 도료류, 그 밖의 물품은 가연성액체량이 40 중량퍼센트 이하인 물품은 제외)

① 제1석유류　　② 제2석유류
③ 제3석유류　　④ 제4석유류

해설
① 제1석유류 : 1기압에서 인화점이 21℃ 미만인 것
② 제2석유류 : 1기압에서 인화점이 21℃ 이상 70℃ 미만인 것(단, 도료류, 그 밖에 물품에 있어서 가연성액체량이 40wt% 이하이면서 인화점이 40℃ 이상인 동시에 연소점이 60℃ 이상인 것은 제외)
③ 제3석유류 : 1기압에서 인화점이 70℃ 이상 200℃ 미만인 것 (단, 도료류, 그 밖의 물품은 가연성액체량이 40wt% 이하인 것은 제외)
④ 제4석유류 : 1기압에서 인화점이 200℃ 이상 250℃ 미만인 것 (단, 도료류, 그 밖의 물품은 가연성액체량이 40wt% 이하인 것은 제외)

32 이황화탄소를 저장하는 실의 온도가 -20℃이고, 저장실 내 이황화탄소의 공기 중 증기농도가 2vol%라고 가정할 때 다음 설명 중 옳은 것은?

① 점화원이 있으면 연소된다.
② 점화원이 있더라도 연소되지 않는다.
③ 점화원이 없어도 발화된다.
④ 어떠한 방법으로도 연소되지 않는다.

해설
이황화탄소는 인화점이 -30℃, 연소범위는 1.2~44%이므로 -20℃는 인화점 이상이고, 증기농도 2vol%는 연소범위 내에 있으므로 점화원이 있으면 연소된다.

33 273℃에서 기체의 부피가 4L이다. 같은 압력에서 25℃일 때의 부피는 약 몇 L인가?

① 0.32　　② 2.2
③ 3.2　　④ 4

해설
샤를의 법칙
$$\frac{V}{T} = \frac{V'}{T'}, \quad \frac{4}{273+273} = \frac{V'}{25+273}$$
$$\therefore V' = \frac{4 \times (25+273)}{(273+273)} = 2.2L$$

34 제1류 위험물 중 무기과산화물과 제5류 위험물 중 유기과산화물의 소화방법으로 옳은 것은?

① 무기과산화물 : CO_2에 의한 질식소화
　유기화산화물 : CO_2에 의한 냉각소화
② 무기과산화물 : 건조사에 의한 피복소화
　유기과산화물 : 분말에 의한 질식소화
③ 무기과산화물 : 포에 의한 질식소화
　유기과산화물 : 분말에 의한 질식소화
④ 무기과산화물 : 건조사에 의한 피복소화
　유기과산화물 : 물에 의한 냉각소화

해설

소화설비의 구분			대상물 구분							
			건축물·그 밖의 공작물	전기설비	제1류 위험물		제2류 위험물			제3류 위험물		제4류 위험물	제5류 위험물	제6류 위험물

(표 생략 - 소화설비 적응성 표)

비고
1. "○"표시는 당해 소방대상물 및 위험물에 대하여 소화설비가 적응성이 있음을 표시하고, "△"표시는 제4류 위험물을 저장 또는 취급하는 장소의 살수기준면적에 따라 스프링클러설비의 살수밀도가 다음 표에 정하는 기준 이상인 경우에는 당해 스프링클러설비가 제4류 위험물에 대하여 적응성이 있음을, 제6류 위험물을 저장 또는 취급하는 장소로서 폭발의 위험이 없는 장소에 한하여 이산화탄소소화기가 제6류 위험물에 대하여 적응성이 있음을 각각 표시한다.

정답 31 ④　32 ①　33 ②　34 ④

35 옥내저장소에 위험물을 수납한 용기를 겹쳐 쌓는 경우 높이의 상한에 관한 설명 중 틀린 것은?

① 기계에 의하여 하역하는 구조로 된 용기만 겹쳐 쌓는 경우는 6미터
② 제3석유류를 수납한 소형 용기만 겹쳐 쌓는 경우는 4미터
③ 제2석유류를 수납한 소형 용기만 겹쳐 쌓는 경우는 4미터
④ 제1석유류를 수납한 소형 용기는 겹쳐 쌓는 경우는 3미터

해설
옥내저장소에 위험물을 수납한 용기를 겹쳐 쌓는 경우 높이의 상한
㉠ 기계에 의하여 하역하는 구조로 된 용기만을 겹쳐쌓는 경우 : 6m
㉡ 제4류 위험물 중 제3석유류, 제4석유류 및 동·식물유류를 수납하는 용기만을 겹쳐 쌓는 경우 : 4m
㉢ 그 밖의 경우(제2석유류를 수납한 용기만 겹쳐 쌓는 경우) : 3m

36 위험물안전관리법령상 이산화탄소소화기가 적응성이 있는 위험물은?

① 제1류 위험물
② 제3류 위험물
③ 제4류 위험물
④ 제5류 위험물

해설
34번 해설 참조

37 과산화나트륨의 저장창고에 화재가 발생하였을 때 주수소화를 할 수 없는 이유로 가장 타당한 것은?

① 물과 반응하여 과산화수소와 수소를 발생하기 때문에
② 물과 반응하여 산소와 수소를 발생하기 때문에
③ 물과 반응하여 과산화수소와 열을 발생하기 때문에
④ 물과 반응하여 산소와 열을 발생하기 때문에

해설
$2Na_2O_2 + 2H_2O \longrightarrow 4NaOH + O_2$

38 분말소화설비를 설치할 때 소화약제 50kg의 축압용 가스로 질소를 사용하는 경우 필요한 질소가스의 양은 35℃, 0MPa의 상태로 환산하여 몇 L 이상으로 하여야 하는가? (단, 배관의 청소에 필요한 양은 제외)

① 500
② 1,000
③ 1,500
④ 2,000

해설
축압용 또는 가압용 가스

구 분	질소가스 사용시	이산화탄소 사용시
축압용 가스	10ℓ(질소)/1kg(약제) + 배관청소에 필요한 양 (35℃, 0MPa 기준)	20g(CO_2)/1kg(약제) + 배관청소에 필요한 양
가압용 가스	40ℓ(질소)/1kg(약제) + 배관청소에 필요한 양 (35℃, 0MPa 기준)	20g(CO_2)/1kg(약제) + 배관청소에 필요한 양

※ 질소가스의 양 = 50kg × 10L/kg = 500L

39 이동탱크저장소에 의한 위험물 운송 시 위험물운송자가 휴대하여야 하는 위험물안전카드의 작성대상에 관한 설명으로 옳은 것은?

① 모든 위험물에 대하여 위험물안전카드를 작성하여 휴대하여야 한다.
② 제1류, 제3류 또는 제4류 위험물을 운송하는 경우에 위험물안전카드를 작성하여 휴대하여야 한다.
③ 위험등급 Ⅰ 또는 위험등급 Ⅱ 에 해당하는 위험물을 운송하는 경우에 위험물안전카드를 작성하여 휴대하여야 한다.
④ 제1류, 제2류, 제3류, 제4류(특수인화물 및 제1석유류에 한함), 제5류 또는 제6류 위험물을 운송하는 경우에 위험물안전카드를 작성하여 휴대하여야 한다.

해설
작성대상위험물
① 제1류 위험물
② 제2류 위험물
③ 제3류 위험물
④ 제4류 위험물(특수인화물, 제1석유류)
⑤ 제5류 위험물
⑥ 제6류 위험물

40 위험물안전관리법령에 따른 제1류 위험물의 운반 및 위험물제조소 등에서 저장·취급에 관한 기준으로 옳은 것은? (단, 지정수량의 10배인 경우이다)

① 제6류 위험물과는 운반 시 혼재할 수 있으며, 적절한 조치를 취하면 같은 옥내저장소에 저장할 수 있다.
② 제6류 위험물과는 운반 시 혼재할 수 있으나, 같은 옥내저장소에 저장할 수는 없다.
③ 제6류 위험물과는 운반 시 혼재할 수 없으나, 적절한 조치를 취하면 같은 옥내저장소에 저장할 수 있다.
④ 제6류 위험물과는 운반 시 혼재할 수 없으며, 같은 옥내저장소에 저장할 수도 없다.

해설
제1류 위험물은 제6류 위험물과 운반 시 혼재할 수 있으며, 적절한 조치를 취하면 같은 옥내저장소에 저장할 수 있다.

41 위험물안전관리법령상 제6류 위험물에 대한 설명으로 틀린 것은?

① "산화성액체"라 함은 액체로서 산화력의 잠재적인 위험성을 판단하기 위하여 고시로 정하는 시험에서 고시로 정하는 성질과 상태를 나타내는 것을 말한다.
② 산화성액체 성상이 있는 질산은 비중이 1.49 이상인 것이 제6류 위험물에 해당한다.
③ 산화성액체 성상이 있는 과염소산은 비중과 상관없이 제6류 위험물에 해당한다.
④ 산화성액체 성상이 있는 과산화수소는 농도가 36부피퍼센트 이상인 것이 제6류 위험물에 해당한다.

해설
④ 산화성액체 성상이 있는 과산화수소는 농도가 36wt%(비중 약 1.13) 이상인 것이 제6류 위험물에 해당된다.

42 다음의 위험물을 저장하는 옥내저장소의 저장창고가 벽·기둥 및 바닥이 내화구조로 된 건축물일 때, 위험물안전관리법령에서 규정하는 보유공지를 확보하지 않아도 되는 경우는?

① 아세트산 30,000L
② 아세톤 5,000L
③ 클로로벤젠 10,000L
④ 글리세린 15,000L

해설
옥내저장소의 보유공지

저장 또는 취급하는 위험물의 최대수량	공지의 너비	
	벽·기둥 및 바닥이 내화구조로 된 건축물	그 밖의 건축물
지정수량의 5배 이하	–	0.5m 이상
지정수량의 5배 초과 10배 이하	1m 이상	1.5m 이상
지정수량의 10배 초과 20배 이하	2m 이상	3m 이상
지정수량의 20배 초과 50배 이하	3m 이상	5m 이상
지정수량의 50배 초과 200배 이하	5m 이상	10m 이상
지정수량의 200배 초과	10m 이상	15m 이상

① 아세트산(제2석유류, 수용성) - 지정수량 2,000L
   30,000/2,000 = 15배
② 아세톤(제1석유류, 수용성) - 지정수량 400L
   5,000/400 = 12.5배
③ 클로로벤젠(제2석유류, 비수용성) - 지정수량 1,000L
   10,000/1,000 = 10배
④ 글리세린(제3석유류, 수용성) - 지정수량 4,000L
   15,000/4,000 = 3.75배
∴ 5배 이하인 것은 글리세린이다.

43 Al이 속하는 금속은 주기율표상 무슨 족 계열인가?

① 철족
② 알칼리금속족
③ 붕소족
④ 알칼리토금속족

해설
붕소족 원소 : B, Al, Ga, In, Tl

정답 40 ① 41 ④ 42 ④ 43 ③

44 Halon 1301과 Halon 2402에 공통적으로 포함된 원소가 아닌 것은?

① Br
② Cl
③ F
④ C

해설

Halon 번호
첫째 – 탄소수, 둘째 – 불소수, 셋째 – 염소수, 넷째 – 브로민수
㉠ Halon 1301 : CF₃Br
㉡ Halon 2402 : C₂F₄Br₂
∴ 공통적으로 포함된 원소가 아닌 것은 : Cl

45 위험물안전관리법령에 명시된 예방규정 작성 시 포함되어야 하는 사항이 아닌 것은?

① 위험물시설의 운전 또는 조작에 관한 사항
② 위험물취급작업의 기준에 관한 사항
③ 위험물의 안전에 관한 기록에 관한 사항
④ 소방관서의 출입검사 지원에 관한 사항

해설

예방규정 작성 시 포함되어야 하는 사항
㉠ 위험물의 안전관리 업무를 담당하는 사람의 직무 및 조직에 관한 사항
㉡ 위험물안전관리자가 그 직무를 수행할 수 없는 경우 그 직무를 대행하는 사람에 관한 사항
㉢ 자체소방대의 편성 및 화학소방자동차의 배치에 관한 사항
㉣ 위험물안전에 관계된 작업에 종사하는 사람에 대한 안전교육에 관한 사항
㉤ 위험물시설 및 사업장에 대한 안전순찰에 관한 사항
㉥ 제조소 등의 시설과 관련 시설에 대한 점검 및 정비에 관한 사항
㉦ 제조소 등의 시설의 운전 또는 조작에 관한 사항
㉧ 위험물취급작업의 기준에 관한 사항
㉨ 이송취급소에 있어서는 배관공사 시의 안전확보에 관한 사항
㉩ 재난, 그 밖의 비상시의 경우에 취하여야 하는 조치에 관한 사항
㉪ 위험물의 안전에 관한 기록에 관한 사항
㉫ 제조소 등의 위치·구조 및 설비를 명시한 서류와 도면의 정비에 관한 사항
㉬ 그 밖에 위험물의 안전관리에 관하여 필요한 사항

46 다음에서 설명하는 위험물에 해당하는 것은?

- 불연성이고 무기화합물이다.
- 비중은 약 2.8이며, 융점은 460℃이다.
- 살균제, 소독제, 표백제, 산화제로 사용된다.

① Na_2O_2
② P_4S_3
③ CaC_2
④ H_2O_2

해설

과산화나트륨(Na_2O_2)의 설명이다.

47 인화성고체 2,500kg, 피크린산 900kg, 금속분 2,000kg 각각의 위험물 지정수량 배수의 총합은 얼마인가?

① 7배
② 9배
③ 10배
④ 11배

해설

$\dfrac{2,500kg}{1,000kg} + \dfrac{900kg}{200kg} + \dfrac{2,000kg}{500kg} = 2.5 + 4.5 + 4 = 11$배

48 위험물안전관리법령상 옥외저장탱크에 부착되는 부속설비 중 기술원 또는 소방청장이 정하여 고시하는 국내·외 공인시험기관에서 시험 또는 인증 받은 제품을 사용하여야 하는 제품이 아닌 것은?

① 교반기
② 밸브
③ 폼챔버
④ 온도계

해설

옥외저장탱크에 부착되는 부속설비 : 교반기, 밸브, 폼챔버, 화염방지장치, 통기관대기밸브, 비상압력배출장치

정답 44 ② 45 ④ 46 ① 47 ④ 48 ④

49 그림과 같은 위험물 옥외탱크저장소를 설치하고자 한다. 톨루엔을 저장하고자 할 때 허가할 수 있는 최대수량은 지정수량의 약 몇 배인가? (단, $r=5\text{m}$, $l=10\text{m}$이다)

① 2
② 4
③ 1,963
④ 3,730

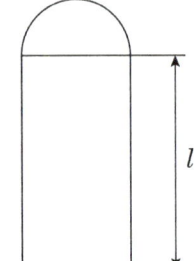

해설
탱크의 공간용적은 탱크의 내용적의 100분의 5 이상 100분의 10 이하
㉠ 내용적(V) = $\pi \times 5^2 \times 10 = 785.4\text{m}^3$
㉡ 탱크의 용량 = $785.4 \times 0.9 = 707\text{m}^3$, $785.4 \times 0.95 = 746\text{m}^3$
㉢ 톨루엔 : 제1석유류 - 비수용성 - 지정수량 200L = 0.2m^3
㉣ $707\text{m}^3 / 0.2 = 3,535$배, $746\text{m}^3 / 0.2 = 3,730$배
따라서 최대수량은 3,730배이다.

50 위험물안전관리법령상 위험물의 운반에 관한 기준에 의한 차광성과 방수성이 모두 있는 피복으로 가려야 하는 위험물은?

① 과산화칼륨
② 철분
③ 황린
④ 특수인화물

해설
㉠ 차광성이 있는 피복 조치

유 별	적용대상
제1류 위험물	전부(과산화칼륨)
제3류 위험물	자연발화성 물품
제4류 위험물	특수인화물
제5류 위험물	전 부
제6류 위험물	

㉡ 방수성이 있는 피복 조치

유 별	적용대상
제1류 위험물	알칼리금속의 과산화물(과산화칼륨)
제2류 위험물	철분, 금속분, 마그네슘
제3류 위험물	금수성물질

51 위험물안전관리법령상 정기점검대상인 제조소 등에 해당하지 않는 것은?

① 경유를 20,000L 취급하며 차량에 고정된 탱크에 주입하는 일반취급소
② 등유를 3,000L 저장하는 지하탱크저장소
③ 알코올류를 5,000L 취급하는 제조소
④ 경유를 220,000L 저장하는 옥외탱크저장소

해설
정기점검대상인 제조소 등
① 지정수량의 10배 이상의 위험물을 취급하는 제조소
② 지정수량의 100배 이상의 위험물을 저장하는 옥외저장소
③ 지정수량의 150배 이상의 위험물을 저장하는 옥내저장소
④ 지정수량의 200배 이상의 위험물을 저장하는 옥외탱크저장소
⑤ 암반탱크저장소
⑥ 이송취급소
⑦ 지정수량의 10배 이상의 위험물을 취급하는 일반취급소. 다만, 제4류 위험물(특수인화물을 제외)만을 지정수량의 50배 이하로 취급하는 일반취급소(제1석유류·알코올류의 취급량이 지정수량의 10배 이하의 경우에 한함)로서 다음의 어느 하나에 해당하는 것을 제외한다.
  ㉠ 보일러·버너 또는 이와 비슷한 것으로서 위험물을 소비하는 장치로 이루어진 일반취급소
  ㉡ 위험물을 용기에 다시 채워 넣거나 차량에 고정된 탱크에 주입하는 일반취급소
⑧ 지하탱크저장소
⑨ 이동탱크저장소
⑩ 위험물을 취급하는 탱크로서 지하에 매설된 탱크가 있는 제조소·주유취급소 또는 일반취급소
  ㉠ 경유 : $\dfrac{20,000\text{L}}{1,000\text{L}} = 20$배(일반취급소의 예외 규정에 해당)
  ㉡ 등유 : $\dfrac{3,000\text{L}}{1,000\text{L}} = 3$배(지하탱크저장소)
  ㉢ 알코올류 : $\dfrac{5,000\text{L}}{400\text{L}} = 12.5$배(제조소)
  ㉣ 경유 : $\dfrac{220,000\text{L}}{1,000\text{L}} = 220$배(옥외탱크저장소)

52 2몰의 메탄을 완전히 연소시키는 데 필요한 산소의 이론적인 몰수는?

① 1몰
② 2몰
③ 3몰
④ 4몰

해설
$2CH_4 + 4O_2 \longrightarrow 2CO_2 + 4H_2O$

정답 49 ④ 50 ① 51 ① 52 ④

53 물과 반응하여 메탄가스를 발생하는 위험물은?

① CaC_2 ② Al_4C_3
③ Na_2O_2 ④ LiH

해설
① $CaC_2 + 2H_2O \longrightarrow Ca(OH)_2 + C_2H_2$
② $Al_4C_3 + 12H_2O \longrightarrow 4Al(OH)_3 + 3CH_4$
③ $Na_2O_2 + H_2O \longrightarrow 2NaOH + \frac{1}{2}O_2$
④ $LiH + H_2O \longrightarrow LiOH + H_2$

54 다음 데이터로부터 통계량을 계산한 것 중 틀린 것은?

21.5, 23.7, 24.3, 27.2, 29.1

① 범위(R) = 7.6
② 제곱합(S) = 7.59
③ 중앙값(Me) = 24.3
④ 시료분산(s^2) = 8.988

해설
① 범위 : 변량의 최대값 − 최소값 = 29.1 − 21.5 = 7.6
 평균 : 21.5 − 25.16 = −3.66
   23.7 − 25.16 = −1.46
   24.3 − 25.16 = −0.86
   27.2 − 25.16 = 2.04
   29.1 − 25.16 = 3.94
② 제곱합 : 각 변량의 편차(변량 − 평균)의 제곱의 합
 = $3.66^2 + 1.46^2 + 0.86^2 + 2.04^2 + 3.94^2 = 35.952$
③ 중앙값 : 각 변량을 최솟값부터 최댓값까지 크기의 순서대로 나열했을 때 중앙에 위치한 값(변량의 수 n이 홀수이면 중앙의 값, 짝수이면 중앙 2개의 평균값) 24.3
④ 시료분산 : 제곱합/($n−1$) = 35.952/(5−1) = 8.988
 여기서, 분산은 보통 제곱합/n으로 계산하는데, 이를 모분산(σ^2, 시그마제곱)이라 한다. 그런데 처리해야 할 데이터의 양이 너무 방대하거나 현실적으로 그 모든 값을 파악하기 어려울 때 파악 가능한 또는 다룰 수 있는 만큼의 표본을 추출하여 제곱합/($n−1$)로 구한 것을 표본분산(s^2)이라 한다.
 n이 아니라 $n−1$로 나누는 이유는 추출한 표본들의 값의 크기가 어느 한쪽으로 치우치는 것을 보정해 주기 위함이다.

55 성능이 동일한 n 대의 펌프를 서로 병렬로 연결하고 원래와 같은 양정에서 작동시킬 때 유체의 토출량은?

① $\frac{1}{n}$로 감소한다. ② n배로 증가한다.
③ 원래와 동일하다. ④ $\frac{1}{2n}$로 감소한다.

해설
동일한 성능의 펌프 n대를 병렬운전 시 토출량이 n배로 증가하고, 동일한 성능의 펌프 n대를 직렬운전 시 양정이 n배로 증가한다. 다만, 병렬운전 시 분기 이전의 흡입관의 크기 및 합류 이후의 토출관의 크기 등에 따라 많은 손실이 생길 수 있으며, 직렬운전 시에도 마찰손실이 n의 크기(대수)에 따라 가파른 상승곡선을 그리게 되어 현실에서는 절대로 같은 결과가 나올 수 없다.

56 표준시간을 내경법으로 구하는 수식으로 맞는 것은?

① 표준시간 = 정미시간 + 여유시간
② 표준시간 = 정미시간 × (1 + 여유율)
③ 표준시간 = 정미시간 × $\left(\dfrac{1}{1 - 여유율}\right)$
④ 표준시간 = 정미시간 × $\left(\dfrac{1}{1 + 여유율}\right)$

해설
㉠ 내경법 : 표준시간 산정시 여유율은 근무시간을 기준으로 산정하는 방법으로 정미시간이 명확하지 않은 경우에 사용한다.
㉡ 표준시간 = 정미시간 × $\left(\dfrac{1}{1 - 여유율}\right)$

57 품질특성에서 X 관리도로 관리하기에 가장 거리가 먼 것은?

① 볼펜의 길이 ② 알코올 농도
③ 1일 전력소비량 ④ 나사길이의 부적합품 수

해설
(1) X 관리도의 관리종목
 ㉠ 볼펜의 길이
 ㉡ 알코올 농도
 ㉢ 1일 전력소비량
(2) np 관리도 : 나사길이의 부적합품 수

정답 53 ② 54 ② 55 ② 56 ③ 57 ④

58 검사특성곡선(OC Curve)에 관한 설명으로 틀린 것은? (단, N : 로트의 크기, n : 시료의 크기, c : 합격판정개수)

① N, n이 일정할 때 c가 커지면 나쁜 로트의 합격률은 높아진다.
② N, c가 일정할 때 n이 커지면 좋은 로트의 합격률은 낮아진다.
③ $N/n/c$의 비율이 일정하게 증가하거나 감소하는 퍼센트샘플링검사 시 좋은 로트의 합격률은 영향이 없다.
④ 일반적으로 로트의 크기 N이 시료 n에 비해 10배 이상 크다면 로트의 크기를 증가시켜도 나쁜 로트의 합격률은 크게 변화하지 않는다.

해 설
검사특성곡선
㉠ 곡선이 가파를수록 오차가 작아진다.
㉡ n이 클수록 보다 정확한 검사가 되어 이상적인 OC곡선에 가깝게 된다. 그러나 n값을 크게 하면 검사 비용이 증가한다.
㉢ n, c가 같고, N이 작아지는 경우 곡선이 가팔라진다.
㉣ c가 같고, n이 커지는 경우 곡선이 가팔라진다.
㉤ n이 같고, c가 작아지는 경우 곡선이 가팔라진다.
㉥ N, c가 같고 n이 커지는 경우 곡선이 가팔라진다.
- 같은 표본 수에서 많이 합격시킬수록 당연히 나쁜 로트의 합격률은 높아진다.
- n이 커지면 곡선이 가팔라지고 보다 정확한 검사가 된다. 좋은 로트의 합격률이 낮아지면 나쁜 로트의 합격률은 더욱 낮아진다.
- 수치만 달라질 뿐 검사특성곡선의 모양은 일치한다.
- 예를 들어, 100만 개 중에 100개를 추출하여 검사하나 200개를 검사하나 큰 차이가 없을 것이다.

59 브레인스토밍(Brainstorming)과 가장 관계가 깊은 것은?

① 특성요인도　② 파레토도
③ 히스토그램　④ 회귀분석

해 설
① **특성요인도** : 특성과 요인관계를 도표로 하여 어골상으로 세분화한 것으로 재해의 통계적 원인분석 중 결과에 대한 원인요소 및 상호의 관계를 인간관계로 결부하여 나타내는 작업으로 브레인스토밍과 관계가 깊다.

60 다음 그림의 AOA(Activity-On-Arc) 네트워크에서 E작업을 시작하려면 어떤 작업들이 완료되어야 하는가?

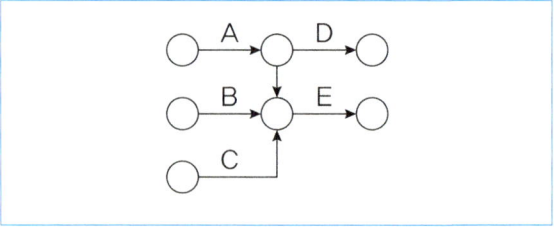

① B　② A, B
③ B, C　④ A, B, C

해 설
활동들의 수행 순서를 네트워크로 나타낸 것으로서

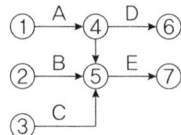

활동 D는 활동 A 완료 이후에 시작할 수 있고, 활동 E는 활동 B, C가 완료될 뿐 아니라 A도 완료되어야 시작될 수 있다.

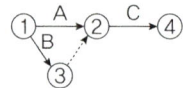

활동 A가 끝나더라도 활동 B 또한 완료되어야 활동 C를 수행할 수 있다.
여기서 첫 번째 그림에서 활동 D는 활동 A의 결과물을 가지고, 활동 E는 활동 B, C의 결과물을 가지고 수행하지만, 활동 E의 시작 시기가 활동 A 완료 후라는 의미이다.
활동 D의 시작시기는 활동 B, C와 관계없다.

정답 58 ③　59 ①　60 ④

M/E/M/O

제63회 위험물기능장

시행일 : 2018년 3월 31일

01 질산암모늄 80g이 완전 분해하여 O_2, H_2O, N_2가 생성되었다면, 이때 생성물의 총량은 모두 몇 몰인가?

① 2
② 3.5
③ 4
④ 7

해설
$2NH_4NO_3 \longrightarrow 2N_2 + O_2 + 4H_2O$
2 × 80g   2mol 1mol 4mol
   80g   1mol 0.5mol 2mol
∴ 1 + 0.5 + 2 = 3.5mol

02 비중 0.8인 유체의 밀도는 몇 kg/m³인가?

① 800
② 80
③ 8
④ 0.8

해설
밀도$(\rho) = e_w \times s$
     $= 1,000 kg/m^3 \times 0.8$
     $= 800 kg/m^3$

03 다음 중 1mol에 포함된 산소의 수가 가장 많은 것은?

① 염소산
② 과산화나트륨
③ 과염소산
④ 차아염소산

해설
① 염소산($HClO_3$) : 3개
② 과산화나트륨(Na_2O_2) : 2개
③ 과염소산($HClO_4$) : 4개
④ 차아염소산($HClO$) : 1개

04 어떤 유체의 비중이 S, 비중량이 γ이다. 4℃ 물의 밀도가 ρ_w, 중력가속도가 g일 때 다음 중 옳은 것은?

① $\gamma = S\rho_w$
② $\gamma = g\rho_w/S$
③ $\gamma = S\rho_w/g$
④ $\gamma = Sg\rho_w$

해설
$\gamma = Sg\rho_w$
여기서 γ : 비중량, S : 유체의 비중, g : 중력가속도, ρ_w : 4℃ 물의 밀도

05 아세틸렌 1몰이 완전연소하는 데 필요한 이론 공기량은 약 몇 몰인가?

① 2.5
② 5
③ 11.9
④ 22.4

해설
$C_2H_2 + 2.5O_2 \longrightarrow 2CO_2 + H_2O$
∴ $2.5 \times \dfrac{100}{21} = 11.9$몰

06 측정하는 유체의 압력에 의해 생기는 금속의 탄성변형을 기계식으로 확대 지시하여 압력을 측정하는 것은?

① 마노미터
② 시차액주계
③ 부르동관 압력계
④ 로터미터

해설
① 마노미터 : 1차 압력계로서 U자관 압력계, 단관식 압력계, 경사관식 압력계가 있다.
② 시차액주계 : 관을 말하며, 관내 유속 또는 유량을 결정하기 위해 설치되고 시차액주계가 목 부분과 일반 단면 부분에 설치되어 압력차를 측정한다.
④ 로터미터 : 부자형에 속하는 면적가변형 유량계의 일종으로 대소에 의하여 교축면적을 바꾸고 항상 차압을 일정하게 유지하면서 면적변화에 의해 유량을 아는 것으로 중유와 같은 고점도 유체나 오리피스에서 측정하기가 불가능한 소용량의 측정에 적합하다.

정답 01 ② 02 ① 03 ③ 04 ④ 05 ③ 06 ③

07 3.65kg의 염화수소 중에는 HCl 분자가 몇 개 있는가?

① 6.02×10^{23}
② 6.02×10^{24}
③ 6.02×10^{25}
④ 6.02×10^{26}

해설
- HCl의 분자량은 36.5g이다.
- 1mol 속에는 6.02×10^{23}개의 분자가 존재한다.
- HCl 3.65kg의 몰 수는 $\frac{3.65 \times 10^3 g}{36.5 g} = 100 mol$ 이다.
- 1mol : 6.02×10^{23} = 100mol : x
- ∴ $x = 6.02 \times 10^{23} \times 100 = 6.02 \times 10^{25}$개

08 과산화나트륨과 묽은 아세트산이 반응하여 생성되는 것은?

① NaOH
② H_2O
③ Na_2O
④ H_2O_2

해설
$Na_2O_2 + 2CH_3COOH \longrightarrow 2CH_3COONa + H_2O_2$

09 줄-톰슨(Joule-Thomson) 효과와 가장 관계있는 소화기는?

① 할론 1301 소화기
② 이산화탄소소화기
③ HCFC-124 소화기
④ 할론 1211 소화기

해설
줄-톰슨(Joule-Thomson) 효과
단열을 한 관의 도중에 작은 구멍을 내고 이 관에 압력이 있는 기체 또는 액체를 흐르게 하여 작은 구멍을 통할 때 유체의 압력이 하강함과 동시에 온도가 급강하(약 -78℃)가 되어 고체로 되는 현상이다. 이산화탄소소화기는 가스 방출 시 줄-톰슨 효과에 의해 기화열의 흡수로 인하여 소화를 한다.

10 위험물안전관리법령상 제6류 위험물 중 "그 밖에 행정안전부령이 정하는 것"에 해당하는 물질은 어느 것인가?

① 아지화합물
② 과아이오딘산화합물
③ 염소화규소화합물
④ 할로겐간화합물

해설
① 제5류 위험물
② 제1류 위험물
③ 제3류 위험물

11 CH_3COCH_3에 대한 설명으로 틀린 것은?

① 무색 액체이며, 독특한 냄새가 있다.
② 물에 잘 녹고, 유기물을 잘 녹인다.
③ 아이오딘폼 반응을 한다.
④ 비점이 물보다 높지만 휘발성이 강하다.

해설
④ 비점(56.6℃)이 물(100℃)보다 낮고, 휘발성이 강하다.

12 제4류 위험물인 C_6H_5Cl의 지정수량으로 맞는 것은?

① 200L
② 400L
③ 1,000L
④ 2,000L

해설
제4류 위험물의 품명과 지정수량

유별	성질	품명		지정수량	위험등급
제4류	인화성 고체	1. 특수인화물류		50L	I
		2. 제1석유류	비수용성액체	200L	II
			수용성액체	400L	
		3. 알코올류		400L	
		4. 제2석유류	비수용성액체 (C_6H_5Cl)	1,000L	III
			수용성액체	2,000L	
		5. 제3석유류	비수용성액체	2,000L	
			수용성액체	4,000L	
		6. 제4석유류		6,000L	
		7. 동·식물유류		10,000L	

정답 07 ③ 08 ④ 09 ② 10 ④ 11 ④ 12 ③

13 96g의 메탄올이 완전연소되면 몇 g의 H_2O가 생성되는가?

① 54　　② 27
③ 216　　④ 108

해설
$CH_3OH + 1.5O_2 \longrightarrow CO_2 + 2H_2O$
32g ─────── 36g
96g ─────── x(g)
$x = \dfrac{96 \times 36}{32}$, $x = 108g$

14 다음 중 $C_6H_5CH_3$에 대한 설명으로 틀린 것은 어느 것인가?

① 끓는점은 약 211℃이다.
② 증기는 공기보다 무거워 낮은 곳에 체류한다.
③ 인화점은 약 4℃이다.
④ 액의 비중은 약 0.87이다.

해설
① 끓는점은 약 111℃이다.

15 제5류 위험물에 대한 설명 중 틀린 것은 어느 것인가?

① 다이조화합물은 다이조기(-N=N-)를 가진 무기화합물이다.
② 유기과산화물은 산소를 포함하고 있어서 대량으로 연소할 경우 소화에 어려움이 있다.
③ 하이드라진은 제4류 위험물이지만 하이드라진 유도체는 제5류 위험물이다.
④ 고체인 물질도 있고, 액체인 물질도 있다.

해설
① 다이조화합물은 다이조기(-N=N-)가 탄화수소의 탄소원자와 결합되어 있는 화합물이다.

16 차아염소산칼슘에 대한 설명으로 옳지 않은 것은?

① 살균제, 표백제로 사용된다.
② 화학식은 $Ca(ClO)_2$이다.
③ 자극성이며, 강한 환원력이 있다.
④ 지정수량은 50kg이다.

해설
③ 자극성이며, 강한 산화력이 있다.

17 $KMnO_4$에 대한 설명으로 옳은 것은?

① 글리세린에 저장하여야 한다.
② 묽은질산과 반응하면 유독한 Cl_2가 생성된다.
③ 황산과 반응할 때는 산소와 열을 발생한다.
④ 물에 녹으면 투명한 무색을 나타낸다.

해설
① 일광을 차단하고, 냉암소에 저장한다.
② 고농도의 과산화수소와 접촉할 때는 폭발하며, 염산과 반응하면 유독성의 염소가스를 발생한다.
④ 물에 녹으면 진한 보라색을 나타낸다.

18 위험물의 지정수량이 적은 것부터 큰 순서대로 나열한 것은?

① 알킬리튬-다이메틸아연-탄화칼슘
② 다이메틸아연-탄화칼슘-알킬리튬
③ 탄화칼슘-알킬리튬-다이메틸아연
④ 알킬리튬-탄화칼슘-다이메틸아연

해설

위험물	지정수량
알킬리튬	10kg
다이메틸아연	50kg
탄화칼슘	300kg

정답 13 ④　14 ①　15 ①　16 ③　17 ③　18 ①

19 탄화칼슘과 질소가 약 700℃ 이상의 고온에서 반응하여 생성되는 물질은?

① 아세틸렌 ② 석회질소
③ 암모니아 ④ 수산화칼슘

해설
CaC₂ + N₂ ⟶ CaCN₂(석회질소) + C

20 위험물안전관리법령상 황은 순도가 일정 wt% 이상인 경우 위험물에 해당한다. 이 경우 순도측정에 있어서 불순물에 대한 설명으로 옳은 것은?

① 불순물은 활석 등 불연성물질에 한한다.
② 불순물은 수분에 한한다.
③ 불순물은 활석 등 불연성물질과 수분에 한한다.
④ 불순물은 황을 제외한 모든 물질을 말한다.

해설
③ 황은 순도가 60wt% 이상인 것을 말한다. 순도측정에 있어서 불순물은 활석 등 불연성물질과 수분에 한한다.

21 정전기방전에 관한 다음 식에서 사용된 인자의 내용이 틀린 것은?

$$E = \frac{1}{2}CV^2 = \frac{1}{2}QV$$

① E : 정전기에너지(J)
② C : 정전용량(F)
③ V : 전압(V)
④ Q : 전류(A)

해설
④ Q : 전기량(C)

22 다음 중 지정수량이 같은 것으로 연결된 것은?

① 알코올류 – 제1석유류(비수용성)
② 제1석유류(수용성) – 제2석유류(비수용성)
③ 제2석유류(수용성) – 제3석유류(비수용성)
④ 제3석유류(수용성) – 제4석유류

해설
제4류 위험물의 품명과 지정수량

유별	성질	품명		지정수량	위험등급
제4류	인화성 액체	1. 특수인화물류		50L	I
		2. 제1석유류	비수용성액체	200L	II
			수용성액체	400L	
		3. 알코올류		400L	
		4. 제2석유류	비수용성액체	1,000L	III
			수용성액체	2,000L	
		5. 제3석유류	비수용성액체	2,000L	
			수용성액체	4,000L	
		6. 제4석유류		6,000L	
		7. 동·식물 유류		10,000L	

23 제5류 위험물인 테트릴에 대한 설명으로 틀린 것은?

① 물, 아세톤 등에 잘 녹는다.
② 담황색의 결정형 고체이다.
③ 비중은 1보다 크므로 물보다 무겁다.
④ 폭발력이 커서 폭약의 원료로 사용된다.

해설
① 물에 녹지 않고 알코올, 벤젠, 아세톤 등에 잘 녹는다.

24 제4류 위험물인 아세트알데하이드의 화학식으로 옳은 것은?

① C_2H_5CHO ② C_2H_5COOH
③ CH_3CHO ④ CH_3COOH

해설

명칭	화학식
아세트알데하이드	CH_3CHO

정답 19 ② 20 ③ 21 ④ 22 ③ 23 ① 24 ③

과년도 기출문제

25 공기를 차단한 상태에서 황린을 약 260℃로 가열하면 생성되는 물질은 제 몇 류 위험물인가?

① 제1류 위험물   ② 제2류 위험물
③ 제5류 위험물   ④ 제6류 위험물

해설
적린(제2류 위험물) : 공기를 차단한 상태에서 황린을 약 260℃로 가열하면 생성되는 물질

26 다음 금속원소 중 비점이 가장 높은 것은?

① 리튬   ② 나트륨
③ 칼륨   ④ 루비듐

해설

위험물	비 점
리 튬	1,350℃
나트륨	880℃
칼 륨	774℃
루비듐	688℃

27 금속나트륨이 에탄올과 반응하였을 때 가연성가스가 발생한다. 이때 발생하는 가스와 동일한 가스가 발생되는 경우는?

① 나트륨이 액체암모니아와 반응하였을 때
② 나트륨이 산소와 반응하였을 때
③ 나트륨이 사염화탄소와 반응하였을 때
④ 나트륨이 이산화탄소와 반응하였을 때

해설
$2Na + 2C_2H_5OH \longrightarrow 2C_2H_5ONa + H_2$
① $2Na + 2NH_3 \longrightarrow 2NaNH_2 + H_2$
② $4Na + O_2 \longrightarrow 2Na_2O$
③ $4Na + CCl_4 \longrightarrow 4NaCl + C$
④ $4Na + 3CO_2 \longrightarrow 2NaCO_3 + C$

28 위험물안전관리법령상 불활성가스소화설비의 기준에서 소화약제 "IG-541"의 성분으로 용량비가 가장 큰 것은?

① 이산화탄소   ② 아르곤
③ 질소   ④ 불소

해설

소화약제	화학식
IG-541	N_2 : 52%, Ar : 40%, CO_2 : 8%

29 위험물안전관리법령상 150마이크로미터의 체를 통과하는 것이 50중량퍼센트 이상일 경우 위험물에 해당하는 것은?

① 철분   ② 구리분
③ 아연분 ④ 니켈분

해설
금속분 : 알칼리금속, 알칼리토금속, 철, 마그네슘 이외의 금속분을 말하며, 구리분·니켈분 및 150마이크로미터(μm)의 체를 통과하는 것이 50중량퍼센트(wt%) 미만인 것은 제외한다.

30 다음 중 위험물안전관리법상 알코올류가 위험물이 되기 위하여 갖추어야 할 조건이 아닌 것은?

① 한분자 내에 탄소원자수가 1개부터 3개까지일 것
② 포화1가 알코올일 것
③ 수액일 경우 위험물안전관리법령에서 정의한 알코올 함유량이 60중량퍼센트이상일 것
④ 인화점 및 연소점이 에틸알코올 60wt% 수용액의 인화점 및 연소점을 초과하는 것

해설
알코올류 : 1분자를 구성하는 탄소원자의 수가 1개부터 3개까지인 포화 1가 알코올(변성알코올을 포함한다)을 말한다. 다만 다음 각 목의 1에 해당하는 것은 제외한다.
① 1분자를 구성하는 탄소원자의 수가 1개 내지 3개의 포화 1가 알코올의 함유량이 60 중량% 미만인 수용액
② 가연성액체량이 60 중량% 미만이고 인화점 및 연소점(태그개방식 인화점측정기에 의한 연소점을 말한다. 이하 같다)이 에틸알코올 60 중량% 수용액의 인화점 및 연소점을 초과하는 것

정답 25 ② 26 ① 27 ① 28 ③ 29 ③ 30 ④

31 벤조일퍼옥사이드의 용해성에 대한 설명으로 옳은 것은?

① 물과 대부분 유기용제에 모두 잘 녹는다.
② 물과 대부분 유기용제에 모두 녹지 않는다.
③ 물에는 녹으나 대부분 유기용제에는 녹지 않는다.
④ 물에 녹지 않으나 대부분 유기용제에 녹는다.

해설
④ 물에는 잘 녹지 않으나 알코올·식용유에 약간 녹으며, 유기용제에 녹는다.

32 위험물의 연소특성에 대한 설명으로 옳지 않은 것은?

① 황린은 연소 시 오산화인의 흰 연기가 발생한다.
② 황은 연소 시 푸른 불꽃을 내며 이산화질소를 발생한다.
③ 마그네슘은 연소 시 섬광을 내며 발열한다.
④ 트라이에틸알루미늄은 공기와 접촉하면 백연을 발생하며 연소한다.

해설
② 황은 연소 시 푸른 불꽃을 내며 아황산가스(SO_2)를 발생한다.

33 제4류 위험물에 해당하는 에어졸의 내장용기 등으로서 용기의 외부에 '위험물의 품명·위험등급·화학명 및 수용성'에 대한 표시를 하지 않을 수 있는 최대 용적은?

① 300mL ② 500ml
③ 150mL ④ 1,000mL

해설
에어졸의 내장용기 등으로서 용기의 외부에 '위험물의 품명·위험등급·화학명 및 수용성'에 대한 표시를 하지 않을 수 있는 최대용적 : 300mL 이하

34 위험물안전관리법령에 따른 위험물의 운반에 관한 적재방법에 대한 기준으로 틀린 것은?

① 제1류 위험물, 제2류 위험물 및 제4류 위험물 중 제1석유류, 제5류 위험물은 차광성이 있는 피복으로 가릴 것
② 제1류 위험물 중 알칼리금속의 과산화물 또는 이를 함유한 것, 제2류 위험물 중 철분·금속분·마그네슘 또는 이들 중 어느 하나 이상을 함유한 것 또는 제3류 위험물 중 금수성물질은 방수성이 있는 피복으로 덮을 것
③ 제5류 위험물 55℃ 이하의 온도에서 분해될 우려가 있는 것은 보냉 컨테이너에 수납하는 등 적정한 온도관리를 할 것
④ 위험물을 수납한 운반용기를 겹쳐 쌓는 경우에는 그 높이를 3m 이하로 하고, 용기의 상부에 걸리는 하중은 당해 용기 위에 당해 용기와 동종의 용기를 겹쳐 쌓아 3m의 높이로 하였을 때에 걸리는 하중 이하로 할 것

해설
㉠ 차광성이 있는 피복 조치

유별	적용 대상
제1류 위험물	전부
제3류 위험물	자연 발화성 물품
제4류 위험물	특수 인화물
제5류 위험물	전부
제6류 위험물	전부

㉡ 방수성이 있는 피복 조치

유별	적용 대상
제1류 위험물	알칼리금속의 과산화물
제2류 위험물	철분, 금속분 마그네슘
제3류 위험물	금수성 물품

정답 31 ④ 32 ② 33 ① 34 ①

35 위험물안전관리법령상 제조소 등에 있어서 위험물의 취급에 관한 설명으로 옳은 것은?

① 위험물의 취급에 관한 자격이 있는 자라 할지라도 안전관리자로 선임되지 않은 자는 위험물을 단독으로 취급할 수 없다.
② 위험물의 취급에 관한 자격이 있는 자가 안전관리자로 선임되지 않았어도 그 자가 참여한 상태에서 누구든지 위험물취급작업을 할 수 있다.
③ 위험물안전관리자의 대리자가 참여한 상태에서는 누구든지 위험물취급작업을 할 수 있다.
④ 위험물운송자는 위험물을 이동탱크저장소에 출하하는 충전하는 일반취급소에서 안전관리자 또는 대리자의 참여 없이 위험물출하작업을 할 수 있다.

해설
① 위험물의 취급에 관한 자격이 있는 자라 할지라도 안전관리자로 선임되지 않은 자는 위험물을 단독으로 취급할 수 있다.
② 위험물의 취급에 관한 자격이 있는 자가 안전관리자로 선임되지 않았어도 그 자가 참여한 상태에서 누구든지 위험물 취급을 할 수 없다.
④ 위험물운송자는 위험물을 이동탱크저장소에 출하하는 충전하는 일반취급소에서 안전관리자 또는 대리자의 참여 없이 위험물 출하작업을 할 수 없다.

36 제4류 위험물 중 경유를 판매하는 제2종 판매취급소를 허가받아 운영하고자 한다. 취급할 수 있는 최대수량은?

① 20,000L ② 40,000L
③ 80,000L ④ 160,000L

해설
판매취급소
㉠ 제1종 판매취급소 : 지정수량의 20배 이하
㉡ 제2종 판매취급소 : 지정수량의 40배 이하
∴ 경유(지정수량 1,000L) : 1,000L×40배 = 40,000L

37 탱크시험자가 다른 자에게 등록증을 빌려준 경우의 1차 행정처분기준으로 옳은 것은 어느 것인가?

① 등록취소 ② 업무정지 30일
③ 업무정지 90일 ④ 경고

해설
탱크시험자에 대한 행정처분기준

위반사항	행정처분기준		
	1차	2차	3차
① 허위 그 밖의 부정한 방법으로 등록을 한 경우	등록취소		
② 등록의 결격사유에 해당하게 된 경우	등록취소		
③ 다른 자에게 등록증을 빌려준 경우	등록취소		
④ 등록기준에 미달하게 된 경우	업무정지 30일	업무정지 60일	등록취소
⑤ 탱크안전성능시험 또는 점검을 허위로 하거나 이 법에 의한 기준에 맞지 아니하게 탱크안전성능시험 또는 점검을 실시하는 경우 등 탱크시험자로서 적합하지 아니하다고 인정되는 경우	업무정지 30일	업무정지 90일	등록취소

38 다음은 위험물안전관리법령에 따른 소화설비의 설치기준 중 전기설비의 소화설비 기준에 관한 내용이다. ( )에 알맞은 수치를 차례대로 나타낸 것은?

제조소 등에 전기설비(전기배선, 조명기구 등은 제외)가 설치된 경우에는 당해 장소의 면적 (   )m²마다 소형수동식소화기를 (   )개 이상 설치할 것

① 100, 1 ② 100, 0.5
③ 200, 1 ④ 200, 0.5

해설
제조소 등에 전기설비(전기배선, 조명기구 등은 제외)가 설치된 경우에는 당해 장소의 면적 100m²마다 소형수동식소화기를 1개 이상 설치할 것

정답 35 ③ 36 ② 37 ① 38 ①

39 위험물제조소 등의 옥내소화전설비의 설치기준으로 틀린 것은?

① 수원의 수량은 옥내소화전이 가장 많이 설치된 층의 옥내소화전 설치개수(설치개수가 5개 이상인 경우는 5개)에 $2.4m^3$를 곱한 양 이상이 되도록 설치할 것
② 옥내소화전은 제조소 등의 건축물의 층마다 당해 층의 각 부분에서 하나의 호스접속구까지의 수평거리가 25m 이하가 되도록 설치할 것
③ 옥내소화전설비는 각 층을 기준으로 하여 당해 층의 모든 옥내소화전(설치개수가 5개 이상인 경우는 5개의 옥내소화전)을 동시에 사용할 경우에 각 노즐선단의 방수압력이 350kPa 이상이고 방수량이 1분당 260L 이상의 성능이 되도록 할 것
④ 옥내소화전설비에는 비상전원을 설치할 것

해설
① 수원의 수량은 옥내소화전이 가장 많이 설치된 층의 옥내소화전 설치개수(설치개수가 5개 이상인 경우는 5개)에 $7.8m^3$를 곱한 양 이상이 되도록 설치할 것

40 위험물안전관리법령상의 간이탱크저장소의 위치·구조 및 설비의 기준이 아닌 것은 어느 것인가?

① 전용실 안에 설치하는 간이저장탱크의 경우 전용실 주위에는 1m 이상의 공지를 두어야 한다.
② 동일한 품질의 위험물의 간이저장탱크를 2 이상 설치하지 아니하여야 한다.
③ 간이저장탱크는 옥외에 설치하여야 하지만, 규정에서 정한 기준에 적합한 전용실 안에 설치하는 경우에는 옥내에 설치할 수 있다.
④ 간이저장탱크는 70kPa의 압력으로 10분간의 수압시험을 실시하여 새거나 변형되지 아니하여야 한다.

해설
① 옥외에 설치하는 경우 2 탱크 주위에 너비 1m 이상의 공지를 두어야 한다.

41 위험물안전관리법령상 옥내탱크저장소에 대한 소화난이도등급 I의 기준에 해당하지 않는 것은?

① 액표면적이 $40m^2$ 이상인 것(제6류 위험물을 저장하는 것 및 고인화점위험물만을 100℃ 미만의 온도에서 저장하는 것은 제외)
② 바닥면으로부터 탱크 옆판의 상단까지 높이가 6m 이상인 것(제6류 위험물을 저장하는 것 및 고인화점 위험물만을 100℃ 미만의 온도에서 저장하는 것은 제외)
③ 액체위험물을 저장하는 탱크로서 용량이 지정수량의 100배 이상인 것
④ 탱크전용실이 단층건물 외의 건축물에 있는 것으로서 인화점 38℃ 이상 70℃ 미만의 위험물을 지정수량의 5배 이상 저장하는 것(내화구조로 개구부 없이 구획된 것은 제외)

해설
소화난이도등급 I에 해당하는 제조소 등

제조소 등의 구분	제조소등의 규모, 저장 또는 취급하는 위험물의 품명 및 최대수량 등
옥내탱크 저장소	액표면적이 $40m^2$ 이상인 것(제6류 위험물을 저장하는 것 및 고인화점위험물만을 100℃ 미만의 온도에서 저장하는 것은 제외)
	바닥면으로부터 탱크 옆판의 상단까지 높이가 6m 이상인 것(제6류 위험물을 저장하는 것 및 고인화점 위험물만을 100℃ 미만의 온도에서 저장하는 것은 제외)
	탱크전용실이 단층건물 외의 건축물에 있는 것으로서 인화점 38℃ 이상 70℃ 미만의 위험물을 지정수량의 5배 이상 저장하는 것(내화구조로 개구부 없이 구획된 것은 제외)

42 다음 중 위험물판매취급소의 배합실에서 배합하여서는 안 되는 위험물은?

① 도료류 ② 염소산칼륨
③ 과산화수소 ④ 황

해설
판매취급소에서는 도료류, 제1류 위험물 중 염소산염류 및 염소산염류만을 함유한 것 황 또는 인화점이 38℃ 이상인 제4류 위험물을 배합실에서 배합하는 경우 외에는 위험물을 배합하거나 옮겨 담는 작업을 하지 아니한다.

정답 39 ① 40 ① 41 ③ 42 ③

43 다음 중 옥내저장소에서 위험물용기를 겹쳐 쌓는 경우 그 최대높이로 옳지 않은 것은 어느 것인가?

① 기계에 의해 하역하는 구조로 된 용기 : 6m
② 제4류 위험물 중 제4석유류 수납용기 : 4m
③ 제4류 위험물 중 제1석유류 수납용기 : 3m
④ 제4류 위험물 중 동·식물유류 수납용기 : 6m

해설
옥내저장소에서 위험물 용기를 겹쳐 쌓는 경우 그 최대높이
㉠ 기계에 의하여 하역하는 구조로 된 용기만을 겹쳐 쌓는 경우 : 6m
㉡ 제4류 위험물 중 제3석유류, 제4석유류 및 동·식물유류를 수납하는 용기만을 겹쳐 쌓는 경우 : 4m
㉢ 그 밖의 경우 : 3m

44 위험물안전관리법령상 알킬알루미늄을 저장 또는 취급하는 이동탱크저장소에 비치하지 않아도 되는 것은?

① 응급조치에 관하여 필요한 사항을 기재한 서류
② 염기성중화제
③ 고무장갑
④ 휴대용 확성기

해설
알킬알루미늄을 저장 또는 취급하는 이동탱크저장소에 비치하는 것
㉠ ①, ③, ④ ㉡ 긴급 시의 연락처
㉢ 방호복 ㉣ 밸브 등을 죄는 결합공구

45 옥외탱크저장소에서 제4석유류를 저장하는 경우, 방유제 내에 설치할 수 있는 옥외저장탱크의 수는 몇 개 이하이어야 하는가?

① 10   ② 20
③ 30   ④ 제한이 없음

해설
방유제 내에 설치할 수 있는 옥외저장탱크의 수
㉠ 제1석유류, 제2석유류 : 10기 이하
㉡ 제3석유류(인화점이 70℃ 이상 200℃ 미만) : 20기 이하
㉢ 제4석유류(인화점이 200℃ 이상) : 제한이 없음

46 위험물안전관리법령에 명시된 위험물운반용기의 재질이 아닌 것은?

① 강판, 알루미늄판   ② 양철판, 유리
③ 비닐, 스티로폼   ④ 금속판, 종이

해설
위험물운반용기의 재질
강관, 알루미늄판, 양철판, 유리, 금속판, 종이, 플라스틱, 섬유판, 고무류, 합성섬유, 삼, 짚, 나무

47 소화설비의 설치기준에서 저장소의 건축물은 외벽이 내화구조인 것은 연면적 몇 m²를 1소요단위로 하고, 외벽이 내화구조가 아닌 것은 연면적 몇 m²를 1소요단위로 하는가?

① 100, 75   ② 150, 75
③ 200, 100   ④ 250, 150

해설
소요단위
소화설비 설치대상이 되는 건축물, 그 밖의 공작물 규모 또는 위험물의 양의 기준 단위

구 분	위험물	제조소·취급소 건축물		저장소건축물	
		외벽, 내화구조	내화구조	외벽, 내화구조	내화구조
1소요단위	지정수량의 10배	연면적 100m²	연면적 50m²	연면적 150m²	연면적 75m²

48 위험물제조소 등에 설치되어 있는 스프링클러소화설비를 정기점검 할 경우 일반점검표에서 헤드의 점검 내용에 해당하지 않는 것은?

① 압력계의 지시사항   ② 변형·손상의 유무
③ 기능의 적부   ④ 부착각도의 적부

해설
위험물제조소 등에 스프링클러소화설비 일반점검표 헤드의 점검 내용 : 변형·손상의 유무, 기능의 적부, 부착각도의 적부

정답 43 ④ 44 ② 45 ④ 46 ③ 47 ② 48 ①

49 위험물안전관리법령에 따라 제조소 등의 변경허가를 받아야 하는 경우에 속하는 것은?

① 일반취급소에서 계단을 신설하는 경우
② 제조소에서 펌프설비를 증설하는 경우
③ 옥외탱크저장소에서 자동화재탐지설비를 신설하는 경우
④ 판매취급소의 배출설비를 신설하는 경우

해설
제조소의 변경허가를 받아야 하는 경우
① 제조소 또는 일반취급소의 위치를 이전하는 경우
② 건축물의 벽·기둥·바닥·보 또는 지붕을 증설 또는 철거하는 경우
③ 배출설비를 신설하는 경우(제조소 또는 일반취급소)
④ 위험물취급탱크를 신설·교체·철거 또는 보수(탱크의 본체를 절개하는 경우)하는 경우
⑤ 위험물취급탱크의 노즐 또는 맨홀을 신설하는 경우(노즐 또는 맨홀의 직경이 250mm를 초과하는 경우에 한한다)
⑥ 위험물취급탱크의 방유제의 높이 또는 방유제 내의 면적을 변경하는 경우
⑦ 위험물취급탱크의 탱크전용실을 증설 또는 교체하는 경우
⑧ 300m(지상에 설치하지 아니하는 배관의 경우에는 30m)를 초과하는 위험물 배관을 신설·교체·철거 또는 보수(배관을 절개하는 경우에 한한다)하는 경우
⑨ 불활성 기체의 봉입장치를 신설하는 경우
⑩ 누설범위를 국한하기 위한 설비를 신설하는 경우
⑪ 냉각장치 또는 보냉장치를 신설하는 경우
⑫ 탱크전용실을 증설 또는 교체하는 경우
⑬ 담 또는 토제를 신설·철거 또는 이설하는 경우
⑭ 온도 및 농도의 상승에 의한 위험한 반응을 방지하기 위한 설비를 신설하는 경우
⑮ 철이온 등의 혼입에 의한 위험한 반응을 방지하기 위한 설비를 신설하는 경우
⑯ 방화상 유효한 담을 신설·철거 또는 이설하는 경우
⑰ 위험물의 제조설비 또는 취급설비(펌프설비를 제외)를 증설하는 경우
⑱ 옥내소화전설비·옥외소화전설비·스프링클러설비·물분무 등 소화설비를 신설·교체(배관·밸브·압력계·소화전본체·소화약제탱크·포헤드·포방출구 등의 교체는 제외한다) 또는 철거하는 경우
⑲ 자동화재탐지설비를 신설 또는 철거하는 경우

50 위험물안전관리법령상 화학소방자동차에 갖추어야 하는 소화능력 및 설비의 기준으로 옳지 않은 것은?

① 포수용액의 방사능력이 매분 2,000리터 이상인 포수용액방사차
② 분말의 방사능력이 매초 35kg 이상인 분말방사차
③ 할로젠화합물의 방사능력이 매초 40kg 이상인 할로젠화합물방사차
④ 가성소다 및 규조토를 각각 100kg 이상 비치한 제독차

해설
④ 가성소다 및 규조토를 각각 50kg 이상 비치한 제독차

51 위험물제조소 등의 집유설비에 유분리장치를 설치해야 하는 장소는?

① 액상의 위험물을 저장하는 옥내저장소에 설치하는 집유설비
② 휘발유를 저장하는 옥내탱크저장소의 탱크전용실 바닥에 설치하는 집유설비
③ 휘발유를 저장하는 간이탱크저장소의 옥외설비 바닥에 설치하는 집유설비
④ 경유를 저장하는 옥외탱크저장소의 옥외펌프설비에 설치하는 집유설비

해설
옥외탱크저장소의 위치·구조 및 설비의 기준
펌프실외의 장소에 설치하는 펌프설비에는 그 직하의 지반면의 주위에 높이 0.15m 이상의 턱을 만들고 당해 지반면은 콘크리트 등 위험물이 스며들지 아니하는 재료로 적당히 경사지게 하여 그 최저부에는 집유설비를 할 것. 이 경우 제4류 위험물(온도 20℃의 물 100g에 용해되는 양이 1g 미만인 것)을 취급하는 펌프설비에 있어서는 당해 위험물이 직접 배수구에 유입하지 아니하도록 집유설비에 유분리장치를 설치하여야 한다.

정답 49 ③ 50 ④ 51 ④

52 위험물안전관리법령상 차량운반 시 제4류 위험물과 혼재가 가능한 위험물의 유별을 모두 나타낸 것은? (단, 각각의 위험물은 지정수량의 10배이다)

① 제2류 위험물, 제3류 위험물
② 제3류 위험물, 제5류 위험물
③ 제1류 위험물, 제2류 위험물, 제3류 위험물
④ 제2류 위험물, 제3류 위험물, 제5류 위험물

해설

위험물의 구분	제1류	제2류	제3류	제4류	제5류	제6류
제1류		×	×	×	×	○
제2류	×		×	○	○	×
제3류	×	×		○	×	×
제4류	×	○	○		○	×
제5류	×	○	×	○		×
제6류	○	×	×	×	×	

53 위험물안전관리법령상 위험물 옥외탱크 저장소의 방유제 지하매설 깊이는 몇 m 이상으로 하여야 하는가? (단, 원칙적인 경우에 한함)

① 0.2   ② 0.3
③ 0.5   ④ 1.0

해설
옥외탱크저장소의 방유제
지하매설 깊이는 1m 이상으로 한다.

54 바닥면적이 120m²인 제조소인 경우에 환기설비인 급기구의 최소설치개수와 최소크기는?

① 1개, 800cm²   ② 1개, 600cm²
③ 2개, 800cm²   ④ 2개, 600cm²

해설
급기구는 해당 급기구가 설치된 실의 바닥면적 150m²마다 1개 이상으로 하되, 급기구의 크기는 800cm² 이상으로 한다. 다만, 바닥면적이 150m² 미만인 경우에는 다음의 크기로 하여야 한다.

바닥면적	급기구의 면적
60m² 미만	150cm² 이상
60m² 이상 90m² 미만	300cm² 이상
90m² 이상 120m² 미만	450cm² 이상
120m² 이상 150m² 미만	600cm² 이상

55 어떤 회사의 매출액이 80,000원, 고정비가 15,000원, 변동비가 40,000원일 때 손익분기점 매출액은 얼마인가?

① 25,000원   ② 30,000원
③ 40,000원   ④ 55,000원

해설
손익분기점 매출액
$$= \frac{\text{고정비}}{1-\frac{\text{변동비}}{\text{매출액}}} = \frac{15,000}{1-\frac{40,000}{80,000}} = 30,000원$$

56 직물, 금속, 유리 등의 일정단위 중 나타나는 흠의 수, 핀홀 수 등 부적합수에 관한 관리도를 작성하려면 가장 적합한 관리도는?

① c 관리도   ② np 관리도
③ p 관리도   ④ $\overline{x}-R$ 관리도

해설
① c 관리도 : M타입의 자동차 또는 LCD TV를 조립, 완성한 후 부적합수(결점수)를 점검 한 데이터에, 또는 미리 정해진 일정단위 중에 포함된 결점수를 취급할 때 사용한다.
   예 라디오 한 대 중에 납땜 불량개수 또는 직물, 금속, 유리 등의 일정단위 중 나타나는 흠의 수, 핀홀 수 등
② np 관리도 : 공정을 불량개수 np에 의해 관리할 경우에 사용하며, 이 경우에 시료의 크기는 일정하지 않으면 안 된다.
   예 전구꼭지의 불량개수, 나사길이의 불량, 전화기의 겉보기 불량 등
③ p 관리도 : 공정을 불량률 p에 의거 관리할 경우에 사용하며 작성방법은 np 관리도와 같다. 다만, 관리한계의 계산식이 약간 다르며 시료의 크기가 다를 때는 n에 따라서 한계의 폭이 변한다.
   예 전구꼭지의 불량률, 2급품률, 작은 나사의 길이 불량률, 규격 외품의 비율 등
④ $\overline{x}-R$ 관리도 : 공정에서 채취한 시료의 길이, 무게, 시간, 강도, 성분, 수확률 등의 계량치 데이터에 대해서 공정을 관리하는 관리도
   예 축의 완성된 지름, 철사의 인장강도, 아스피린의 순도, 바이트의 소입온도, 전구의 소비전력 등

정답 52 ④ 53 ④ 54 ② 55 ② 56 ①

57 전수검사와 샘플링검사에 관한 설명으로 맞는 것은?

① 파괴검사의 경우에는 전수검사를 적용한다.
② 검사항목이 많을 경우 전수검사보다 샘플링검사가 유리하다.
③ 샘플링검사는 부적합품이 섞여 들어가서는 안 되는 경우에 적용한다.
④ 생산자에게 품질향상의 자극을 주고 싶을 경우 전수검사가 샘플링검사보다 더 효과적이다.

해설
① 파괴검사의 경우에는 샘플링검사를 적용한다.
③ 전수검사는 부적합품이 섞여 들어가서는 안 되는 경우에 적용한다.
④ 생산자에게 품질향상의 자극을 주고 싶을 경우 샘플링검사가 전수검사보다 더 효과적이다.

58 다음 데이터의 제곱합(Sum of Squares)은 약 얼마인가?

[데이터]
18.8 19.1 18.8 18.2 18.4
18.3 19.0 18.6 19.2

① 0.129   ② 0.338
③ 0.359   ④ 1.029

해설
• 평균 $\bar{x}$
 $=(18.8+19.1+18.8+18.2+18.4+18.3+19.0+18.6+19.2)\div 9=18.71$
• 데이터의 제곱합
 $=(18.8-18.71)^2+(19.1-18.71)^2+(18.8-18.71)^2+(18.2-18.71)^2+(18.4-18.71)^2+(18.3-18.71)^2+(19.0-18.71)^2+(18.6-18.71)^2+(19.2-18.71)^2=1.029$

59 국제표준화의 의의를 지적한 설명 중 직접적인 효과로 보기 어려운 것은?

① 국제 간 규격통일로 상호 이익도모
② KS표시품 수출 시 상대국에서 품질인증
③ 개발도상국에 대한 기술개발의 촉진을 유도
④ 국가 간의 규격상이로 인한 무역장벽의 제거

해설
② 국제 간의 산업기술에 관한 지식의 교류 및 경제거래의 활발화를 촉진

60 Ralph M. Barnes 교수가 제시한 동작경제의 원칙 중 작업장 배치에 관한 원칙(Arrangement of the workplace)에 해당되지 않는 것은?

① 가급적이면 낙하식 운반방법을 이용한다.
② 모든 공구나 재료는 지정된 위치에 있도록 한다.
③ 적절한 조명을 하여 작업자가 잘 보면서 작업할 수 있도록 한다.
④ 가급적 용이하고 자연스런 리듬을 타고 일할 수 있도록 작업을 구성하여야 한다.

해설
동작경제의 원칙(Ralph M. Barnes 교수)
㉠ 신체사용의 원칙 → ④
㉡ 작업장배치의 원칙 → ①, ②, ③
㉢ 공구류 및 설비의 설계원칙

정답 57 ② 58 ④ 59 ② 60 ④

제64회 위험물기능장

시행일 : 2018년 7월 14일

01 산화프로필렌의 성질에 대한 설명으로 옳은 것은?

① 산 및 알칼리와 중합반응을 한다.
② 물속에서 분해하여 에탄을 발생한다.
③ 연소범위가 14~57%이다.
④ 물에 녹기 힘들며 흡열반응을 한다.

해설
② 물, 알코올, 에테르, 벤젠에 녹는다.
③ 연소범위가 2.3~36%이다.
④ 물에 녹는다.

02 인화칼슘에 대한 설명 중 틀린 것은?

① 적갈색의 고체이다.
② 산과 반응하여 인화수소를 발생한다.
③ pH가 7인 중성 물속에 보관하여야 한다.
④ 화재 발생 시 마른모래가 적응성이 있다.

해설
③ 물기엄금, 화기엄금, 건조되고 환기가 좋은 곳에 보관한다.

03 염소산칼륨의 성질에 대한 설명으로 옳은 것은?

① 회색의 비결정성 물질이다.
② 약 400℃에서 열분해한다.
③ 가연성이고 강력한 환원제이다.
④ 비중은 약 1.2이다.

해설
① 무색, 무취의 결정 또는 분말이다.
③ 불연성이고 강산화제이다.
④ 비중은 2.32이다.

04 과산화나트륨의 저장법으로 가장 옳은 것은?

① 용기는 밀전 및 밀봉하여야 한다.
② 안정제로 황분 또는 알루미늄분을 넣어 준다.
③ 수증기를 혼입해서 공기와 직접 접촉을 방지한다.
④ 저장시설 내에 스프링클러설비를 설치한다.

해설
② 황분, 알루미늄분 등의 금속분과의 혼합, 혼입을 방지하고 연소 시에는 연소 확대 방지에 노력해야 한다.
③ 수증기와의 접촉을 피하며 저장용기를 밀전, 밀봉하여 수분의 침투를 막는다.
④ 저장실 내에는 스프링클러설비 등을 설치하여서도 안되며 이러한 소화설비에서 나오는 물과의 접촉도 피해야 한다.

05 이산화탄소소화설비의 기준에 대한 설명으로 옳은 것은? (단, 전역방출방식의 이산화탄소소화설비이다.)

① 저장용기는 온도가 40℃ 이하이고 온도변화가 적은 장소에 설치할 것
② 저압식 저장용기의 충전비는 1.5 이상 1.9 이하로 할 것
③ 저압식 저장용기에는 압력경보장치를 설치하지 말 것
④ 기동용 가스 용기는 20MPa 이상의 압력에 견딜 수 있을 것

해설
② 저압식 저장용기의 충전비는 1.1 이상 1.4 이하, 고압식은 충전비가 1.5 이상 1.9 이하가 되게 한다.
③ 저압식 저장용기에는 액면계 및 압력계와 2.3MPa 이상 1.9MPa 이하의 압력에서 작동하는 압력경보장치를 설치한다.
④ 기동용 가스용기 및 당해 용기에 사용하는 밸브는 25MPa 이상의 압력에 견딜 수 있는 것으로 한다.

정답 01 ① 02 ③ 03 ② 04 ① 05 ①

06 스타이렌 60000L는 몇 소요 단위인가?

① 1　　② 1.5
③ 3　　④ 6

해설

소요단위 = $\dfrac{\text{저장량}}{\text{지정수량} \times 10\text{배}}$ = $\dfrac{60,000}{1,000 \times 10}$ = 6단위

07 제4류 위험물을 취급하는 제조소가 있는 동일한 사업소에서 저장 또는 취급하는 위험물이 지정수량의 몇 배 이상일 때 당해 사업소에 자체소방대를 설치하여야 하는가?

① 1,000배　　② 3,000배
③ 5,000배　　④ 10,000배

해설

자체소방대 : 지정수량 3,000배 이상의 제4류 위험물을 저장, 취급하는 제조소·일반취급소

08 위험물을 수납한 운반용기 외부에 표시할 사항에 대한 설명으로 틀린 것은?

① 위험물의 수용성 표시는 제4류 위험물로서 수용성인 것에 한하여 표시한다.
② 용적 200mL인 운반용기로 제4류 위험물에 해당하는 에어졸을 운반할 경우 그 용기의 외부에는 품명·위험등급·화학명·수용성을 표시하지 아니할 수 있다.
③ 기계에 의하여 하역하는 구조로 된 운반용기가 아닐 경우 용기 외부에는 운반용기 제조자의 명칭을 표시하여야 한다.
④ 제5류 위험물에 있어서는 "화기엄금" 및 "충격주의"를 표시하여야 한다.

해설

③ 기계에 의하여 하역하는 구조로 된 운반용기가 아닐 경우 용기 외부에는 운반용기 제조자의 명칭을 표시하지 않아도 된다.

09 다음 중 탄화칼슘의 저장방법으로 가장 적합한 것은?

① 석유 속에 저장한다.
② 에탄올 속에 저장한다.
③ 질소가스로 봉입한다.
④ 수증기로 봉입한다.

해설

탄화칼슘(CaC_2)은 대량 저장 시 질소를 봉입시킨다.

10 다음 중 제3류 위험물의 금수성물질에 대하여 적응성이 있는 소화기는?

① 이산화탄소소화기
② 할로젠화합물소화기
③ 탄산수소염류소화기
④ 인산염류소화기

해설

소화설비의 적응성

정답 06 ④　07 ②　08 ③　09 ③　10 ③

11. 톨루엔의 성질을 벤젠과 비교한 것 중 틀린 것은?

① 독성은 벤젠보다 크다.
② 인화점은 벤젠보다 높다.
③ 비점은 벤젠보다 높다.
④ 융점은 벤젠보다 낮다.

해설
① 톨루엔은 독성이 벤젠보다 약하다.

12. 다음 중 안전거리의 규제를 받지 않는 곳은?

① 옥외탱크저장소
② 옥내저장소
③ 지하탱크저장소
④ 옥외저장소

해설
안전거리의 적용대상
㉠ 위험물 제조소(제6류 위험물을 취급하는 제조소 제외)
㉡ 일반취급소
㉢ 옥내저장소
㉣ 옥외탱크저장소
㉤ 옥외저장소

13. 전역방출방식의 분말소화설비에서 분말소화약제의 저장용기에 저장하는 제3종 분말소화약제의 양은 방호구역의 체적 1㎥ 당 몇 kg 이상으로 하여야 하는가? (단, 방호구역의 개구부에 자동폐쇄장치를 설치한 경우이고, 방호구역 내에서 취급하는 위험물은 에탄올이다.)

① 0.360
② 0.432
③ 2.7
④ 5.2

해설
전역방출방식

소화약제의 종별	소화약제의 양
1종	0.60kg/m³
2종, 3종	0.36kg/m³
4종	0.24kg/m³

14. 옥외저장탱크의 펌프설비 설치기준으로 틀린 것은?

① 펌프실의 지붕을 폭발력이 위로 방출될 정도의 가벼운 불연재료로 할 것
② 펌프실의 창 및 출입구에는 갑종방화문 또는 을종방화문을 설치할 것
③ 펌프실의 바닥의 주위에는 높이 0.2m 이상의 턱을 만들 것
④ 펌프설비의 주위에는 너비 1m 이상의 공지를 보유할 것

해설
④ 펌프설비의 주위에는 너비 3m 이상의 공지를 보유한다(단, 방화성 유효한 격벽으로 설치하는 경우와 제6류 위험물 또는 지정수량의 10배 이하 위험물의 옥외저장탱크의 펌프설비에 있어서는 그러하지 아니하다).

15. 25℃에서 다음과 같은 반응이 일어날 때 평형상태에서 NO_2의 부분압력은 0.15atm이다. 혼합물 중 N_2O_4의 부분압력은 약 몇 atm인가? (단, 압력평형상수 Kp는 7.13이다.)

$$2NO_2(g) \rightleftarrows N_2O_4(g)$$

① 0.08
② 0.16
③ 0.32
④ 0.64

해설
$$K = \frac{P_{N_2O_4}}{P_{NO_2}^2} = \frac{x}{0.15^2} = 7.13$$
$$x = P_{N_2O_4} = 0.16 atm$$

16. 화학반응에서 반응 전과 반응 후의 상태가 결정되면 반응경로와 관계없이 반응열의 총량은 일정하다는 법칙은?

① 헤스의 법칙
② 보일-샤를의 법칙
③ 헨리의 법칙
④ 르샤틀레에의 법칙

해설
헤스의 법칙(총열량 불변의 법칙)에 대한 설명이다.

정답 11 ① 12 ③ 13 ① 14 ④ 15 ② 16 ①

17 다음 중 이온화경향이 가장 큰 것은?

① Ca
② Mg
③ Ni
④ Cu

해설

금속의 이온화 경향
K > Ca > Na > Mg > Al > Zn > Fe > Ni > Sn > Pb > H > Cu > Hg > Ag > Pt > Au

18 다음 중 페닐하이드라진을 나타내는 것은?

① $C_6H_5N=NC_6H_4OH$
② $C_6H_5NHNH_2$
③ $C_6H_5NHHNC_6H_5$
④ $C_6H_5N=NC_6H_5$

해설

① $C_6H_5N=NC_6H_4OH$: 하이드록시아조벤젠
② $C_6H_5NHNH_2$: 페닐하이드라진
③ $C_6H_5NHHNC_6H_5$: 디페닐하이드라진
④ $C_6H_5N=NC_6H_5$: 아조벤젠

19 옥내탱크저장소 중 탱크전용실을 단층건물 외의 건축물에 설치하는 경우 옥내저장탱크를 설치한 탱크전용실을 건축물의 1층 또는 지하층에 설치하여야 하는 위험물의 종류가 아닌 것은?

① 황화린
② 황린
③ 동식물유류
④ 질산

해설

옥내탱크저장소에서 1층 또는 지하층에 설치하는 위험물
㉠ 제2류 위험물 : 황화린, 적린, 덩어리 황
㉡ 제3류 위험물 : 황린
㉢ 제4류 위험물 중 인화점이 38℃ 이상인 것
㉣ 제6류 위험물 : 질산

20 0℃, 1기압에서 어떤 기체의 밀도가 1.617g/L이다. 1기압에서 이 기체 1L가 1g이 되는 온도는 약 몇 ℃인가?

① 44
② 68
③ 168
④ 441

해설

$$M = \frac{\rho RT}{P}$$
$$= \frac{1.617g/L \times 0.082 \times (0+273)}{1atm}$$
$$= 36.2g/mol$$
$$T = \frac{P \cdot V \cdot M}{W \cdot R}$$
$$= \frac{1atm \cdot 1L \cdot 36.2g/mol}{1g \cdot 0.082atm \cdot L/mol \cdot K}$$
$$= 441.46K ≒ 441K - 273K$$
$$= 168℃$$

21 다음 위험물 중 해당하는 품명이 나머지 셋과 다른 하나는?

① 큐멘
② 아닐린
③ 나이트로벤젠
④ 염화벤조일

해설

① 큐멘[$(CH_3)_2CHC_6H_5$] : 제2석유류
② 아닐린($C_6H_5NH_2$) : 제3석유류
③ 나이트로벤젠($C_6H_5NO_2$) : 제3석유류
④ 염화벤조일[(C_6H_5)COCl] : 제3석유류

22 다음 중 위험물 판매취급소의 배합실에서 배합하여서는 안 되는 위험물은?

① 도료류
② 염소산칼륨
③ 과산화수소
④ 황

해설

판매취급소에서는 도료류, 제1류위험물 중 염소산염류 및 염소산염류만을 함유한 것
황 또는 인화점이 38℃ 이상인 제4류 위험물을 배합실에서 배합하는 경우외에는 위험물을 배합하거나 옮겨담는 작업을 하지 아니한다.

정답 17 ① 18 ② 19 ③ 20 ③ 21 ① 22 ③

23 1패러데이(F)의 전기량으로 석출되는 물질의 무게를 틀리게 연결한 것은?

① 수소 - 약 1g ② 산소 - 약 8g
③ 은 - 약 16g   ④ 구리 - 약 32g

해설
1F = 96500C/mole
→ 전기 1mole, 즉 1당량당 96500C

① 수소 → $\frac{1g}{1}$ = 1g당량 = 1F당 1g 석출

② 산소 → $\frac{16g}{2}$ = 8g당량 = 1F당 8g 석출

③ 은 → $\frac{107.87g}{1}$ = 107.87g당량 = 약 108g당량
= 1F당 108g 석출

④ 구리 → $\frac{63.54g}{2}$ = 31.77 = 약 32g당량 = 1F당 32g 석출

24 비중이 1.84이고, 무게농도가 96wt%인 진한 황산의 노르말 농도는 약 몇 N인가? (단, 황의 원자량은 32이다.)

① 1.8   ② 3.6
③ 18   ④ 36

해설
$1,000 \times 1.84 \times \frac{96}{100} \div 49 = 36N$

25 황화린 중에서 비중이 약 2.03, 융점이 약 173℃이며 황색 결정이고 물, 황산 등에는 불용성이며 질산에 녹는 것은?

① P_2S_5 ② P_2S_3
③ P_4S_3 ④ P_4S_7

해설
P_4S_3의 설명이다.

26 다음 중 비점이 111℃인 액체로서, 산화하면 벤즈알데하이드를 거쳐 벤조산이 되는 위험물은?

① 벤젠   ② 톨루엔
③ 크실렌   ④ 아세톤

해설

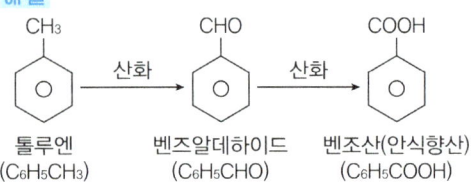

톨루엔 → 산화 → 벤즈알데하이드 → 산화 → 벤조산(안식향산)
($C_6H_5CH_3$)   (C_6H_5CHO)   (C_6H_5COOH)

27 이황화탄소를 저장하는 실의 온도가 -20℃이고, 저장실 내 이황화탄소의 공기 중 증기농도가 2vol%라고 가정할 때 다음 설명 중 옳은 것은?

① 점화원이 있으면 연소된다.
② 점화원이 있더라도 연소되지 않는다.
③ 점화원이 없어도 발화된다.
④ 어떠한 방법으로도 연소되지 않는다.

해설
이황화탄소(CS_2)는 인화점이 -30℃이고 폭발범위가 1.2~44%인데 실의 온도가 -20℃이고 증기농도가 2vol%이므로 인화폭발범위 내에 있으므로 점화원이 있으면 연소한다.

28 공기를 차단한 상태에서 황린을 약 260℃로 가열하면 생성되는 물질은 제 몇 류 위험물인가?

① 제1류 위험물   ② 제2류 위험물
③ 제5류 위험물   ④ 제6류 위험물

해설
공기를 차단한 상태에서 황린을 약 260℃로 가열하면 적린이 된다. 이 적린은 제2류 위험물이다.

정답 23 ③ 24 ④ 25 ③ 26 ② 27 ① 28 ②

29 은백색의 광택이 있는 금속으로 비중은 약 7.86, 융점은 1530℃이고 열이나 전기의 양도체이며 염산에 반응하여 수소를 발생하는 것은?

① 알루미늄　　② 철
③ 아연　　　　④ 마그네슘

해설
철의 설명이다.

30 윤활제, 화장품, 폭약의 원료로 사용되며, 무색이고 단맛이 있는 제4류 위험물로 지정수량이 4000L인 것은?

① $C_6H_3(OH)(NO_2)_2$
② $C_3H_5(OH)_3$
③ $C_6H_5NO_2$
④ $C_6H_5NH_2$

해설
글리세린[$C_3H_5(OH)_3$]의 설명이다.

31 제1류 위험물인 염소산나트륨의 위험성에 대한 설명으로 틀린 것은?

① 산과 반응하여 유독한 이산화염소를 발생시킨다.
② 가연물과 혼합되어 있으면 충격·마찰에 의해 폭발할 수 있다.
③ 조해성이 강하고 철을 부식시키므로 철제용기에는 저장하지 말아야 한다.
④ 물과의 접촉 시 폭발할 수 있으므로 CO_2 등의 질식소화가 효과적이다.

해설
④ 소량인 경우와 초기 소화인 경우에는 물, 강화액, 포, 분말소화가 유효하나 기타의 경우에는 다량의 물로 냉각소화한다.

32 개방형 스프링클러헤드를 이용한 스프링클러설비의 방사구역은 최소 몇 ㎡ 이상으로 하여야 하는가? (단, 방호대상물의 바닥면적이 200㎡인 경우이다.)

① 100　　② 150
③ 200　　④ 250

해설
개방형 스프링클러헤드를 이용한 스프링클러설비의 방사구역은 최소 150m² 이상으로 한다.

33 프로판-공기의 혼합기체를 완전 연소시키기 위한 프로판의 이론혼합비는 약 몇 vol%인가? (단, 공기 중 산소는 21vol%이다.)

① 9.48　　② 5.65
③ 4.03　　④ 3.12

해설
$C_3H_8 + 5O_2 \rightarrow 3CO_2 + 4H_2O$
프로판 가스 이론 혼합비 = x
공기분율 = $1-x$
$C_3H_8 : O_2 = 1 : 5 = x : (1-x) \times 0.21$
$5x = (1-x) \times 0.21$
$x = 0.0403 = 4.03\%$

34 다음 중 단독으로 폭발할 위험이 있으며, ANFO 폭약의 주원료로 사용되는 위험물은?

① KIO_3　　② $NaBrO_3$
③ NH_4NO_3　　④ $(NH_4)_2Cr_2O_7$

해설
질산암모늄(NH_4NO_3)의 설명이다.

정답 29 ② 30 ② 31 ④ 32 ② 33 ③ 34 ③

35 불소계 계면활성제를 주성분으로 한 것으로 분말소화약제와 함께 트윈약제시스템(Twin Agent System)에 사용되어 소화효과를 높이는 포소화약제는?

① 수성막포소 화약제
② 단백포소 화약제
③ 합성 계면활성제포 소화약제
④ 내알코올형 포 소화약제

해설
② 단백포 소화약제 : 단백질을 가수분해한 것을 주원료로 하는 포 소화약제이다.
③ 합성 계면활성제포 소화약제 : 합성 계면활성제를 주원료로 하는 포 소화약제(수성막포 소화약제에서 정의하는 것은 제외)이다.
④ 내알코올(알코올)형 포 소화약제 : 단백질의 가수분해물이나 합성 계면활성제 중에 지방산 금속염이나 타 계통의 합성 계면활성제 또는 고분자겔 생성물 등을 첨가한 포 소화약제로서 제4류 위험물 중 알코올류·에스테르류·에테르류·케톤류·알데하이드류·아민류·나이트릴류 및 유기산 등의 수용성 용제의 소화에 사용하는 약제이다.

36 부탄 100g을 완전 연소시키는데 필요한 이론산소량은 약 몇 g인가?

① 358
② 717
③ 1707
④ 3415

해설
$C_4H_{10} + 6.5O_2 \longrightarrow 4CO_2 + 5H_2O$
58g : 6.5 × 32g
100g : xg $x = 358.62g$

37 80g의 질산암모늄이 완전히 폭발하면 약 몇 L의 기체를 생성하는가? (단, 1기압, 300℃를 기준으로 한다.)

① 164.6
② 112.2
③ 78.4
④ 67.2

해설
$2NH_4NO_3 \longrightarrow 2N_2 + 4H_2O + O_2$
여기서 $2NH_4NO_3 = 80g/mol$
$PV = nRT$에서
$V = \dfrac{nRT}{P} = \dfrac{1 \times 0.082 \times (273+300)}{1} = 46.986L$
∴ 46.986 : 2 = x : 7 $x = 164.6L$

38 다음 중 분자의 입체 모양이 정사면체를 이루는 것은?

① H_2O
② CH_4
③ SF_4
④ NH_3

해설
① : 굽은형

② 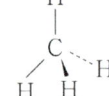 : 정사면체형

③  : 뒤틀어진 피라미드형

④ : 피라미드형

39 1기압, 26℃에서 어떤 기체 10L의 질량이 40g이었다. 이 기체의 분자량은 약 얼마인가?

① 25
② 49
③ 98
④ 196

해설
$PV = nRT = \dfrac{w}{M}RT$
$M = \dfrac{wRT}{PV}$
$= \dfrac{40g \times 0.082atm \cdot L/mol \cdot K \times 299K}{1atm \times 10L}$
$= 98.072g/mol ≒ 98g/mol$

40 다음 중 비중이 가장 큰 물질은 어느 것인가?

① 이황화탄소
② 메틸에틸케톤
③ 톨루엔
④ 벤젠

해설
① 1.26, ② 0.8, ③ 0.9, ④ 0.9

정답 35 ① 36 ① 37 ① 38 ② 39 ③ 40 ①

41 흡습성이 있는 등적색의 결정으로 물에는 녹으나 알코올에는 녹지 않으며, 비중은 약 2.69이고 분해온도는 약 500°C인 성질을 갖는 위험물은?

① $KClO_3$
② $K_2Cr_2O_7$
③ NH_4NO_3
④ $(NH_4)_2Cr_2O_7$

해설
다이크로뮴산칼륨($K_2Cr_2O_7$)에 대한 설명이다.

42 다음 중 하나의 옥내저장소에 제5류 위험물과 함께 저장할 수 있는 위험물은? (단, 위험물을 유별로 정리하여 저장하는 한편, 서로 1m 이상의 간격을 두는 경우이다.)

① 알칼리금속의 과산화물 또는 이를 함유한 것 이외의 제1류 위험물
② 제2류 위험물 중 인화성고체
③ 제3류 위험물 중 알킬알루미늄 이외의 것
④ 유기과산화물 또는 이를 함유한 것 이외의 제4류 위험물

해설
상호 1m 이상의 간격을 유지하는 경우에도 동일한 옥내저장소에 저장할 수 있는 것
㉠ 제1류 위험물(알칼리 금속의 과산화물 또는 이를 함유한 것은 제외) + 제5류 위험물
㉡ 제1류 위험물 + 제6류 위험물
㉢ 제1류 위험물 + 자연 발화성 물품(황린)
㉣ 제2류 위험물 중 인화성 고체 + 제4류 위험물
㉤ 제3류 위험물 중 알킬알루미늄 등 + 제4류 위험물(알킬알루미늄·알킬리튬을 함유한 것)
㉥ 제4류 위험물 중 유기 과산화물 또는 이를 함유하는 것 + 제5류 위험물 중 유기 과산화물 또는 이를 함유하는 것

43 제6류 위험물의 위험등급에 관한 설명으로 옳은 것은?

① 제6류 위험물 중 질산은 위험등급 I 이며, 그 외의 것은 위험등급 II 이다.
② 제6류 위험물 중 과염소산은 위험등급 I 이며, 그 외의 것은 위험등급 II 이다.
③ 제6류 위험물은 모두 위험등급 I 이다.
④ 제6류 위험물은 모두 위험등급 II 이다.

해설
제6류 위험물의 품명과 지정 수량

유별	성질	품명	지정 수량	위험 등급
제6류	산화성 고체	1. 과염소산	300kg	I
		2. 과산화수소	300kg	
		3. 질산	300kg	
		4. 그 밖의 행정안전부령이 정하는 것 할로겐간 화합물 (BrF_3, BrF_5, IF_5 등)	300kg	
		5. 제1호 내지 제4호의1에 해당하는 어느 하나 이상을 함유한 것	300kg	

44 옥내저장소에 위험물을 수납한 용기를 겹쳐 쌓는 경우 높이의 상한에 관한 설명 중 틀린 것은?

① 기계에 의하여 하역하는 구조로 된 용기만 겹쳐 쌓는 경우는 6미터
② 제3석유류를 수납한 소형 용기만 겹쳐 쌓는 경우는 4미터
③ 제2석유류를 수납한 소형 용기만 겹쳐 쌓는 경우는 4미터
④ 제1석유류를 수납한 소형 용기만 겹쳐 쌓는 경우는 3미터

해설
위험물 용기를 겹쳐 쌓을 수 있는 높이
㉠ 기계에 의하여 하역하는 구조로 된 용기만을 겹쳐 쌓는 경우에 있어서는 6m이다.
㉡ 제4류 위험물 중 제3석유류, 제4석유류 및 동·식물유류를 수납하는 용기만을 겹쳐 쌓는 경우에 있어서는 4m이다.
㉢ 그 밖의 경우에 있어서는 3m이다.

정답 41 ② 42 ① 43 ③ 44 ③

45 위험물제조소에 설치되어 있는 포소화설비를 점검할 경우 포소화설비 일반점검표에서 약제저장탱크의 탱크 점검내용에 해당하지 않는 것은?

① 변형·손상의 유무
② 조작관리상 지장 유무
③ 통기관의 막힘의 유무
④ 고정상태의 적부

해설
포 소화설비 일반점검표에서 약제저장탱크의 탱크 점검내용
㉠ ①, ③, ④
㉡ 누설의 유무
㉢ 도장상황 및 부식의 유무
㉣ 배관접속부의 이탈의 유무
㉤ 압력탱크방식의 경우 압력계의 지시상황

46 다음 위험물의 지정수량이 옳게 연결된 것은?

① $Ba(ClO_4)_2$ – 50kg
② $NaBrO_3$ – 100kg
③ $Sr(NO_3)_2$ – 200kg
④ $KMnO_4$ – 500kg

해설
② 브로민산나트륨($NaBrO_3$) – 300kg
③ 질산스트론튬[$Sr(NO_3)_2$] – 300kg
④ 과망가니즈산칼륨($KMnO_4$) – 1000kg

47 원형관 속에서 유속 3m/s로 1일 동안 20,000m³의 물을 흐르게 하는데 필요한 관의 내경은 약 몇 ㎜인가?

① 414
② 313
③ 212
④ 194

해설
$Q = AV = \dfrac{d^2}{4}\pi v$

$d = \sqrt{\dfrac{4Q}{\pi v}}$

$Q = 20000 m^3/d \times \dfrac{10^9 mm^3}{1 m^3} \times \dfrac{1d}{86400s} = 23.15 \times 10^7 mm^3/s$

$v = 3 m/s \times \dfrac{10^3 mm}{1 m}$

$d = \sqrt{\dfrac{4 \times 23.15 \times 10^7 mm^3/s}{\pi \times 3 \times 10^3 mm/s}} = 313.45 mm^3/s$

48 금속분에 대한 설명 중 틀린 것은?

① Al은 할로겐원소와 반응하면 발화의 위험이 있다.
② Al은 수산화나트륨 수용액과 반응 시 $NaAl(OH)_2$와 H_2가 생성된다.
③ Zn은 KCN 수용액에서 녹는다.
④ Zn은 염산과 반응 시 $ZnCl_2$와 H_2가 생성된다.

해설
② $2Al + 2NaOH + 2H_2O \longrightarrow 2NaAlO_2 + 3H_2$

49 다음의 위험물을 옥내저장소에 저장하는 경우 옥내저장소의 구조가 벽·기둥 및 바닥이 내화구조로 된 건축물이라면 위험물안전관리법에서 규정하는 보유공지를 확보하지 않아도 되는 것은?

① 아세트산 30,000L
② 아세톤 5,000L
③ 클로로벤젠 10,000L
④ 글리세린 15,000L

해설
㉠ 옥내저장소(내화구조일 경우)의 보유공지는 지정수량의 5배 이하는 보유공지가 필요 없다.
① $\dfrac{30,000\ell}{2,000\ell}$ = 15배 → 보유공지 2m 이상 확보
② $\dfrac{5,000\ell}{400\ell}$ = 12.5배 → 보유공지 2m 이상 확보
③ $\dfrac{10,000\ell}{1,000\ell}$ = 10배 → 보유공지 1m 이상 확보
④ $\dfrac{15,000\ell}{4,000\ell}$ = 3.75배 → 보유공지 필요 없음

㉡ 옥내저장소의 보유공지

저장 또는 취급하는 위험물의 최대수량	공지의 너비	
	벽·기둥 및 바닥이 내화구조로 된 건축물	그 밖의 건축물
지정수량의 5배 이하	–	0.5m 이상
지정수량의 5배 초과 10배 이하	1m 이상	1.5m 이상
지정수량의 10배 초과 20배 이하	2m 이상	3m 이상
지정수량의 20배 초과 50배 이하	3m 이상	5m 이상
지정수량의 50배 초과 200배 이하	5m 이상	10m 이상
지정수량의 200배 초과	10m 이상	15m 이상

정답 45 ② 46 ① 47 ② 48 ② 49 ④

50 적린에 대한 설명 중 틀린 것은?

① 연소하면 유독성인 흰색 연기가 나온다.
② 염소산칼륨과 혼합하면 쉽게 발화하여 P_2O_5와 KOH가 생성된다.
③ 적린 1몰의 완전 연소 시 1.25몰의 산소가 필요하다.
④ 비중은 약 2.2, 승화온도는 약 400℃이다.

해설
② $6P + 5KClO_3 \longrightarrow 5KCl + 3P_2O_5$

51 다음 중 위험물안전관리법상의 위험등급 Ⅰ에 속하면서 동시에 제5류 위험물인 것은?

① CH_3ONO_2
② $C_6H_2CH_3(NO_2)_3$
③ $C_6H_4(NO)_2$
④ $N_2H_4 \cdot HCl$

해설
제5류 위험물의 품명과 지정 수량

유별	성질	품명	지정 수량	위험 등급
제5류	자기 반응성 물질	1. 유기과산화물	제1종 : 10kg 제2종 : 100kg	제1종 : Ⅰ 제2종 : Ⅱ
		2. 질산에스터류(CH_3ONO_2)		
		3. 나이트로화합물 [$C_6H_2CH_3(NO_2)_3$]		
		4. 나이트로소화합물 [$C_6H_4(NO)_2$]		
		5. 아조화합물		
		6. 다이아조화합물		
		7. 하이드라진 유도체 ($N_2H_4 \cdot HCl$)		
		8. 하이드록실아민(NH_2OH)		
		9. 하이드록실아민염류		
		10. 그 밖에 행정안전부령이 정하는 것		
		11. 제1호부터 제10호까지의 어느 하나에 해당하는 위험물을 하나 이상 함유한 것		

52 트라이에틸알루미늄 19kg이 물과 반응하였을 때 생성되는 가연성가스는 표준상태에서 몇 m³인가? (단, 알루미늄의 원자량은 27이다.)

① 11.2
② 22.4
③ 33.6
④ 44.8

해설
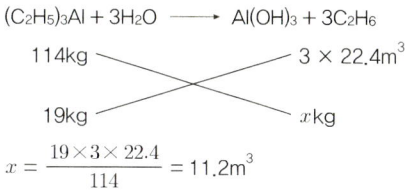

$x = \dfrac{19 \times 3 \times 22.4}{114} = 11.2 m^3$

53 제5류 위험물 중 품명이 나이트로화합물이 아닌 것은?

① 나이트로글리세린
② 피크르산
③ 트라이나이트로벤젠
④ 트라이나이트로톨루엔

해설
① 질산에스터류이다.

54 이산화탄소의 물성에 대한 설명으로 옳은 것은?

① 증기의 비중은 약 0.9이다.
② 임계온도는 약 -20℃이다.
③ 0℃, 1기압에서의 기체 밀도는 약 0.92g/L이다.
④ 삼중점에 해당하는 온도는 약 -56℃이다.

해설
① 증기의 비중은 1.52이다.
$\left(\dfrac{44g}{29g} = 1.52\right)$
② 임계온도는 31℃이다.
③ 0℃, 101.3kPa에서의 기체 밀도는 약 1.9768g/L이다.

정답 50 ② 51 ① 52 ① 53 ① 54 ④

55 공정에서 만성적으로 존재하는 것은 아니고 산발적으로 발생하며, 품질의 변동에 크게 영향을 끼치는 요주의 원인으로 우발적 원인인 것을 무엇이라 하는가?

① 우연원인
② 이상원인
③ 불가피 원인
④ 억제할 수 없는 원인

해설
①, ③, ④ 우연(불가피, 억제할 수 없는)원인 : 품질 변동의 원인 가운데에서 엄격한 공정 관리하에서도 발생할 소지가 있는 불가피한 변동원인

56 계수 규준형 1회 샘플링(KS A 3102)에 관한 설명 중 가장 거리가 먼 내용은?

① 검사에 제출된 로트의 제조공정에 관한 사전 정보가 없어도 샘플링 검사를 적용할 수 있다.
② 생산자측과 구매자측이 요구하는 품질보호를 동시에 만족시키도록 샘플링 검사방식을 선정한다.
③ 파괴검사의 경우와 같이 전수검사가 불가능한 때에는 사용할 수 없다.
④ 1회만의 거래 시에도 사용할 수 있다.

해설
파괴검사의 경우와 같이 전수검사가 불가능한 때에 사용할 수 있다.

57 어떤 공장에서 작업을 하는 데 있어서 소요되는 기간과 비용이 다음 [표]와 같을 때 비용구배는 얼마인가? (단, 활동시간의 단위는 일(日)로 계산한다.)

정상 작업		특급 작업	
기간	비용	기간	비용
15일	150만원	10일	200만원

① 50,000원
② 100,000원
③ 200,000원
④ 300,000원

해설
비용구배(Cost Slope) = $\frac{\triangle cost}{\triangle time}$ = $\frac{특급비용 - 정상비용}{정상공기 - 특급공기}$
= $\frac{2,000,000 - 1,500,000}{15 - 10}$ = $\frac{500,000}{5}$
= 100,000원

58 방법시간측정법(MTM : Method Time Measurement)에서 사용되는 1TMU(Time Measurement Unit)는 몇 시간인가?

① $\frac{1}{100000}$시간
② $\frac{1}{10000}$시간
③ $\frac{6}{10000}$시간
④ $\frac{36}{1000}$시간

해설
① 1TMU(Time Measurement Unit) : $\frac{1}{100,000}$(0.00001시간)
② 1TMU = 0.0006분
③ 1TMU = 0.036초
④ 1초 = 27.8TMU
⑤ 1분 = 1666.7TMU
⑥ 1시간 = 100,000TMU

59 품질특성을 나타내는 데이터 중 계수치 데이터에 속하는 것은?

① 무게
② 길이
③ 인장강도
④ 부적합품의 수

해설
품질특성
① 계수치 데이터 : 부적합품의 수, 불량개수, 홈의 수, 결점수, 사고건수 등과 같이 1, 2, 3, …하고 헤아릴 수 있는 이상적인 데이터
② 계량치 데이터 : 길이, 무게, 눈금, 두께, 시간, 온도, 강도, 수분, 수율, 함유량 등과 같이 연속량으로 측정하여 얻어지는 품질특성치

60 다음 중 품질관리시스템에 있어서 4M에 해당하지 않는 것은?

① Man
② Machine
③ Material
④ Money

해설
품질관리시스템의 4M
① Man(작업자)
② Machine(기계, 설비)
③ Material(재료)
④ Method(작업방식)

정답 55 ② 56 ③ 57 ② 58 ① 59 ④ 60 ④

M/E/M/O

제65회 위험물기능장

시행일 : 2019년 3월 9일

01 유체의 점성계수에 대한 설명 중 틀린 것은?
① 동점성계수는 점성계수를 밀도로 나눈 값이다.
② 전단응력이 속도구배에 비례하는 유체를 뉴튼유체라 한다.
③ 동점성계수의 단위는 cm^2/s이며 이를 Stokes라고 한다.
④ Pseudo 소성유체, Dilatant 유체는 뉴튼유체이다.

해설
Pseudo 소성유체, Dilatant 유체는 비뉴튼유체이다.

02 다음 중 산화성고체위험물이 아닌 것은?
① $NaClO_3$
② $AgNO_3$
③ $KBrO_3$
④ $HClO_4$

해설
① $NaClO_3$: 제1류 위험물 중 염소산염류
② $AgNO_3$: 제1류 위험물 중 질산염류
③ $KBrO_3$: 제1류 위험물 중 브로민산염류
④ $HClO_4$: 산화성액체

03 1차 이온화에너지가 작은 금속에 대한 설명으로 틀린 것은?
① 전자를 잃기 쉽다.
② 산화되기 쉽다.
③ 환원력이 작다.
④ 양이온이 되기 쉽다.

해설
③ 환원력이 크다.

04 위험물운반용기의 외부에 표시하는 주의사항으로 틀린 것은?
① 마그네슘 - 화기주의 및 물기엄금
② 황린 - 화기주의 및 공기접촉주의
③ 탄화칼슘 - 물기엄금
④ 과염소산 - 가연물접촉주의

해설
② 황린 - 화기엄금 및 공기접촉엄금

05 다음 중 발화온도가 가장 낮은 것은?
① 아세톤
② 벤젠
③ 메틸알코올
④ 경유

해설
① 538℃
② 498℃
③ 464℃
④ 257℃

06 포소화설비의 기준에서 고가수조를 이용하는 가압송수장치를 설치할 때 고가수조에 반드시 설치하지 않아도 되는 것은?
① 배수관
② 압력계
③ 맨홀
④ 수위계

해설
수조의 설치 부속물
㉠ 고가수조 : 배수관, 맨홀, 수위계, 오버플로우용 배수관, 보급수관
㉡ 압력수조 : 압력계, 수위계, 배수관, 보급수관, 통기관 및 맨홀

정답 01 ④ 02 ④ 03 ③ 04 ② 05 ④ 06 ②

07 다음 중 제3석유류가 아닌 것은?

① 글리세린　　② 나이트로톨루엔
③ 아닐린　　　④ 벤즈알데하이드

해설
④ 벤즈알데하이드 : 제2석유류

08 다음 중 제4류 위험물에 속하는 물질을 보호액으로 사용하는 것은?

① 벤젠　　　② 황
③ 칼륨　　　④ 질산에틸

해설

위험물의 종류	보호액
칼륨, 나트륨, 적린	석 유(제4류 위험물)
CS_2, 황린	물 속

09 다음 중 산화하면 폼알데하이드가 되고 다시 한 번 산화하면 폼산이 되는 것은?

① 에틸알코올　　② 메틸알코올
③ 아세트알데하이드　④ 아세트산

해설
① 메틸알코올(CH_3OH) —산화→ 폼알데하이드(HCHO)
　　　　—산화→ 폼산(HCOOH)
② 에틸알코올(C_2H_5OH) —산화→ 아세트알데하이드(CH_3CHO)
　　　　—산화→ 초산(CH_3COOH)

10 적린과 황의 공통적인 성질이 아닌 것은?

① 가연성 물질이다.
② 고체이다.
③ 물에 잘 녹는다.
④ 비중은 1보다 크다.

해설
적린과 황은 물에 녹지 않는다.

11 아세톤 옥외저장탱크 중 압력탱크 외의 탱크에 설치하는 대기밸브 부착 통기관은 몇 kPa이하의 압력차이로 작동할 수 있어야 하는가?

① 5　　② 7
③ 9　　④ 10

해설
압력탱크 외의 탱크에 설치하는 대기밸브 부착 통기관은 5kPa 이하의 압력차이로 작동할 수 있어야 한다.

12 소방수조에 물을 채워 직경 4cm의 파이프를 통해 8m/s의 유속으로 흘려 직경 1cm의 노즐을 통해 소화할 때 노즐 끝에서의 유속은 몇 m/s인가?

① 16　　② 32
③ 64　　④ 128

해설
$Q = AV$ 이므로, $A_1V_1 = A_2V_2$에서
$V_2 = V_1\left(\dfrac{A_1}{A_2}\right) = V_1\left(\dfrac{d_1}{d_2}\right)^2$
$= 8 \times \left(\dfrac{4}{1}\right)^2 = 128$m/s

13 지정수량의 몇 배 이상의 위험물을 저장 또는 취급하는 제조소 등에서는 화재발생 시 이를 알릴 수 있는 경보설비를 설치하여야 하는가? (단, 이동탱크저장소는 제외)

① 5배　　② 10배
③ 50배　　④ 100배

해설
경보설비는 지정수량의 10배 이상의 위험물을 저장 또는 취급하는 제조소 등에 설치한다(이동탱크저장소는 제외한다).

정답 07 ④　08 ③　09 ②　10 ③　11 ①　12 ④　13 ②

14 아이오딘폼 반응을 이용하여 검출할 수 있는 위험물이 아닌 것은?

① 아세트알데하이드　② 에탄올
③ 아세톤　　　　　　④ 벤젠

해설
아이오딘폼 반응을 이용하여 검출할 수 있는 위험물
아세트알데하이드, 에탄올, 아세톤

15 주성분이 철, 크롬, 니켈로 구성되어 있는 강관으로서 내식성이 요구되는 화학공장 등에서 사용되는 것은?

① 주철관　　　　② 탄소강강관
③ 알루미늄관　　④ 스테인리스강관

해설
스테인리스강관의 설명이다.

16 다음 중 옥외저장소에 저장할 수 없는 위험물은? (단, IMDG code에 적합한 용기에 수납한 경우를 제외한다)

① 제2류 위험물 중 황
② 제3류 위험물 중 금수성물질
③ 제4류 위험물 중 제2석유류
④ 제6류 위험물

해설
옥외저장소에 저장할 수 있는 위험물
㉠ 제2류 위험물 중 황 또는 인화성고체(인화점이 0℃ 이상인 것에 한함)
㉡ 제4류 위험물 중 제1석유류(인화점 0℃ 이상인 것에 한함), 알코올류, 제2석유류, 제3석유류, 제4석유류 및 동·식물유류
㉢ 제6류 위험물

17 옥외저장소에 선반을 설치하는 경우에 선반의 높이는 몇 m를 초과하지 않아야 하는가?

① 3　　② 4
③ 5　　④ 6

해설
옥외저장소에 선반을 설치하는 경우 선반의 높이는 6m를 초과하지 않는다.

18 다음 중 할로젠화합물 소화기가 적응성이 있는 것은?

① 나트륨　　② 철분
③ 아세톤　　④ 질산에틸

해설
소화설비의 적응성

소화설비의 구분			대상물 구분								
			건축물·그 밖의 공작물	전기설비	제1류 위험물		제2류 위험물			제3류 위험물		제4류 위험물	제5류 위험물	제6류 위험물
					알칼리금속과산화물 등	그 밖의 것	철분·금속분·마그네슘 등	인화성고체	그 밖의 것	금수성물품	그 밖의 것			
옥내소화전 또는 옥외소화전설비			○			○		○	○		○		○	○
스프링클러설비			○			○		○	○		○	△	○	○
물분무등소화설비	물분무소화설비		○	○		○		○	○		○	○	○	○
	포소화설비		○			○		○	○		○	○	○	○
	불활성가스소화설비			○				○				○		
	할로젠화합물소화설비			○				○				○		
	분말소화설비	인산염류 등	○	○		○		○	○			○		○
		탄산수소염류 등		○	○		○	○		○		○		
		그 밖의 것			○		○			○				
대형·소형수동식소화기	봉상수(棒狀水)소화기		○			○		○	○		○		○	○
	무상수(霧狀水)소화기		○	○		○		○	○		○		○	○
	봉상강화액소화기		○			○		○	○		○		○	○
	무상강화액소화기		○	○		○		○	○		○	○	○	○
	포소화기		○			○		○	○		○	○	○	○
	이산화탄소소화기			○				○				○		△
	할론소화기			○				○				○		
	분말소화기	인산염류소화기	○	○		○		○	○			○		○
		탄산수소염류소화기		○	○		○	○		○		○		
		그 밖의 것			○		○			○				
기타	물통 또는 수조		○			○		○	○		○		○	○
	건조사				○	○	○	○	○	○	○	○	○	○
	팽창질석 또는 팽창진주암				○	○	○	○	○	○	○	○	○	○

19 질산에 대한 설명 중 틀린 것은?

① 녹는점은 약 -43℃이다.
② 분자량은 약 63이다.
③ 지정수량은 300kg이다.
④ 비점은 약 178℃이다.

해설
④ 비점은 약 86℃이다.

정답 14 ④　15 ④　16 ②　17 ④　18 ③　19 ④

20 동일한 사업소에서 제조소의 취급량의 합이 지정수량의 몇 배 이상일 때 자체소방대를 설치해야 하는가? (단, 제4류 위험물을 취급하는 경우이다)

① 3,000　　② 4,000
③ 5,000　　④ 6,000

해설
자체소방대는 지정수량 3,000배 이상의 제4류 위험물을 저장, 취급하는 제조소·일반취급소에 설치한다.

21 가열 용융시킨 황과 황린을 서서히 반응시킨 후 증류 냉각하여 얻는 제2류 위험물로서 발화점이 약 100℃, 융점이 약 173℃, 비중이 약 2.03인 물질은?

① P_2S_5　　② P_4S_3
③ P_4S_7　　④ P

해설
P_4S_3의 설명이다.

22 나이트로벤젠과 수소를 반응시키면 얻어지는 물질은?

① 페놀　　② 톨루엔
③ 아닐린　　④ 크실렌

해설
$C_6H_5NO_2 + 3H_2 \xrightarrow[\text{환원}]{\text{Fe, Sn + HCl}} C_6H_5NH_2 + 2H_2O$

23 황과 지정수량이 같은 것은?

① 금속분　　② 하이드록실아민
③ 인화성고체　　④ 염소산염류

해설
황 : 100kg
① 500kg
② 100kg
③ 1,000kg
④ 50kg

24 제2류 위험물과 제4류 위험물의 공통적 성질로 옳은 것은?

① 물에 의한 소화가 최적이다.
② 산소원소를 포함하고 있다.
③ 물보다 가볍다.
④ 가연성 물질이다.

해설
제2류 위험물(가연성고체)과 제4류 위험물(인화성액체)은 가연성 물질이다.

25 위험물의 성질과 위험성에 대한 설명으로 틀린 것은?

① 부틸리튬은 알킬리튬의 종류에 해당된다.
② 황린은 물과 반응하지 않는다.
③ 탄화알루미늄은 물과 반응하면 가연성의 메탄가스를 발생하므로 위험하다.
④ 인화칼슘은 물과 반응하면 유독성의 포스겐가스를 발생하므로 위험하다.

해설
인화칼슘은 물과 반응하면 유독하고 가연성인 인화수소(PH_3, 포스핀)를 발생한다.
$Ca_3P_2 + 6H_2O \longrightarrow 3Ca(OH)_2 + 2PH_3$

26 메틸트라이클로로실란에 대한 설명으로 틀린 것은?

① 제1석유류이다.
② 물보다 무겁다.
③ 지정수량은 200L이다.
④ 증기는 공기보다 가볍다.

해설
④ 메틸트라이클로로실란은 제4류 위험물, 제1석유류(비수용성)이며 증기는 공기보다 무겁다.

정답 20 ①　21 ②　22 ③　23 ②　24 ④　25 ④　26 ④

27 273℃에서 기체의 부피가 2L이다. 같은 압력에서 0℃일 때의 부피는 몇 L인가?

① 1　　② 2
③ 4　　④ 8

해설
샤를의 법칙
$$\frac{V}{T} = \frac{V_1}{T_1}, \quad \frac{2}{273+273} = \frac{V_1}{0+273}$$
$$V_1 = \frac{2 \times (0+273)}{273+273}$$
$$V_1 = 1L$$

28 위험물에 대한 적응성 있는 소화설비의 연결이 틀린 것은?

① 질산나트륨 - 포소화설비
② 칼륨 - 인산염류 분말소화설비
③ 경유 - 인산염류 분말소화설비
④ 아세트알데하이드 - 포소화설비

해설
18번 해설 참조

29 질산암모늄에 대한 설명 중 틀린 것은?

① 강력한 산화제이다.
② 물에 녹을 때는 발열반응을 나타낸다.
③ 조해성이 있다.
④ 혼합 화약의 재료로 쓰인다.

해설
② 물에 녹을 때는 흡열반응을 한다.

30 다음 중 소화난이도 등급 I의 옥외탱크저장소로서 인화점이 70℃ 이상의 제4류 위험물만을 저장하는 탱크에 설치하여야 하는 소화설비는? (단, 지중탱크 및 해상탱크는 제외)

① 물분무소화설비 또는 고정식포소화설비
② 옥외소화전설비
③ 스프링클러설비
④ 이동식포소화설비

해설
소화 난이도 등급 I의 제조소 등에 설치하여야 하는 소화설비

제조소 등의 구분			소화 설비
제조소 및 일반취급소			옥내소화전설비, 옥외소화전설비, 스프링클러설비 또는 물분무등소화설비(화재발생시 연기가 충만할 우려가 있는 장소에는 스프링클러설비 또는 이동식 외의 물분무등소화설비에 한한다)
주유취급소			스프링클러설비(건축물에 한정한다), 소형수동식소화기등(능력단위의 수치가 건축물 그 밖의 공작물 및 위험물의 소요단위의 수치에 이르도록 설치할 것)
옥내 저장소	처마높이가 6m 이상인 단층건물 또는 다른 용도의 부분이 있는 건축물에 설치한 옥내저장소		스프링클러설비 또는 이동식 외의 물분무등소화설비
	그 밖의 것		옥외소화전설비, 스프링클러설비, 이동식 외의 물분무등소화설비 또는 이동식 포소화설비(포소화전을 옥외에 설치하는 것에 한한다)
옥외 탱크 저장소	지중탱크 또는 해상탱크 외의 것	황만을 저장 취급하는 것	물분무소화설비
		인화점 70℃ 이상의 제4류 위험물만을 저장 취급하는 것	물분무소화설비 또는 고정식 포소화설비
		그 밖의 것	고정식 포소화설비(포소화설비가 적응성이 없는 경우에는 분말소화설비)
	지중탱크		고정식 포소화설비, 이동식 이외의 불활성가스소화설비 또는 이동식 이외의 할로젠화합물소화설비
	해상탱크		고정식 포소화설비, 물분무소화설비, 이동식이외의 불활성가스소화설비 또는 이동식 이외의 할로젠화합물소화설비
옥내 탱크 저장소	황만을 저장취급하는 것		물분무소화설비
	인화점 70℃ 이상의 제4류 위험물만을 저장 취급하는 것		물분무소화설비, 고정식 포소화설비, 이동식 이외의 불활성가스소화설비, 이동식 이외의 할로젠화합물소화설비 또는 이동식 이외의 분말소화설비
	그 밖의 것		고정식 포소화설비, 이동식 이외의 불활성가스소화설비, 이동식 이외의 할로젠화합물소화설비 또는 이동식 이외의 분말소화설비
옥외저장소 및 이송취급소			옥내소화전설비, 옥외소화전설비, 스프링클러설비 또는 물분무등소화설비(화재발생시 연기가 충만할 우려가 있는 장소에는 스프링클러설비 또는 이동식 이외의 물분무등소화설비에 한한다)
암반 탱크 저장소	황만을 저장취급하는 것		물분무소화설비
	인화점 70℃ 이상의 제4류 위험물만을 저장 취급하는 것		물분무소화설비 또는 고정식 포소화설비
	그 밖의 것		고정식 포소화설비(포소화설비가 적응성이 없는 경우에는 분말소화설비)

정답 27 ①　28 ②　29 ②　30 ①

31 다음 위험물의 화재 시 소화방법으로 잘못된 것은?

① 마그네슘 : 마른모래를 사용한다.
② 인화칼슘 : 다량의 물을 사용한다.
③ 나이트로글리세린 : 다량의 물을 사용한다.
④ 알코올 : 내알코올포소화약제를 사용한다.

해설
18번 해설 참조

32 동·식물유류에 대한 설명 중 틀린 것은?

① 아이오딘값이 100 이하인 것을 건성유라 한다.
② 아마인유는 건성유이다.
③ 아이오딘값은 기름 100g이 흡수하는 아이오딘의 g수를 나타낸다.
④ 아이오딘값이 크면 이중결합을 많이 포함한 불포화지방산을 많이 가진다.

해설
① 아이오딘값이 100 이하인 것은 불건성유라 한다.

33 알칼리금속에 대한 설명으로 옳은 것은?

① 알칼리금속의 산화물은 물과 반응하여 강산이 된다.
② 산소와 쉽게 반응하기 때문에 물속에 보관하는 것이 안전하다.
③ 소화에는 물을 이용한 냉각소화가 좋다.
④ 칼륨, 루비듐, 세슘 등은 알칼리금속에 속한다.

해설
① 알칼리금속의 산화물은 물과 격렬히 반응하여 염기성이 된다.
② 산소와 쉽게 반응하기 때문에 용기는 밀전·밀봉한다.
③ 소화는 건조사로 한다.

34 $C_6H_5CH_3$에 대한 설명으로 틀린 것은?

① 끓는점은 약 211℃이다.
② 녹는점은 약 −95℃이다.
③ 인화점은 약 4℃이다.
④ 비중은 약 0.87이다.

해설
① 끓는점은 111℃이다.

35 자기반응성물질의 위험성에 대한 설명으로 틀린 것은?

① 트라이나이트로톨루엔은 테트릴에 비해 충격·마찰에 둔감하다.
② 트라이나이트로톨루엔은 물을 넣어 운반하면 안전하다.
③ 나이트로글리세린을 점화하면 연소하여 다량의 가스를 발생한다.
④ 나이트로글리세린은 영하에서도 액체상이어서 폭발의 위험성이 높다.

해설
④ 상온에서는 액체이지만 겨울철에 동결한다. 순수한 것은 동결 온도가 8~10℃이며, 얼게 되면 백색 결정으로 변한다. 이때 체적이 수축하고 밀도가 커진다. 밀폐상태에서 착화되면 폭발하고 동결되어 있는 것은 액체보다 둔감하지만 외력에 대해 국부적으로 영향을 미칠 수 있어 위험성이 상존한다.

36 다음 중 자기반응성 위험물에 대한 설명으로 틀린 것은?

① 과산화벤조일은 분말 또는 결정형태로 발화점이 약 125℃이다.
② 메틸에틸케톤퍼옥사이드는 기름상의 액체이다.
③ 나이트로글리세린은 기름상의 액체이며 공업용은 담황색이다.
④ 나이트로셀룰로오스는 적갈색의 액체이며 화약의 원료로 사용된다.

해설
④ 나이트로셀룰로오스는 무색 또는 백색의 고체이며 다이너마이트 원료, 무연화약의 원료 등으로 사용한다.

정답 31 ② 32 ① 33 ④ 34 ① 35 ④ 36 ④

37 다음 중 품명이 나머지 셋과 다른 것은?

① 트라이나이트로페놀
② 나이트로글리콜
③ 질산에틸
④ 나이트로글리세린

해설
(1) 질산에스테르류
  ㉠ 나이트로글리콜
  ㉡ 질산에틸
  ㉢ 나이트로글리세린
(2) 나이트로화합물
  ㉠ 트라이나이트로페놀
  ㉡ 트라이나이트로톨루엔

38 다음 중 나머지 셋과 위험물의 유별 구분이 다른 것은?

① 나이트로글리세린
② 나이트로셀룰로오스
③ 셀룰로이드
④ 나이트로벤젠

해설
① 나이트로글리세린 : 제5류 위험물 질산에스테르류
② 나이트로셀룰로오스 : 제5류 위험물 질산에스테르류
③ 셀룰로이드 : 제5류 위험물 질산에스테르류
④ 나이트로벤젠 : 제4류 위험물 제3석유류

39 제1류 위험물로서 무색의 투명한 결정이고 비중은 약 4.35, 녹는점은 약 212℃이며 사진감광제 등에 사용되는 것은?

① $AgNO_3$
② NH_4NO_3
③ KNO_3
④ $Cd(NO_3)_2$

해설
$AgNO_3$에 대한 설명이다.

40 다음에서 설명하는 위험물은?

- 백색이다.
- 조해성이 크고, 물에 녹기 쉽다.
- 분자량은 약 223이다.
- 지정수량은 50kg이다.

① 염소산칼륨
② 과염소산마그네슘
③ 과산화나트륨
④ 과산화수소

해설
과염소산마그네슘에 대한 설명이다.

41 탄화칼슘이 물과 반응하였을 때 발생되는 가스는?

① 포스겐
② 메탄
③ 아세틸렌
④ 포스핀

해설
$CaC_2 + 2H_2O \longrightarrow Ca(OH)_2 + C_2H_2$

42 PVC제품 등의 연소 시 발생하는 부식성이 강한 가스로서, 다음 중 노출기준(ppm)이 가장 낮은 것은?

① 암모니아
② 일산화탄소
③ 염화수소
④ 황화수소

해설
① 25ppm
② 50ppm
③ 5ppm
④ 10ppm

43 2몰의 메탄을 완전히 연소시키는 데 필요한 산소의 몰수는?

① 1몰
② 2몰
③ 3몰
④ 4몰

해설
$2CH_4 + 4O_2 \longrightarrow 2CO_2 + 4H_2O$

정답 37 ① 38 ④ 39 ① 40 ② 41 ③ 42 ③ 43 ④

44 과산화수소의 성질에 대한 설명 중 틀린 것은?

① 알코올·에테르에는 녹지만 벤젠, 석유에는 녹지 않는다.
② 농도가 66% 이상인 것은 충격 등에 의해서 폭발할 가능성이 있다.
③ 분해 시 발생한 분자상의 산소(O_2)는 발생기 산소(O)보다 산화력이 강하다.
④ 하이드라진과 접촉 시 분해·폭발한다.

해설
③ 강력한 산화제로, 분해하여 발생한 발생기 산소(O)는 분자상의 O_2가 산화시키지 못한 물질로 산화시킨다.

45 알루미늄 제조공장에서 용접작업 시 알루미늄분에 착화가 되어 소화를 목적으로 뜨거운 물을 뿌렸더니 수초 후 폭발사고로 이어졌다. 이 폭발의 주원인에 가장 가까운 것은?

① 알루미늄분과 물의 화학반응으로 수소가스를 발생하여 폭발하였다.
② 알루미늄분이 날려 분진폭발이 발생하였다.
③ 알루미늄분과 물의 화학반응으로 메탄가스를 발생하여 폭발하였다.
④ 알루미늄분과 물의 급격한 화학반응으로 열이 흡수되어 알루미늄분 자체가 폭발하였다.

해설
$2Al + 6H_2O \longrightarrow 2Al(OH)_3 + 3H_2$

46 지정과산화물을 옥내에 저장하는 저장창고 외벽의 기준으로 옳은 것은?

① 두께 20cm 이상의 무근콘크리트조
② 두께 30cm 이상의 무근콘크리트조
③ 두께 20cm 이상의 보강콘크리트블록조
④ 두께 30cm 이상의 보강콘크리트블록조

해설
옥내저장소의 지정유기과산화물 외벽의 기준
㉠ 두께 20cm 이상의 철근콘크리트조, 철골철근콘크리트조
㉡ 두께 30cm 이상의 보강시멘트블록조

47 다음에서 설명하고 있는 법칙은?

압력이 일정할 때 일정량의 기체의 부피는 절대온도에 비례한다.

① 일정성분비의 법칙 ② 보일의 법칙
③ 샤를의 법칙 ④ 보일-샤를의 법칙

해설
① 일정성분비(정비례)의 법칙 : 순수한 화합물에서 성분원소의 중량비는 항상 일정 하다. 즉, 한 가지 화합물을 구성하는 각 성분원소의 질량비는 항상 일정하다.
② 보일의 법칙 : 일정한 온도에서 기체가 차지하는 부피는 압력에 반비례한다.
④ 보일-샤를의 법칙 : 일정량의 기체가 차지하는 부피는 압력에 반비례하고, 절대온도에 비례한다.

48 전역방출방식 분말소화설비의 기준에서 제1종 분말소화약제의 저장용기 충전비의 범위를 옳게 나타낸 것은?

① 0.85 이상 1.05 이하
② 0.85 이상 1.45 이하
③ 1.05 이상 1.45 이하
④ 1.05 이상 1.75 이하

해설
전역방출방식 또는 국소방출방식의 저장용기 충전비

소화약제의 종별	충전비의 범위
1종	0.85 이상 1.45 이하
2종, 3종	1.05 이상 1.75 이하
4종	1.50 이상 2.50 이하

49 물과 접촉하면 수산화나트륨과 산소를 발생시키는 물질은?

① 질산나트륨 ② 염소산나트륨
③ 과산화나트륨 ④ 과염소산나트륨

해설
$Na_2O_2 + H_2O \longrightarrow 2NaOH + \dfrac{1}{2}O_2$

정답 44 ③ 45 ① 46 ④ 47 ③ 48 ② 49 ③

50 1기압에서 인화점이 200℃인 것은 제 몇 석유류인가? (단, 도료류 그 밖의 가연성액체량이 40중량퍼센트 이하인 물품은 제외한다)

① 제1석유류　　② 제2석유류
③ 제3석유류　　④ 제4석유류

해설
① 제1석유류 : 인화점이 21℃ 미만
② 제2석유류 : 인화점이 21℃ 이상 70℃ 미만
③ 제3석유류 : 인화점이 70℃ 이상 200℃ 미만
④ 제4석유류 : 인화점이 200℃ 이상 250℃ 미만

51 그림과 같은 위험물탱크의 내용적은 약 몇 m^3인가?

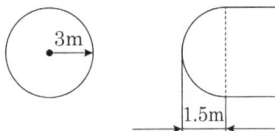

① 258.3　　② 282.6
③ 312.1　　④ 375.3

해설
$$V = \pi r^2 \left(l + \frac{l_1 + l_2}{3} \right)$$
$$= \pi \times 3^2 \left(9 + \frac{1.5 + 1.5}{3} \right)$$
$$= 282.6 m^3$$

52 인화성 위험물질 600L를 하나의 간이탱크저장소에 저장하려고 할 때 필요한 최소탱크수는?

① 4개　　② 3개
③ 2개　　④ 1개

해설
간이탱크저장소
간이탱크에 위험물을 저장하는 저장소를 말한다. 간이탱크는 작은 탱크를 뜻하며, 용량은 600L 이하이다.

53 120g의 산소와 8g의 수소를 혼합하여 반응시켰을 때 몇 g의 물이 생성되는가?

① 18　　② 36
③ 72　　④ 128

해설
일정성분비의 법칙에 따르면 순수한 화합물에서 성분원소의 중량비는 항상 일정하다.
$2H_2 + O_2 \longrightarrow 2H_2O$
4g　32g　　36g
8g　64g　　x(g)
$$\therefore x = \frac{64 \times 36}{32} = 72g$$

54 산·알칼리 소화기의 화학 반응식으로 옳은 것은?

① $2NaHCO_3 + H_2SO_4 \rightarrow Na_2SO_4 + 2CO_2 + 2H_2O$
② $6NaHCO_3 + Al_2(SO_4)_3 + 18H_2O$
　$\rightarrow 3Na_2SO_4 + 2Al(OH)_3 + 6CO_2 + 18H_2O$
③ $2NaHCO_3 \rightarrow Na_2CO_3 + CO_2 + H_2O$
④ $2KHCO_3 \rightarrow K_2CO_3 + CO_2 + H_2O$

해설
산·알칼리소화약제는 산성소화약제로는 진한황산이 사용되고, 알칼리성소화약제로는 탄산수소나트륨이 사용된다.
$2NaHCO_3 + H_2SO_4 \longrightarrow Na_2SO_4 + 2CO_2 + 2H_2O$

55 다음 표는 A자동차 영업소의 월별 판매실적을 나타낸 것이다. 5개월 단순이동평균법으로 6월의 수요를 예측하면 몇 대인가?

(단위 : 대)

월	1	2	3	4	5
판매량	100	110	120	130	140

① 120　　② 130
③ 140　　④ 150

해설
$$ED = \frac{\sum xi}{n} = \frac{100 + 110 + 120 + 130 + 140}{5} = 120$$

정답 50 ④　51 ②　52 ④　53 ③　54 ①　55 ①

56 부적합품률이 1%인 모집단에서 5개의 시료를 랜덤하게 샘플링할 때 부적합품 수가 1개일 확률은 약 얼마인가? (단, 이항분포를 이용하여 계산)

① 0.048 ② 0.058
③ 0.48   ④ 0.58

해설

$$p(x=1) = {}_nC_x p^x q^{n-x}$$
$$= {}_5C_1 0.01^1 \times (1-0.01)^{5-1}$$
$$= 5 \times 0.01 \times 0.99^4 = 0.0480$$

57 품질관리기능의 사이클을 표현한 것으로 옳은 것은?

① 품질개선 – 품질설계 – 품질보증 – 공정관리
② 품질설계 – 공정관리 – 품질보증 – 품질개선
③ 품질개선 – 품질보증 – 품질설계 – 공정관리
④ 품질설계 – 품질개선 – 공정관리 – 품질보증

해설

품질관리기능의 사이클
품질설계 – 공정관리 – 품질보증 – 품질개선

58 다음 중 계수치 관리도가 아닌 것은?

① c 관리도 ② p 관리도
③ u 관리도 ④ x 관리도

해설

계수치 관리도
㉠ np 관리도 : 부적합품수 관리도
㉡ p 관리도 : 부적합품률 관리도
㉢ c 관리도 : 부적합수 관리도
㉣ u 관리도 : 단위당 부적합수 관리도

59 다음 검사의 종류 중 검사공정에 의한 분류에 해당되지 않는 것은?

① 수입검사 ② 출하검사
③ 출장검사 ④ 공정검사

해설

검사공정에 의한 분류
㉠ 수입(구입)검사 : 재료, 반제품, 제품을 받아들이는 경우 행하는 검사
㉡ 공정(중간)검사 : 공정 간 검사방식이라 하며, 앞의 제조공정이 끝나서 다음 제조공정으로 이동하는 사이에 행하는 검사
㉢ 최종(완성)검사 : 완제품 검사라 하며, 완성된 제품에 대해서 행하는 검사
㉣ 출하(출고)검사 : 제품을 출하할 때 행하는 검사

60 다음 중 반즈(Ralph M. Barnes)가 제시한 동작경제의 원칙에 해당되지 않는 것은?

① 표준작업의 원칙
② 신체의 사용에 관한 원칙
③ 작업장의 배치에 관한 원칙
④ 공구 및 설비의 디자인에 관한 원칙

해설

반즈(Ralph M. Barnes)의 동작경제의 원칙
㉠ 신체의 사용에 관한 원칙
㉡ 작업장의 배치에 관한 원칙
㉢ 공구 및 설비의 디자인에 관한 원칙

정답 56 ① 57 ② 58 ④ 59 ③ 60 ①

제66회 위험물기능장

시행일 : 2019년 7월 13일

01 이황화탄소의 성질 또는 취급방법에 대한 설명 중 틀린 것은?

① 물보다 무겁다.
② 증기가 공기보다 가볍다.
③ 물을 채운 수조에 저장한다.
④ 연소 시 유독한 가스가 발생한다.

해설
② 증기는 공기보다 무겁다(증기비중 : 2.6)

02 다음에서 설명하는 제4류 위험물은 무엇인가?

- 무색무취의 끈끈한 액체이다.
- 분자량은 약 62이고, 2가 알코올이다.
- 지정수량은 4,000L이다.

① 글리세린　　② 에틸렌글리콜
③ 아닐린　　　④ 에틸알코올

해설
에틸렌글리콜의 설명이다.

03 상온에서 물에 넣었을 때 용해되어 염기성을 나타내면서 산소를 방출하는 물질은?

① Na_2O_2　　② $KClO_3$
③ H_2O_2　　　④ $NaNO_3$

해설
$2Na_2O_2 + 4H_2O \longrightarrow 4NaOH + 2H_2O + O_2$

04 다음 중 아닐린의 연소범위 하한값에 가장 가까운 것은?

① 1.3vol%　　② 7.6vol%
③ 9.8vol%　　④ 15.5vol%

해설
아닐린의 연소범위 : 1.3~11%

05 위험물안전관리자의 선임신고를 허위로 한 자에게 부과하는 과태료의 금액은?

① 200만 원　　② 300만 원
③ 400만 원　　④ 500만 원

해설
㉠ 위험물안전관리자의 재선임 : 30일 이내
㉡ 위험물안전관리자의 직무대행 : 30일 이내
㉢ 위험물안전관리자의 선임신고 : 14일 이내
㉣ 위험물안전관리자의 선임신고를 허위로 한 자의 과태료 : 500만 원

06 다음 위험물 중 상온에서 액체인 것은?

① 질산에틸　　　② 나이트로셀룰로오스
③ 피크린산　　　④ 트라이나이트로톨루엔

해설
① 질산에틸 : 무색투명한 액체
② 나이트로셀룰로오스 : 무색 또는 백색의 고체
③ 피크린산 : 순수한 것은 무색이지만, 보통 공업용은 휘황색의 침상 결정
④ 트라이나이트로톨루엔 : 순수한 것은 무색 결정이지만, 담황색의 결정

정답 01 ② 02 ② 03 ① 04 ① 05 ④ 06 ①

07 벤젠핵에 메틸기 한 개가 결합된 구조를 가진 무색 투명한 액체로서 방향성의 독특한 냄새를 가지는 물질은?

① 톨루엔　　② 질산메틸
③ 메틸알코올　　④ 다이나이트로톨루엔

해설
톨루엔의 설명이다.

08 Halon 1011의 화학식을 옳게 나타낸 것은?

① CH_2FBr　　② CH_2ClBr
③ $CBrCl$　　④ $CFCl$

해설
㉠ Halon 번호 : 첫째 – 탄소의 수, 둘째 – 불소의 수, 셋째 – 염소의 수, 넷째 – 브로민의 수
㉡ Halon 1011 : CH_2ClBr

09 다음 중 지정수량이 나머지 셋과 다른 하나는?

① $HClO_4$　　② NH_4NO_3
③ $NaBrO_3$　　④ $(NH_4)_2Cr_2O_7$

해설
①, ②, ③ : 300kg
④ 1,000kg

10 황화인에 대한 설명으로 틀린 것은?

① 삼황화인의 분자량은 약 348이다.
② 삼황화인은 물에 녹지 않는다.
③ 오황화인은 습한 공기 중 분해하여 유독성 기체를 발생한다.
④ 삼황화인은 공기 중 약 100℃에서 발화한다.

해설
① 삼황화인(P_4S_3)의 분자량은 220.19이다.

11 자기반응성물질의 화재에 적응성 있는 소화설비는?

① 분말소화설비
② 불활성가스소화설비
③ 할로젠화합물소화설비
④ 물분무소화설비

해설
소화 설비의 적응성

소화설비의 구분			건축물·그 밖의 공작물	전기설비	제1류 위험물		제2류 위험물			제3류 위험물		제4류 위험물	제5류 위험물	제6류 위험물
					알칼리금속과산화물 등	그 밖의 것	철분·금속분·마그네슘 등	인화성고체	그 밖의 것	금수성물품	그 밖의 것			
옥내소화전 또는 옥외소화전설비			○			○		○	○		○		○	○
스프링클러설비			○			○		○	○		○	△	○	○
물분무등소화설비		물분무소화설비	○	○		○		○	○		○	○	○	○
		포소화설비	○			○		○	○		○	○	○	○
		불활성가스소화설비		○				○				○		
		할로젠화합물소화설비		○				○				○		
	분말소화설비	인산염류 등	○	○		○		○	○			○		○
		탄산수소염류 등		○	○		○	○		○		○		
		그 밖의 것			○		○			○				

12 물과 반응하여 심하게 발열하면서 위험성이 증가하는 물질은?

① 염소산나트륨　　② 과산화칼륨
③ 질산나트륨　　④ 질산암모늄

해설
$2K_2O_2 + 2H_2O \longrightarrow 4KOH + O_2$

13 산화프로필렌에 대한 설명 중 틀린 것은?

① 무색의 휘발성 액체이다.
② 증기의 비중은 공기보다 작다.
③ 인화점이 약 -37℃이다.
④ 비점은 약 34℃이다.

해설
② 증기의 비중은 공기보다 무겁다(증기비중 2.0).

정답 07 ① 08 ② 09 ④ 10 ① 11 ④ 12 ② 13 ②

14 다음 중 원자의 개념으로 설명되는 법칙이 아닌 것은?

① 아보가드로의 법칙
② 일정성분비의 법칙
③ 질량보존의 법칙
④ 배수 비례의 법칙

해설

(1) 원자의 개념으로 설명되는 법칙
  ㉠ 질량불변(보존)의 법칙 : 화학변화에서 그 변화의 전후에서 반응에 참여한 물질의 질량 총합은 일정불변이다.
  ㉡ 일정성분비(정비례)의 법칙 : 순수한 화합물에서 성분원소의 중량비는 항상 일정하다.
  ㉢ 배수 비례의 법칙 : 두 가지 원소가 두 가지 이상의 화합물을 만들 때, 한 원소의 일정 중량에 대하여 결합하는 다른 원소의 중량 간에는 항상 간단한 정수비가 성립된다.
(2) 분자의 개념으로 설명되는 법칙
  ㉠ 기체반응의 법칙 : 화학반응을 하는 물질이 기체일 때 반응물질과 생성물질의 부피 사이에는 간단한 정수비가 성립된다.
  ㉡ 아보가드로의 법칙 : 온도와 압력이 일정하면 모든 기체는 같은 부피 속에 같은 수의 분자가 들어있다. 즉, 모든 기체 1mole이 차지하는 부피는 표준상태(0℃, 1기압)에서 22.4L이며, 그 속에는 6.02×10^{23}개의 분자가 들어 있다.

15 다음 위험물에 대한 설명으로 옳은 것은?

① $C_6H_5NH_2$는 담황색 고체로 에테르에 녹지 않는다.
② $C_3H_5(ONO_2)_3$는 벤젠에 이산화질소를 반응시켜 만든다.
③ Na_2O_2의 인화점과 발화점은 100℃보다 낮다.
④ $(CH_3)_3Al$은 25℃에서 액체이다.

해설

① $C_6H_5NH_2$는 무색 또는 담황색의 특이한 아민 같은 냄새가 있는 기름상의 액체로서 물에 약간 녹으며, 에탄올·벤젠·에테르와 임의로 혼합한다.
② $C_3H_5(ONO_2)_3$는 질산과 황산의 혼산 중에 글리세린을 반응시켜 만든다.

$$\begin{array}{c} CH_2OH \\ | \\ CHOH \\ | \\ CH_2OH \end{array} + 3HNO_3 \xrightarrow{C-H_2SO_4} \begin{array}{c} CH_2ONO_2 \\ | \\ CHONO_2 \\ | \\ CH_2ONO_2 \end{array} + 3H_2O$$

glycerine → nitroglycerine

③ Na_2O_2는 흡습성이 강하고 조해성이 있다.

16 알칼리토금속의 일반적인 성질로 옳은 것은?

① 음이온 2가의 금속이다.
② 루비듐, 라돈 등이 해당된다.
③ 같은 주기의 알칼리금속보다 융점이 높다.
④ 비중이 1보다 작다.

해설

① 양이온 2가의 금속이다.
② Be, Mg, Ca, Sr, Ba, Ra이 해당된다.
④ 비중이 1보다 크다.

17 헨리의 법칙에 대한 설명으로 옳은 것은?

① 물에 대한 용해도가 클수록 잘 적용된다.
② 비극성물질은 극성물질에 잘 녹는 것으로 설명된다.
③ NH_3, HCl, CO 등의 기체에 잘 적용된다.
④ 압력을 올리면 용해도는 올라가나 녹아 있는 기체의 부피는 일정하다.

해설

① 물에 대한 용해도가 작을수록 잘 적용된다(CH_4, CO_2, H_2, O_2, N_2 등).
② 극성물질은 극성용매에 잘 녹고, 비극성물질은 비극성용매에 잘 녹는다.
③ NH_3, HCl, CO 등의 기체에 잘 적용되지 않는다.

18 NH_4ClO_4에 대한 설명으로 틀린 것은?

① 금속부식성이 있다.
② 조해성이 있다.
③ 폭발성의 산화제이다.
④ 폭발 시 CO_2, HCl, NO_2 가스를 주로 발생한다.

해설

폭발 시에는 다량의 기체를 발생한다.
$$2NH_4ClO_4 \longrightarrow \underbrace{N_2 + Cl_2 + O_2}_{\text{다량의 가스}} + 4H_2O$$

정답 14 ① 15 ④ 16 ③ 17 ④ 18 ④

19 덩어리 상태의 황을 저장하는 옥외저장소가 경계표시 내부의 면적(2 이상의 경계표시가 있는 경우에는 각 경계표시의 내부의 면적을 합한 면적)이 얼마일 때 소화난이도 등급 I에 해당하는가?

① 100m² 이하
② 100m² 이상
③ 1,000m² 이하
④ 1,000m² 이상

해설

소화난이도등급 I에 해당하는 제소등

제조소 등의 구분	제조소 등의 규모, 저장 또는 취급하는 위험물의 품명 및 최대수량 등
제조소 일반 취급소	연면적 1,000m² 이상인 것
	지정수량의 100배 이상인 것(고인화점위험물만을 100℃ 미만의 온도에서 취급하는 것 및 제48조의 위험물을 취급하는 것은 제외)
	지반면으로부터 6m 이상의 높이에 위험물 취급설비가 있는 것(고인화점위험물만을 100℃ 미만의 온도에서 취급하는 것은 제외)
	일반취급소로 사용되는 부분 외의 부분을 갖는 건축물에 설치된 것(내화구조로 개구부 없이 구획 된 것, 고인화점위험물만을 100℃ 미만의 온도에서 취급하는 것 및 화학실험의 일반취급소는 제외)
주유 취급소	업무를 위한 사무소, 간이정비 작업장, 주유취급소의 점포, 휴게음식점 및 전시장 등 주유취급소의 직원 외의 자가 출입하는 장소의 면적의 합이 500m²를 초과하는 것
옥내 저장소	지정수량의 150배 이상인 것(고인화점위험물만을 저장하는 것 및 제48조의 위험물을 저장하는 것은 제외)
	연면적 150m²를 초과하는 것(150m² 이내마다 불연재료로 개구부 없이 구획된 것 및 인화성고체 외의 제2류 위험물 또는 인화점 70℃ 이상의 제4류 위험물만을 저장하는 것은 제외)
	처마높이가 6m 이상인 단층건물의 것
	옥내저장소로 사용되는 부분 외의 부분이 있는 건축물에 설치된 것(내화구조로 개구부 없이 구획된 것 및 인화성고체 외의 제2류 위험물 또는 인화점 70℃ 이상의 제4류 위험물만을 저장하는 것은 제외)
옥외탱크 저장소	액표면적이 40m² 이상인 것(제6류 위험물을 저장하는 것 및 고인화점위험물만을 100℃ 미만의 온도에서 저장하는 것은 제외)
	지반면으로부터 탱크 옆판의 상단까지 높이가 6m 이상인 것(제6류 위험물을 저장하는 것 및 고인화점위험물만을 100℃ 미만의 온도에서 저장하는 것은 제외)
	지중탱크 또는 해상탱크로서 지정수량의 100배 이상인 것(제6류 위험물을 저장하는 것 및 고인화점위험물만을 100℃ 미만의 온도에서 저장하는 것은 제외)
	고체위험물을 저장하는 것으로서 지정수량의 100배 이상인 것
옥내탱크 저장소	액표면적이 40m² 이상인 것(제6류 위험물을 저장하는 것 및 고인화점위험물만을 100℃ 미만의 온도에서 저장하는 것은 제외)
	바닥면으로부터 탱크 옆판의 상단까지 높이가 6m 이상인 것(제6류 위험물을 저장하는 것 및 고인화점위험물만을 100℃ 미만의 온도에서 저장하는 것은 제외)
	탱크전용실이 단층건물 외의 건축물에 있는 것으로서 인화점 38℃ 이상 70℃ 미만의 위험물을 지정수량의 5배 이상 저장하는 것(내화구조로 개구부없이 구획된 것은 제외한다)
옥외 저장소	덩어리 상태의 황을 저장하는 것으로서 경계표시 내부의 면적(2 이상의 경계표시가 있는 경우에는 각 경계표시의 내부의 면적을 합한 면적)이 100m² 이상인 것
	제2류 위험물 중 또는 제4류 위험물 중 제1석유류 또는 알코올류의 위험물을 저장하는 것으로서 지정수량의 100배 이상인 것
암반탱크 저장소	액표면적이 40m² 이상인 것(제6류 위험물을 저장하는 것 및 고인화점위험물만을 100℃ 미만의 온도에서 저장하는 것은 제외)
	고체위험물만을 저장하는 것으로서 지정수량의 100배 이상인 것
이송 취급소	모든 대상

20 피크린산에 대한 설명으로 틀린 것은?

① 단독으로는 충격·마찰에 비교적 둔감하다.
② 운반 시 물에 젖게 하는 것이 안전하다.
③ 알코올, 에테르, 벤젠 등에 녹지 않는다.
④ 자연분해의 위험이 적어서 장기간 저장할 수 있다.

해설

③ 더운물, 알코올, 에테르, 아세톤, 벤젠 등에 녹는다.

21 염소산나트륨이 산과 반응하여 주로 발생되는 유독한 가스는?

① 이산화탄소
② 일산화탄소
③ 이산화염소
④ 일산화염소

해설

$2NaClO_3 + 2HCl \longrightarrow 2NaCl + 2ClO_2 + H_2O_2$

22 제1류 위험물 중 알칼리금속의 과산화물을 수납한 운반용기 외부에 표시하여야 하는 주의사항을 모두 옳게 나타낸 것은?

① 물기주의, 가연물접촉주의, 충격주의
② 가연물 접촉주의, 물기엄금, 화기엄금 및 공기노출금지
③ 화기·충격 주의, 물기엄금, 가연물접촉주의
④ 충격주의, 화기엄금 및 공기접촉엄금, 물기엄금

해설
위험물운반용기의 주의사항

위험물		주의사항
제1류 위험물	알칼리금속의 과산화물	• 화기·충격주의 • 물기엄금 • 가연물접촉주의
	기 타	• 화기·충격주의 • 가연물접촉주의
제2류 위험물	철분·금속분·마그네슘	• 화기주의 • 물기엄금
	인화성고체	화기엄금
	기 타	화기주의
제3류 위험물	자연발화성 물질	• 화기엄금 • 공기접촉엄금
	금수성물질	물기엄금
제4류 위험물		화기엄금
제5류 위험물		• 화기엄금 • 충격주의
제6류 위험물		가연물접촉주의

23 위험물의 유별구분이 나머지 셋과 다른 하나는?

① 나이트로벤젠
② 과산화벤조일
③ 펜트리트
④ 테트릴

해설
① 나이트로벤젠 : 제4류 위험물 중 제3석유류
② 과산화벤조일 : 제5류 위험물 중 유기과산화물류
③ 펜트리트 : 제5류 위험물 중 질산에스터류
④ 테트릴 : 제5류 위험물 중 나이트로화합물류

24 Cs에 대한 설명으로 틀린 것은?

① 알칼리토금속이다.
② 융점이 30℃보다 낮다.
③ 비중은 약 1.9이다.
④ 할로겐과 반응하여 할로겐화물을 만든다.

해설
① 알칼리금속 원소이다.

25 다음 중 아이오딘값이 가장 높은 것은?

① 참기름
② 채종유
③ 동유
④ 땅콩기름

해설
① 104~118
② 97~107
③ 145~176
④ 82~109

26 불소계 계면활성제를 기제로 하여 안정제 등을 첨가한 소화약제로서 보존성·내약품성이 우수하지만, 수용성위험물의 화재 시에는 효과가 떨어지는 것은?

① 알코올형포
② 단백포
③ 수성막포
④ 합성계면활성제포

해설
① 알코올형포(수용성용제소화약제) : 물과 친화력이 있는 알코올과 같은 수용성 용매(극성 용매)의 화재에 보통의 포소화약제를 사용하면 수용성 용매가 포 속의 물을 탈취하여 포가 파괴되기 때문에 효과를 잃게 된다. 이와 같은 현상은 온도가 높아지면 더욱 뚜렷이 나타난다. 이 같은 단점을 보완하기 위하여 단백질의 가수분해물에 금속비누를 계면 활성제 등을 사용하여 유화·분산시킨 포소화약제
② 단백포 : 동·식물성 단백질(동물의 뿔, 발톱 등)의 가수분해 생성물을 기제로 하고 포 안정제로서 제1철염, 부동액(에틸렌글리콜, 프로필렌글리콜 등) 등을 첨가하여 만든소화약제
④ 합성계면활성제포 : 계면활성제를 기제로 하여 안정제 등을 첨가하여 만든소화약제로 저팽창(3%, 6%) 및 고팽창(1%, 1.5%, 2%)로 사용하는소화약제

정답 22 ③ 23 ① 24 ① 25 ③ 26 ③

27 산화성액체위험물의 일반적인 성질로 옳은 것은?

① 비중이 1보다 작다.
② 낮은 온도에서 인화한다.
③ 물에 녹기 어렵다.
④ 자신은 불연성이다.

해설
① 비중이 1보다 크다.
② 조해성이 없다.
③ 물에 녹기 쉽다.

28 황린 124g을 공기를 차단한 상태에서 260℃로 가열하여 모두 반응하였을 때 생성되는 적린은 몇 g인가?

① 31
② 62
③ 124
④ 496

해설
황린과 적린은 동소체이므로 P_4(적린)의 분자량 124g은 변하지 않는다.

29 펌프와 발포기의 중간에 설치된 벤투리관의 벤투리 작용과 펌프가압수의 포소화약제 저장탱크에 대한 압력에 의하여 포소화약제를 흡입·혼합하는 방식은?

① 펌프 프로포셔너 방식
② 프레셔 프로포셔너 방식
③ 라인 프로포셔너 방식
④ 프레셔 사이드 프로포셔너 방식

해설
① 펌프 프로포셔너 방식 : 펌프의 토출관과 흡입관 사이의 배관 도중에 설치한 흡입기에 펌프에서 토출된 물의 일부를 보내고, 농도조정밸브에서 조정된 포소화약제의 필요량을 포소화약제 탱크에서 펌프흡입측으로 보내어 이를 혼합하는 방식
③ 라인 프로포셔너 방식 : 급수관의 배관 도중에 포소화약제 혼합기를 설치하여 그 흡입관에서 포소화약제의소화약제를 혼입하여 혼합하는 방식
④ 프레셔 사이드 프로포셔너 방식 : 펌프의 토출관에 압입기를 설치하여 포소화약제 압입용 펌프로 포소화약제를 압입시켜 혼합하는 방식

30 오황화인이 물과 반응하여 발생하는 가스가 연소하였을 때 주로 생성되는 것은?

① P_2O_5
② SO_3
③ SO_2
④ H_2S

해설
$P_2S_5 + 8H_2O \longrightarrow 5H_2S + 2H_3PO_4$
$2H_2S + 3O_2 \longrightarrow 2H_2O + 2SO_2$

31 위험물안전관리법령에서 정한 위험물안전관리자의 책무에 해당하지 않는 것은?

① 제조소 등의 구조 또는 설비의 이상을 발견한 경우 관계자에 대한 연락 및 응급조치
② 제조소 등의 계측장치·제어장치 및 안전장치 등의 적정한 유지·관리
③ 안전관리자가 일시적으로 직무를 수행할 수 없는 경우에 대리자 지정
④ 위험물의 취급에 관한 일지의 작성·기록

해설
위험물안전관리자의 책무
① 위험물의 취급작업에 참여하여 해당 작업이 규정에 의한 저장 또는 취급에 관한 기술기준과 예방규정에 적합하도록 해당 작업자에 대하여 지시 및 감독하는 업무
② 화재 등의 재난이 발생한 경우 응급조치 및 소방관서 등에 대한 연락 업무
③ 위험물시설의 안전을 담당하는 자를 따로 두는 제조소 등의 경우에는 그 담당자에게 규정에 의한 업무의 지시, 그 밖의 제조소 등의 경우에는 다음 각목의 규정의 의한 업무
  ㉠ 제조소 등의 위치·구조 및 설비를 기술기준에 적합하도록 유지하기 위한 점검과 점검상황의 기록·보존
  ㉡ 제조소 등의 구조 또는 설비의 이상을 발견한 경우 관계자에 대한 연락 및 응급조치
  ㉢ 화재가 발생하거나 화재발생의 위험성이 현저한 경우 소방관서 등에 대한 연락 및 응급조치
  ㉣ 제조소 등의 계측장치·제어장치 및 안전장치 등의 적정한 유지·관리
  ㉤ 제조소 등의 위치·구조 및 설비에 관한 설계도서 등의 정비·보존 및 제조소 등의 구조 및 설비의 안전에 관한 사무의 관리
④ 화재 등의 재해의 방지에 관하여 인접하는 제조소 등과 그 밖의 관련되는 시설의 관계자와 협조체제의 유지
⑤ 위험물의 취급에 관한 일지의 작성·기록
⑥ 그 밖에 위험물을 수납한 용기를 차량에 적재하는 작업, 위험물설비를 보수하는 작업 등 위험물의 취급과 관련된 작업의 취급작업의 안전에 관하여 필요한 감독의 수행

정답 27 ④ 28 ③ 29 ② 30 ③ 31 ③

32 위험물제조소건축물의 구조에 대한 설명 중 옳은 것은?

① 지하층은 1개층까지만 만들 수 있다.
② 벽·기둥·바닥·보 등은 불연재료로 한다.
③ 지붕은 폭발 시 대기 중으로 날아갈 수 있도록 가벼운 목재 등으로 덮는다.
④ 바닥에 적당한 경사가 있어서 위험물이 외부로 흘러갈 수 있는 구조라면 집유설비를 설치하지 않아도 된다.

해설
① 지하층이 없도록 하여야 한다.
③ 지붕은 폭발력이 위로 방출될 정도의 가벼운 불연재료로 덮어야 한다.
④ 액체의 위험물을 취급하는 건축물의 바닥은 위험물이 스며들지 못하는 재료를 사용하고, 적당한 경사를 두어 그 최저부에 집유설비를 하여야 한다.

33 제2류 위험물에 대한 설명 중 틀린 것은?

① 모두 가연성 물질이다.
② 모두 고체이다.
③ 모두 주수소화가 가능하다.
④ 지정수량의 단위는 모두 kg이다.

해설
③ 주수에 의한 냉각소화 및 질식소화를 실시하며, 금속분의 화재에는 건조사 등에 의한 피복소화를 실시한다.

34 다음 소화약제 중 비할로겐 계열로서 화학적 소화보다는 물리적 소화에 의해 화재를 진압하는소화약제는?

① HFC-227ea(FM-200)
② IG-541(Inergen)
③ HCFC Blend A(NAF S-Ⅲ)
④ HFC-23(FE-13)

해설
IG-541(Inergen)의 설명이다.

35 에틸알코올 23g을 완전연소하기 위해 표준상태에서 필요한 공기량(L)은?

① 33.6 ② 67.2
③ 160   ④ 320

해설
$C_2H_5OH + 3O_2 \longrightarrow 2CO_2 + 3H_2O$
46g 3×22.4L
23g x(L)

$x = \dfrac{23 \times 3 \times 22.4}{46} = \dfrac{1545.6}{46} = 33.6L$

∴ $33.6 \times \dfrac{100}{21} = 160L$

36 전기기기의 과도한 온도상승, 아크 또는 스파크 발생의 위험을 방지하기 위해 추가적인 안전조치를 통한 안전도를 증가시킨 방폭구조는?

① 안전증방폭구조   ② 특수방폭구조
③ 유입방폭구조   ④ 본질안전방폭구조

해설
③ 유입방폭구조 : 전기불꽃을 발생하는 부분을 기름 속에 잠기게 함으로써 기름면 위 또는 용기 외부에 존재하는 폭발성 분위기에 착화할 우려가 없도록 한 구조
④ 본질안전방폭구조 : 정상설계 및 단선, 단락, 지락 등 이상상태에서 전기회로에 발생한 전기불꽃이 규정된 시험조건에서 소정의 시험가스에 점화하지 않고 또한 고온에 의해 폭발성 분위기에 점화할 염려가 없게 한 구조
② 특수방폭구조 : 모래를 삽입한 사입방폭구조와 밀폐방폭구조가 있으며, 폭발성 가스의 인화를 방지할 수 있는 특수한 구조로서 폭발성 가스의 인화를 방지할 수 있는 것이 시험에 의하여 확인된 구조

37 압력의 차원을 질량 M, 길이 L, 시간 T로 표시하면?

① ML^{-2} ② $ML^{-2}T^2$
③ $ML^{-1}T^{-2}$ ④ $ML^{-2}T^{-2}$

해설
$P = \dfrac{W}{A}[kgf/m^2] = FL^{-2} = [MLT^{-2}]L^{-2} = ML^{-1}T^{-2}$

정답 32 ② 33 ③ 34 ② 35 ③ 36 ① 37 ③

38 다음 위험물을 완전연소시켰을 때 나머지 셋의 위험물의 연소생성물에 공통적으로 포함된 가스를 발생하지 않는 것은?

① 황
② 황린
③ 삼황화인
④ 이황화탄소

해설
① $S + O_2 \longrightarrow SO_2$
② $4P + 5O_2 \longrightarrow 2P_2O_5$
③ $P_4S_3 + 8O_2 \longrightarrow 2P_2O_5 + 3SO_2$
④ $CS_2 + 3O_2 \longrightarrow CO_2 + 2SO_2$

39 흐름 단면적이 감소하면서 속도두가 증가하고 압력두가 감소하여 생기는 압력차를 측정하여 유량을 구하는 기구로서, 제작이 용이하고 비용이 저렴한 장점이 있으나 유체 수송을 위한 소요동력이 증가하는 단점이 있는 것은?

① 로터미터
② 피토튜브
③ 벤투리미터
④ 오리피스미터

해설
① **로터미터** : 면적식 유량계로서 수직으로 놓인 경사 간 완만한 원추모양의 유리관 안에 상하운동을 할 수 있는 부자가 있고 유체는 관의 하부에서 도입되며 부자는 그 부력과 중력이 균형 잡히는 위치에 서게 되므로 그 위치의 눈금을 읽고 이것을 유량으로 알 수 있다.
② **피토튜브** : 관로에 피토관을 삽입하고 전압과 정압의 차인 동압을 측정하여 유속을 구한다.
③ **벤투리미터** : 관의 지름을 변화시켜 전후의 압력차를 측정하여 속도를 구하는 것으로서 테이퍼형의 관을 사용하므로 오리피스보다 압력손실이 적다. 그러나 설비비가 비싸고 장소를 많이 차지하는 것이 결점이다.

40 주기율표상 0족의 불활성 물질이 아닌 것은?

① Ar
② Xe
③ Kr
④ Br

해설
비활성 기체(0족) : He, Ne, Ar, Kr, Xe, Rn

41 가솔린저장탱크로부터 위험물이 누설되어 직경 2m인 상태에서 풀(Pool)화재가 발생되었다. 이때 위험물의 단위면적당 발생되는 에너지방출속도는 몇 kW인가? (가솔린의 연소열은 43.7kJ/g이며, 질량유속은 55g/m²·s이다)

① 1,887
② 2,453
③ 3,775
④ 7,551

해설
에너지방출속도(kW) = 가솔린의 연소열×질량유속×면적(A)
$= 43.7kJ/g \times 55g/m^2 \cdot sec \times \frac{\pi}{4} \times 2^2$
$= 7,551 kJ/sec(kW)$

42 탄화칼슘과 물이 반응하여 500g의 가연성가스가 발생하였다. 약 몇 g의 탄화칼슘이 반응하였는가? (단, 칼슘의 원자량은 40이고 물의 양은 충분하였다)

① 928
② 1,231
③ 1,632
④ 1,921

해설
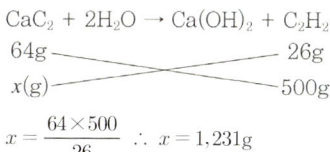

$x = \frac{64 \times 500}{26} \quad \therefore \quad x = 1,231g$

43 다음 중 서로 혼합하였을 경우 위험성이 가장 낮은 것은?

① 황화인과 알루미늄분
② 과산화나트륨과 마그네슘분
③ 염소산나트륨과 황
④ 나이트로셀룰로오스와 에탄올

해설
나이트로셀룰로오스($[C_6H_7O_2(ONO_2)_3]_n$)는 물과 혼합할수록 위험성이 감소되므로 운반 시는 물(20%), 용제 또는 알코올(30%)을 첨가·습윤시킨다.

정답 38 ② 39 ④ 40 ④ 41 ④ 42 ② 43 ④

44 전역방출방식 불활성기체소화설비에서 저장용기 설치기준이 틀린 것은?

① 온도가 40℃ 이하이고 온도변화가 적은 장소에 설치할 것
② 방호구역 내의 장소에 설치할 것
③ 직사일광 및 빗물이 침투할 우려가 적은 장소에 설치할 것
④ 저장용기에는 안전장치를 설치할 것

해설
저장용기 설치기준
㉠ 방호구역 외의 장소에 설치한다.
㉡ 온도가 40℃ 이하이고 온도변화가 적은 곳에 설치한다.
㉢ 직사광선 및 빗물이 침투할 우려가 없는 곳에 설치한다.
㉣ 저장용기에는 안전장치(용기밸브에 설치되어 있는 것 포함)를 설치한다.
㉤ 저장용기의 외면에 소화약제의 종류와 양, 제조년도 및 제조자를 표시한다.

45 $(C_2H_5)_3Al$은 운반용기의 내용적의 몇 % 이하의 수납률로 수납하여야 하는가?

① 85%   ② 90%
③ 95%   ④ 98%

해설
운반용기의 수납률

위험물	수납률
알킬알루미늄	90% 이하(50℃에서 5% 이상 공간용적유지)
고체위험물	95% 이하
액체위험물	98% 이하(55℃에서 누설되지 않을 것)

46 $(CH_3CO)_2O_2$에 대한 설명으로 틀린 것은?

① 가연성 물질이다.
② 지정수량은 10kg이다.
③ 녹는점이 약 -10℃인 액체상이다.
④ 화재 시 다량의 물로 냉각소화한다.

해설
③ 녹는점 30℃인 가연성 고체이다.

47 다음 위험물의 화재 시 알코올포소화약제가 아닌 보통의 포소화약제를 사용하였을 때 가장 효과가 있는 것은?

① 아세트산   ② 에틸알코올
③ 아세톤   ④ 경유

해설
㉠ 알코올포소화약제는 수용성 위험물(아세트산, 에틸알코올, 아세톤)에 효과가 있다.
㉡ 보통의 포소화약제는 불용성 위험물(경유)에 효과가 있다.

48 이동탱크저장소 일반점검표에서 정한 점검항목 중 가연성증기의 회수설비 점검내용이 아닌 것은?

① 가연성증기 경보장치의 작동상황의 적부
② 회수구의 변형·손상의 유무
③ 호스결합장치의 균열·손상의 유무
④ 완충이음 등의 균열·변형·손상의 유무

해설
가연성증기 회수설비의 점검내용
㉠ 회수구의 변형·손상의 유무
㉡ 호스결합장치의 균열·손상의 유무
㉢ 완충이음 등의 균열·변형·손상의 유무

49 이동탱크저장소에 의한 위험물의 운송에 대한 설명으로 옳지 않은 것은?

① 이동탱크저장소의 운전자와 알킬알루미늄 등의 운송책임자의 자격은 다르다.
② 알킬알루미늄 등의 운송은 운송책임자의 감독 또는 지원을 받아서 하여야 한다.
③ 운송은 위험물 취급에 관한 국가기술자격자 또는 위험물운송자 교육을 받은 자가 하여야 한다.
④ 위험물운송자가 이동탱크저장소로 위험물을 운송할 때 해당 운송자격증을 휴대하지 않으면 벌금에 처해진다.

해설
④ 위험물운송자가 이동탱크저장소로 위험물을 운송할 때 해당 운송자격증을 휴대하여야 한다.

정답 44 ② 45 ② 46 ③ 47 ④ 48 ① 49 ④

50 Sr(NO₃)₂의 지정수량은?

① 50kg ② 100kg
③ 300kg ④ 1,000kg

해설
Sr(NO₃)₂은 제1류 위험물 중 질산염류에 속하므로 지정수량이 300kg이다.

51 자동화재탐지설비를 설치하여야 하는 옥내저장소가 아닌 것은?

① 처마높이가 7m인 단층 옥내저장소
② 저장창고의 연면적이 100m²인 옥내저장소
③ 에탄올 5만L를 취급하는 옥내저장소
④ 벤젠 5만L를 취급하는 옥내저장소

해설

제조소 등의 구분	제조소 등의 규모, 저장 또는 취급하는 위험물의 종류 및 최대 수량 등	경보 설비
1. 제조소 및 일반 취급소	• 연면적이 500m² 이상인 것 • 옥내에서 지정수량의 100배 이상을 취급하는 것(고인화점위험물만을 100℃ 미만의 온도에서 취급하는 것을 제외한다) • 일반취급소로 사용되는 부분 외의 부분이 있는 건축물에 설치된 일반취급소(일반취급소와 일반취급소 외의 부분이 내화구조의 바닥 또는 벽으로 개구부 없이 구획된 것을 제외한다)	
2. 옥내 저장소	• 지정수량의 100배 이상을 저장 또는 취급하는 것(고인화점위험물만을 저장 또는 취급하는 것을 제외한다) • 저장창고의 연면적이 150m²를 초과하는 것[당해 저장창고가 연면적 150m² 이내마다 불연재료의 격벽으로 개구부 없이 완전히 구획된 것과 제2류 또는 제4류의 위험물(인화성고체 및 인화점이 70℃ 미만인 제4류 위험물을 제외한다)만을 저장 또는 취급하는 것에 있어서는 저장창고의 연면적이 500m² 이상의 것에 한한다] • 처마높이가 6m 이상인 단층건물의 것 • 옥내저장소로 사용되는 부분 외의 부분이 있는 건축물에 설치된 옥내저장소[옥내저장소와 옥내저장소 외의 부분이 내화구조의 바닥 또는 벽으로 개구부 없이 구획된 것과 제2류 또는 제4류의 위험물(인화성고체 및 인화점이 70℃ 미만인 제4류 위험물을 제외한다)만을 저장 또는 취급하는 것을 제외한다]	자동화재탐지설비
3. 옥내 탱크 저장소	단층건물 외의 건축물에 설치된 옥내탱크저장소로서 소화난이도등급 Ⅰ에 해당하는 것	
4. 주유 취급소	옥내주유취급소	
5. 옥외탱크저장소	특수인화물, 제1석유류 및 알코올류를 저장 또는 취급하는 탱크의 용량이 1,000만리터 이상인 것	자동화재탐지설비, 자동화재속보설비
6. 제1호 내지 제5호의 자동화재탐지설비 설치대상에 해당하지 아니하는 제조소등	지정수량의 10배 이상을 저장 또는 취급하는 것	자동화재탐지설비, 비상경보설비, 확성장치 또는 비상방송설비 중 1종 이상

③ 에탄올 5만L : $\frac{50,000L}{400L} = 125$배

④ 벤젠 5만L : $\frac{50,000L}{200L} = 250$배

52 다음 위험물 중 혼재가 가능한 것은? (단, 지정수량의 10배를 취급하는 경우이다)

① KClO₄와 Al₄C₃ ② Mg와 Na
③ P₄와 CH₃CN ④ HNO₃와 (C₂H₅)₃Al

해설
유별을 달리하는 위험물의 혼재 기준

위험물의 구분	제1류	제2류	제3류	제4류	제5류	제6류
제1류		×	×	×	×	○
제2류	×		×	○	○	×
제3류	×	×		○	×	×
제4류	×	○	○		○	×
제5류	×	○	×	○		×
제6류	○	×	×	×	×	

① KClO₄(제1류)와 Al₄C₃(제3류)
② Mg(제2류)와 Na(제3류)
③ P₄(제3류)와 CH₃CN(제4류)
④ HNO₃(제6류)와 (C₂H₅)₃Al(제3류)

53 알킬알루미늄 등을 저장 또는 취급하는 이동탱크저장소에 관한 기준으로 옳은 것은?

① 탱크 외면은 적색으로 도장을 하고 백색 문자로 동관의 양측면 및 경판에 '화기주의'라는 주의사항을 표시한다.
② 알킬알루미늄 등을 저장하는 경우 20kPa 이하의 압력으로 불활성기체를 봉입해 두어야 한다.
③ 이동저장탱크의 맨홀 및 주입구의 뚜껑은 10mm 이상의 강판으로 제작하고, 용량은 2,000리터 미만이어야 한다.
④ 이동저장탱크는 두께 10mm 이상의 강판으로 제작하고 3MPa 이상의 압력으로 10분간 실시하는 수압시험에서 새거나 변형되지 않아야 한다.

해설
① 탱크 외면은 적색으로 도장을 하고 백색 문자로 동판의 양측면 및 경판에 '물기엄금 및 화기엄금'이라는 주의사항을 표시한다.
③ 이동저장탱크의 맨홀 및 주입구의 뚜껑은 10mm 이상의 강판으로 제작하고, 용량은 1,900리터 미만이어야 한다.
④ 이동저장탱크는 두께 10mm 이상의 강판으로 제작하고 1MPa 이상의 압력으로 10분간 실시하는 수압시험에서 새거나 변형되지 않아야 한다.

정답 50 ③ 51 ② 52 ③ 53 ②

54 위험물제조소의 옥내에 3기의 위험물취급탱크가 하나의 방유턱 안에 설치되어 있고 탱크별로 실제로 수납하는 위험물의 양은 다음과 같다. 설치하는 방유턱의 용량은 최소 몇 L 이상이어야 하는가? (단, 취급하는 위험물의 지정수량은 50L)

- A탱크 : 100L
- B탱크 : 50L
- C탱크 : 50L

① 50
② 100
③ 110
④ 200

해설
위험물제조소의 옥내에 있는 위험물취급탱크의 방유턱의 용량
㉠ 1기 일때 : 탱크 용량 이상
㉠ 2기 이상 : 최대 탱크 용량 이상

55 $\bar{x}$ 관리도에서 관리상한이 22.15, 관리하한이 6.85, $\bar{R}$ = 7.5일 때 시료군의 크기(n)는 얼마인가? (단, $n=2$ 일 때 $A_2 = 1.88$, $n=3$일 때 $A_2 = 1.02$, $n=4$일 때 $A_2 = 0.73$, $n=5$일 때 $A_2 = 0.58$)

① 2
② 3
③ 4
④ 5

해설
$\bar{x}$ 관리도 : UCL=22.15
　　　　　　　LCL=6.85
　　　　　　　$\bar{R}$=7.5

$$\begin{array}{l} UCL = \bar{x} + A_2\bar{R} \\ LCL = \bar{x} - A_2\bar{R} \end{array}$$
$$UCL - LCL = 2A_2\bar{R}$$

$$\therefore A_2 = \frac{UCL-LCL}{2\bar{R}} = \frac{22.15-6.85}{2\times 7.5} = 1.02 \sim n=3$$

56 200개들이 상자가 15개 있다. 각 상자로부터 제품을 랜덤하게 10개씩 샘플링할 경우, 이러한 샘플링 방법을 무엇이라 하는가?

① 계통샘플링
② 취락샘플링
③ 층별샘플링
④ 2단계샘플링

해설
① 계통샘플링 : n개의 물품이 일련의 배열로 되었을 때, 첫 R개의 샘플링 단위 중 1개를 뽑고 그로부터 매 R번째를 선택하여 n개의 시료를 추출하는 샘플링 방법
② 취락샘플링 : 모집단을 몇 개의 층으로 나누어 그 층 중에서 시료(n) 수에 알맞게 몇 개의 층을 랜덤 샘플링하여 그것을 취한 층안의 모든 것을 측정·조사하는 방법
④ 2단계 샘플링 : 모집단(Lot)이 N_i개씩의 제품이 들어 있는 M상자로 나누어져 있을 때, 랜덤하게 m개 상자를 취하고 각각의 상자로부터 n_i개의 제품을 랜덤하게 채취하는 샘플링 방법으로, 샘플링 실시가 용이하다는 장점이 있다.

57 어떤 측정법으로 동일 시료를 무한횟수 측정하였을 때 데이터 분포의 평균치와 모집단 참값과의 차를 무엇이라 하는가?

① 편차
② 신뢰성
③ 정확성
④ 정밀도

해설
① 편차 : 확률변수에서 확률변수의 중심값을 뺀 값으로 확률변수들 간의 거리를 나타내는 척도
② 신뢰성 : 데이터를 신뢰할 수 있는가의 문제로 샘플링을 작업 표준에서 지시한대로 하였는가, 분석방법에 잘못이 있지 않았는가, 또는 계기에 잘못이 있지 않았는가, 하는 등의 문제이다. $R(t)$로 표시하며, 정밀도의 신뢰성과 정확성의 신뢰성으로 구분할 수 있다.
④ 정밀도 : 어떤 일정한 측정법으로 동일 시료를 무한히 반복측정하면 그 데이터는 반드시 어떤 산포를 하게 된다. 이 산포의 크기를 정밀도라 한다.

정답 54 ② 55 ② 56 ③ 57 ③

58 다음 중 신제품에 대한 수요예측방법으로 가장 적절한 것은?

① 시장조사법　② 이동평균법
③ 지수평활법　④ 최소자승법

해설

② 이동평균법 : 전기수요법을 발전시킨 형태로서 과거 일정기간의 실적을 평균해서 수요의 계절 변동을 예측하는 방법으로 추세변동을 고려하는 경우 가중이동평균법을 사용한다.

③ 지수평활법 : 과거의 자료에 따라 예측을 행할 경우 현시점에 가장 가까운 자료에 가장 비중을 많이 주고, 과거로 거슬러 올라갈수록 그 비중을 지수적으로 감소해나가는 지수형의 가중이동평균법으로 단기예측법으로 가장 많이 사용하고 있다. 불규칙 변동이 있는 경우 최근 데이터로 예측가능하다는 장점이 있다.

④ 최소자승법(추세분석법) : 상승 또는 하강 경향이 있는 수요계열에 쓰이며, 관측치와 경향치의 편차 제곱의 총합계가 최소가 되도록 동적평균적(회귀직선)을 구하고 회귀직선을 연장해서 수요의 추세변동은 예측하는 방법이다.

59 ASME(American Society of Mechanical Engineers)에서 정의하고 있는 제품공정분석표에 사용되는 기호 중 '저장(Storage)'을 표현한 것은?

① ○　②
③ □　④ ▽

해설

공정도에 사용되는 기호

ASME식	
기 호	명 칭
○	작 업
→	운 반
▽	저 장
	정 체
□	검 사

60 다음 중 사내표준을 작성할 때 갖추어야 할 요건으로 옳지 않은 것은?

① 내용이 구체적이고 주관적일 것
② 장기적 방침 및 체계 하에서 추진할 것
③ 작업표준에는 수단 및 행동을 직접 제시할 것
④ 당사자에게 의견을 말하는 기회를 부여하는 절차로 정할 것

해설

① 내용이 구체적이고 객관적이어야 한다.

제67회 위험물기능장

시행일 : 2020년 4월 5일

01 위험물의 운반방법에 대한 설명 중 틀린 것은?
① 지정수량 이상의 위험물을 차량으로 운반하는 경우에는 한 변의 길이가 0.3m 이상, 다른 한 변의 길이가 0.6m 이상인 직사각형의 판으로 된 표지를 설치하여야 한다.
② 지정수량 이상의 위험물을 차량으로 운반하는 경우에는 바탕은 백색으로 하고, 황색의 반사도료 그 밖의 반사성이 있는 재료로 "위험물"이라고 표시한 표지를 설치하여야 한다.
③ 지정수량 이상의 위험물을 차량으로 운반하는 경우에는 표지를 차량의 전면 및 후면에 보기 쉬운 곳에 내걸어야 한다.
④ 위험물 또는 위험물을 수납한 운반용기가 현저하게 마찰 또는 동요를 일으키지 아니하도록 운반하여야 한다.

해설
② 지정수량 이상의 위험물을 차량으로 운반하는 경우에는 바탕은 흑색으로 하고, 황색의 반사도료로 "위험물"이라고 표시한 표지를 설치하여야 한다.

02 제5류 위험물의 피크린산의 질소 함유량은 약 몇 wt%인가?
① 11.76 ② 12.76
③ 18.34 ④ 21.60

해설
피크린산[$C_6H_2(NO_2)_3OH$]의 분자량은 229이다.
$$\frac{3N}{C_6H_2(NO_2)_3OH} \times 100 = \frac{42}{229} \times 100 = 18.34 wt\%$$

03 기체방전의 한 형태로 불꽃이 일어나기 전에 국부적인 절연이 파괴되어 방전하는 미약한 방전현상을 무엇이라 하는가?
① 코로나방전 ② 스트리머방전
③ 불꽃방전 ④ 아크방전

해설
방전(Spark)의 종류
② 스트리머방전 : 대전이 큰 부도체와 비교적 곡률반경이 큰 선단을 가진 도체와의 사이에서 발생하는 수지상의 발광과 펄스상의 파괴음을 수반하는 방전이다.
③ 불꽃방전 : 도체가 대전되었을 때에 접지된 도체와의 사이에서 발생하는 강한 발광과 파괴음을 수반하는 방전이다.
④ 아크방전 : 통상 높은 압력하에 높은 열과 강렬한 빛을 발하는 방전

04 다음 위험물 중 혼재할 수 없는 위험물은? (단, 지정수량의 1/10 초과 위험물이다)
① 적린과 경유
② 칼륨과 등유
③ 아세톤과 나이트로셀룰로오스
④ 과산화칼륨과 크실렌

해설
유별을 달리하는 위험물의 혼재 기준

위험물의 구분	제1류	제2류	제3류	제4류	제5류	제6류
제1류		×	×	×	×	○
제2류	×		×	○	○	×
제3류	×	×		○	×	×
제4류	×	○	○		○	×
제5류	×	○	×	○		×
제6류	○	×	×	×	×	

① 적린 : 제2류 위험물, 경유 : 제4류 위험물
② 칼륨 : 제3류 위험물, 등유 : 제4류 위험물
③ 아세톤 : 제4류 위험물, 나이트로셀룰로오스 : 제5류 위험물
④ 과산화칼륨 : 제1류 위험물, 크실렌 : 제4류 위험물

정답 01 ② 02 ③ 03 ① 04 ④

05 다음과 같은 소화난이도등급 I의 저장소에 물분무소화설비를 설치하는 것이 위험물안전관리법에 의한 소화설비의 설치기준에 적합하지 않은 것은?

① 옥외탱크저장소(지상의 일반형태) - 지정수량의 120배의 황만을 저장·취급하는 것
② 옥내탱크저장소 - 바닥면으로부터 탱크 옆판의 상단까지의 높이가 8m인 탱크에 황만을 저장·취급하는 것
③ 암반탱크저장소 - 지정수량 150배의 제2석유류 위험물을 저장·취급하는 것
④ 해상탱크 - 지정수량의 110배인 경유를 저장·취급하는 것

해설

소화 난이도 등급 I의 제조소 등에 설치하여야 하는 소화설비

제조소 등의 구분			소화 설비
제조소 및 일반취급소			옥내소화전설비, 옥외소화전설비, 스프링클러설비 또는 물분무등소화설비(화재발생시 연기가 충만할 우려가 있는 장소에는 스프링클러설비 또는 이동식 외의 물분무등소화설비에 한한다)
주유취급소			스프링클러설비(건축물에 한정한다), 소형수동식소화기등(능력단위의 수치가 건축물 그 밖의 공작물 및 위험물의 소요단위의 수치에 이르도록 설치할 것)
옥내저장소	처마높이가 6m 이상인 단층건물 또는 다른 용도의 부분이 있는 건축물에 설치한 옥내저장소		스프링클러설비 또는 이동식 외의 물분무등소화설비
	그 밖의 것		옥외소화전설비, 스프링클러설비, 이동식 외의 물분무등소화설비 또는 이동식 포소화설비(포소화전을 옥외에 설치하는 것에 한한다)
옥외탱크저장소	지중탱크 또는 해상탱크 외의 것	황만을 저장 취급하는 것	물분무소화설비
		인화점 70℃ 이상의 제4류 위험물만을 저장 취급하는 것	물분무소화설비 또는 고정식 포소화설비
		그 밖의 것	고정식 포소화설비(포소화설비가 적응성이 없는 경우에는 분말소화설비)
	지중탱크		고정식 포소화설비, 이동식 이외의 불활성가스소화설비 또는 이동식 이외의 할로젠화합물소화설비
	해상탱크		고정식 포소화설비, 물분무소화설비, 이동식이외의 불활성가스소화설비 또는 이동식 이외의 할로젠화합물소화설비
옥내탱크저장소	황만을 저장취급하는 것		물분무소화설비
	인화점 70℃ 이상의 제4류 위험물만을 저장 취급하는 것		물분무소화설비, 고정식 포소화설비, 이동식 이외의 불활성가스소화설비, 이동식 이외의 할로젠화합물소화설비 또는 이동식 이외의 분말소화설비
	그 밖의 것		고정식 포소화설비, 이동식 이외의 불활성가스소화설비, 이동식 이외의 할로젠화합물소화설비 또는 이동식 이외의 분말소화설비
옥외저장소 및 이송취급소			옥내소화전설비, 옥외소화전설비, 스프링클러설비 또는 물분무등소화설비(화재발생시 연기가 충만할 우려가 있는 장소에는 스프링클러설비 또는 이동식 이외의 물분무등소화설비에 한한다)
암반탱크저장소	황만을 저장취급하는 것		물분무소화설비
	인화점 70℃ 이상의 제4류 위험물만을 저장 취급하는 것		물분무소화설비 또는 고정식 포소화설비
	그 밖의 것		고정식 포소화설비(포소화설비가 적응성이 없는 경우에는 분말소화설비)

06 비수용성에 제4류 위험물을 저장하는 시설에 포소화설비를 설치하는 경우 약제에 관하여 옳게 설명한 것은?

① I형의 방출구를 이용하는 것은 불화단백포소화약제 또는 수성막포소화약제로 하고, 그 밖의 것은 단백포소화약제(불화단백포소화약제를 포함) 또는 수성막포소화약제로 한다.
② III형의 방출구를 이용하는 것은 불화단백포소화약제 또는 수성막포소화약제로 하고, 그 밖의 것은 단백포소화약제(불화단백포소화약제를 포함) 또는 수성막포소화약제로 한다.
③ 특형의 방출구를 이용하는 것은 불화단백포소화약제 또는 수성막포소화약제로 하고, 그 밖의 것은 단백포소화약제(불화단백포소화약제를 포함) 또는 수성막포소화약제로 한다.
④ 특형의 방출구를 이용하는 것은 단백포소화약제(불화단백포소화약제를 제외) 또는 수성막포소화약제로 하고, 그 밖의 것은 수성막포소화약제로 한다.

해설

고정식포소화설비의 포 방출구

㉠ I형 : 고정지붕구조의 탱크에 상부 포 주입법
㉡ II형 : 고정지붕구조 또는 부상덮개 부착 고정지붕구조의 탱크에 상부 포 주입법
㉢ 특형 : 부상지붕구조의 탱크에 상부 포 주입법
㉣ III형 : 고정지붕구조의 탱크에 저부포주입법[불화단백포소화약제 또는 수성막포소화약제로 하고, 그 밖의 것은 단백포소화약제(불화단백포소화약제를 포함함) 또는 수성막포소화약제로 함]
㉤ IV형 : 고정지붕구조의 탱크에 저부포주입법

07 질산 2mol은 몇 g인가?

① 36 ② 72
③ 63 ④ 126

해설

2HNO₃ = 2 × (1 + 14 + 16 × 3) = 2 × 63 = 126g

정답 05 ③ 06 ② 07 ④

08 질산의 위험성을 옳게 설명한 것은?

① 인화점이 낮아 가열하면 발화하기 쉽다.
② 공기 중에서 자연발화 위험성이 높다.
③ 충격에 의한 단독으로 발화하기 쉽다.
④ 환원성물질과 혼합 시 발화 위험성이 있다.

해설
① 자신은 불연성물질이지만 강한 산화력을 가지고 있는 강산화성 물질이다.
② 공기 중에서 자연발화하지 않는다.
③ 충격에 의해 단독으로 발화하지 않는다.

09 질산칼륨에 대한 설명으로 틀린 것은?

① 황화인, 질소와 혼합하면 흑색 화약이 된다.
② 알코올에는 난용이다.
③ 물에 녹으므로 저장 시 수분과의 접촉에 주의한다.
④ 400℃로 가열하면 분해하여 산소를 방출한다.

해설
흑색 화약
질산칼륨(KNO_3) : 황(S) : 목탄분(C)을 75% : 10% : 15%의 표준배합비율로 혼합한 것이다.

10 다음 중 과산화수소의 분해를 막기 위한 안정제는?

① MnO_2 ② HNO_3
③ $HClO_4$ ④ H_3PO_4

해설
분해방지 안정제
인산(H_3PO_4), 인산나트륨, 요산, 요소, 글리세린 등

11 물질에 의한 화재가 발생하였을 경우 적합한 소화약제를 연결한 것이다. 틀리게 연결한 것은?

① 마그네슘 – CO_2 ② 적린 – 물
③ 휘발유 – 포   ④ 프로판올 – 내알코올포

해설
소화설비의 적응성

12 강화액소화기에 대한 설명 중 틀린 것은?

① 한랭지에서도 사용이 가능하다.
② 액성은 알칼리성이다.
③ 유류화재에 가장 효과적이다.
④ 소화력을 높이기 위해 금속염류를 첨가한 것이다.

해설
③ 일반가연물 화재에 가장 효과적이다.

정답 08 ④ 09 ① 10 ④ 11 ① 12 ③

13 다음 산화성액체위험물에 대한 설명 중 틀린 것은?

① 과산화수소는 물과 접촉하면 심하게 발열하고, 폭발의 위험이 있다.
② 질산은 불연성이지만 강한 산화력을 가지고 있는 강산화성 물질이다.
③ 질산은 물과 접촉하면 발열하므로 주의하여야 한다.
④ 과염소산은 강산이고 불안정하여 분해가 용이하다.

해설
① 과산화수소는 물과는 임의로 혼합하며, 수용액 상태는 비교적 안정하다.

14 제4류 위험물에 대한 설명으로 틀린 것은?

① 디에틸에테르를 장기간 보관할 때는 공기 중에서 보관한다.
② CS_2는 연소 시 CO_2와 SO_2를 생성한다.
③ 산화프로필렌을 용기에 수납할 때는 불활성기체를 채운다.
④ 아세트알데하이드는 구리와 접촉하면 위험하다.

해설
① 디에틸에테르를 장기간 보관할 때는 탱크나 용기에 공간용적을 유지하고 보관한다.

15 위험물안전관리법 시행규칙에서는 위험물의 성질에 따른 특례규정을 두어 일부 위험물에 대하여는 위험물시설의 설치기준을 강화하고 있다. 다음의 위험물시설 중 이러한 특례 대상이 되는 위험물의 종류가 다른 하나는?

① 옥내저장소　② 옥외탱크저장소
③ 이동탱크저장소　④ 일반취급소

해설
성질에 따른 특례 규정을 두는 대상
㉠ 옥외탱크저장소
㉡ 이동탱크저장소
㉢ 일반취급소

16 이산화탄소의 가스밀도(g/L)는 27℃, 2기압에서 약 얼마인가?

① 1.11　② 2.02
③ 2.76　④ 3.57

해설
$CO_2 = 44$이므로
$$d = \frac{PM}{RT}[g/L]$$
$$= \frac{2 \times 44}{0.082 \times (273 + 27)}$$
$$= \frac{88}{24.6}$$
$$= 3.57 g/L$$

17 아세틸렌 1몰이 완전연소하는 데 필요한 이론 산소량은 몇 몰인가?

① 1　② 2.5
③ 3.5　④ 5

해설
$C_2H_2 + 2.5O_2 \longrightarrow 2CO_2 + H_2O$

18 다음 중 소방공무원 경력자가 취급할 수 있는 위험물은?

① 위험물안전관리법 시행령 별표 1에 표기된 모든 위험물
② 제1류 위험물
③ 제4류 위험물
④ 제6류 위험물

해설
위험물취급자격자의 자격

위험물취급자격자의 구분	취급할 수 있는 위험물
위험물기능장, 위험물산업기사, 위험물기능사 자격을 취득한 사람	모든 위험물
소방청장이 실시하는 안전관리자교육을 이수한 자	제4류 위험물
소방공무원경력자 (소방공무원 근무경력 3년 이상인 자)	제4류 위험물

정답　13 ①　14 ①　15 ①　16 ④　17 ②　18 ③

19 위험물안전관리법령상 보기의 위험물에 공통적으로 해당하는 것은?

- 초산메틸
- 메틸에틸케톤
- 피리딘
- 폼산에틸

① 품명 ② 수용성
③ 지정수량 ④ 비수용성

해설
품명과 품목의 지정
㉠ 특수한 위험성에 의한 지정
㉡ 화학적 조성에 의한 지정
㉢ 형태에 의한 지정
㉣ 농도에 의한 지정
㉤ 사용 상태에 의한 지정
㉥ 지정에서의 제외와 편입
㉦ 경합하는 경우의 지정

20 제조소 등에서 위험물의 저장기준에 관한 설명 중 틀린 것은?

① 옥내저장소에서 제4류 위험물 중 제3석유류, 제4석유류, 동·식물유류를 수납하는 용기만을 겹쳐 쌓는 경우 4m를 초과하여 쌓지 아니하여야 한다(기계에 의하여 하역하는 구조로 된 용기 외의 경우임).
② 옥외저장소에서 위험물을 수납한 용기를 선반에 저장하는 경우에는 6m를 초과하여 저장하지 아니하여야 한다.
③ 이동저장탱크에는 해당 탱크에 저장 또는 취급하는 위험물의 유별, 품명, 지정수량, 대표적 성질을 표시하고 잘 보일 수 있도록 관리하여야 한다.
④ 이동저장탱크에 알킬알루미늄 등을 저장하는 경우에는 20kPa 이하의 압력으로 비활성의 기체를 봉입한다.

해설
이동저장탱크의 뒷면 중 보기 쉬운 곳에는 해당 탱크에 저장 또는 취급하는 위험물의 유별, 품명, 최대수량 및 적재 중량을 게시한 게시판을 설치한다.

21 제4류 위험물제조소로 허가를 득하여 사용하는 도중에 변경허가를 득하지 않고 변경할 수 있는 것은?

① 배출설비를 신설하는 경우
② 위험물취급탱크의 방유제의 높이를 변경하는 경우
③ 방화상 유효한 담을 신설하는 경우
④ 지상에 250m의 위험물 배관을 신설하는 경우

해설
제조소의 변경허가를 받아야 하는 경우
① 제조소 또는 일반취급소의 위치를 이전하는 경우
② 건축물의 벽·기둥·바닥·보 또는 지붕을 증설 또는 철거하는 경우
③ 배출설비를 신설하는 경우(제조소 또는 일반취급소)
④ 위험물취급탱크를 신설·교체·철거 또는 보수(탱크의 본체를 절개하는 경우)하는 경우
⑤ 위험물취급탱크의 노즐 또는 맨홀을 신설하는 경우(노즐 또는 맨홀의 직경이 250mm를 초과하는 경우에 한한다)
⑥ 위험물취급탱크의 방유제의 높이 또는 방유제 내의 면적을 변경하는 경우
⑦ 위험물취급탱크의 탱크전용실을 증설 또는 교체하는 경우
⑧ 300m(지상에 설치하지 아니하는 배관의 경우에는 30m)를 초과하는 위험물 배관을 신설·교체·철거 또는 보수(배관을 절개하는 경우에 한한다)하는 경우
⑨ 불활성 기체의 봉입장치를 신설하는 경우
⑩ 누설범위를 국한하기 위한 설비를 신설하는 경우
⑪ 냉각장치 또는 보냉장치를 신설하는 경우
⑫ 탱크전용실을 증설 또는 교체하는 경우
⑬ 담 또는 토제를 신설·철거 또는 이설하는 경우
⑭ 온도 및 농도의 상승에 의한 위험한 반응을 방지하기 위한 설비를 신설하는 경우
⑮ 철이온 등의 혼입에 의한 위험한 반응을 방지하기 위한 설비를 신설하는 경우
⑯ 방화상 유효한 담을 신설·철거 또는 이설하는 경우
⑰ 위험물의 제조설비 또는 취급설비(펌프설비를 제외)를 증설하는 경우
⑱ 옥내소화전설비·옥외소화전설비·스프링클러설비·물분무 등 소화설비를 신설·교체(배관·밸브·압력계·소화전본체·소화약제탱크·포헤드·포방출구 등의 교체는 제외한다) 또는 철거하는 경우
⑲ 자동화재탐지설비를 신설 또는 철거하는 경우

정답 19 ① 20 ③ 21 ④

22 다음의 기구는 위험물의 판정에 필요한 시험기구이다. 어떤 성질을 시험하기 위한 것인가?

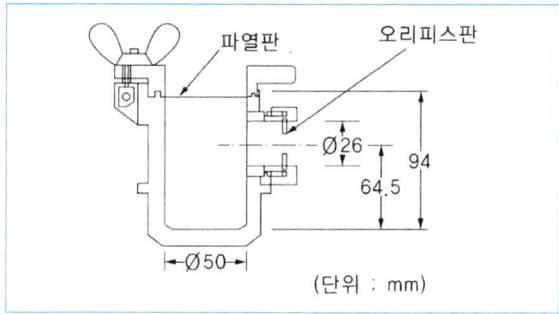

① 충격민감성 ② 폭발성
③ 가열분해성 ④ 금수성

해설
① 충격민감성 : 분립상 물품의 민감성으로 인한 위험성을 판단하기 위한 시험은 낙구타격감도시험으로 한다.
② 폭발성 : 폭발성으로 인한 위험성의 정도를 판단하기 위한 시험은 열분석시험으로 한다.
③ 가열분해성 : 가열분해성으로 인한 위험성의 정도를 판단하기 위한 시험은 압력용기시험으로 한다.
④ 금수성 : 물과 접촉하여 발화하거나 가연성가스를 발생할 위험성의 시험장소는 온도 20℃, 습도 50%, 기압 1기압, 무풍의 장소로 한다.

23 옥내저장소에 자동화재탐지설비를 설치하려 한다. 자동화재탐지설비 설치기준으로 적합하지 않은 것은?

① 경계구역은 건축물, 그 밖의 공작물의 2 이상의 층에 걸치지 아니하도록 한다.
② 하나의 경계구역의 면적은 600m² 이하로 하고 그 한 변의 길이는 100m 이하(광전식분리형감지기를 설치할 경우에는 200m)로 한다.
③ 감지기는 지붕 또는 벽의 옥내에 면한 부분에 유효하게 화재의 발생을 감지할 수 있도록 설치한다.
④ 비상전원을 설치하여야 한다.

해설
② 하나의 경계구역의 면적은 600m² 이하로 하고 그 한 변의 길이는 50m(광전분리형감지기를 설치할 경우에는 100m) 이하로 한다.

24 위험물안전관리법령상의 '자연발화성 물질 및 금수성물질'에 해당하는 것은?

① 염소화규소화합물
② 금속의 아지화합물
③ 황과 적린의 화합물
④ 할로겐 간 화합물

해설
① 자연발화성물질 및 금수성물질(제3류 위험물)
② 자기반응성물질(제5류 위험물)
③ 가연성고체(제2류 위험물)
④ 산화성액체(제6류 위험물)

25 다음 위험물제조소에 관한 설명 중 옳은 것은? (단, 원칙적인 경우에 한한다)

① 위험물시설의 설치 후 사용 시기는 완공검사신청서를 제출했을 때부터 사용이 가능하다.
② 위험물시설의 설치 후 사용 시기는 완공검사를 받은 날부터 사용이 가능하다.
③ 위험물시설의 설치 후 사용 시기는 설치허가를 받았을 때부터 사용이 가능하다.
④ 위험물시설의 설치 후 사용 시기는 완공검사를 받고 완공검사필증을 교부받았을 때부터 사용이 가능하다.

해설
위험물시설의 설치 후 사용 시기는 완공검사를 받고 완공검사필증을 교부받았을 때부터 사용이 가능하다.

26 철분에 적응성이 있는 소화설비는?

① 옥외소화전설비
② 포소화설비
③ 불활성가스소화설비
④ 탄산수소염류 분말소화설비

해설
11번 해설 참조

정답 22 ③ 23 ② 24 ① 25 ④ 26 ④

27 배관의 팽창 또는 수축으로 인한 관, 기구의 파손을 방지하기 위해 관을 곡관으로 만들어 배관 도중에 설치하는 신축이음재는?

① 슬리브형　② 벨로스형
③ 루프형　　④ U형 스트레이너

해설
① 슬리브형 : 슬리브와 본체 사이에 패킹을 넣고 온수 또는 증기가 누설되는 것을 방지하며, 신축량이 크고 신축으로 인한 응력이 생기지 않는다.
② 벨로스형 : 일명 패클리스(Packless) 신축이음쇠라고도 하며, 패킹 대신 벨로스로 관내 유체의 누설을 방지하고 설치공간을 넓게 차지하지 않으나 고압배관에는 부적당하다.
④ U형 스트레이너 : 배관에 설치하는 밸브, 트랩, 기기 등의 앞에 설치하여 관 속의 유체에 섞여 있는 불순물을 제거하여 기기의 성능을 보호하는 기구로 여과기라고도 하며, 주철제의 본체 안에 원통형 여과망을 수직으로 넣어 유체가 망의 안쪽에서 바깥쪽으로 흐르고 구조상 유체가 내부에서 직각으로 흐르게 된다. 기름 배관에 많이 쓰인다.

28 NH_4NO_3에 대한 설명으로 옳지 않은 것은?

① 조해성이 있기 때문에 수분이 포함되지 않도록 포장한다.
② 단독으로도 급격한 가열로 분해하여 다량의 가스를 발생할 수 있다.
③ 무색·무취의 결정으로 알코올에 녹는다.
④ 물에 녹을 때 발열반응을 일으키므로 주의한다.

해설
④ 질산 암모늄은 물에 잘 녹고 물에 녹을 때 다량의 물을 흡수하여 흡열반응온도가 내려가므로 한제로 쓰인다.

29 다음 중 과염소산칼륨과 접촉하였을 때의 위험성이 가장 낮은 물질은?

① 황　　　② 알코올
③ 알루미늄　④ 물

해설
과염소산칼륨은 알코올, 황, 알루미늄 등의 가연물과 혼합될 때는 폭발의 위험이 있다.

30 소화설비를 설치하는 탱크의 공간용적은? (단, 소화약제 방출구를 탱크 안의 윗부분에 설치한 경우에 한한다)

① 소화약제방출구 아래 0.1m 이상 0.5m 미만 사이의 면으로부터 윗부분의 용적
② 소화약제방출구 아래 0.3m 이상 0.5m 미만 사이의 면으로부터 윗부분의 용적
③ 소화약제방출구 아래 0.1m 이상 1m 미만 사이의 면으로부터 윗부분의 용적
④ 소화약제방출구 아래 0.3m 이상 1m 미만 사이의 면으로부터 윗부분의 용적

해설
소화설비를 설치하는 탱크의 공간용적은 소화약제 방출구 아래의 0.3m 이상 1m 미만 사이의 면으로부터 윗부분의 용적이다.

31 다음 중 시안화수소에 대한 설명으로 옳은 것은?

① 물보다 무겁다.
② 물에 녹지 않는다.
③ 증기는 공기보다 가볍다.
④ 비점이 낮아 10℃ 이하에서도 증기상이다.

해설
① 물보다 무겁다(비중 0.69).
② 물, 알코올에 잘 녹는다.
④ 비점이 26℃이다.

32 고온에서 용융된 황과 수소가 반응하였을 때의 현상으로 옳은 것은?

① 발열하면서 H_2S가 생성된다.
② 흡열하면서 H_2S가 생성된다.
③ 발열은 하지만 생성물은 없다.
④ 흡열은 하지만 생성물은 없다.

해설
$H_2 + S \longrightarrow H_2S + 발열$

정답 27 ③　28 ④　29 ④　30 ④　31 ③　32 ①

33 다음 중 사방황에 대한 설명으로 가장 거리가 먼 것은?

① 가열하면 단사황을 얻을 수 있다.
② 물보다 비중이 크다.
③ 이황화탄소에 잘 녹는다.
④ 조해성이 크므로 습기에 주의한다.

해설
④ 물이나 산에는 녹지 않는다.

34 C_6H_6와 $C_6H_5CH_3$의 공통적인 특징을 설명한 것으로 틀린 것은?

① 무색의 투명한 액체로서 냄새가 있다.
② 물에는 잘 녹지 않으나 에테르에는 잘 녹는다.
③ 증기는 마취성과 독성이 있다.
④ 겨울에 대기 중 찬 곳에서 고체가 된다.

해설
㉠ 벤젠(C_6H_6) : 융점 6℃, 인화점 -11.1℃로, 겨울철에는 응고된 상태에서도 연소할 가능성이 있다.
㉡ 톨루엔($C_6H_5CH_3$) : 융점 -95℃, 인화점 4℃로, 무색투명하며 벤젠향과 같은 독특한 냄새를 가진 휘발성액체이다.

35 $NaClO_3$ 100kg, $KMnO_4$ 3,000kg, $NaNO_3$ 450kg을 저장하려고 할 때 각 위험물의 지정수량 배수의 총합은?

① 4.0   ② 5.5
③ 6.0   ④ 6.5

해설
$\frac{100}{50} + \frac{3,000}{1,000} + \frac{450}{300} = 6.5$배

36 황은 순도가 몇 중량퍼센트 이상인 것을 위험물로 분류하는가?

① 20   ② 30
③ 50   ④ 60

해설
황은 순도가 60wt% 미만인 것을 제외하고. 이 경우 순도 측정에 있어서 불순물은 활석 등 불연성물질과 수분에 한한다.

37 다음 제4류 위험물 중 위험등급이 나머지 셋과 다른 하나는?

① 휘발유   ② 톨루엔
③ 에탄올   ④ 아세트알데하이드

해설
(1) 제4류 위험물의 위험등급 및 품명

성 질	위험등급	품 명	
인화성 액체	I	특수인화물류	
	II	제1석유류	비수용성
			수용성
		알코올류	
	III	제2석유류	비수용성
			수용성
		제3석유류	비수용성
			수용성
		제4석유류	
		동·식물 유류	

(2) 위험물의 품목 및 위험등급
㉠ 휘발유(제1석유류) : 위험등급 II
㉡ 톨루엔(제1석유류) : 위험등급 II
㉢ 에탄올(알코올류) : 위험등급 II
㉣ 아세트알데하이드(특수인화물) : 위험등급 I

정답 33 ④ 34 ④ 35 ④ 36 ④ 37 ④

38 청정소화약제 중 HFC계열이 아닌 것은?

① 트라이플루오르메탄 ② 퍼플루오르부탄
③ 펜타플루오르에탄 ④ 헵타플루오르프로판

해설

청정소화약제

(1) 할로젠화합물 청정소화약제 : 불소, 염소, 브로민 또는 아이오딘 중 하나 이상의 원소를 포함하고 있는 유기화합물을 기본성분으로 하는 소화약제이다.

HFC (Hydro Fluoro Carbon)	불화탄화수소
HBFC (Hydro Bromo Fluoro Carbon)	브로민불화탄화수소
HCFC (Hydro Chloro Fluoro Carbon)	염화불화탄화수소
FC, PFC (Perfluoro Carbon)	불화탄소, 과불화탄소
FIC (Fluoroiodo Carbon)	불화아이오딘화탄소

(2) 불활성가스청정소화약제 : 헬륨, 네온, 아르곤 또는 질소가스 중 하나 이상의 원소를 기본으로 하는 소화약제이다.

소화약제	상품명	화학식
퍼플루오르부탄 (FC-3-1-10)	PFC-410	C_4F_{10}
하이드로클로로플루오르카본 혼화제 (HCFC BLEND A)	NAFS-Ⅲ	HCFC-123($CHCl_2CF_3$) : 4.75% HCFC-22($CHClF_2$) : 82% HCFC-124($CHClFCF_3$) : 9.5% $C_{10}H_{16}$: 3.75%
클로로테트라플루오르에탄 (HCFC-124)	FE-24	$CHClFCF_3$
펜타플루오르에탄(HFC-125)	FE-25	CHF_2CF_3
헵타플루오르프로판 (HFC-227ea)	FM-200	CF_3CHFCF_3
트라이플루오르메탄(HFC-23)	FE-13	CHF_3
헥사플루오르프로판 (HFC-236fa)	FE-36	$CF_3CH_2CF_3$
트라이플루오르이오다이드 (FIC-13I1)	Tiodide	CF_3I
도데카플루오르-2-메틸펜탄-3-원 (FK-5-1-12)	–	$CF_3CF_2C(O)CF(CF_3)_2$
불연성·불활성기체혼합가스 (IG-01)	Argon	Ar
불연성·불활성기체혼합가스 (IG-100)	Nitrogen	N_2
불연성·불활성기체혼합가스 (IG-541)	Inergen	N_2 : 52%, Ar : 40% CO_2 : 8%
불연성·불활성기체혼합가스 (IG-55)	Argonite	N_2 : 50%, Ar : 50%

39 방향족 화합물의 구조를 포함하지 않는 위험물은?

① 아세토나이트릴 ② 톨루엔
③ 크실렌 ④ 벤젠

해설

① 아세토나이트릴(CH_3CN) : 제4류 위험물, 제1석유류

② 톨루엔($C_6H_5CH_3$, ⬡) : 제4류 위험물, 제1석유류

③ 크실렌($C_6H_4(CH_3)_2$, ⬡) : 제4류 위험물, 제1석유류

④ 벤젠(C_6H_6, ⬡) : 제4류 위험물, 제1석유류

40 위험물제조소 등에 전기설비가 설치된 경우 해당 장소의 면적이 500m^2라면 몇 개 이상의 소형수동식소화기를 설치하여야 하는가?

① 1 ② 2
③ 5 ④ 10

해설

위험물제조소 등에 전기설비가 설치된 경우 면적 100m^2마다 소형소화기를 1개 이상 설치한다.
∴ 500m^2 ÷ 100m^2 = 5개 이상

41 50%의 N_2와 50%의 Ar으로 구성된 소화약제는?

① HFC-125 ② IG-541
③ HFC-23 ④ IG-55

해설

① HFC-125 ⟶ CHF_2CF_3
② IG-541 ⟶ N_2 : 52%, Ar : 40%, CO_2 : 8%
③ HFC-23 ⟶ CHF_3
④ IG-55 ⟶ N_2 : 50%, Ar : 50%

정답 38 ② 39 ① 40 ③ 41 ④

42 제2류 위험물로 금속이 덩어리 상태일 때보다 가루 상태일 때 연소위험성이 증가하는 이유가 아닌 것은?

① 유동성의 증가
② 비열의 증가
③ 정전기 발생 위험성 증가
④ 표면적의 증가

해설
② 비열의 감소

43 착화점이 260℃인 제2류 위험물과 지정수량을 옳게 나타낸 것은?

① P_4S_3 : 100kg
② P(적린) : 100kg
③ P_4S_3 : 500kg
④ P(적린) : 500kg

해설

위험물	착화점	지정수량
P_4S_3(삼황화인)	100℃	100kg
P(적린)	260℃	100kg

44 다음 중 아염소산은 어느 것인가?

① HClO
② $HClO_2$
③ $HClO_3$
④ $HClO_4$

해설
① HClO : 차아염소산
② $HClO_2$: 아염소산
③ $HClO_3$: 염소산
④ $HClO_4$: 과염소산

45 다음 중 인화점이 가장 낮은 것은?

① 아세톤
② 벤젠
③ 톨루엔
④ 염화아세틸

해설
① -18℃
② -11.1℃
③ 4.5℃
④ 4℃

46 제5류 위험물의 화재 시 적응성이 있는 소화설비는?

① 포소화설비
② 불활성가스소화설비
③ 할로젠화합물소화설비
④ 분말소화설비

해설
11번 해설 참조

47 다음 중 탄화칼슘과 물이 접촉하여 생기는 물질은?

① H_2
② C_2H_2
③ O_2
④ CH_4

해설
$CaC_2 + 2H_2O \longrightarrow Ca(OH)_2 + C_2H_2$

48 다음 중 지정수량이 가장 적은 것은?

① 하이드록실아민
② 아조벤젠
③ 벤조일퍼옥사이드
④ 황산하이드라진

해설
① 100kg
② 200kg
③ 10kg
④ 200kg

49 염소산칼륨을 가열하면 발생하는 가스는?

① 염소
② 산소
③ 산화염소
④ 칼륨

해설
$2KClO_3 \longrightarrow 2KCl + 3O_2$

정답 42 ② 43 ② 44 ② 45 ① 46 ① 47 ② 48 ③ 49 ②

50 과염소산과 과산화수소의 공통적인 위험성을 나타낸 것은?

① 가열하면 수소를 발생한다.
② 불연성이지만 독성이 있다.
③ 물, 알코올에 희석하면 안전하다.
④ 농도가 36wt% 미만인 것은 위험물에 해당하지 않는다고 법령에서 정하고 있다.

해설
① 가열하면 산소를 발생한다.
③ 과염소산은 물과 반응하면 소리를 내며 심하게 발열하며 알코올류와 혼합하면 심한 반응을 일으켜 발화 또는 폭발한다. 과산화수소는 물에는 안정하지만 알코올과 접촉하면 과산화물을 생성하며, 이때 가열하거나 충격을 주면 폭발한다.
④ 과산화수소는 그 농도가 36wt% 이상을 위험물로 본다.

51 다음 중 위험물을 가압하는 설비에 설치하는 장치로서 옳지 않은 것은?

① 안전밸브를 병용하는 경보장치
② 압력계
③ 수동적으로 압력의 상승을 정지시키는 장치
④ 감압측에 안전밸브를 부착한 감압밸브

해설
위험물을 가압설비에 설치하는 장치
㉠ 안전밸브를 병용하는 경보장치
㉡ 압력계
㉢ 자동적으로 압력의 상승을 정지시키는 장치(일반적으로 안전밸브를 사용)
㉣ 감압측에 안전밸브를 부착한 감압밸브
㉤ 파괴판(위험물의 성질에 따라 안전밸브의 작동이 곤란한 가압설비에 한함)

52 인화성고체는 1기압에서 인화점이 몇 ℃인 고체를 말하는가?

① 20℃ 미만
② 30℃ 미만
③ 40℃ 미만
④ 50℃ 미만

해설
인화성고체는 1기압에서 인화점이 40℃ 미만인 고체이다.

53 다이에틸알루미늄클로라이드를 설명한 내용 중 틀린 것은?

① 공기와 접촉하면 자연발화의 위험성이 있다.
② 광택이 있는 금속이다.
③ 장기보관 시 자연분해 위험성이 있다.
④ 물과 접촉 시 폭발적으로 반응한다.

해설
② 무색투명한 가연성액체이며 외관은 등유와 비슷하다.

54 위험물의 운반에 관한 기준으로 틀린 것은?

① 하나의 외장용기에는 다른 종류의 위험물을 수납하지 아니하여야 한다.
② 고체위험물은 운반용기 내용적의 95% 이하로 수납하여야 한다.
③ 액체위험물은 운반용기 내용적의 98% 이하로 수납하여야 한다.
④ 알킬알루미늄은 운반용기 내용적의 95% 이하로 수납하여야 한다.

해설
운반용기의 수납률

위험물	수납률
알킬알루미늄 등	90% 이하(50℃에서 5% 이상 공간용적유지)
고체위험물	95% 이하
액체위험물	98% 이하(55℃에서 누설되지 않을 것)

55 예방보전(Preventive Maintenance)의 효과로 보기에 가장 거리가 먼 것은?

① 기계의 수리비용이 감소한다.
② 생산시스템의 신뢰도가 향상된다.
③ 고장으로 인한 중단시간이 감소한다.
④ 예비기계를 보유해야 할 필요성이 증가한다.

해설
예방보전 : 예정된 시기에 점검 및 시험, 급유, 조정 및 분해정비, 계획적 수리 및 부분품 갱신 등을 하여 설비성능의 저하와 고장 및 사고를 미연에 방지함으로써 설비의 성능을 표준 이상으로 유지하는 보전활동이다.

정답 50 ② 51 ③ 52 ③ 53 ② 54 ④ 55 ④

56 계수규준형 샘플링검사의 OC곡선에서 좋은 로트를 합격시키는 확률을 뜻하는 것은? (단, α는 제1종 과오, β는 제2종 과오임)

① α ② β
③ $1-\alpha$ ④ $1-\beta$

해설
① α : 제1종 과오(Error Type Ⅰ) 참을 참이 아니라고(거짓이라고) 판정하는 과오
② β : 제2종 과오(Error Type Ⅱ) 참이 아닌 거짓을 참이라고 판정하는 과오
③ $1-\alpha$: (신뢰율) 좋은 로트를 합격시키는 확률
④ $1-\beta$: (검출력) 거짓을 거짓이라고 판정하는 확률

57 다음 중 통계량의 기호에 속하지 않는 것은?

① σ ② R
③ s ④ $\bar{x}$

해설
(1) 모집단
  σ : 모표준편차(분포의 퍼짐상태를 나타내는 척도)
(2) 통계량의 기호
  ㉠ R : 범위
  ㉡ s : 시료표준편차
  ㉢ $\bar{x}$: 산술평균, 시료평균

58 다음 중 인위적 조절이 필요한 상황에 사용될 수 있는 워크팩터(Work Factor)의 기호가 아닌 것은?

① D ② K
③ P ④ S

해설
동작의 곤란성 : 인위적 조절을 필요로 하는 동작으로 동작시간을 지연시키는 요인이다.
㉠ 방향조절(S) : 좁은 간격을 통과하거나 작은 목적물을 향해 동작을 유도하는 상황
㉡ 주의(P) : 물건의 파손 내지 신체의 상해 방지 또는 동작 목표상 신체 조절이 요구되는 상황
㉢ 방향변경(U) : 장애물을 제거하기 위한 동작변경이 요구될 때의 상황
㉣ 일정정지(D) : 작업자의 의식적인 동작정지의 상황(물리적 장애로 인한 정지는 해당되지 않음)

59 u 관리도의 관리한계선을 구하는 식으로 옳은 것은?

① $\bar{u} \pm \sqrt{u}$ ② $\bar{u} \pm 3\sqrt{u}$
③ $\bar{u} \pm 3\sqrt{n\bar{u}}$ ④ $\bar{u} \pm 3\sqrt{\dfrac{\bar{u}}{n}}$

해설
관리한계선(Control Limit) : UCL, LCL
㉠ UCL $= \bar{u} + 3\sqrt{\dfrac{\bar{u}}{n}}$
㉡ LCL $= \bar{u} - 3\sqrt{\dfrac{\bar{u}}{n}}$
㉢ $\bar{u} \pm 3\sqrt{\dfrac{\bar{u}}{n}}$ (여기서 n이 변하면 관리한계선이 변한다)

60 어떤 회사의 매출액이 80,000원, 고정비가 15,000원, 변동비가 40,000원일 때 손익분기점 매출액은 얼마인가?

① 25,000원 ② 30,000원
③ 40,000원 ④ 55,000원

해설
손익분기점 매출액 $= \dfrac{\text{고정비}}{1 - \dfrac{\text{변동비}}{\text{매출액}}} = \dfrac{15,000}{1 - \dfrac{40,000}{80,000}} = 30,000$원

정답 56 ③ 57 ① 58 ② 59 ④ 60 ②

제68회 위험물기능장

시행일 : 2020년 7월 4일

01 다음 중 혼재 가능한 위험물들로 짝지은 것으로 옳은 것은? (단, 지정수량의 5배인 경우이다)

① 피리딘과 염소산칼륨
② 등유와 질산
③ 테레핀유와 적린
④ 탄화칼슘과 과염소산

해설

유별을 달리하는 위험물의 혼재기준

위험물의 구분	제1류	제2류	제3류	제4류	제5류	제6류
제1류		×	×	×	×	○
제2류	×		×	○	○	×
제3류	×	×		○	×	×
제4류	×	○	○		○	×
제5류	×	○	×	○		×
제6류	○	×	×	×	×	

① 피리딘(제4류 위험물)과 염소산칼륨(제1류 위험물)
② 등유(제4류 위험물)와 질산(제6류 위험물)
③ 테레핀유(제4류 위험물)와 적린(제2류 위험물)
④ 탄화칼슘(제3류 위험물)과 과염소산(제6류 위험물)

02 다음 물질 중에서 색상이 나머지 셋과 다른 하나는?

① 다이크로뮴산나트륨
② 질산칼륨
③ 아염소산나트륨
④ 염소산나트륨

해설

① 다이크로뮴산나트륨 : 등황색 또는 등적색의 결정
② 질산칼륨 : 무색의 결정 또는 백색 분말
③ 아염소산나트륨 : 무색 또는 백색의 결정성 분말
④ 염소산나트륨 : 무색의 결정

03 초유폭약(ANFO)을 제조하기 위해 경유에 혼합하는 제1류 위험물은?

① 질산코발트
② 질산암모늄
③ 아이오딘산칼륨
④ 과망가니즈산칼륨

해설

질산암모늄 : 경유의 비를 94wt% : 6wt% 비율로 혼합시키면 ANFO 폭약이 된다. 이것을 기폭약을 사용하여 점화시키면 다량의 가스를 내면서 폭발한다.

04 질소 3.5g은 몇 mol에 해당하는가?

① 1.25
② 0.125
③ 2.5
④ 0.25

해설

$28g : 1mol = 3.5g : x\,mol$, $x = \dfrac{3.5 \times 1}{28}$

∴ $x = 0.125\,mol$

05 토출량이 5m³/min이고 토출구의 유속이 2m/s인 펌프의 구경은 몇 mm인가?

① 330
② 230
③ 130
④ 120

해설

$Q = AV = \dfrac{\pi D^2}{4} V (m^3/s)$

$d = \sqrt{\dfrac{4Q}{\pi V}} = \sqrt{\dfrac{4 \times \left(\dfrac{5}{60}\right)}{\pi \times 2}} = 0.23m = 230mm$

정답 01 ③ 02 ① 03 ② 04 ② 05 ②

06 위험물안전관리에 관한 세부기준의 산화성 시험방법 중 분립상 물품의 산화성으로 인한 위험성의 정도를 판단하기 위한 연소시험에 있어서 표준물질의 연소시험에 대한 설명으로 옳은 것은?

① 표준물질과 목분을 중량비 1 : 1로 섞어 혼합물 30g을 만든다.
② 표준물질과 목분을 중량비 2 : 1로 섞어 혼합물 30g을 만든다.
③ 표준물질과 목분을 중량비 1 : 1로 섞어 혼합물 60g을 만든다.
④ 표준물질과 목분을 중량비 2 : 1로 섞어 혼합물 60g을 만든다.

해설
산화성 시험방법 중 표준물질의 연소시험
표준물질인 과염소산칼륨과 250㎛ 이상 500㎛ 미만인 목분을 중량비 1:1로 섞어 혼합물 30g을 만든다.

07 인화점이 낮은 것에서 높은 것의 순서로 옳게 나열한 것은?

① 가솔린 → 톨루엔 → 벤젠
② 벤젠 → 가솔린 → 톨루엔
③ 가솔린 → 벤젠 → 톨루엔
④ 벤젠 → 톨루엔 → 가솔린

해설

종 류	인화점
가솔린	−20~−43℃
벤 젠	−11.1℃
톨루엔	4.5℃

08 백색 또는 담황색 고체로 수산화칼륨 용액과 반응하여 포스핀가스를 생성하는 것은?

① 황린
② 트라이메틸알루미늄
③ 황화인
④ 황

해설
$P_4 + 3KOH + H_2O \longrightarrow PH_3 + 3KH_2PO_2$

09 이동탱크저장소에 설치하는 자동차용 소화기의 설치기준으로 옳지 않은 것은?

① 무상의 강화액 8L 이상(2개 이상)
② 이산화탄소 3.2kg 이상(2개 이상)
③ 소화 분말 2.2kg 이상(2개 이상)
④ CF_2ClBr 2L 이상(2개 이상)

해설
이동탱크저장소에 설치하는 자동차용 소화기의 설치기준

이동 탱크 저장소	자동차용 소화기	무상의 강화액 8L 이상	2개 이상
		이산화탄소 3.2kg 이상	
		브로모클로로다이플루오로메탄(CF_2ClBr) 2L 이상	
		브로모트라이플루오로메탄(CF_3Br) 2L 이상	
		다이브로모테트라플루오로에탄($C_2F_4Br_2$) 1L 이상	
		소화분말 3.3kg 이상	
	마른모래 및 팽창질석 또는 팽창진주암	마른모래 150L 이상	
		팽창질석 또는 팽창진주암 640L 이상	

10 폼산의 지정수량으로 옳은 것은?

① 400L
② 1,000L
③ 2,000L
④ 4,000L

해설
위험등급 및 지정수량

위험 등급	품 명		지정수량
Ⅰ	특수인화물류		50L
Ⅱ	제1석유류	비수용성	200L
		수용성	400L
	알코올류		400L
Ⅲ	제2석유류	비수용성	1,000L
		수용성(폼산)	2,000L
	제3석유류	비수용성	2,000L
		수용성	4,000L
	제4석유류		6,000L
	동·식물유류		10,000L

정답 06 ① 07 ③ 08 ① 09 ③ 10 ③

11. 제3류 위험물 옥내탱크저장소로 허가를 득하여 사용하고 있는 중에 변경허가를 득하지 않고 위험물시설을 변경할 수 있는 경우는?

① 옥내저장탱크를 교체하는 경우
② 옥내저장탱크에 직경 200mm의 맨홀을 신설하는 경우
③ 옥내저장탱크를 철거하는 경우
④ 배출설비를 신설하는 경우

해설
위험물 변경허가의 경우

제조소 등의 구분	변형허가를 받아야 하는 경우
옥내탱크 저장소	① 옥내탱크저장소의 위치를 이전하는 경우 ② 주입구 또는 펌프설비의 위치를 이전하거나 신설하는 경우 ③ 300m 지상에 설치하지 아니하는 배관의 경우에는 30m를 초과하는 위험물배관을 신설·교체·철거 또는 보수(배관을 절개하는 경우에 한한다)하는 경우 ④ 옥내저장탱크를 신설·교체 또는 철거하는 경우 ⑤ 옥내저장탱크를 보수(탱크본체를 절개하는 경우에 한한다)하는 경우 ⑥ 옥내저장탱크의 노즐 또는 맨홀을 신설하는 경우(노즐 또는 맨홀의 직경이 250m를 초과하는 경우에 한한다) ⑦ 건축물의 벽·기둥·바닥·보 또는 지붕을 신설·증설·교체 또는 철거하는 경우 ⑧ 배출설비를 신설하는 경우 ⑨ 별표 7 Ⅱ의 규정에 의한 누설범위를 국한하기 위한 설비·냉각장치·보냉장치·온도의 상승에 의한 위험한 반응을 방지하기 위한 설비 또는 철이온 등의 혼입에 의한 위험한 반응을 방지하기 위한 설비를 신설하는 경우

12. 다음 위험물품명에서 지정수량이 나머지 셋과 다른 하나는?

① 질산에스테르류   ② 나이트로화합물
③ 아조화합물   ④ 하이드라진유도체

해설
① : 10kg
②, ③, ④ : 200kg

13. 위험물안전관리자 1인을 중복하여 선임할 수 있는 경우가 아닌 것은?

① 동일 구내에 있는 15개의 옥내저장소를 동일인이 설치한 경우
② 보일러·버너로 위험물을 소비하는 장치로 이루어진 6개의 일반취급소와 그 일반취급소에 공급하기 위한 위험물을 저장하는 저장소(일반취급소 및 저장소가 모두 동일 구내에 있는 경우에 한한다)를 동일인이 설치한 경우
③ 3개의 제조소(위험물 최대수량 : 지정수량 500배)와 1개의 일반취급소(위험물 최대수량 : 지정수량 1,000배)가 동일 구내에 위치하고 있으며 동일인이 설치한 경우
④ 위험물을 차량에 고정된 탱크 또는 운반용기에 옮겨 담기 위한 3개의 일반취급소와 그 일반취급소에 공급하기 위한 위험물을 저장하는 저장소를 동일인이 설치하고 일반취급소 간의 거리가 300m 이내인 경우

해설
1인의 안전관리자를 중복하여 선임할 수 있는 경우
㉠ 10개 이하의 옥내저장소
㉡ 30개 이하의 옥외탱크저장소
㉢ 옥내탱크저장소
㉣ 지하탱크저장소
㉤ 간이탱크저장소
㉥ 10개 이하의 옥외저장소
㉦ 10개 이하의 암반탱크저장소

14. 순수한 벤젠의 온도가 0℃일 때에 대한 설명으로 옳은 것은?

① 액체 상태이고 인화의 위험이 있다.
② 고체 상태이고 인화의 위험은 없다.
③ 액체 상태이고 인화의 위험은 없다.
④ 고체 상태이고 인화의 위험이 있다.

해설
벤젠은 융점이 6℃이고 인화점이 −11.1℃이기 때문에 겨울철에는 응고된 상태에서도 연소할 가능성이 있다.

정답 11 ② 12 ① 13 ① 14 ④

15 유지의 비누화값은 어떻게 정의되는가?

① 유지 1g을 비누화시키는 데 필요한 KOH의 mg수
② 유지 10g을 비누화시키는 데 필요한 KOH의 mg수
③ 유지 1g을 비누화시키는 데 필요한 KCl의 mg수
④ 유지 10g을 비누화시키는 데 필요한 KCl의 mg수

해설
비누화값 : 유지 1g을 비누화하는 데 필요한 수산화칼륨(KOH)의 mg수

16 27℃, 5기압의 산소 10L를 100℃, 2기압으로 하였을 때 부피는 몇 L가 되는가?

① 15　② 21
③ 31　④ 46

해설
보일-샤를의 법칙에 적용한다.

$$\frac{PV}{T} = \frac{P'V'}{T'}$$

$$\frac{5 \times 10}{0+273} = \frac{2 \times V'}{100+273}$$

$$V' = \frac{5 \times 10 \times (100+273)}{(0+273) \times 2}$$

$$\therefore V' = 31L$$

17 제5류 위험물 중 제조소의 위치·구조 및 설비기준상 안전거리기준, 담 또는 토제의 기준 등에 있어서 강화되는 특례기준을 두고 있는 품명은?

① 유기과산화물　② 질산에스테르류
③ 나이트로화합물　④ 하이드록실아민

해설
제조소의 위치·구조 및 설비 기준상 안전거리기준, 담 또는 토제의 기준 등에 있어서 강화되는 특례기준을 두고 있는 품명
㉠ 아세트알데하이드 등
㉡ 알킬알루미늄 등
㉢ 하이드록실아민 등

18 이동탱크저장소에 의한 위험물 운송 시 위험물운송자가 휴대하여야 하는 위험물안전카드의 작성대상에 관한 설명으로 옳은 것은?

① 모든 위험물에 대하여 위험물안전카드를 작성하여 휴대하여야 한다.
② 제1류, 제3류 또는 제4류 위험물을 운송하는 경우에 위험물안전카드를 작성하여 휴대하여야 한다.
③ 위험등급Ⅰ 또는 위험등급 Ⅱ에 해당하는 위험물을 운송하는 경우에 위험물안전카드를 작성하여 휴대하여야 한다.
④ 제1류, 제2류, 제3류 제4류(특수인화물 및 제1석유류에 한함), 제5류 또는 제6류 위험물을 운송하는 경우 위험물안전카드를 작성하여 휴대하여야 한다.

해설
이동탱크저장소에서 위험물 운송 시 위험물운송자가 휴대하여야 하는 위험물안전카드의 작성대상
㉠ 제1류 위험물, ㉡ 제2류 위험물, ㉢ 제3류 위험물, ㉣ 제4류 위험물(특수인화물, 제1석유류), ㉤ 제5류 위험물, ㉥ 제6류 위험물

19 위험물의 저장기준으로 틀린 것은?

① 옥내저장소에 저장하는 위험물은 용기에 수납하여 저장하여야 한다(덩어리 상태의 황 제외).
② 같은 유별에 속하는 위험물은 모두 동일한 저장소에 함께 저장할 수 있다.
③ 자연발화 할 위험이 있는 위험물을 옥내저장소에 저장하는 경우 동일 품명의 위험물이더라도 지정수량의 10배 이하마다 구분하여 상호간 0.3m 이상의 간격을 두어 저장하여야 한다.
④ 용기에 수납하여 옥내저장소에 저장하는 위험물의 경우 온도가 55℃를 넘지 않도록 조치하여야 한다.

해설
② 같은 유별에 속하는 위험물은 모두 동일한 저장소에 함께 저장할 수 없다.

정답 15 ① 16 ③ 17 ④ 18 ④ 19 ②

20 위험물제조소에 옥내소화전 1개와 옥외소화전 1개를 설치하는 경우 수원의 수량을 얼마 이상 확보하여야 하는가? (단, 위험물제조소는 단층건축물이다)

① $5.4m^3$ ② $10.5m^3$
③ $21.3m^3$ ④ $29.1m^3$

해설
㉠ 옥내소화전 : $Q(m^3) = N(5개 이상인 경우 5개) \times 7.8m^3$
㉡ 옥외소화전 : $Q(m^3) = N(4개 이상인 경우 4개) \times 13.5m^3$
∴ 수원수량 = $(1 \times 7.8m^3) + (1 \times 13.5m^3) = 21.3m^3$

21 염소화규소화합물은 제 몇 류 위험물에 해당하는가?

① 제1류 위험물 ② 제2류 위험물
③ 제3류 위험물 ④ 제5류 위험물

해설
염소화규소($SiHCl_3$)화합물 : 제3류 위험물

22 다음 중 산소 32g과 질소 56g을 20℃에서 30L의 용기에 혼합하였을 경우 이 혼합기체의 압력은 약 몇 atm인가? (단, 이상기체로 가정하고, 기체상수는 0.082atm·L/mol·K이다)

① 1.4 ② 2.4
③ 3.4 ④ 4.4

해설
$PV = nRT$
$P = \dfrac{nRT}{V}$
$= \dfrac{3 \times 0.08 \times (273 + 20)}{30}$
$= 2.4atm$
여기서 $n = \dfrac{무게}{분자량}$, $\dfrac{32g}{32g} + \dfrac{56g}{28g} = 3mol$

23 다음 위험물 중 해당하는 품명이 나머지 셋과 다른 하나는?

① 큐멘 ② 아닐린
③ 나이트로벤젠 ④ 염화벤조일

해설
① 큐멘[$(CH_3)_2CHC_6H_5$] : 제4류 위험물 중 제2석유류
② 아닐린($C_6H_5NH_2$) : 제4류 위험물 중 제3석유류
③ 나이트로벤젠($C_6H_5NO_2$) : 제4류 위험물 중 제3석유류
④ 염화벤조일[$(C_6H_5)COCl$] : 제4류 위험물 중 제3석유류

24 산화프로필렌에 대한 설명으로 틀린 것은?

① 물, 알코올 등에 녹는다.
② 무색의 휘발성 액체이다.
③ 구리, 마그네슘 등과의 접촉은 위험하다.
④ 냉각소화는 유효하나 질식소화는 효과가 없다.

해설
④ 초기화재시는 CO_2나 물분무에 의해 질식소화한다.

25 측정하는 유체의 압력에 의해 생기는 금속의 탄성변형을 기계식으로 확대 지시하여 압력을 측정하는 것은?

① 마노미터 ② 시차액주계
③ 부르동관 압력계 ④ 오리피스미터

해설
① 마노미터 : 1차 압력계로서 U자관 압력계, 단관식 압력계, 경사관식 압력계가 있다.
② 시차액주계 : 관을 말하며, 관내 유속 또는 유량을 결정하기 위해 설치되고 시차액주계가 목 부분과 일반 단면 부분에 설치되어 압력 차이를 측정한다.
④ 오리피스미터 : 유체가 흐르는 관의 중간에 구멍이 뚫린 격판(Orifice)을 삽입하고 그 전후의 압력차를 측정하여 평균유속을 알아 유량을 산출하는 것이다.

정답 20 ③ 21 ③ 22 ② 23 ① 24 ④ 25 ③

26 이산화탄소소화약제에 대한 설명 중 틀린 것은?

① 임계온도가 0℃ 이하이다.
② 전기절연성이 우수하다.
③ 공기보다 약 1.5배 무겁다.
④ 산소와 반응하지 않는다.

해설
① 임계온도가 31℃이다.

27 50℃에서 유지하여야 할 알킬알루미늄 운반용기의 공간용적 기준으로 옳은 것은?

① 5% 이상
② 10% 이상
③ 15% 이상
④ 20% 이상

해설
운반용기의 수납률

위험물	수납률
알킬알루미늄 등	90% 이하(50℃에서 5% 이상 공간용적 유지)
고체위험물	95% 이하
액체위험물	98% 이하(55℃에서 누설되지 않을 것)

28 다음 중 제6류 위험물이 아닌 것은?

① 농도가 36중량 퍼센트인 H_2O_2
② IF_5
③ 비중 1.49인 HNO_3
④ 비중 1.76인 $HClO_3$

해설
제6류 위험물

유별	성질	품명	지정수량	위험등급
제6류	산화성 고체	1. 과염소산	300kg	I
		2. 과산화수소(농도가 36wt% 이상인 것)	300kg	
		3. 질산(비중이 1.49 이상인 것)	300kg	
		4. 그 밖에 행정안전부령이 정하는 것 할로겐간 화합물 (BrF_3, BrF_5, IF_5 등)	300kg	
		5. 제1호 내지 제4호의1에 해당하는어느 하나 이상을 함유한 것	300kg	

29 위험물안전관리법령상 자기반응성물질에 해당되지 않는 것은?

① 무기과산화물
② 유기과산화물
③ 하이드라진유도체
④ 다이아조화합물

해설
① 무기과산화물 : 제1류 위험물(산화성고체)

30 차아염소산칼슘에 대한 설명으로 옳지 않은 것은?

① 살균제, 표백제로 사용된다.
② 화학식은 $Ca(ClO)_2$이다.
③ 자극성은 없지만, 강한 환원력이 있다.
④ 지정수량은 50kg이다.

해설
③ 자극성은 없지만, 강한 산화력이 있다.

31 크산토프로테인 반응과 관계되는 물질은?

① 과염소산
② 벤젠
③ 무수크로뮴산
④ 질산

해설
크산토프로테인 반응

단백질용액 $\xrightarrow[\text{가열}]{HNO_3}$ 노란색 $\xrightarrow{NaOH}$ 오렌지색

32 할로겐소화약제인 $C_2F_4Br_2$에 대한 설명으로 옳은 것은?

① 할론번호가 2420이며, 상온·상압에서 기체이다.
② 할론번호가 2402이며, 상온·상압에서 기체이다.
③ 할론번호가 2420이며, 상온·상압에서 액체이다.
④ 할론번호가 2402이며, 상온·상압에서 액체이다.

해설
Halon 2402소화약제 : 포화탄화수소인 에탄(C_2H_6)에 불소 4분자, 취소 2분자를 치환시켜 제조된 물질($CF_2Br·CF_2Br$)로서, 비점이 영상 47.5℃이므로 상온에서 액체 상태로 존재한다.

정답 26 ① 27 ① 28 ④ 29 ① 30 ③ 31 ④ 32 ④

33 위험물의 자연발화를 방지하기 위한 방법으로 틀린 것은?

① 통풍이 잘 되게 한다.
② 습도를 높게 한다.
③ 저장실의 온도를 낮춘다.
④ 열이 축적되지 않도록 한다.

해설
② 습도가 높은 것을 피한다.

34 제조소 등의 소화난이도 등급을 결정하는 요소가 아닌 것은?

① 위험물제조소 : 위험물취급설비가 있는 높이, 연면적
② 옥내저장소 : 지정수량, 연면적
③ 옥외탱크저장소 : 액표면적, 지반면으로부터 탱크 옆판 상단까지 높이
④ 주유취급소 : 연면적, 지정수량

해설
주유취급소 : 옥내주유취급소 외의 것

35 다음 중 위험물안전관리법령상 "고인화점위험물"이란?

① 인화점이 섭씨 100도 이상인 제4류 위험물
② 인화점이 섭씨 130도 이상인 제4류 위험물
③ 인화점이 섭씨 100도 이상인 제4류 위험물 또는 제3류 위험물
④ 인화점이 섭씨 100도 이상인 위험물

해설
고인화점위험물 : 인화점이 섭씨 100도 이상인 제4류 위험물

36 제2류 위험물에 대한 다음 설명 중 적합하지 않은 것은?

① 제2류 위험물을 제1류 위험물과 접촉하지 않도록 하는 이유는 제2류 위험물이 환원성 물질이기 때문이다.
② 황화인, 적린, 황은 위험물안전관리법상의 위험등급 I에 해당하는 물품이다.
③ 칠황화인은 조해성이 있으므로 취급에 주의하여야 한다.
④ 알루미늄분, 마그네슘분은 저장·보관 시 할로겐원소와 접촉을 피하여야 한다.

해설
제2류 위험물의 품명과 지정수량

유별	성질	품명	지정수량	위험등급
제2류	가연성 고체	1. 황화인	100kg	Ⅱ
		2. 적린	100kg	
		3. 황	100kg	
		4. 철분	500kg	Ⅲ
		5. 금속분	500kg	
		6. 마그네슘	500kg	
		7. 그 밖의 행정안전부령이 정하는 것 8. 제1호부터 제7호까지의 어느하나에 해당하는 위험물을 하나 이상 함유한 것	100kg 또는 500kg	Ⅱ Ⅲ
		9. 인화성고체	1,000kg	Ⅲ

37 칼륨과 나트륨의 공통적 특징이 아닌 것은?

① 은백색의 광택이 나는 무른 금속이다.
② 일정 온도 이상 가열하면 고유의 색깔을 띠며 산화한다.
③ 액체암모니아에 녹아서 주황색을 띤다.
④ 물과 심하게 반응하여 수소를 발생한다.

해설
㉠ 칼륨 : 액체 암모니아에 녹아 수소를 발생한다.
  $2K + 2NH_3 \longrightarrow 2KNH_2 + H_2$
  KNH_2는 물과 반응하여 NH_3를 발생한다
㉡ 나트륨 : 액체 암모니아에 녹아 청색으로 변하고 나트륨아미드와 수소를 발생한다.
  $2Na + 2NH_3 \longrightarrow 2NaNH_2 + H_2$
  나트륨아미드는 물과 반응하여 NH_3를 발생한다.

정답 33 ② 34 ④ 35 ① 36 ② 37 ③

38 나이트로글리세린에 대한 설명으로 옳지 않은 것은?

① 순수한 액은 상온에서 적색을 띤다.
② 물에 녹지 않는다.
③ 겨울철에는 동결할 수 있다.
④ 비중은 약 1.6으로 물보다 무겁다.

해설
① 순수한 것은 무색투명한 무거운 기름상의 액체이다. 시판 공업용 제품은 담황색이다.

39 0.2N HCl 500mL에 물을 가해 1L로 하였을 때 pH는 약 얼마인가?

① 1.0   ② 1.3
③ 2.0   ④ 2.3

해설
0.2N HCl = 0.2M HCl
0.2M × 0.5L = 0.1mol
$\dfrac{0.1\text{mol}}{1\text{L}} = 0.1\text{M}$
pH = $-\log[\text{H}^+] = -\log(0.1) = 1$

40 다음 중 아이오딘화 값이 가장 큰 것은?

① 아마인유   ② 채종유
③ 올리브유   ④ 피마자유

해설
① 168~190   ② 97~107
③ 75~90   ④ 81~91

41 다음 중 탄화칼슘의 저장방법으로 가장 적합한 것은?

① 등유 속에 저장한다.
② 메탄올 속에 저장한다.
③ 질소가스로 봉입한다.
④ 수증기로 봉입한다.

해설
탄화칼슘은 대량 저장 시 불연성가스를 봉입한다.

42 제4류 위험물에 적응성이 있는 소화설비는 다음 중 어느 것인가?

① 포소화설비
② 옥내소화전설비
③ 봉상강화액 소화기
④ 옥외소화전설비

43 다음 중 KClO₃의 성질이 아닌 것은?

① 분자량은 약 122.5이다.
② 불연성물질이다.
③ 분해방지제로 MnO₂를 사용한다.
④ 화재발생 시 주수에 의해 냉각소화가 가능하다.

해설
③ 촉매로서는 이산화망간(MnO₂), 목분탄 등이 있다.

정답 38 ① 39 ① 40 ① 41 ③ 42 ① 43 ③

44 다음 ( ) 안에 알맞은 것을 순서대로 옳게 나열한 것은?

> 알루미늄 분말이 연소하면 ( ) 연기를 내면서 ( )을 생성한다. 또한 알루미늄 분말이 염산과 반응하여 ( ) 기체를 발생하며, 수산화나트륨 수용액과 반응하여 ( ) 기체를 발생한다.

① 백색, Al_2O_3, 산소, 수소
② 백색, Al_2O_3, 수소, 수소
③ 노란색, Al_2O_5, 수소, 수소
④ 노란색, Al_2O_5, 산소, 수소

해설
㉠ 알루미늄 분말이 발화하면 다량의 열이 발생하고 광택을 내며 흰 연기를 내면서 연소하므로 소화가 곤란하다.
$4Al + 3O_2 \longrightarrow 2Al_2O_3$
㉡ 진한 질산을 제외한 대부분의 산과 반응하여 수소를 발생한다.
$2Al + 6HCl \longrightarrow 2AlCl_3 + 3H_2$
㉢ 알칼리수용액과 반응하여 수소를 발생한다.
$2Al + 2NaOH + 2H_2O \longrightarrow 2NaAlO_2 + 3H_2$

45 지정수량의 10배를 취급하는 경우 위험물의 혼재에 관한 설명으로 틀린 것은?

① 제1류 위험물은 제2류 위험물, 제3류 위험물, 제4류 위험물 및 제5류 위험물과 각각 혼재할 수 없다.
② 제3류 위험물은 제4류 위험물 및 제5류 위험물과 각각 혼재할 수 있다.
③ 제4류 위험물은 제2류 위험물, 제3류 위험물 및 제5류 위험물과 각각 혼재할 수 있다.
④ 제6류 위험물은 제2류 위험물, 제3류 위험물, 제4류 위험물 및 제5류 위험물과 각각 혼재할 수 없다.

해설
유별을 달리하는 위험물의 혼재기준

위험물의 구분	제1류	제2류	제3류	제4류	제5류	제6류
제1류		×	×	×	×	○
제2류	×		×	○	○	×
제3류	×	×		○	×	×
제4류	×	○	○		○	×
제5류	×	○	×	○		×
제6류	○	×	×	×	×	

46 흑자색 또는 적자색 결정인 제1류 위험물로서, 물, 에탄올, 빙초산 등에 녹으며 분해온도가 240°C이고 비중이 약 2.7인 물질은?

① $NaClO_2$　　② $KMnO_4$
③ $(NH_4)_2Cr_2O_7$　　④ $K_2Cr_2O_7$

해설
$KMnO_4$의 설명이다.

47 메탄 2L를 완전연소하는 데 필요한 공기 요구량은 약 몇 L인가? (단, 표준상태를 기준으로 하고 공기 중의 산소는 21v%이다)

① 2.42　　② 9.51
③ 15.32　　④ 19.04

해설
$CH_4 + 2O_2 \longrightarrow CO_2 + 2H_2O$

1L × 2L
2L   xL

$x = \dfrac{2 \times 2}{1} = 4L$

∴ $4L \times \dfrac{100}{21} = 19.04L$

48 96g의 메탄올이 완전연소되면 몇 g의 물이 생성되는가?

① 36　　② 64
③ 72　　④ 108

해설
$CH_3OH + 1.5O_2 \longrightarrow CO_2 + 2H_2O$

32g　　　　　36g
96g　　　　　xg

$x = \dfrac{96 \times 36}{32} = 108g$

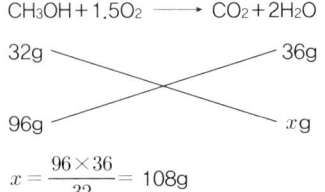

49 제6류 위험물 중 과염소산의 위험성에 대한 설명으로 틀린 것은?

① 강력한 산화제이다.
② 가열하면 유독성가스를 발생한다.
③ 고농도의 것은 물에 희석하여 보관해야 한다.
④ 불연성이지만 유기물과 접촉 시 발화의 위험이 있다.

해설
③ 비, 눈 등의 물과의 접촉을 피하고, 충격, 마찰을 주지 않도록 주의한다.

50 톨루엔의 위험성에 대한 설명으로 적합하지 않은 것은?

① 증기비중이 1보다 크기 때문에 주의해야 한다.
② 연소범위의 하한값이 낮아서 소량이 누출되어도 폭발의 위험성이 있다.
③ 벤젠을 포함한 대부분의 제1석유류 보다 독성이 강하다.
④ 인화점이 상온보다 낮으므로 화재발생에 주의해야 한다.

해설
③ 톨루엔은 벤젠보다 $\frac{1}{10}$ 정도 독성이 약하다.

51 제5류 위험물 중 질산에스테르류에 대한 설명으로 틀린 것은?

① 산소를 함유하고 있다.
② 염과 질산을 반응시키면 생성된다.
③ 나이트로셀룰로오스, 질산에틸 등이 해당된다.
④ 지정수량은 10kg이다.

해설
R–OH + HNO₃ ⟶ R–ONO₂ + H₂O
알코올   질산   질산에스테르   물

52 위험물의 유별 구분이 나머지 셋과 다른 하나는?

① 다이메틸아연   ② 백금분
③ 메타알데하이드   ④ 고형알코올

해설
① 제3류 위험물 중 유기금속 화합물류
② 제2류 위험물 중 금속분
③, ④ 제2류 위험물 중 인화성고체

53 휘발유를 저장하는 옥내저장소에 같이 저장할 수 있는 물품이 아닌 것은?

① 특수가연물에 해당하는 합성수지류
② 위험물에 해당하지 않는 유기과산화물
③ 위험물에 해당하지 아니하는 액체로서 인화점을 갖는 것
④ 벽돌

해설
옥내저장소 또는 옥외저장소에서 다음의 규정에 의한 위험물과 위험물이 아닌 물품을 함께 저장하는 경우
이 경우 위험물과 위험물이 아닌 물품은 각각 모아서 저장하고 상호 간에는 1m 이상의 간격을 두어야 한다.
㉠ 위험물(제2류 위험물 중 인화성 고체와 제4류 위험물을 제외한다)과 영 별표 1에서 해당 위험물이 속하는 품명란에 정한 물품(동표 제1류의 품명란 제11호, 제2류의 품명란 제8호, 제3류의 품명란 제12호, 제5류의 품명란 제11호 및 제6류의 품명란 제5호의 규정에 의한 물품을 제외한다)을 주성분으로 함유한 것으로서 위험물에 해당하지 아니하는 물품
㉡ 제2류 위험물 중 인화성 고체와 위험물에 해당하지 아니하는 고체 또는 액체로서 인화점을 갖는 것 또는 합성수지류 또는 이들 중 어느 하나 이상을 주성분으로 함유한 것으로서 위험물에 해당하지 아니하는 물품
㉢ 제4류 위험물과 합성수지류 등 또는 영 별표 1의 제4류의 품명란에 정한 물품을 주성분으로 함유한 것으로서 위험물에 해당하지 아니하는 물품
㉣ 제4류 위험물 중 유기과산화물 또는 이를 함유한 것과 유기과산화물 또는 유기과산화물만을 함유한 것으로서 위험물에 해당하지 아니하는 물품
㉤ 제48조의 규정에 의한 위험물과 위험물에 해당하지 아니하는 화약류(총포·도검·「화약류 등 단속법」에 의한 화약류에 해당하는 것을 말한다)
㉥ 위험물과 위험물에 해당하지 아니하는 불연성의 물품(저장하는 위험물 및 위험물 외의 물품과 위험한 반응을 일으키지 아니하는 것에 한한다)

정답 49 ③ 50 ③ 51 ② 52 ① 53 ②

54 다음 위험물시설에 설치하는 소화설비와 특성 등에 관한 설명 중 위험물 관련 법규 내용에 부합하는 것은?

① 제4류 위험물을 저장하는 탱크에 포소화설비를 설치하는 경우에는 이동식으로 할 수 있다.
② 옥내소화전설비・스프링클러설비 및 불활성가스소화설비의 배관은 전용으로 하되 예외 규정이 있다.
③ 옥내소화전설비와 옥외소화전설비는 동결방지조치가 가능한 장소라면 습식으로 설치하여야 한다.
④ 물분무소화설비와 스프링클러설비의 기동장치에 관한 설치기준은 그 내용이 동일하지 않다.

해설
① 제4류 위험물을 저장 또는 취급하는 탱크에 포소화설비를 설치하는 경우에는 고정식포소화설비를 설치할 수 있다.
② 옥내소화전설비, 스프링클러설비 및 불활성가스소화설비의 배관은 전용으로 하되 예외 규정이 없다.
④ 물분무소화설비와 스프링클러설비의 기동장치에 관한 설치기준은 그 내용이 동일하다.

55 로트의 크기 30, 부적합품률이 10%인 로트에서 시료의 크기를 5로 하여 랜덤샘플링 할 때, 시료 중 부적합품 수가 1개 이상일 확률은 약 얼마인가? (단, 초기하분포를 이용하여 계산한다)

① 0.3695　　② 0.4335
③ 0.5665　　④ 0.6305

해설
$P(x \geq 1) = 1 - P(X = 0)$
여기에서,
$P(x \geq 1)$: 시료 중 불량이 1개 이상 포함될 확률
$P(x = 0)$: 전체 경우 중 모두 양품일 확률
중간 과정 :
$$P(x=0) = \frac{\binom{27}{5}}{\binom{30}{5}} = \frac{27 \times 26 \times 25 \times 24 \times 23}{30 \times 29 \times 28 \times 27 \times 26} = 0.5665$$
분자 : 양품 27개 중에서 5개 고르는 경우
분모 : 전체 30개 중에서 5개 고르는 경우
계산 결과 :
$P(x \geq 1) = 1 - P(X = 0) ≒ 1 - 0.5665 = 0.4335$

56 관리도에서 점이 관리한계 내에 있으나 중심선 한쪽에 연속해서 나타나는 점의 배열현상을 무엇이라 하는가?

① 연(Run)　　② 경향(Trend)
③ 산포(Dispersion)　　④ 주기(Cycle)

해설
② 경향(Trend) : 측정한 값을 차례로 타점했을 때 점이 순차적으로 상승하거나 하강하는 것
③ 산포(Dispersion) : 데이터가 퍼져 있는 상태
④ 주기(Cycle) : 점이 주기적으로 상하로 변동하여 파형을 나타내는 경우

57 다음 중 브레인스토밍(Brainstorming)과 가장 관계가 깊은 것은?

① 파레토도　　② 히스토그램
③ 회귀분석　　④ 특성요인도

해설
④ 특성요인도 : 특성과 요인관계를 도표로 하여 어골상으로 세분화한 것으로 재해의 통계적 원인분석 중 결과에 대한 원인요소 및 상호의 관계를 인간관계로 결부하여 나타내는 작업으로 브레인스토밍과 관계가 깊다.

58 작업개선을 위한 공정분석에 포함되지 않는 것은?

① 제품공정분석　　② 사무공정분석
③ 직장공정분석　　④ 작업자공정분석

해설
작업개선을 위한 공정분석
㉠ 제품공정분석 : 단순공정분석, 세밀공정분석
㉡ 사무공정분석
㉢ 작업자공정분석
㉣ 부대분석 : 기능분석, 제품분석, 부품분석, 수율분석, 공수 체감분석, 라인밸런싱, 경로분석, 운반분석

정답 54 ③　55 ②　56 ①　57 ④　58 ③

59 로트의 크기가 시료의 크기에 비해 10배 이상 클 때, 시료의 크기와 합격판정개수를 일정하게 하고 로트의 크기를 증가 시키면 검사특성곡선의 모양변화에 대한 설명으로 가장 적절한 것은?

① 무한대로 커진다.
② 거의 변화하지 않는다.
③ 검사특성곡선의 기울기가 완만해진다.
④ 검사특성곡선의 기울기 경사가 급해진다.

해설
$\frac{N}{n} > 10$인 경우(무한 모집단인 경우)이므로 N은 확률 값에 영향을 주지 못해 로트의 합격 확률을 정의하고 있는 OC곡선은 변화가 없다.

60 과거의 자료를 수리적으로 분석하여 일정한 경향을 도출한 후 가까운 장래의 매출액, 생산량 등을 예측하는 방법을 무엇이라 하는가?

① 델파이법   ② 전문가패널법
③ 시장조사법   ④ 시계열분석법

해설
① 델파이법 : 신제품의 수요나 장기 예측에 사용하는 기법으로, 전문가의 직관력을 이용하여 장래를 예측하는 방법이다.
② 전문가패널법 : 관련 전문가, 학자 또는 판매 담당자의 의견을 수집하는 방법으로 비교적 단기간에 걸쳐 양질의 정보를 입수할 수 있지만 자신의 경험이나 주관에 치우쳐서 예측하는 경향이 많다.
③ 시장조사법 : 제품을 출시하기 전에 소비자 의견조사 내지 시장조사를 행하여 수요를 예측하는 방법으로, 내용에 대한 일정 가설을 세우고 면담조사나 설문지조사를 통하여 의견을 수렴한다.

정답 59 ② 60 ④

시행일 : 2021년 2월 20일

제69회 위험물기능장

01 위험물암반탱크가 다음과 같은 조건일 때 탱크의 용량은 몇 L인가?

- 암반탱크의 내용 적 : 600,000L
- 1일간 탱크 내에 용출하는 지하수의 양 : 1,000L

① 595,000L   ② 594,000L
③ 593,000L   ④ 592,000L

해설

㉠ 탱크의 용량 = 탱크의 내용적 − 공간용적
㉡ 위험물암반탱크의 공간용적은 해당 탱크 내에 용출하는 7일간의 지하수량에 상당하는 용적과 해당 탱크 내용적의 $\frac{1}{100}$ 용적 중에서 보다 큰 용적이므로 7,000L이다.

7일간 용출하는 지하수량 = 1,000 × 7 = 7,000L

탱크 내용적 $\frac{1}{100}$ = 600,000 × $\frac{1}{100}$ = 6,000L

∴ 탱크용량 = 600,000 − 7,000 = 593,000L

02 연소에 관한 설명으로 틀린 것은?

① 위험도는 연소범위를 폭발상한계로 나눈 값으로 값이 클수록 위험하다.
② 인화점 미만에서는 점화원을 가해도 연소가 진행되지 않는다.
③ 발화점은 같은 물질이라도 조건에 따라 변동되며 절대적인 값이 아니다.
④ 연소점은 연소 상태가 일정 시간 이상 유지될 수 있는 온도이다.

해설

① 위험도는 연소범위를 폭발 하한계로 나눈 값으로 값이 클수록 위험하다.

03 한 변의 길이는 12m, 다른 한 변의 길이는 60m인 옥내저장소에 자동화재탐지설비를 설치하는 경우 경계구역은 원칙적으로 최소한 몇 개로 하여야 하는가? (단, 차동식스포트형감지기를 설치한다)

① 1   ② 2
③ 3   ④ 4

해설

자동화재탐지설비의 설치기준

㉠ 자동화재탐지설비의 경계구역(화재가 발생한 구역을 다른 구역과 구분하여 식별할 수 있는 최소단위의 구역)은 건축물 그 밖의 공작물의 2 이상의 층에 걸치지 아니하도록 할 것. 다만, 하나의 경계구역의 면적이 500m² 이하이면서 해당 경계구역이 두 개의 층에 걸치는 경우이거나 계단·경사로·승강기의 승강로 그 밖에 이와 유사한 장소에 연기감지기를 설치하는 경우에는 그러하지 아니하다.

㉡ 하나의 경계구역의 면적은 600m² 이하로 하고 그 한 변의 길이는 50m(광전식분리형감지기를 설치할 경우에는 100m² 이하로 할 것. 다만, 해당 건축물 그 밖의 공작물의 주요한 출입구에서 그 내부의 전체를 볼 수 있는 경우에 있어서는 그 면적을 1,000m² 이하로 할 수 있다.

면적 = 12m × 60m = 720m²이다.

∴ 경계구역 = 720m² ÷ 600m² = 1.2 → 2구역

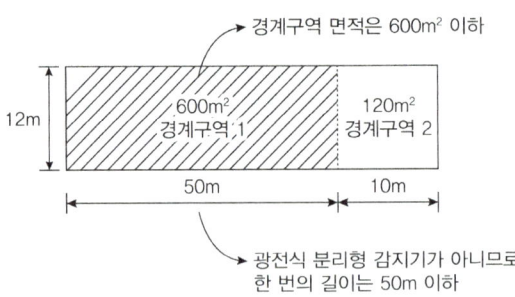

∴ 경계구역은 최소 2개

정답 01 ③ 02 ① 03 ②

04 위험물안전관리법상 제6류 위험물을 저장 또는 취급하는 장소에 이산화탄소소화기가 적응성이 있는 경우는?

① 폭발의 위험이 없는 장소
② 사람이 상주하지 않는 장소
③ 습도가 낮은 장소
④ 전자설비를 설치한 장소

해설
제6류 위험물에 적응성 없는 소화설비 및 소화기
㉠ 불활성 가스 소화설비(이산화탄소 소화기는 폭발 위험성이 없는 장소에 한해 적응성 있음)
㉡ 할로젠화합물 소화설비 및 소화기
㉢ 분말 소화설비 및 소화기 중 인산염류 분말 외의 것

05 자신은 불연성물질이지만 산화력을 가지고 있는 물질은?

① 마그네슘   ② 과산화수소
③ 알킬알루미늄   ④ 에틸렌글리콜

해설
① 제2류, 가연성, 환원력
② 제6류, 불연성, 산화력
③ 제3류, 가연성, 환원력
④ 제4류, 가연성, 환원력

06 경유 150,000L는 몇 소요단위에 해당하는가?

① 7.5단위   ② 10단위
③ 15단위   ④ 30단위

해설
$$\text{소요단위} = \frac{\text{저장량}}{\text{지정수량} \times 10\text{배}}$$

$$= \frac{150,000L}{1,000L \times 10} = 15\text{단위}$$

07 자동화재탐지설비를 설치하여야 하는 대상이 아닌 것은?

① 처마높이가 6m 이상인 단층옥내저장소
② 저장창고의 연면적이 $100m^2$인 옥내저장소
③ 지정수량 100배의 에탄올을 저장 또는 취급하는 옥내저장소
④ 연면적이 $500m^2$인 일반취급소

해설
제조소 등의 설치하여야 하는 경보설비

제조소 등의 구분	제조소 등의 규모, 저장 또는 취급하는 위험물의 종류 및 최대 수량 등	경보 설비
1. 제조소 및 일반 취급소	• 연면적이 $500m^2$ 이상인 것 • 옥내에서 지정수량의 100배 이상을 취급하는 것(고인화점위험물만을 100℃ 미만의 온도에서 취급하는 것을 제외한다) • 일반취급소로 사용되는 부분 외의 부분이 있는 건축물에 설치된 일반취급소(일반취급소와 일반취급소 외의 부분이 내화구조의 바닥 또는 벽으로 개구부 없이 구획된 것을 제외한다)	자동화재탐지설비
2. 옥내 저장소	• 지정수량의 100배 이상을 저장 또는 취급하는 것(고인화점위험물만을 저장 또는 취급하는 것을 제외한다) • 저장창고의 연면적이 $150m^2$를 초과하는 것[당해 저장창고가 연면적 $150m^2$ 이내마다 불연재료의 격벽으로 개구부 없이 완전히 구획된 것과 제2류 또는 제4류의 위험물(인화성고체 및 인화점이 70℃ 미만인 제4류 위험물을 제외한다)만을 저장 또는 취급하는 것에 있어서는 저장창고의 연면적이 $500m^2$ 이상의 것에 한한다] • 처마높이가 6m 이상인 단층건물의 것 • 옥내저장소로 사용되는 부분 외의 부분이 있는 건축물에 설치된 옥내저장소[옥내저장소와 옥내저장소 외의 부분이 내화구조의 바닥 또는 벽으로 개구부 없이 구획된 것과 제2류 또는 제4류의 위험물(인화성고체 및 인화점이 70℃ 미만인 제4류 위험물을 제외한다)만을 저장 또는 취급하는 것을 제외한다]	자동화재탐지설비
3. 옥내 탱크 저장소	단층건물 외의 건축물에 설치된 옥내탱크저장소로서 소화난이도등급 I에 해당하는 것	
4. 주유 취급소	옥내주유취급소	
5. 옥외탱크저장소	특수인화물, 제1석유류 및 알코올류를 저장 또는 취급하는 탱크의 용량이 1,000만리터 이상인 것	자동화재탐지설비, 자동화재속보설비
6. 제1호 내지 제5호의 자동화재탐지설비 설치대상에 해당하지 아니하는 제조소등	지정수량의 10배 이상을 저장 또는 취급하는 것	자동화재탐지설비, 비상경보설비, 확성장치 또는 비상방송설비 중 1종 이상

정답 04 ① 05 ② 06 ③ 07 ②

08 제6류 위험물의 성질, 화재예방 및 화재발생 시 소화방법에 관한 설명 중 틀린 것은?

① 옥외저장소에 과염소산을 저장하는 경우 천막 등으로 햇빛을 가려야 한다.
② 과염소산은 물과 접촉하여 발열하고 가열하면 유독성가스를 발생한다.
③ 질산은 산화성이 강하므로 가능한 한 환원성물질과 혼합하여 중화시킨다.
④ 과염소산의 화재에는 물분무소화설비, 포소화설비 등이 적응성이 있다.

해설
③ 제6류 위험물은 자신은 불연성이지만 환원성이 강한 물질 또는 가연물과 혼합한 것은 접촉발화거나 가열 등에 의해 폭발할 위험성을 갖는다.

09 간이탱크저장소의 설치기준으로 옳지 않은 것은?

① 1개의 간이탱크저장소에 설치하는 간이저장탱크는 3개 이하로 한다.
② 간이저장탱크의 용량은 800L 이하로 한다.
③ 간이저장탱크는 두께 3.2mm 이상의 강판으로 제작한다.
④ 간이저장탱크에는 통기관을 설치하여야 한다.

해설
② 간이저장탱크용량은 600L 이하이어야 한다.

10 마그네슘의 성질에 대한 설명 중 틀린 것은?

① 물보다 무거운 금속이다.
② 은백색의 광택이 난다.
③ 온수와 반응 시 산화마그네슘과 수소를 발생한다.
④ 융점은 약 650℃이다.

해설
② 온수 또는 산과 반응하여 수소(H_2) 발생
$Mg + 2H_2O \longrightarrow Mg(OH)_2 + H_2$

11 불소계계면활성제를 주성분으로 하여 물과 혼합하여 사용하는소화약제로서, 유류화재 발생 시 분말소화약제와 함께 사용이 가능한 포소화약제는?

① 단백포소화약제
② 불화단백포소화약제
③ 합성계면활성제포소화약제
④ 수성막포소화약제

해설
① 단백포소화약제 : 동 · 식물성(동물의 뿔, 발톱 등)의 가수분해 생성물을 기제로 하고 포 안정제로서 제1철염, 부동액(에틸렌글리콜, 프로필렌글리콜 등) 등을 첨가하여 만든 소화약제
② 불화단백포소화약제 : 단백포소화약제의 소화 성능을 향상시키기 위하여 불소계통의 계면활성제를 소량 첨가한 약제
③ 합성계면활성제포소화약제 : 계면활성제를 기제로 하여 안정제 등을 첨가하여 만든 소화약제로 저팽창(3%, 6%) 및 고팽창(1%, 1.5%, 2%)로 사용하는 소화약제

12 황린에 대한 설명으로 옳은 것은?

① 투명 또는 담황색 액체이다.
② 무취이고 증기비중이 약 1.82이다.
③ 발화점은 60~70℃이므로 가열 시 주의해야 한다.
④ 환원력이 강하여 쉽게 연소한다.

해설
① 백색 또는 담황색 고체이다.
② 비중 1.82, 증기비중 4.4, 특유의 마늘냄새가 나고, 맹독성이 있다.
③ 발화점이 34℃로 매우 낮으므로 자연발화를 일으킨다.

13 트라이나이트로톨루엔의 화학식으로 옳은 것은?

① $C_6H_2CH_3(NO_2)_3$
② $C_6H_3(NO_2)_3$
③ $C_6H_2(NO_3)_3OH$
④ $C_{10}H_6(NO_2)_2$

해설
트라이나이트로톨루엔[$C_6H_2CH_3(NO_2)_3$]

정답 08 ③ 09 ② 10 ③ 11 ④ 12 ④ 13 ①

14 위험물안전관리법상 정기점검의 대상이 되는 제조소 등에 해당하지 않는 것은?

① 지하탱크저장소　② 이동탱크저장소
③ 이송취급소　　　④ 옥내탱크저장소

해설

정기점검 대상인 제조소 등
㉠ 지정수량의 10배 이상의 위험물을 취급하는 제조소
㉡ 지정수량의 100배 이상의 위험물을 저장하는 옥외저장소
㉢ 지정수량의 150배 이상의 위험물을 저장하는 옥내저장소
㉣ 지정수량의 200배 이상의 위험물을 저장하는 옥외탱크저장소
㉤ 암반탱크저장소
㉥ 이송취급소
㉦ 지정수량의 10배 이상의 위험물을 취급하는 일반취급소
㉧ 지하탱크저장소
㉨ 이동탱크저장소
㉩ 위험물을 취급하는 탱크로서 지하에 매설된 탱크가 있는 제조소·주유취급소 또는 일반취급소

15 트라이에틸알루미늄이 물과 반응하였을 때 생성되는 물질은?

① $Al(OH)_3$, C_2H_2　② $Al(OH)_3$, C_2H_6
③ Al_2O_3, C_2H_2　④ Al_2O_3, C_2H_6

해설

$(C_2H_5)_3Al + 3H_2O \longrightarrow Al(OH)_3 + 3C_2H_6$

16 위험물의 지정수량 중 옳지 않은 것은?

① $N_2H_4 \cdot H_2SO_4$: 100kg
② NH_2OH : 100kg
③ $C(NH_2)_3NO_3$: 200kg
④ $C_{12}H_{10}N_2$: 200kg

해설

① $N_2H_4 \cdot H_2SO_4$(황산하이드라진) : 제5류, 하이드라진유도체, 지정수량 200kg
② NH_2OH(하이드록실아민) : 제5류, 하이드록실아민, 지정수량 100kg
③ $C(NH_2)_3NO_3$(질산구아니딘) : 제5류, 질산구아니딘, 지정수량 200kg
④ $C_{12}H_{10}N_2$(아조벤젠) : 제5류, 아조화합물, 지정수량 200kg

17 제2류 위험물에 속하지 않는 것은?

① 1기압에서 인화점이 30℃인 고체
② 직경이 1mm인 막대모양의 마그네슘
③ 고형알코올
④ 구리분, 니켈분

해설

제2류 위험물
㉠ 금속분 : 알칼리금속·알칼리토류금속·철 및 마그네슘 외의 금속의 분말을 말하고, 구리분·니켈분 및 150㎛의 체를 통과하는 것이 50중량% 미만인 것은 제외한다.
㉡ 마그네슘 및 제2류 제8호의 물품 중 마그네슘을 함유한 것에 있어서는 다음 각목의 1에 해당하는 것은 제외한다.
　가. 2mm의 체를 통과하지 아니하는 덩어리 상태의 것
　나. 지름 2mm 이상의 막대 모양의 것
㉢ 인화성고체 : 고형알코올 그 밖에 1기압에서 인화점이 40℃ 미만인 고체를 말한다.

18 과염소산과 질산의 공통 성질로 옳은 것은?

① 환원성 물질로서, 증기는 유독하다.
② 다른 가연물의 연소를 돕는 가연성 물질이다.
③ 강산이고 물과 접촉하면 발열한다.
④ 부식성은 작으나 다른 물질과 혼촉발화 가능성이 높다.

해설

과염소산, 질산 위험물의 성질

과염소산	• 산화성, 불연성, 무기화합물, 조연성 비중>1 • 물에 녹기 쉽다. • 분해반응 시 산소(O_2)발생 • 가연물, 유기물 등과 혼합 시 발화위험
질산	• 강산성 • 물과 접촉 시 심한 발열 • 분해 시 유독가스 발생 • 부식성이 강함

정답 14 ④　15 ②　16 ①　17 ④　18 ③

19 서로 혼재가 가능한 위험물은? (단, 지정수량의 10배를 취급하는 경우)

① KClO₄와 Al₄C₃
② CH₃CN와 Na
③ P₄와 Mg
④ HNO₃와 (C₂H₅)₃Al

해설
유별을 달리하는 위험물의 혼재기준

위험물의 구분	제1류	제2류	제3류	제4류	제5류	제6류
제1류		×	×	×	×	○
제2류	×		×	○	○	×
제3류	×	×		○	×	×
제4류	×	○	○		○	×
제5류	×	○	×	○		×
제6류	○	×	×	×	×	

① KClO₄(제1류)와 Al₄C₃(제3류)
② CH₃CN(제4류)와 Na(제3류)
③ P₄(제3류)와 Mg(제2류)
④ HNO₃(제6류)와 (C₂H₅)₃Al(제3류)

20 위험물안전관리법상 위험물제조소 등 설치허가 취소 사유에 해당하지 않는 것은?

① 위험물제조소의 바닥을 교체하는 공사를 하는데 변경허가를 득하지 아니한 때
② 법정기준을 위반한 위험물제조소에 발한 수리·개조 명령을 위반한 때
③ 예방규정을 제출하지 아니한 때
④ 위험물안전관리자가 장기 해외여행을 갔음에도 그 대리자를 지정하지 아니한 때

해설
위험물제조소 등 설치허가 취소와 사용정지
㉠ 변경허가 없이 제조소 등의 위치·구조·설비 변경 시
㉡ 완공검사 없이 제조소 등 사용 시
㉢ 제조소 등의 위치, 구조, 및 설비의 수리·개조 또는 이전의 명령에 위반한 때
㉣ 위험물안전관리자 미선임 시
㉤ 위험물안전관리자의 대리인 미지정 시
㉥ 정기점검·정기검사 받지 아니한 때
㉦ 저장·취급 기준 준수명령 위반 시

21 A물질 1,000kg을 소각하고자 한다. 1,000kg 중 황의 함유량이 0.5wt% 라고 한다면 연소가스 중 SO₂의 농도는 약 몇 mg/Nm³인가? (단, A물질 1ton의 습배기연소가스량=6,500Nm³)

① 1,080
② 1,538
③ 2,522
④ 3,450

해설
㉠ A물질 1,000kg 중 황(S)의 질량
  1,000kg×0.005=5kg
㉡ 황(S)의 연소반응식

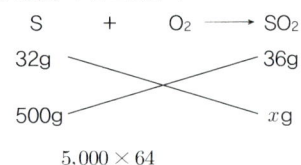

$x = \dfrac{5,000 \times 64}{32}$

$x = 10,000g = 10kg$

∴ $\dfrac{10kg}{6,500Nm^3} = \dfrac{10 \times 10^6 mg}{6,500Nm^3} ≒ 1,538.46 mg/Nm^3$

※ 단위 Nm³(노말입방미터, Normal m³) : 0℃, 1기압 하에서 1m³의 기체량을 의미

22 벤조일퍼옥사이드의 용해성에 대한 설명으로 옳은 것은?

① 물과 대부분 유기용제에 잘 녹는다.
② 물과 대부분 유기용제에 녹지 않는다.
③ 물에는 잘 녹으나 대부분 유기용제에는 녹지 않는다.
④ 물에 녹지 않으나 대부분 유기용제에 잘 녹는다.

해설
④ 물에 불용이며, 유기용제에 녹는다.

정답 19 ② 20 ③ 21 ② 22 ④

23 각 물질의 화재 시 발생하는 현상과 소화방법에 대한 설명으로 틀린 것은?

① 황린의 소화는 연소 시 발생하는 황화수소가스를 피하기 위하여 바람을 등지고 공기호흡기를 착용한다.
② 트라이에틸알루미늄의 화재 시 이산화탄소소화약제, 할로젠화합물소화약제의 사용을 금한다.
③ 리튬 화재 시에는 팽창질석, 마른모래 등으로 소화한다.
④ 부틸리튬 화재의 소화에는 포소화약제를 사용할 수 없다.

해설
① 황린의 소화는 연소시 발생하는 유독성가스(P_2O_5)를 피하기 위해 바람을 등지고 공기호흡기와 방호의 등을 착용한다.

24 단층건축물에 옥내탱크저장소를 설치하고자 한다. 하나의 탱크전용실에 2개의 옥내저장탱크를 설치하여 에틸렌글리콜과 기어유를 저장하고자 한다면 저장가능한 지정수량의 최대배수를 옳게 나타낸 것은?

품명	저장가능한 지정수량의 최대배수
에틸렌글리콜	(A)
기어유	(B)

① (A) 40배, (B) 40배
② (A) 20배, (B) 20배
③ (A) 10배, (B) 30배
④ (A) 5배, (B) 35배

해설
옥내저장탱크용량(동일한 탱크전용실에 2 이상 설치 시 각 탱크용량 합계)은 지정수량의 40배(제4석유류, 동·식물유류 외의 제4류 위험물은 20,000L 초과 시 20,000L) 이하일 것
최대저장수량
㉠ 에틸렌글리콜(지정수량 4,000L) : 제4류 위험물, 제3석유류, 수용성 → 최대 20,000ℓ ÷ 4,000ℓ = 5배
㉡ 기어유(지정수량 6,000L) : 제4류 위험물, 제4석유류 → 35배
즉 6,000ℓ × 35배 = 21,000ℓ를 저장하면 된다.

25 제1류 위험물 중 무기과산화물과 제5류 위험물 중 유기과산화물의 소화방법으로 옳은 것은?

① 무기과산화물 : CO_2에 의한 질식소화, 유기과산화물 : CO_2에 의한 냉각소화
② 무기과산화물 : 건조사에 의한 피복소화, 유기과산화물 : 분말에 의한 질식소화
③ 무기과산화물 : 포에 의한 질식소화, 유기과산화물 : 분말에 의한 질식소화
④ 무기과산화물 : 건조사에 의한 피복소화, 유기과산화물 : 물에 의한 냉각소화

해설

소화설비의 구분		대상물 구분								
		건축물·그 밖의 공작물	전기설비	제1류 위험물		제2류 위험물			제3류 위험물		제4류 위험물	제5류 위험물	제6류 위험물
				알칼리금속과산화물 등	그 밖의 것	철분·금속분·마그네슘 등	인화성고체	그 밖의 것	금수성물품	그 밖의 것			
옥내소화전 또는 옥외소화전설비		○			○		○	○		○		○	○
스프링클러설비		○			○		○	○		○	△	○	
물분무등소화설비	물분무소화설비	○	○		○		○	○		○		○	○
	포소화설비	○			○		○	○		○		○	○
	불활성가스소화설비		○					○				○	
	할로젠화합물소화설비		○					○				○	
	분말소화설비	인산염류 등	○	○		○		○	○				○	○
		탄산수소염류 등		○	○		○	○		○			○	
		그 밖의 것			○		○			○				
대형·소형수동식소화기	봉상수(棒狀水)소화기	○			○		○	○		○		○	○
	무상수(霧狀水)소화기	○	○		○		○	○		○		○	○
	봉상강화액소화기	○			○		○	○		○		○	○
	무상강화액소화기	○	○		○		○	○		○		○	○
	포소화기	○			○		○	○		○		○	○
	이산화탄소소화기		○					○				○	△
	할론소화기		○					○				○	
	분말소화기	인산염류소화기	○	○		○		○	○				○	○
		탄산수소염류소화기		○	○		○	○		○			○	
		그 밖의 것			○		○			○				
기타	물통 또는 수조	○			○		○	○		○		○	○
	건조사			○	○	○	○	○	○	○	○	○	○
	팽창질석 또는 팽창진주암			○	○	○	○	○	○	○	○	○	○

정답 23 ① 24 ④ 25 ④

26 비점이 약 111°C인 액체로서, 산화하면 벤즈알데하이드를 거쳐 벤조산이 되는 위험물은?

① 벤젠   ② 톨루엔
③ 크실렌   ④ 아세톤

해설

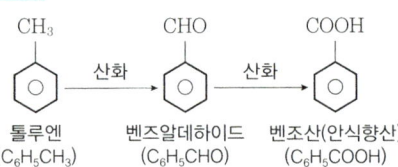

27 이황화탄소에 대한 설명으로 틀린 것은?

① 인화점이 낮아 인화가 용이하므로 액체 자체의 누출뿐만 아니라 증기의 누설을 방지하여야 한다.
② 휘발성 증기는 독성이 없으나 연소생성물 중 SO_2는 유독성가스이다.
③ 물보다 무겁고 녹기 어렵기 때문에 물을 채운 수조탱크에 저장한다.
④ 강산화제와 접촉에 의해 격렬히 반응하고, 혼촉발화 또는 폭발의 위험성이 있다.

해설
② 휘발성 증기는 독성이 있고 연소생성물 중 SO_2는 유독성가스이다.

28 큐멘(Cumene) 공정으로 제조 되는 것은?

① 아세트알데하이드와 에테르
② 페놀과 아세톤
③ 크실렌과 에테르
④ 크실렌과 아세트알데하이드

해설
큐멘(Cumene)공정(큐멘법)

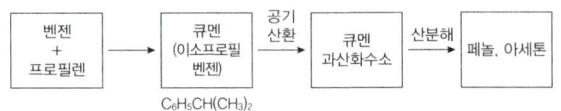

29 위험물의 취급소에 해당하지 않는 것은?

① 일반취급소   ② 옥외취급소
③ 판매취급소   ④ 이송취급소

해설
위험물취급소
㉠ 주유취급소
㉡ 판매취급소
㉢ 일반취급소
㉣ 이송취급소

30 다음 물질을 저장하는 저장소로 허가받으려고 위험물저장소 설치허가신청서를 작성하려고 한다. 해당하는 지정수량의 배수는 얼마인가?

- 차아염소산칼슘 : 150kg
- 과산화나트륨 : 100kg
- 질산암모늄 : 300kg

① 12   ② 9
③ 6   ④ 5

해설
$\frac{150kg}{50kg} + \frac{100kg}{50kg} + \frac{300kg}{300kg} = 6배$

31 제6류 위험물에 대한 설명 중 맞는 것은?

① 과염소산은 무취, 청색의 기름상 액체이다.
② 과산화수소를 물, 알코올에는 용해하나 에테르에는 녹지 않는다.
③ 질산은 크산토프로테인 반응과 관계가 있다.
④ 오불화브로민의 화학식은 C_2F_5Br이다.

해설
① 과염소산 : 무색무취의 휘발성 액체이다.
② 과산화수소 : 물·알코올·에테르에 녹고, 벤젠에는 녹지 않는다.
④ 오불화브로민 : BrF_5

정답 26 ② 27 ② 28 ② 29 ② 30 ③ 31 ③

32 국소방출방식 불활성기체소화설비 중 저압식 저장용기에 설치되는 압력경보장치는 어느 압력 범위에서 작동하는 것으로 설치하여야 하는가?

① 2.3MPa 이상의 압력과 1.9MPa 이하의 압력에서 작동하는 것
② 2.5MPa 이상의 압력과 2.0MPa 이하의 압력에서 작동하는 것
③ 2.7MPa 이상의 압력과 2.3MPa 이하의 압력에서 작동하는 것
④ 3.0MPa 이상의 압력과 2.5MPa 이하의 압력에서 작동하는 것

해설
불활성가스소화설비의 저압식 저장용기 설치기준
㉠ 액면계 및 압력계 설치
㉡ 압력경보장치 설치 : 2.3MPa 이상 및 1.9MPa 이하에서 작동
㉢ 자동냉동기 설치 : 저장용기 내부 온도를 -20℃ 이상 -18℃ 이하로 유지
㉣ 파괴판 및 방출밸브 설치

33 분자식이 CH_2OHCH_2OH인 위험물은 제 몇 석유류에 속하는가?

① 제1석유류   ② 제2석유류
③ 제3석유류   ④ 제4석유류

해설
CH_2OHCH_2OH 또는 $C_2H_4(OH)_2$: 에틸렌글리콜(제4류 위험물 제3석유류)

34 지정수량의 단위가 나머지 셋과 다른 하나는?

① 황린   ② 과염소산
③ 나트륨   ④ 이황화탄소

해설
지정수량의 단위 : 제4류 위험물만 L, 그 외 위험물은 kg
①, ③ : 제3류
② : 제6류
④ : 제4류

35 청정소화약제의 종류가 아닌 것은?

① FC-3-1-10   ② HCFC BLEND A
③ IG-541   ④ CTC-124

해설
청정소화약제의 종류

할로젠화합물 청정소화약제	불활성가스 청정소화약제
㉠ HCFC Blend A	㉠ IG-01
㉡ HFC-23	㉡ IG-55
㉢ HFC-125	㉢ IG-100
㉣ HFC-227ea	㉣ IG-541
㉤ HCFC-124	
㉥ FC-3-1-10	
㉦ FK-5-1-12	
㉧ HFC-236fa	
㉨ FIC-13I1	

36 질산암모늄의 산소평형(Oxygen Balance)값은 얼마인가?

① 0.2   ② 0.3
③ 0.4   ④ 0.5

해설
산소평형(OB; Oxygen Balance)
어떤 물질 1g이 반응하여 최종화합물이 만들어질 때 필요한 산소(O_2)의 과부족량을 g 단위로 나타낸 것(때로는 100g에 대한 값으로도 표시)

㉠ $C_xH_yN_uO_z \longrightarrow xCO_2 + \frac{y}{2}H_2O + \frac{u}{2}N_2 + \left(\frac{z}{2} - x - \frac{y}{4}\right)O_2$

$$\therefore OB = \frac{\left(\frac{z}{2}-x-\frac{y}{4}\right)\times 32}{분자량} = \frac{산소량 \times 32g}{분자량}$$

$$= \frac{산소\ 과잉(+)\ 또는\ 부족(-)\ 몰수 \times 32g}{해당\ 물질의\ 분자량}$$

㉡ 산소과잉(+)일 때 : 산화질소계열(NO_x) 가스 발생($N \to NO$, NO_2, NO_3)
산소부족(-)일 때 : $C \to CO$(일산화탄소 방출)
㉢ $OB = 0$: 이상적 반응($C \to CO_2$, $H \to H_2O$, $N \to N_2$)
㉣ 중요한 OB값의 예
　• Ng : 0.000　• NG : 0.035
　• TNT : -0.740　• KNO_3 : 0.392
질산암모늄(NH_4NO_3, 초안, 제1류, 질산염류, 분자량 80g)

$C_0H_4N_2O_3 \longrightarrow \frac{4}{2}H_2O + \frac{2}{2}N_2 + \left(\frac{3}{2} - \frac{4}{4}\right)O_2 = 0.5$

$$\therefore OB = \frac{0.5 \times 32g}{80g} = 0.2$$

37 나이트로셀룰로오스의 화재 발생 시 가장 적합한 소화약제는?

① 물소화약제
② 분말소화약제
③ 이산화탄소소화약제
④ 할로젠화합물소화약제

해설
25번 해설 참조

38 위험물운송에 대한 설명 중 틀린 것은?

① 위험물의 운송은 해당 위험물을 취급할 수 있는 국가기술자격자 또는 위험물안전관리자 강습교육 수료자여야 한다.
② 알킬리튬, 알킬알루미늄을 운송하는 경우에는 위험물운송책임자의 감독 또는 지원을 받아 운송하여야 한다.
③ 위험물운송자는 이동탱크저장소에 의해 위험물을 운송하는 때에는 해당 국가기술자격증 또는 교육수료증을 지녀야 한다.
④ 휘발유를 운송하는 위험물운송자는 위험물안전관리카드를 휴대하여야 한다.

해설
① 위험물의 운송은 위험물 취급관련 국가기술자격증(위험물기능장, 위험물산업기사, 위험물기능사)을 취득한자 또는 한국소방안전원에서 위험물 운송자 강습교육(2일, 16시간)을 수료한 자 또는 위험물 안전관리자 교육을 수료(2004년 9월 30일 이전)하고 위험물 안전관리자 수첩 또는 위험물 안전관리 교육수료증을 교부받은 자가 운송자의 자격이 있다.

39 화학적 소화방법에 해당하는 것은?

① 냉각소화
② 부촉매소화
③ 제거소화
④ 질식소화

해설
화학소화(부촉매효과 · 억제소화) : 연소의 연쇄반응을 차단하여 소화하는 방법으로, 할로겐원소의 억제효과를 이용한다.

40 다음 ( )에 알맞은 숫자를 순서대로 나열한 것은?

주유취급소 중 건축물의 ( )의 이상의 부분을 점포, 휴게음식점 또는 전시장의 용도로 사용하는 것에 있어서는 해당 건축물의 ( ) 이상으로부터 직접 주유취급소의 부지 밖으로 통하는 출입구와 해당 출입구로 통하는 통로, 계단, 및 출입구에 유도등을 설치하여야 한다.

① 2층, 1층
② 1층, 1층
③ 2층, 2층
④ 1층, 2층

해설
주유취급소의 피난설비기준 : 건축물의 2층

41 위험물의 화재위험성이 증가하는 경우가 아닌 것은?

① 비점이 높을수록
② 연소범위가 넓을수록
③ 착화점이 낮을수록
④ 인화점이 낮을수록

해설
① 비점(끓는점)은 낮을수록 화재위험성이 증가한다.

42 위험물안전관리법령에서 정의하는 산화성고체에 대해 다음 ( ) 안에 알맞은 용어를 차례대로 나타낸 것은?

"산화성고체"라 함은 고체로서 ( )의 잠재적인 위험성 또는 ( )에 대한 민감성을 판단하기 위하여 소방청장이 정하여 고시하는 시험에서 고시로 정하는 성질과 상태를 나타내는 것을 말한다.

① 산화력, 온도
② 착화, 온도
③ 착화, 충격
④ 산화력, 충격

해설
산화성고체의 산화력의 잠재적인 위험성 또는 충격에 대한 민감성을 판단한다.

정답 37 ① 38 ① 39 ② 40 ③ 41 ① 42 ④

43 스프링클러소화설비가 전체적으로 적응성이 있는 대상물은?

① 제1류 위험물
② 제2류 위험물
③ 제4류 위험물
④ 제5류 위험물

해설
25번 해설 참조

44 다음 중 불연성이면서 강산화성인 위험물질이 아닌 것은?

① 과산화나트륨
② 과염소산
③ 질산
④ 피크린산

해설
① 제1류, 불연성, 강산화성
② 제6류, 불연성, 강산화성
③ 제6류, 불연성, 강산화성
④ 제5류, 가연성, 강환원성

45 다음 중 제4류 위험물의 지정수량으로서 옳지 않은 것은?

① 피리딘 : 200L
② 아세톤 : 400L
③ 아세트산 : 2,000L
④ 나이트로벤젠 : 2,000L

해설
① 피리딘(C_5H_5N) : 제1석유류, 수용성, 지정수량 400L
② 아세톤(CH_3COCH_3) : 제1석유류, 수용성, 지정수량 400L
③ 아세트산(CH_3COOH, 초산, 빙초산) : 제2석유류, 수용성, 지정수량 2,000L
④ 나이트로벤젠($C_6H_5NO_2$) : 제3석유류, 비수용성, 지정수량 2,000L

46 지중탱크의 옥외탱크저장소에 다음과 같은 조건의 위험물을 저장하고 있다면 지중탱크 지반면의 옆판에서 부지경계선 사이에는 얼마 이상의 거리를 유지해야 하는가?

- 저장 위험물 : 에탄올
- 지중탱크 수평단면의 내경 : 30m
- 지중탱크 밑판 표면에서 지반면까지의 높이 : 25m
- 부지경계선의 높이구조 : 높이 2m 이상의 콘크리트조

① 100m 이상
② 75m 이상
③ 50m 이상
④ 25m 이상

해설
지중탱크
㉠ 옥외탱크저장소의 한 종류로서, 탱크 밑부분이 지반면(땅) 아래에 있고, 탱크의 상부가 지반면 이상의 높이에 있는 탱크
㉡ 지중탱크의 옥외탱크저장소의 위치는 해당 옥외탱크저장소가 보유하는 부지의 경계선에서 지중탱크의 지반면의 옆판까지의 사이에, 해당 지중탱크 수평단면의 내경의 수치에 0.5를 곱하여 얻은 수치(해당 수치가 지중탱크의 밑판 표면에서 지반면까지 높이의 수치 보다 작은 경우에는 해당 높이의 수치) 또는 50m(해당 지중탱크에 저장 또는 취급하는 위험물의 인화점이 21℃ 이상 70℃ 미만의 경우에 있어서는 40m, 70℃ 이상의 경우에 있어서는 30m) 중 큰 것과 동일한 거리 이상의 거리를 유지해야 한다.
- 지중탱크 수평단면의 내경(30m)×0.5=15m
- 지중탱크 밑판 표면에서 지반면까지의 높이 : 25m
∴ 에탄올 인화점이 13℃이므로 50m 이상이다.

47 메틸에틸케톤에 대한 설명 중 틀린 것은?

① 증기는 공기보다 무겁다.
② 지정수량은 200L이다.
③ 아이소부틸알코올을 환원하여 제조할 수 있다.
④ 품명은 제1석유류이다.

해설
아이소부틸알코올 $\xrightarrow[\text{산화}]{H_2}$ 메틸에틸케톤(MEK, $CH_3COC_2H_5$)

정답 43 ④ 44 ④ 45 ① 46 ③ 47 ③

48 이송취급소의 배관 설치기준 중 배관을 지하에 매설하는 경우의 안전거리 또는 매설깊이로 옳지 않은 것은?

① 건축물(지하가 내의 건축물을 제외) : 1.5m 이상
② 지하가 및 터널 : 10m 이상
③ 산이나 들에 매설하는 배관의 외면과 지표면과의 거리 : 0.3m 이상
④ 수도법에 의한 수도시설(위험물의 유입 우려가 있는 것) : 300m 이상

해설
배관 외면과의 거리
㉠ 다른 공작물 사이 : 0.3m 이상
㉡ 지표면과의 거리
　• 산이나 들 : 0.9m 이상
　• 그 밖의 지역 : 1.2m 이상

49 다음에서 설명하고 있는 법칙은?

> 온도가 일정할 때 기체의 부피는 절대압력에 반비례한다.

① 일정성분비의 법칙　② 보일의 법칙
③ 샤를의 법칙　　　　④ 보일-샤를의 법칙

해설
① 일정성분비(정비례)의 법칙 : 순수한 화합물에서 성분원소의 중량비는 항상 일정하다. 즉, 한가지 화합물을 구성하는 각 성분원소의 질량비는 항상 일정하다.
③ 샤를의 법칙 : 압력이 일정할 때 기체의 부피는 절대온도에 비례한다.
④ 보일-샤를의 법칙 : 일정량의 기체가 차지하는 부피는 압력에 반비례하고, 절대온도에 비례한다.

50 위험물안전관리법령에서 정한 소화설비의 적응성 기준에서 불활성가스소화설비가 적응성이 없는 대상은?

① 전기설비　　② 인화성고체
③ 제4류 위험물　④ 제6류 위험물

해설
25번 해설 참조

51 제4류 위험물 중 20L 플라스틱 용기에 수납할 수 있는 것은?

① 이황화탄소　　② 휘발유
③ 디에틸에테르　④ 아세트알데하이드

해설
①, ③, ④ : 특수인화물(위험등급 Ⅰ)
② : 제1석유류(위험등급 Ⅱ)
※ 20L 플라스틱 외장용기(플라스틱 드럼 제외)에 수납할 수 있는 위험물은 제4류 위험물 중 위험등급 Ⅱ, Ⅲ에 해당하는 위험물
　• 위험등급 Ⅰ : 특수인화물
　• 위험등급 Ⅱ : 제1석유류, 알코올류
　• 위험등급 Ⅲ : 제 2, 3, 4 석유류, 동·식물유류

52 운반용기 내용적 95% 이하의 수납률로 수납하여야 하는 위험물은?

① 과산화벤조일
② 질산에틸
③ 나이트로글리세린
④ 메틸에틸케톤퍼옥사이드

해설
위험물 운반기준 중 적재방법
㉠ 고체위험물 수납률 : 내용적의 95% 이하
㉡ 액체위험물 수납률 : 내용적의 98% 이하로 하되, 55℃의 온도에서 누설되지 아니하도록 충분한 공간용적 유지
※ 제5류 위험물
　• 액체 : MEKPO, 나이트로글리세린, 질산에틸, 질산메틸
　• 고체 : 그 외

53 황에 대한 설명 몇 중 틀린 것은?

① 순도가 60wt% 이상이면 위험물이다.
② 물에 녹지 않는다.
③ 전기에 도체이므로 분진폭발의 위험이 있다.
④ 황색의 분말이다.

해설
③ 황은 전기 및 열의 부도체이며, 가연성고체로서 분말상태인 경우 분진폭발의 위험이 있다.

정답 48 ③　49 ②　50 ④　51 ②　52 ①　53 ③

54 다음 [보기]의 요건을 모두 충족하는 위험물 중 지정수량이 가장 큰 것은?

> • 위험등급 Ⅰ 또는 Ⅱ에 해당하는 위험물이다.
> • 제6류 위험물과 혼재하여 운반할 수 있다.
> • 황린과 동일한 옥내저장소에는 1m 이상 간격을 유지한다면 저장이 가능하다.

① 염소산염류   ② 무기과산화물
③ 질산염류   ④ 과망가니즈산염류

해설
제1류이며, 위험등급 Ⅱ인 물질의 품명은 브로민산염류·질산염류·아이오딘산염류이다. 보기의 ①, ②는 위험등급 Ⅰ이며, ④항은 위험등급 Ⅲ이다.
㉠ 제6류 위험물과 혼재하여 운반가능 → 제1류 위험물
㉡ 황린(제3류 자연 발화성 물질)과 동일 옥내저장소에서 1m 간격 유지 시 저장가능 → 제1류 위험물
㉢ 제1류 위험물
　• 위험등급 Ⅰ : 지정수량 50kg
　• 위험등급 Ⅱ : 지정수량 300kg

55 그림과 같은 계획공정도(Network)에서 주공정은? (단, 화살표 아래 숫자는 활동시간을 나타낸 것이다)

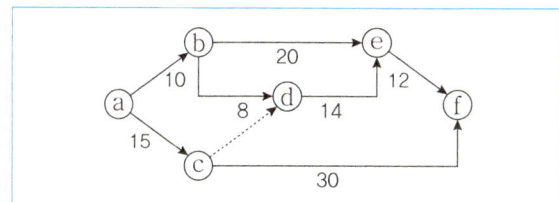

① ⓐ-ⓒ-ⓕ
② ⓐ-ⓑ-ⓔ-ⓕ
③ ⓐ-ⓑ-ⓓ-ⓔ-ⓕ
④ ⓐ-ⓒ-ⓓ-ⓔ-ⓕ

해설
주공정(CP; Critical Path)
여유시간이 거의 없는 공정들로서 이들을 연결하는 공정이며, 시간적으로는 가장 긴 경로를 말한다.
① 15+30=45시간
② 10+20+12=42시간
③ 10+8+14+12=44시간
④ 15+0+14+12=41시간

56 다음 검사의 종류 중 검사공정에 의한 분류에 해당되지 않는 것은?

① 수입검사   ② 출하검사
③ 출장검사   ④ 공정검사

해설
검사의 분류

분류기준	검사공정
검사의 종류	• 수입검사(구입검사) • 공정검사(중간검사) • 최종검사(완성검사) • 출하검사(출고검사)

57 품질 코스트(Quality Cost)를 예방 코스트, 실패 코스트, 평가 코스트로 분류할 때 다음 중 실패 코스트(Failure Cost)에 속하는 것이 아닌 것은?

① 시험 코스트
② 불량대책 코스트
③ 재가공 코스트
④ 설계변경 코스트

해설
품질 코스트(Q-Cost, Quality Cost)

예방 코스트 (P-Cost, Prevention Cost)	• QC 계획 코스트 • QC 기술 코스트 • QC 교육 코스트 • QC 사무 코스트
평가 코스트 (A-Cost, Appraisal Cost)	• 수입검사 코스트 • 공정검사 코스트 • 완성품검사 코스트 • 실험 코스트 • PM 코스트
실패 코스트 (F-Cost, Failure Cost)	• 납기불량 코스트(폐기·재가공·외주불량·설계변경 코스트) • 무상서비스 코스트(현지서비스, 지참서비스, 대품서비스) • 불량대책 서비스 • 제품책임 코스트

정답 54 ③　55 ①　56 ③　57 ①

58 다음 Ralph M. Barnes 교수가 제시한 동작경제의 원칙 중에서 작업장 배치에 관한 원칙에 해당되지 않는 것은?

① 가급적이면 낙하식 운반방법을 이용한다.
② 모든 공구나 재료는 지정된 위치에 있도록 한다.
③ 충분한 조명을 하여 작업자가 잘 볼 수 있도록 한다.
④ 가급적 용이하고 자연스런 리듬을 타고 일할 수 있도록 작업을 구성하여야 한다.

해설
동작경제의 원칙(Ralph M. Barnes 교수)
㉠ 신체사용의 원칙 → ④
㉡ 작업장 배치의 원칙 → ①, ②, ③
㉢ 공구류 및 설비의 설계원칙

59 로트 크기 1,000, 부적합품률이 15%인 로트에서 5개의 랜덤 시료 중 발견된 부적합품 수가 1개일 확률을 이항분포로 계산하면 약 얼마인가?

① 0.1648 ② 0.3915
③ 0.6085 ④ 0.8352

해설
$P(X=x) = {}_nC_x P^x (1-P)^{n-x}$
여기서, n : 시행횟수
P : 성공확률
x : n번 독립시행에서의 성공 횟수
${}_nC_r = \dfrac{n!}{(n-r)!r!}$
$\therefore P(x=1) = {}_5C_1 (0.15)^1 (1-0.15)^{5-1}$
$= \dfrac{5!}{(5-1)!1!}(0.15)^1(1-0.15)^4 ≒ 0.3915$

60 다음 중 계량값 관리도에 해당되는 것은?

① c 관리도 ② np 관리도
③ R 관리도 ④ u 관리도

해설
관리도의 종류

계량형 관리도	• $\bar{x} - R$ 관리도($\bar{x}$ 관리도, R 관리도) : 보편적으로 사용 • $\bar{x} - S$ 관리도 • x 관리도 • $Me - R$ 관리도 • $L - S$ 관리도
계수형 관리도	• np 관리도(부적합품수 관리도) • p 관리도(부적합품률 관리도) • c 관리도(부적합수(결점수) 관리도) • u 관리도(단위당 부적합수(결점수) 관리도)
특수 관리도	• 누적합 관리도 • 이동평균 관리도 • 지수가중 이동평균 관리도 • 차이 관리도 • Z 변환 관리도

정답 58 ④ 59 ② 60 ③

M/E/M/O

제70회 위험물기능장

시행일 : 2021년 7월 4일

01 30L 용기에 산소를 넣어 압력이 150기압으로 되었다. 이 용기의 산소를 온도 변화 없이 동일한 조건에서 40L의 용기에 넣었다면 압력은 얼마로 되는가?

① 85.7기압　② 102.5기압
③ 112.5기압　④ 200기압

해설
보일의 법칙
$PV = P_1 V_1$
$P_1 = \dfrac{PV}{V_1} = \dfrac{150\text{atm} \times 30\text{L}}{40\text{L}} = 112.5\text{atm}$

02 다음에서 설명하는 법칙에 해당하는 것은?

> 용매에 용질을 녹일 경우 증기압 강하의 크기는 용액 중에 녹아 있는 용질의 몰분율에 비례한다.

① 증기압의 법칙
② 라울의 법칙
③ 이상용액의 법칙
④ 일정성분비의 법칙

해설
① **증기압의 법칙** : 일정온도의 밀폐된 용기 속에서 액체의 증발속도와 응축속도가 같은 동적평형 상태에서 액체의 증기가 나타내는 압력
② **이상용액의 법칙** : 열을 흡수하거나 방출하지 않고 또 그 부피는 각 성분 부피의 합과 같은 용액
③ **일정성분비(정비례)의 법칙** : 순수한 화합물에서 성분원소의 중량비는 항상 일정하다. 즉, 한가지 화합물을 구성하는 각 성분원소의 질량비는 항상 일정하다.

03 다음 그림의 위험물에 대한 설명으로 옳은 것은?

① 휘황색의 액체이다.
② 규조토에 흡수시켜 다이너마이트를 제조하는 원료이다.
③ 여름에 기화하고 겨울에 동결할 우려가 있다.
④ 물에 녹지 않고 아세톤, 벤젠에 잘 녹는다.

해설
①, ②, ③은 나이트로글리세린에 대한 설명이다.

04 위험물을 저장하는 원통형 탱크를 종으로 설치할 경우 공간용적을 옳게 나타낸 것은? (단, 탱크의 지름은 10m, 높이는 16m이며, 원칙적인 경우)

① 62.8m³ 이상 125.7m³ 이하
② 72.8m³ 이상 125.7m³ 이하
③ 62.8m³ 이상 135.6m³ 이하
④ 72.8m³ 이상 135.6m³ 이하

해설
㉠ 탱크의 내용적 $= \pi r^2 \times l = \pi \times (5^2) \times 16 ≒ 1{,}256.64\text{m}^3$
㉡ 탱크의 공간용적 : 탱크 내용적의 $\dfrac{5}{100}$ 이상 $\dfrac{10}{100}$ 이하
㉢ $1{,}256.64 \times 0.95 = 62.8\text{m}^3$
㉣ $1{,}256.64 \times 0.90 = 125.7\text{m}^3$

정답 01 ③　02 ②　03 ④　04 ①

05 위험물의 운반기준으로 틀린 것은?

① 고체위험물은 운반용기 내용적의 95% 이하로 수납할 것
② 액체위험물은 운반용기 내용적의 98% 이하로 수납할 것
③ 하나의 외장용기에는 다른 종류의 위험물을 수납하지 아니할 것
④ 액체위험물은 섭씨 65도의 온도에서 누설되지 않도록 충분한 공간용적을 유지할 것

해설
④ 액체위험물은 내용적의 98% 이하로 수납하되, 55℃의 온도에서 누설되지 아니하도록 충분한 공간용적을 유지할 것

06 액체위험물을 저장하는 용량 10,000L의 이동저장탱크는 최소 몇 개 이상의 실로 구획하여야 하는가?

① 1개 ② 2개
③ 3개 ④ 4개

해설
액체위험물을 저장하는 이동저장탱크는 그 내부에 4,000L 이하마다 칸막이로 구획하여야 한다.
∴ $\frac{10,000L}{4,000L}$ = 2.5 → 3개 이상의 실로 구획

07 다음 제1류 위험물 중 융점이 가장 높은 것은?

① 과염소산칼륨
② 과염소산나트륨
③ 염소산나트륨
④ 염소산칼륨

해설
① 610℃ ② 482℃
③ 248℃ ④ 368.4℃

08 유기과산화물을 함유하는 것 중 불활성고체를 함유하는 것으로서, 다음에 해당하는 물질은 제5류 위험물에서 제외한다. ( ) 안에 알맞은 수치는?

> 과산화벤조일의 함유량이 ( )중량퍼센트 미만인 것으로서, 전분가루, 황산칼슘2수화물 또는 인산1수소칼슘2수화물과의 혼합물

① 25.5 ② 35.5
③ 45.5 ④ 55.5

해설
위험물안전관리법상 제5류 위험물 종류·범위 및 한계
유기과산화물을 함유하는 것 중에서 불활성고체를 함유하는 것으로서 다음에 해당하는 것은 제외한다.
㉠ 과산화벤조일의 함유량이 35.5wt% 미만인 것으로서, 전분가루, 황산칼슘2수화물 또는 인산1수소칼슘2수소화물과의 혼합물
㉡ 비스(4클로로벤조일)퍼옥사이드의 함유량이 30wt% 미만인 것으로서, 불활성고체와의 혼합물
㉢ 과산화지크밀의 함유량이 40wt% 미만인 것으로서, 불활성고체와의 혼합물
㉣ 1·4-비스(2-터셔리부틸퍼옥시이소프로필)벤젠의 함유량이 40wt% 미만인 것으로서, 불활성고체와의 혼합물
㉤ 시클로헥사놀퍼옥사이드의 함유량이 30wt% 미만인 것으로서 불활성고체와의 혼합물

09 운송책임자의 감독·지원을 받아 운송 하여야 하는 위험물은?

① 칼륨
② 하이드라진유도체
③ 특수인화물
④ 알킬리튬

해설
운송책임자의 감독·지원을 받는 위험물
㉠ 알킬알루미늄
㉡ 알킬리튬
㉢ 알킬알루미늄 또는 알킬리튬을 함유하는 위험물

정답 05 ④ 06 ③ 07 ① 08 ② 09 ④

10 위험물 제조과정에서의 취급기준에 대한 설명으로 틀린 것은?

① 증류공정에 있어서는 위험물을 취급하는 설비의 외부압력의 변동에 의하여 액체 또는 증기가 생기도록 하여야 한다.
② 추출공정에 있어서는 추출관의 내부압력이 비정상으로 상승하지 않도록 하여야 한다.
③ 건조 공정에 있어서는 위험물의 온도가 국부적으로 상승하지 않도록 가열 또는 건조시켜야 한다.
④ 분쇄공정에 있어서는 위험물의 분말이 현저하게 기계·기구 등에 부착하고 있는 상태로 그 기계·기구를 취급하지 아니하여야 한다.

해설
① 증류공정에 있어서는 위험물을 취급하는 설비의 내부압력의 변동 등에 의하여 액체 또는 증기가 새지 아니하도록 할 것

11 Halon 1121과 Halon 1301 소화기(약제)에 대한 설명 중 틀린 것은?

① 모두 부촉매 효과가 있다.
② 모두 공기보다 무겁다.
③ 증기비중과 액체비중 모두 Halon 1211이 더 크다.
④ 방사 시 유효거리는 Halon 1301 소화기가 더 길다.

해설
할로겐소화약제 비교

구 분	Halon 1301	Halon 1211
분자식	CF$_3$Br	CF$_2$ClBr
증기비중	5.13	5.7
비 중	1.57	1.83
주 소화효과	부촉매효과	
방사 시 유효거리	1~3m	4~7m

12 연소생성물로서 혈액 속에서 헤모글로빈과 결합하여 산소부족을 야기하는 것은?

① HCl   ② CO
③ NH$_3$ ④ HCl

해설
화재 시 인명피해를 주는 유독가스로, 흡입된 CO의 화학적 작용에 의해 헤모글로빈에 의한 혈액의 산소운반작용을 저해하여 사람을 의식불명, 질식, 사망하게 한다. 화재 시 CO의 농도는 보통 3~5% 전후이다.

CO 농도	인체에 미치는 영향
0.2%	1시간 호흡 시 생명에 위험
0.4%	1시간 내 사망
1%	2~3분 내 실신

13 소화난이도등급 Ⅰ의 옥외탱크저장소(지중탱크 및 해상탱크 이외의 것)로서 인화점이 70℃ 이상인 제4류 위험물만을 저장하는 탱크에 설치하여야 하는 소화설비는?

① 물분무소화설비 또는 고정식포소화설비
② 옥내소화전설비
③ 스프링클러설비
④ 불활성가스소화설비

해설
소화난이도등급 Ⅰ의 제조소 등에 설치하여야 하는 소화설비

옥외탱크저장소	지중탱크 또는 해상탱크 외의 것	황만을 저장 취급하는 것	물분무소화설비
		인화점 70℃ 이상의 제4류 위험물만을 저장 취급하는 것	물분무소화설비 또는 고정식 포소화설비
		그 밖의 것	고정식 포소화설비(포소화설비가 적응성이 없는 경우에는 분말소화설비)
	지중탱크		고정식 포소화설비, 이동식 이외의 불활성가스소화설비 또는 이동식 이외의 할로젠화합물소화설비
	해상탱크		고정식 포소화설비, 물분무소화설비, 이동식이외의 불활성가스소화설비 또는 이동식 이외의 할로젠화합물소화설비

정답 10 ① 11 ④ 12 ② 13 ①

14 메틸에틸케톤퍼옥사이드의 저장취급소에 적응하는 소화방법으로 가장 적합한 것은?

① 냉각소화
② 질식소화
③ 억제소화
④ 제거소화

해설

메틸에틸케톤퍼옥사이드[MEKPO, $(CH_3COC_2H_5)_2O_2$, 제5류, 유기과산화물]의 소화방법
화재초기에 대량주수에 의한 냉각소화

15 각 위험물의 지정수량을 합하면 가장 큰 값을 나타내는 것은?

① 다이크로뮴산칼륨 + 아염소산나트륨
② 다이크로뮴산나트륨 + 아질산칼륨
③ 과망가니즈산나트륨 + 염소산칼륨
④ 아이오딘산칼륨 + 아질산칼륨

해설

① 1,000 + 50 = 1,050kg
② 1,000 + 300 = 1,300kg
③ 1,000 + 50 = 1,050kg
④ 300 + 300 = 600kg

16 질산암모늄 80g이 완전분해하여 O_2, H_2O, N_2가 생성되었다면 이때 생성물의 총량은 모두 몇 몰인가?

① 2
② 3.5
③ 4
④ 7

해설

$2NH_4NO_3 \longrightarrow 2N_2 + O_2 + 4H_2O$

2 × 80g   2mol   1mol   4mol
   80g   1mol 0.5mol 2mol

∴ 1 + 0.5 + 2 = 3.5mol

17 질산암모늄 등 유해위험물질의 위험성을 평가하는 방법 중 정량적 방법에 해당하지 않는 것은?

① FTA
② ETA
③ CCA
④ PHA

해설

(1) 위험성 평가
  ㉠ 독성·가연성 물질 화학공장의 사고를 줄이기 위해 공장의 잠재위험성을 찾는 효과적인 방법
  ㉡ 대상물에 대한 위험요소를 발견하고 예상위험의 크기를 정량화하며 사고의 결과를 사전에 예측하는 과정

(2) (화학공장에서의) 위험성 평가방법

	위험요소를 확률적으로 분석·평가하는 방법	
정량적 방법 (HAZAN)		· 결함수분석(FTA) · 사건수분석(ETA) · 원인결과분석(CCA)
정성적 방법 (HAZID)	어떤 위험요소가 존재하는지 찾아내는 방법	· 사고 예상 질문 분석법(What-If) · 체크리스트법 (Process/System Check-List) · 이상위험도 분석법(FMECA) · 작업자 실수 분석법 (Human Error Analysis) · 위험과 운전성 분석법(HAZOP) · 안전성 검토법(Safety Review) · 예비위험 분석법(PHA) · 상대위험순위 판정법 (Relative Ranking)

18 금속분에 대한 설명 중 틀린 것은?

① Al의 화재발생 시 할로젠화합물소화약제는 적응성이 없다.
② Al은 수산화나트륨 수용액과 반응 시 $NaAl(OH)_2$와 H_2가 주로 생성된다.
③ Zn은 KCN 수용액에서 녹는다.
④ Zn은 염산과 반응 시 $ZnCl_2$와 H_2가 생성된다.

해설

② $2Al + 2NaOH + 2H_2O \longrightarrow 2NaAlO_2 + 3H_2$

정답 14 ①   15 ②   16 ②   17 ④   18 ②

19 위험물제조소에 설치하는 옥내소화전의 개폐밸브 및 호스접속구는 바닥면으로부터 몇 m 이하의 높이에 설치하여야 하는가?

① 0.5
② 1.5
③ 1.7
④ 1.9

해설
옥내소화전의 개폐밸브, 호스접속구의 설치위치는 바닥면으로부터 1.5m 이하 이다.

20 과염소산의 취급 · 저장 시 주의사항으로 틀린 것은?

① 가열하면 폭발할 위험이 있으므로 주의한다.
② 종이, 나뭇조각 등과 접촉을 피하여야 한다.
③ 구멍이 뚫린 코르크마개를 사용하여 통풍이 잘 되는 곳에 저장한다.
④ 물과 접촉하면 심하게 반응하므로 접촉을 금지한다.

해설
③ 밀폐용기에 넣어 통풍이 잘 되는 냉 · 암소에 저장

21 반도체 산업에서 사용 되는 $SiHCl_3$는 제 몇 류 위험물인가?

① 1
② 3
③ 5
④ 6

해설
3염화실란($SiHCl_3$, 제3류, 염소화규소화합물, 지정수량 10kg)은 반도체 부품 소재인 규소를 만들기 위한 중간 원료이다.

22 지정수량을 표시하는 단위가 나머지 셋과 다른 하나는?

① 질산망간
② 과염소산
③ 메틸에틸케톤
④ 트라이에틸알루미늄

해설
지정수량의 단위
제4류 위험물만 L이고, 그 외 위험물은 kg이다.
① 질산망간 : 제1류
② 과염소산 : 제6류
③ 메틸에틸케톤 : 제4류
④ 트라이에틸알루미늄 : 제3류

23 위험물에 관한 설명 중 틀린 것은?

① 농도가 30wt%인 과산화수소는 위험물안전관리법상의 위험물이 아니다.
② 질산을 염산과 일정한 비율로 혼합하면 금과 백금을 녹일 수 있는 혼합물이 된다.
③ 질산은 분해방지를 위해 직사광선을 피하고 갈색병에 담아 보관한다.
④ 과산화수소의 자연발화를 막기 위해 용기에 인산, 요산을 가한다.

해설
① 과산화수소는 농도 36wt% 이상인 것
② 왕수(Royal Water)
  ㉠ 진한질산 : 진한염산＝1 : 3으로 혼합한 물질
  ㉡ 금 · 백금을 녹인다.
③ 제6류 중 과산화수소와 질산은 직사광선에 의한 분해방지를 위해 갈색병에 보관하여야 한다.
④ 과산화수소에 첨가하는 인산(H_3PO_4), 요산($C_5H_4N_4O_3$)은 분해방지를 위한 안정제이다.

정답 19 ② 20 ③ 21 ② 22 ③ 23 ④

24 다음과 같은 벤젠의 화학반응을 무엇이라 하는가?

$$C_6H_6 + H_2SO_4 \rightarrow C_6H_5 \cdot SO_3H + H_2O$$

① 나이트로화 ② 술폰화
③ 아이오딘화 ④ 할로겐화

해설
벤젠(C_6H_6, 제4류, 제1석유류, 비수용성)의 화학반응

치환반응	첨가반응
㉠ 할로겐화 반응 → C_6H_5Cl(염화벤젠) 생성	수소첨가 반응
㉡ 나이트로화 반응 → $C_6H_5NO_2$(나이트로벤젠) 생성	
㉢ 술폰화 반응 → $C_6H_5SO_3H$(벤젠술폰산) 생성	염소첨가 반응
㉣ 알킬화 반응 → C_6H_5-R(알킬벤젠) 생성	

25 뉴턴의 점성법칙에서 전단응력을 표현할 때 사용되는 것은?

① 점성계수, 압력 ② 점성계수, 속도구배
③ 압력, 속도구배 ④ 압력, 마찰계수

해설
뉴턴의 **점성 법칙(난류일 때)** : 전단응력은 점성계수와 속도구배에 비례한다.
전단응력에 대한 유체의 저항을 나타낸다.

$$\tau = \mu \frac{du}{dy}$$

여기서, τ : 전단응력, μ : 점성계수, $\frac{du}{dy}$: 속도구배(기울기)

26 금속칼륨을 석유 속에 넣어 보관하는 이유로 가장 적합한 것은?

① 산소의 발생을 막기 위해
② 마찰 시 충격을 방지하기 위해
③ 제3류 위험물과 제4류 위험물의 혼재가 가능하기 때문에
④ 습기 및 공기와의 접촉을 방지하기 위해

해설
제3류 위험물 중 칼륨(K), 나트륨(Na), 알칼리금속은 습기를 차단하고 공기산화를 방지하기 위해 석유류(등유, 경유), 유동파라핀, 벤젠 등의 보호액에 넣어 저장한다.

27 제조소 및 일반취급소에 경보설비인 자동화재탐지설비를 설치하여야 하는 조건에 해당하지 않는 것은?

① 연면적 $500m^2$ 이상인 것
② 옥내에서 지정수량 100배의 휘발유를 취급하는 것
③ 옥내에서 지정수량 200배의 벤젠을 취급하는 것
④ 처마높이가 6m 이상인 단층건물의 것

해설
제조소 등의 설치하여야 하는 경보설비

제조소 등의 구분	제조소 등의 규모, 저장 또는 취급하는 위험물의 종류 및 최대수량	경보설비
1. 제조소 및 일반 취급소	• 연면적이 $500m^2$ 이상인 것 • 옥내에서 지정수량의 100배 이상을 취급하는 것(고인화점위험물만을 100℃ 미만의 온도에서 취급하는 것을 제외한다) • 일반취급소로 사용되는 부분 외의 부분이 있는 건축물에 설치된 일반취급소(일반취급소와 일반취급소 외의 부분이 내화구조의 바닥 또는 벽으로 개구부 없이 구획된 것을 제외한다)	자동화재 탐지설비
2. 옥내 저장소	• 지정수량의 100배 이상을 저장 또는 취급하는 것(고인화점위험물만을 저장 또는 취급하는 것을 제외한다) • 저장창고의 연면적이 $150m^2$를 초과하는 것[당해 저장창고가 연면적 $150m^2$ 이내마다 불연재료의 격벽으로 개구부 없이 완전히 구획된 것과 제2류 또는 제4류의 위험물(인화성고체 및 인화점이 70℃ 미만인 제4류 위험물을 제외한다)만을 저장 또는 취급하는 것에 있어서는 저장창고의 연면적이 $500m^2$ 이상의 것에 한한다] • 처마높이가 6m 이상인 단층건물의 것 • 옥내저장소로 사용되는 부분 외의 부분이 있는 건축물에 설치된 옥내저장소[옥내저장소와 옥내저장소 외의 부분이 내화구조의 바닥 또는 벽으로 개구부 없이 구획된 것과 제2류 또는 제4류의 위험물(인화성고체 및 인화점이 70℃ 미만인 제4류 위험물을 제외한다)만을 저장 또는 취급하는 것을 제외한다]	

정답 24 ② 25 ② 26 ④ 27 ④

28 방호대상물의 표면적이 50m²인 곳에 물분무소화설비를 설치하고자 한다. 수원의 수량은 몇 L 이상이어야 하는가?

① 3,000 ② 4,000
③ 30,000 ④ 40,000

해설
수원 = 방호대상물의 표면적(m²) × 20L/min · m² × 30min
    = 50m² × 20L/min · m² × 30min
    = 30,000L 이상

29 탄화칼슘에 대한 설명으로 틀린 것은?

① 분자량은 약 64이다.
② 비중은 약 0.9이다.
③ 고온으로 가열하면 질소와도 반응한다.
④ 흡습성이 있다.

해설
② 비중은 2.22이다.

30 제5류 위험물에 관한 설명 중 틀린 것은?

① 아조화합물과 금속의 아지화합물은 지정수량이 200kg이고, 위험등급 Ⅱ에 속한다.
② 지정수량이 100kg인 위험물에는 하이드록실아민, 하이드록실아민염류, 하이드라진유도체 등이 있다.
③ 유기과산화물을 함유하는 것으로서 지정수량이 10kg인 것을 지정과산화물이라 한다.
④ 나이트로셀룰로오스, 나이트로글리세린, 질산메틸은 질산에스테르류에 속하고 지정수량은 10kg이다.

해설
② 하이드라진유도체 : 지정수량 200kg

31 안지름 5cm인 관내를 흐르는 유동의 임계레이놀즈수가 2,000이면 임계유속은 몇 cm/s인가? (단, 유체의 동점성계수 = 0.0131cm²/s)

① 0.21 ② 1.21
③ 5.24 ④ 12.6

해설
레이놀즈수 $Re = \dfrac{DV\rho}{\mu} = \dfrac{DV}{\nu}$

D : 관의 내경(m) V : 유속(m/s)
ρ : 밀도(kg/m³) μ : 점성계수(점도, kg/m·s)
ν : 동점성계수($= \dfrac{\mu}{\rho}$, m²/s)

문제의 조건에서 $Re = 2,000$, $D = 5$cm, $\nu = 0.0131$cm²/s

∴ $V = \dfrac{Re \cdot \nu}{D} = \dfrac{2,000 \times 0.0131 \text{cm}^2/\text{s}}{5\text{cm}} = 5.24\text{cm/s}$

32 CH₃COOOH(peracetic acid)은 제 몇 류 위험물인가?

① 제2류 위험물 ② 제3류 위험물
③ 제4류 위험물 ④ 제5류 위험물

해설
④ CH₃COOOH(과초산) : 제5류 위험물 중 유기과산화물
CH₃CHO + O₂ ⟶ CH₃COOOH

33 다음 A, B 같은 작업공정을 가진 경우 위험물안전관리법상 허가를 받아야 하는 제조소 등의 종류를 옳게 짝지은 것은? (단, 지정수량 이상을 취급하는 경우이다)

A : 원료(비위험물) →작업→ 제품(위험물)
B : 원료(위험물) →작업→ 제품(비위험물)

① A : 위험물제조소, B : 위험물제조소
② A : 위험물제조소, B : 위험물취급소
③ A : 위험물취급소, B : 위험물제조소
④ A : 위험물취급소, B : 위험물취급소

해설
A : 원료(위험물/비위험물) →작업→ 제품(위험물) : 위험물제조소
B : 원료(위험물) →작업→ 제품(비위험물) : 위험물취급소

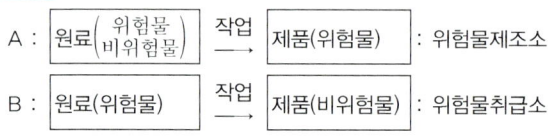
정답 28 ③ 29 ② 30 ② 31 ③ 32 ④ 33 ②

34 물분무소화설비가 되어 있는 위험물옥외탱크저장소에 대형수동식소화기를 설치하는 경우 방호대상물로부터 소화기까지 보행거리는 몇 m 이하가 되도록 설치하여야 하는가?

① 50
② 30
③ 20
④ 제한 없다.

해설
소방대상물 각 부분으로부터 소화기까지의 보행거리
① 소형수동식소화기 : 20m
② 대형수동식소화기 : 30m
③ 소화설비(옥내소화전설비·옥외소화전설비·스프링클러설비·물분무등소화설비)와 함께 설치하는 경우 설치거리 규정은 없다.

35 접지도선을 설치하지 않는 이동탱크저장소에 의하여도 저장·취급 할 수 있는 위험물은?

① 알코올류
② 제1석유류
③ 제2석유류
④ 특수인화물

해설
이동저장탱크의 접지도선
㉠ 설치목적 : 정전기 발생방지
㉡ 설치대상 : 제4류 중 특수인화물, 제1석유류, 제2석유류의 이동탱크저장소

36 금속칼륨 10g을 물에 녹였을 때 이론적으로 발생하는 기체는 약 몇 g인가?

① 0.12
② 0.26
③ 0.32
④ 0.52

해설
$2K + 2H_2O \longrightarrow 2KOH + H_2$
$2 \times 39g \qquad\qquad\qquad 2g$
$10g \qquad\qquad\qquad\qquad xg$

$x = \dfrac{10 \times 2}{2 \times 39}, \ x = 0.26g$

37 제2종 분말소화약제가 열분해할 때 생성되는 물질로 4℃ 부근에서 최대밀도를 가지며, 분자 내 104.5°의 결합각을 갖는 것은?

① CO_2
② H_2O
③ H_3PO_4
④ K_2CO_3

해설
제2종 분말소화약제($KHCO_3$)의 열분해 반응식
㉠ 1차(190℃) : $2KHCO_3 \longrightarrow K_2CO_3 + CO_2 + H_2O$
㉡ 2차(590℃) : $2KHCO_3 \longrightarrow K_2O + 2CO_2 + H_2O$
H_2O : 수소 결합, 결합각 104.5°, 4℃에서 최대밀도

38 알칼리금속과산화물에 적응성이 있는 소화설비는?

① 할로젠화합물소화설비
② 탄산수소염류분말소화설비
③ 물분무소화설비
④ 스프링클러설비

해설

소화설비의 구분			건축물·그 밖의 공작물	전기설비	제1류 위험물		제2류 위험물			제3류 위험물		제4류 위험물	제5류 위험물	제6류 위험물
					알칼리금속과산화물 등	그 밖의 것	철분·금속분·마그네슘 등	인화성고체	그 밖의 것	금수성물품	그 밖의 것			
옥내소화전 또는 옥외소화전설비			○			○		○	○		○		○	○
스프링클러설비			○			○		○	○		○	△	○	○
물분무등소화설비	물분무소화설비		○	○		○		○	○		○	○	○	○
	포소화설비		○			○		○	○		○	○	○	○
	불활성가스소화설비			○				○				○		
	할로젠화합물소화설비			○				○				○		
	분말소화설비	인산염류 등	○	○		○		○	○			○		○
		탄산수소염류 등		○	○		○	○		○		○		
		그 밖의 것			○		○			○				
대형·소형수동식소화기	봉상수(棒狀水)소화기		○			○		○	○		○		○	○
	무상수(霧狀水)소화기		○	○		○		○	○		○		○	○
	봉상강화액소화기		○			○		○	○		○		○	○
	무상강화액소화기		○	○		○		○	○		○	○	○	○
	포소화기		○			○		○	○		○	○	○	○
	이산화탄소소화기			○				○				○		△
	할론소화기			○				○				○		
	분말소화기	인산염류소화기	○	○		○		○	○			○		○
		탄산수소염류소화기		○	○		○	○		○		○		
		그 밖의 것			○		○			○				
기타	물통 또는 수조		○			○		○	○		○		○	○
	건조사				○	○	○	○	○	○	○	○	○	○
	팽창질석 또는 팽창진주암				○	○	○	○	○	○	○	○	○	○

정답 34 ④ 35 ① 36 ② 37 ② 38 ②

39 물과 반응하여 유독성의 H_2S를 발생할 위험이 있는 것은?

① 황
② 오황화인
③ 황린
④ 이황화탄소

해설
② 오황화인 : $P_2S_5 + 8H_2O \longrightarrow 5H_2S + 2H_3PO_4$

40 다음의 물질 중 제1류 위험물에 해당하는 것은 모두 몇 개인가?

- 아염소산나트륨
- 염소산나트륨
- 차아염소산칼슘
- 과염소산칼륨

① 4개
② 3개
③ 2개
④ 1개

해설
① 아염소산나트륨($NaClO_2$, 제1류, 아염소산염류)
② 염소산나트륨($NaClO_3$, 제1류, 염소산염류)
③ 차아염소산칼슘($Ca(ClO)_2$, 제1류, 차아염소산염류)
④ 과염소산칼륨($KClO_4$, 제1류, 과염소산염류)

41 다음 중 이동탱크저장소로 위험물을 운송하는 자가 위험물안전카드를 휴대하지 않아도 되는 것은?

① 벤젠
② 디에틸에테르
③ 휘발유
④ 경유

해설
위험물을 운송하는 자가 위험물 안전카드 휴대 대상 위험물
㉠ 제1류 위험물
㉡ 제2류 위험물
㉢ 제3류 위험물
㉣ 제4류 위험물(특수인화물, 제1석유류)
㉤ 제5류 위험물
㉥ 제6류 위험물

42 다음 중 4몰의 질산이 분해하여 생성되는 H_2O, NO_2, O_2의 몰수를 차례대로 옳게 나열한 것은?

① 1, 2, 0.5
② 2, 4, 1
③ 2, 2, 1
④ 4, 4, 2

해설
$4HNO_3 \longrightarrow 2H_2O + 4NO_2 + O_2$
4mol   2mol   4mol   1mol

43 제조소 등에 대한 허가취소 또는 사용정지의 사유가 아닌 것은?

① 변경허가를 받지 아니하고, 제조소 등의 위치·구조 또는 설비를 변경한 때
② 저장·취급 기준의 중요 기준을 위반한 때
③ 위험물안전관리자를 선임하지 아니한 때
④ 위험물안전관리자 부재 시 그 대리자를 지정하지 아니한 때

해설
위험물제조소 등 설치허가 취소와 사용정지
㉠ 변경허가 없이 제조소 등의 위치·구조·설비 변경 시
㉡ 완공검사 없이 제조소 등 사용 시
㉢ 위험물안전관리자 미선임 시
㉣ 위험물안전관리자의 대리인 미지정 시
㉤ 정기점검·정기검사 받지 아니한 때
㉥ 저장·취급기준 준수명령 위반 시

44 아이오딘값(iodine number)에 대한 설명으로 옳은 것은?

① 지방 또는 기름 1g과 결합하는 아이오딘의 g 수이다.
② 지방 또는 기름 1g과 결합하는 아이오딘의 mg 수이다.
③ 지방 또는 기름 100g과 결합하는 아이오딘의 g 수이다.
④ 지방 또는 기름 100g과 결합하는 아이오딘의 mg 수이다.

해설
아이오딘값(옥소값) : 유지 100g에 부가되는 아이오딘의 g수

정답 39 ② 40 ① 41 ④ 42 ② 43 ② 44 ③

45 다음 금속원소 중 이온화에너지가 가장 큰 원소는?

① 리튬　　② 나트륨
③ 칼륨　　④ 루비듐

해설
이온화에너지는 같은 족에서는 원자번호가 증가할수록 작아진다.

46 이산화탄소소화약제에 대한 설명 중 틀린 것은?

① 소화 후 소화약제에 의한 오손이 없다.
② 전기절연성이 우수하여 전기화재에 효과적이다.
③ 밀폐된 지역에서 다량 사용 시 질식의 우려가 있다.
④ 한랭지에서 동결의 우려가 있으므로 주의해야 한다.

해설
④ 강화액소화약제의 설명이다.

47 다음 중 제6류 위험물이 아닌 것은?

① 삼불화브로민
② 오불화브로민
③ 오불화피리딘
④ 오불화아이오딘

해설
제6류 위험물의 품명과 지정 수량

유별	성질	품명	지정수량	위험등급
제6류	산화성 고체	1. 과염소산	300kg	I
		2. 과산화수소	300kg	
		3. 질산	300kg	
		4. 그 밖의 행정안전부령이 정하는 것 할로겐간 화합물 (BrF_3, BrF_5, IF_5 등)	300kg	
		5. 제1호 내지 제4호의1에 해당하는 어느 하나 이상을 함유한 것	300kg	

48 제2류 위험물의 일반적 성질을 옳게 설명한 것은?

① 비교적 낮은 온도에서 연소되기 쉬운 가연성 물질이며 연소속도가 빠른 고체이다.
② 비교적 낮은 온도에서 연소되기 쉬운 가연성 물질이며 연소속도가 빠른 액체이다.
③ 비교적 높은 온도에서 연소되는 가연성 물질이며 연소속도가 느린 고체이다.
④ 비교적 높은 온도에서 연소되는 가연성 물질이며 연소속도가 느린 액체이다.

해설
제2류 위험물의 일반적 성질
비교적 낮은 온도에서 연소되기 쉬운 가연성 물질이며 연소속도가 빠른 고체이다.

49 어떤 액체연료의 질량조성이 C 80%, H 20%일 때 C : H의 mole비는?

① 1 : 3　　② 1 : 4
③ 4 : 1　　④ 3 : 1

해설
$C : H = \frac{80}{12} : \frac{20}{1} = 1:3$

50 나트륨에 대한 설명으로 틀린 것은?

① 화학적으로 활성이 크다.
② 4주기 1족에 속하는 원소이다.
③ 공기 중에서 자연발화할 위험이 있다.
④ 물보다 가벼운 금속이다.

해설
② 나트륨(Na) : 3주기 1족 원소이다.

정답 45 ① 46 ④ 47 ③ 48 ① 49 ① 50 ②

51 포소화설비 중 화재 시 용이하게 접근하여 소화작업을 할 수 있는 대상물에 설치하는 것은?

① 헤드 방식
② 포소화전 방식
③ 고정포방출구 방식
④ 포모니터노즐 방식

해설
포소화설비 종류 및 설치대상

방 식		설치대상
고정식	고정포방출구 방식 (포방출구 방식)	위험물저장탱크 등에 설치
	헤드 방식 (포헤드 방식)	• 화재 초기에 소화활동자가 용이하게 접근할 수 없는 대상물에 설치 • 접근하여 소화하기 곤란한 대상물에 설치
이동식	포소화전 방식	화재 초기에 용이하게 접근하여 소화작업이 가능한 대상물에 설치
	보조포소화전 방식	고정포방출구 방식의 설비에 보조적으로 설치
포모니터노즐 방식		• 잔교 등에 설치된 인화점 38℃ 이하의 위험물을 저장하는 옥외저장탱크 주입구 방호를 위해 설치 • 이송취급소의 주입구 방호를 위해 설치

52 다음 위험물 중 지정수량이 가장 큰 것은?

① 부틸리튬   ② 마그네슘
③ 인화칼슘   ④ 황린

해설
① 10kg, ② 500kg, ③ 300kg, ④ 20kg

53 어떤 측정법으로 동일시료를 무한횟수 측정하였을 때 데이터분포의 평균차와 참값과의 차를 무엇이라 하는가?

① 재현성   ② 안정성
③ 반복성   ④ 정확성

해설
④ 정확성의 설명이다.

54 위험물제조소로부터 20m 이상의 안전거리를 유지하여야 하는 건축물 또는 공작물은?

① 문화재보호법에 따른 지정문화재
② 고압가스 안전관리법에 따라 신고하여야 하는 고압가스 저장시설
③ 주거용 건축물
④ 고등교육법에서 정하는 학교

해설
제조소의 안전거리

건축물	안전거리
사용전압 7,000V 초과 35,000V 이하의 특고압가공전선	3m 이상
사용전압 35,000V 초과의 특고압가공전선	5m 이상
주거용으로 사용되는 것(제조소가 설치된 부지 내에 있는 것을 제외)	10m 이상
고압가스, 액화석유가스, 도시가스를 저장 또는 취급하는 시설	20m 이상
학교, 병원(병원급 의료기관), 극장, 공연장, 영화상영관 및 그 밖에 이와 유사한 시설로서 수용인원 300명 이상, 복지시설(아동복지시설, 노인복지시설, 장애인복지시설, 한부모가족복지시설), 어린이집, 성매매피해자 등을 위한 지원시설, 정신건강증진시설, 가정폭력피해자 보호시설 및 그 밖에 이와 유사한 시설로서 수용인원 20명 이상	30m 이상
유형문화재, 지정문화재	50m 이상

55 제1류 위험물의 위험성에 대한 설명 중 틀린 것은?

① BaO_2는 염산과 반응하여 H_2O_2를 발생한다.
② $KMnO_4$는 알코올 또는 글리세린과의 접촉 시 폭발위험이 있다.
③ $KClO_3$는 100℃ 미만에서 열분해되어 KCl과 O_2를 방출한다.
④ $NaClO_3$은 산과 반응하여 유독한 ClO_2를 발생한다.

해설
① $BaO_2 + 2HCl \longrightarrow BaCl_2 + H_2O_2$
② 과망가니즈산칼륨($KMnO_4$) : 알코올, 에터, 강산, 유기물, 글리세린 등과 접촉 시 발화위험
③ 염소산칼륨의 분해반응(분해온도 : 400℃)
　　$2KClO_3 \longrightarrow 2KCl + 3O_2$
④ $2NaClO_3 + 2HCl \longrightarrow 2NaCl + 2ClO_2 + H_2O_2$

정답 51 ② 52 ② 53 ④ 54 ② 55 ③

56 관리도에서 측정한 값을 차례로 타점했을 때 점이 순차적으로 상승하거나 하강하는 것을 무엇이라 하는가?

① 연(Run) ② 주기(Cycle)
③ 경향(Trend) ④ 산포(Dispersion)

해설
① 연 : 관리도에서 점이 관리한계 내에 있고, 중심선 한쪽에 연속해서 나타나는 점의 배열 현상
② 주기 : 점이 주기적으로 상하로 변동하여 파형을 나타내는 경우
④ 산포 : 데이터가 퍼져 있는 상태

57 다음 중 도수분포표를 작성하는 목적으로 볼 수 없는 것은?

① 로트의 분포를 알고 싶을 때
② 로트의 평균값과 표준편차를 알고 싶을 때
③ 규격과 비교하여 부적합품률을 알고 싶을 때
④ 주요 품질항목 중 개선의 우선순위를 알고 싶을 때

해설
④ 원래의 데이터와 비교하고자 할 때

58 정상소요기간이 5일이고, 비용이 20,000원이며 특급 소요기간이 3일이고, 이때의 비용이 30,000원이라면 비용구배는 얼마인가?

① 4,000원/일 ② 5,000원/일
③ 7,000원/일 ④ 10,000원/일

해설
비용구배(Cost Slope)
$= \dfrac{\triangle \text{cost}}{\triangle \text{time}}$
$= \dfrac{\text{특급비용} - \text{정상비용}}{\text{정상공기} - \text{특급공기}}$
$= \dfrac{30,000 - 20,000}{5 - 3}$
$= 5,000$원/일

59 "무결점 운동"으로 불리는 것으로, 미국의 항공사인 마틴사에서 시작된 품질개선을 위한 동기부여 프로그램은 무엇인가?

① ZD ② 6시그마
③ TPM ④ ISO 9001

해설
① ZD 프로그램(Zero Defects Program, 무결점 운동, ZD 운동) : 미국 마틴사에서 미사일의 신뢰성 향상과 원가절감을 위해 1962년에 전개한 종업원의 품질 동기부여 프로그램
② 6시그마 : 모든 공정 및 업무에서 과학적 통계기법을 적용하여 결함을 발생시키는 원인을 찾아 분석 및 개선하는 활동으로 불량 감소, 수율 향상, 고객만족도 향상을 통해 경영성과에 기여하는 경영혁신기법, 문제해결 및 개선과정 5단계는 정의(Define) - 측정(Measure) - 분석(Analyze) - 개선(Improve) - 관리(Control)
③ TPM(Total Productive Maintenance) : 생산효율을 높이기 위한 전사적 생산혁신활동
④ ISO 9000 : 국제표준화기구(ISO)가 제정한 품질경영 및 품질보증에 관한 국제규격(ISO 시리즈)으로, ISO 9000 패밀리의 규격명은 다음과 같다.
 ㉠ ISO 9000 : 기본사항 및 용어
 ㉡ ISO 9001 : 요구사항 또는 품질경영 및 품질보증 규격에 따른 선택 및 사용지침
 ㉢ ISO 9004 : 성과 개선 지침
 ㉣ ISO/CD 19011 : 실시에 대한 규격

60 컨베이어 작업과 같이 단조로운 작업은 작업자에게 무력감과 구속감을 주고 생산량에 대한 책임감을 저하시키는 등 폐단이 있다. 다음 중 이러한 단조로운 작업의 결함을 제거하기 위해 채택되는 직무설계방법으로 가장 거리가 먼 것은?

① 자율경영팀 활동을 권장한다.
② 하나의 연속작업시간을 길게 한다.
③ 작업자 스스로가 직무를 설계하도록 한다.
④ 직무확대, 직무충실화 등의 방법을 활용한다.

해설
② 하나의 연속작업시간을 늘리게 되면 작업자에게 무력감과 구속감을 더해줄 뿐이며 생산량에 대한 책임감도 더 저하되게 된다.

정답 56 ③ 57 ④ 58 ② 59 ① 60 ②

제71회 위험물기능장

시행일 : 2022년 2월 26일

01 다음에서 설명하는 위험물에 해당하는 것은?

- 불연성이고 무기화합물이다.
- 비중은 약 2.8이다.
- 분자량은 약 78이다.

① 과산화나트륨　② 황화인
③ 탄화칼슘　　　④ 과산화수소

해설
과산화나트륨에 대한 설명이다.

02 위험물탱크시험자가 갖추어야 하는 장비가 아닌 것은?

① 방사선투과시험기
② 방수압력측정계
③ 초음파탐상시험기
④ 수직·수평도측정기(필요한 경우에 한함)

해설
위험물탱크시험자가 갖추어야 하는 장비
① 필수장비 : 자기탐상시험기, 초음파두께측정기 및 다음 중 어느 하나
　㉠ 영상초음파탐상시험기
　㉡ 방사선투과시험기 및 초음파탐상시험기
② 필요한 경우에 두는 장비
　㉠ 충·수압시험, 진공시험, 기밀시험 또는 내압시험의 경우
　　ⓐ 진공능력 53kPa 이상의 진공누설시험기
　　ⓑ 기밀시험장비(안전장치가 부착된 것으로서 가압능력 200kPa 이상, 감압의 경우에는 감압능력 10kPa 이상, 감도 10Pa이하의 것으로서 각각의 압력 변화를 스스로 기록할 수 있는 것)
　㉡ 수직·수평도시험의 경우 : 수직·수평도측정기

03 직경이 400mm인 관과 300mm인 관이 연결되어 있다. 직경 400mm 관에서의 유속이 2m/s 라면 300mm 관에서의 유속은 약 몇 m/s인가?

① 6.56　② 5.56
③ 4.56　④ 3.56

해설
$Q = A_1 V_1 = A_2 V_2$

$V_2 = V_1 \left(\dfrac{A_1}{A_2}\right) = V_1 \left(\dfrac{d_1}{d_2}\right)^2 = 2\left(\dfrac{400}{300}\right)^2 = 3.56 \text{m/s}$

04 제조소에서 취급하는 제4류 위험물의 최대수량의 합이 지정수량의 48만 배 이상인 사업소의 자체소방대에 두어야 하는 화학소방자동차의 대수 및 자체소방대원의 수는? (단, 해당 사업소는 다른 사업소 등과 상호 응원에 관한 협정을 체결하고 있지 아니하다)

① 4대, 20인　② 3대, 15인
③ 2대, 10인　④ 1대, 5인

해설
자체소방대

사업소의 구분	화학 소방 자동차	자체 소방대원의 수
제조소 또는 일반취급소에서 취급하는 제4류 위험물의 최대수량의 합이 지정수량의 3천 배 이상 12만 배 미만인 사업소	1대	5인
제조소 또는 일반취급소에서 취급하는 제4류 위험물의 최대수량의 합이 지정수량의 12만 배 이상 24만 배 미만인 사업소	2대	10인
제조소 또는 일반취급소에서 취급하는 제4류 위험물의 최대수량의 합이 지정수량의 24만 배 이상 48만 배 미만인 사업소	3대	15인
제조소 또는 일반취급소에서 취급하는 제4류 위험물의 최대수량의 합이 지정수량의 48만 배 이상인 사업소	4대	20인
옥외탱크저장소에 저장하는 제4류 위험물의 최대수량이 지정수량의 50만 배 이상인 사업소	2대	10인

정답 01 ① 02 ② 03 ④ 04 ①

05 다음 중 지정수량이 나머지 셋과 다른 하나는?

① 톨루엔　　② 벤젠
③ 가솔린　　④ 아세톤

해설

품 명		지정수량
제1석유류	비수용성(톨루엔, 벤젠, 가솔린)	200L
	수용성(아세톤)	400L

06 이송취급소의 이송기지에 설치해야 하는 경보설비는?

① 자동화재탐지설비
② 누전경보기
③ 비상벨장치 및 확성장치
④ 자동화재속보설비

해설
(1) 이송기지 : 펌프에 의하여 위험물을 보내거나 받는 작업을 행하는 장소
(2) 경보설비
　㉠ 이송기지 : 비상벨장치 및 확성장치
　㉡ 가연성증기를 발생하는 위험물을 취급하는 펌프실 등 : 가연성증기경보설비

07 물분무소화에 사용된 20℃의 물 2g이 완전히 기화되어 100℃의 수증기가 되었다면 흡수된 열량과 수증기 발생량은 약 얼마인가? (단, 1기압을 기준으로 한다)

① 1,238cal, 2,400mL
② 1,238cal, 3,400mL
③ 2,476cal, 2,400mL
④ 2,476cal, 3,400mL

해설
㉠ $Q_1 = Gc\Delta t = 2 \times 1 \times (100-20) = 160$ cal
㉡ $Q_2 = G\gamma = 2 \times 539 = 1,078$ cal
　∴ $Q = Q_1 + Q_2 = 160 + 1,078 = 1,238$ cal
㉢ PV = nRT
　$V = \dfrac{nRT}{P} = \dfrac{2/18 \times 0.082 \times (273+100)}{1}$
　　$= 3.4L = 3,400$ mL

08 제1류 위험물 중 알칼리금속과산화물의 화재에 대하여 적응성이 있는 소화설비는 무엇인가?

① 탄산수소염류의 분말소화설비
② 옥내소화전설비
③ 스프링클러설비(방사밀도 12.2L/m²분 이상인 것)
④ 포소화설비

해설

소화설비의 구분		건축물・그 밖의 공작물	전기설비	제1류 위험물		제2류 위험물			제3류 위험물		제4류 위험물	제5류 위험물	제6류 위험물
				알칼리금속과산화물등	그 밖의 것	철분・금속분・마그네슘등	인화성고체	그 밖의 것	금수성물품	그 밖의 것			
옥내소화전 또는 옥외소화전설비		○			○		○	○		○		○	○
스프링클러설비		○			○		○	○		○	△	○	○
물분무등소화설비	물분무소화설비	○	○		○		○	○		○	○	○	○
	포소화설비	○			○		○	○		○	○	○	○
	불활성가스소화설비		○				○				○		
	할로겐화합물소화설비		○				○				○		
	분말소화설비	인산염류 등	○	○		○		○	○			○		○
		탄산수소염류 등		○	○		○	○		○		○		
		그 밖의 것			○		○			○				
대형・소형수동식소화기	봉상수(棒狀水)소화기	○			○		○	○		○		○	○
	무상수(霧狀水)소화기	○	○		○		○	○		○		○	○
	봉상강화액소화기	○			○		○	○		○		○	○
	무상강화액소화기	○	○		○		○	○		○	○	○	○
	포소화기	○			○		○	○		○	○	○	○
	이산화탄소소화기		○				○				○		△
	할론소화설비		○				○				○		
	분말소화기	인산염류소화기	○	○		○		○	○			○		○
		탄산수소염류소화기		○	○		○	○		○		○		
		그 밖의 것			○		○			○				
기타	물통 또는 수조	○			○		○	○		○		○	○
	건조사			○	○	○	○	○	○	○	○	○	○
	팽창질석 또는 팽창진주암			○	○	○	○	○	○	○	○	○	○

09 위험물안전관리법령상 포소화기의 적응성이 없는 위험물은?

① S　　② P
③ P_4S_3　　④ Al분

해설
8번 해설 참조

정답 05 ④　06 ③　07 ②　08 ①　09 ④

10 인화성액체위험물을 저장하는 옥외탱크저장소의 주위에 설치하는 방유제에 관한 내용으로 틀린 것은?

① 방유제의 높이는 0.5m 이상 3m 이하로 하고, 면적은 8만m² 이하로 한다.
② 2기 이상의 탱크가 있는 경우 방유제의 용량은 그 탱크 중 용량이 최대인 것의 110% 이상으로 한다.
③ 용량이 100만L 이상인 옥외저장탱크의 주위에는 탱크마다 간막이 둑을 흙 또는 철근콘크리트로 설치한다.
④ 간막이 둑을 설치하는 경우 간막이 둑의 용량은 간막이 둑 안에 설치된 탱크용량의 10% 이상이어야 한다.

해설
③ 용량이 1,000만L 이상인 옥외저장탱크의 주위에는 탱크마다 간막이 둑을 흙 또는 철근콘크리트로 설치한다.

11 운반 시 질산과 혼재가 가능한 위험물은? (단, 지정수량의 10배의 위험물이다)

① 질산메틸   ② 알루미늄분말
③ 탄화칼슘   ④ 질산암모늄

해설
(1) 유별을 달리하는 위험물의 혼재기준

위험물의 구분	제1류	제2류	제3류	제4류	제5류	제6류
제1류		×	×	×	×	○
제2류	×		×	○	○	×
제3류	×	×		○	×	×
제4류	×	○	○		○	×
제5류	×	○	×	○		×
제6류	○	×	×	×	×	

(2) 질산 : 제6류 위험물
 ㉠ 질산메틸 : 제5류 위험물
 ㉡ 알루미늄분말 : 제2류 위험물
 ㉢ 탄화칼슘 : 제3류 위험물
 ㉣ 질산암모늄 : 제1류 위험물

12 줄 톰슨(Joule Thomson) 효과와 가장 관계있는 소화기는?

① 할론 1301 소화기
② 이산화탄소소화기
③ HCFC-124 소화기
④ 할론 1211 소화기

해설
줄 톰슨(Joule Thomson) 효과
단열을 한 관의 도중에 작은 구멍을 내고 이 관에 압력이 있는 기체 또는 액체를 흐르게 하여 작은 구멍을 통할 때 유체의 압력이 하강함과 동시에 온도가 급강하(약 -78℃)가 되어 고체로 되는 현상이다. 이산화탄소소화기는 가스방출 시 줄 톰슨 효과에 의해 기화열의 흡수로 인하여 소화를 한다.

13 다음 중 자연발화의 위험성이 가장 낮은 물질은?

① $(CH_3)_3Al$ ② $(CH_3)_2Cd$
③ $(C_4H_9)_3Al$ ④ $(C_2H_5)_4Pb$

해설
① $(CH_3)_3Al$: 공기 중에 노출되면 자연발화한다.
② $(CH_3)_2Cd$: 유기금속화합물로서 공기 중에 노출되면 자연발화한다.
③ $(C_4H_9)_3Al$: 가연성액체로서 공기 중에 노출되면 자연발화한다.
④ $(C_2H_5)_4Pb$: 상온에서 기화하기 쉬우며, 증기는 공기와 혼합하여 인화·폭발하기 쉽다.

14 다음과 같은 특성을 가지는 결합의 종류는?

> 자유전자의 영향으로 높은 전기전도성을 갖는다.

① 배위결합   ② 수소결합
③ 금속결합   ④ 공유결합

해설
금속결합은 자유전자의 영향으로 높은 전기전도성을 갖는다.

정답 10 ③ 11 ④ 12 ② 13 ④ 14 ③

15 관내 유체의 층류와 난류유동을 판별하는 기준인 레이놀즈수(Reynolds Number)의 물리적 의미를 가장 옳게 표현한 식은?

① $\dfrac{\text{관성력}}{\text{표면장력}}$ ② $\dfrac{\text{관성력}}{\text{압력}}$

③ $\dfrac{\text{관성력}}{\text{점성력}}$ ④ $\dfrac{\text{관성력}}{\text{중력}}$

해설
레이놀즈수(Reynolds Number) : 층류와 난류의 구분척도의 무차원수로서 점성력에 대한 관성력의 비이다.

16 상용의 상태에서 위험분위기가 존재할 우려가 있는 장소로서 주기적 또는 간헐적으로 위험분위기가 존재하는 곳은?

① 0종 장소 ② 1종 장소
③ 2종 장소 ④ 3종 장소

해설
위험장소의 등급분류
㉠ 0종 장소 : 상용의 상태에서 가연성가스의 농도가 연속해서 폭발하는 한계 이상인 장소
㉡ 1종 장소 : 상용상태에서 가연성가스가 체류하여 위험하게 될 우려가 있는 장소, 정비보수 또는 누출 등으로 인해 종종 가연성가스가 체류하여 위험하게 될 우려가 있는 장소
㉢ 2종 장소
• 밀폐된 용기 또는 설비 내에 밀봉된 가연성가스가 그 용기 또는 설비의 사고로 인해 파손되거나 오조작의 경우에만 누출할 위험이 있는 장소
• 확실한 기계적 환기조치에 의하여 가연성가스가 체류하여 위험하게 될 우려가 있는 장소
• 1종 장소의 주변 또는 인접한 실내에서 위험한 농도의 가연성가스가 종종 침입할 우려가 있는 장소

17 물, 염산, 메탄올과 반응하여 에탄을 생성하는 물질은?

① K ② P_4
③ $(C_2H_5)_3Al$ ④ LiH

해설
㉠ $(C_2H_5)_3Al + 3H_2O \longrightarrow Al(OH)_3 + 3C_2H_6$
㉡ $(C_2H_5)_3Al + HCl \longrightarrow (C_2H_5)_2AlCl + C_2H_6$
㉢ $(C_2H_5)_3Al + 3CH_3OH \longrightarrow Al(CH_3O)_3 + 3C_2H_6$

18 각 위험물의 화재예방 및 소화방법으로 옳지 않은 것은?

① C_2H_5OH의 화재 시 수성막포소화약제를 사용하여 소화한다.
② $NaNO_3$의 화재 시 물에 의한 냉각소화를 한다.
③ CH_3CHOCH_2는 구리, 마그네슘과 접촉을 피하여야 한다.
④ CaC_2의 화재 시 이산화탄소소화약제를 사용할 수 없다.

해설
에탄올(C_2H_5OH)
알코올형 포로 질식소화하거나 다량의 물로 희석소화한다.

19 위험물의 위험성에 대한 설명 중 옳은 것은?

① 메타알데하이드(분자량 176)는 1기압에서 인화점이 0℃ 이하인 인화성고체이다.
② 알루미늄은 할로겐 원소와 접촉하면 발화의 위험이 있다.
③ 오황화인은 물과 접촉해서 이황화탄소를 발생하나 알칼리에 분해해서는 이황화탄소를 발생하지 않는다.
④ 삼황화인은 금속분과 공존할 경우 발화의 위험이 없다.

해설
① 메타알데하이드$(CH_3CHO)_4$, 분자량 176.2, 1기압에서 인화점이 36℃인 인화성고체이다.
③ $P_2S_5 + 8H_2O \longrightarrow 5H_2S + 2H_3PO_4$
④ 삼황화인(P_4S_3)은 금속분과 공존할 경우 발화의 위험이 있다.

20 금속화재에 해당하는 것은?

① A급 화재 ② B급 화재
③ C급 화재 ④ D급 화재

해설
① A급 화재(일반화재) ② B급 화재(유류화재)
③ C급 화재(전기화재) ④ D급 화재(금속화재)

정답 15 ③ 16 ② 17 ③ 18 ① 19 ② 20 ④

21 용기에 수납하는 위험물에 따라 운반용기 외부에 표시하여야 할 주의사항으로 옳지 않은 것은?

① 자연발화성물질 – 화기엄금 및 공기접촉엄금
② 인화성액체 – 화기엄금
③ 자기반응성물질 – 화기주의
④ 산화성액체 – 가연물접촉주의

해설
위험물운반용기의 주의사항

위험물		주의사항
제1류 위험물	알칼리금속의 과산화물	• 화기・충격주의 • 물기엄금 • 가연물접촉주의
	기 타	• 화기・충격주의 • 가연물접촉주의
제2류 위험물	철분・금속분・마그네슘	• 화기주의 • 물기엄금
	인화성고체	화기엄금
	기 타	화기주의
제3류 위험물	자연발화성 물질	• 화기엄금 • 공기접촉엄금
	금수성물질	물기엄금
제4류 위험물		화기엄금
제5류 위험물		• 화기엄금 • 충격주의
제6류 위험물		가연물접촉주의

22 인화성고체 1,500kg, 크로뮴분 1,000kg, 53μm의 표준체를 통과한 것이 40wt%인 철분 500kg을 저장하려 한다. 위험물에 해당하는 물질에 대한 지정수량 배수의 총 합은 얼마인가?

① 2.0배 ② 2.5배
③ 3.0배 ④ 3.5배

해설
㉠ 인화성고체 : 제2류 위험물
㉡ 크로뮴분 : 금속분
㉢ 철분 : 50mesh(53μm)의 표준체를 통과하는 것이 50wt% 이상인 것

$$\frac{1,500}{1,000}+\frac{1,000}{500}=1.5+2=3.5배$$

23 제4류 위험물을 수납하는 내장용기가 금속제 용기인 경우 최대용적은 몇 리터인가?

① 5   ② 18
③ 20   ④ 30

해설
내장용기 종류가 금속제 용제 최대용적 또는 중량 : 30L

24 옥외저장소의 일반점검표에 따른 선반의 점검내용이 아닌 것은?

① 도장상황 및 부식의 유무
② 변형・손상의 유무
③ 고정상태의 적부
④ 낙하방지조치의 적부

해설
옥외저장소 선반의 점검내용
㉠ 변형・손상의 유무
㉡ 고정상태의 적부
㉢ 낙하방지조치의 적부

25 제4류 위험물 중 다음의 요건에 모두 해당하는 위험물은 무엇인가?

• 옥내저장소에 저장・취급하는 경우 하나의 저장창고 바닥면적은 1,000m² 이하여야 한다.
• 위험등급은 Ⅱ에 해당한다.
• 이동탱크저장소에 저장・취급할 때에는 법정의 접지도선을 설치하여야 한다.

① 디에틸에테르   ② 피리딘
③ 클레오소트유   ④ 고형알코올

해설
피리딘에 대한 설명이다.

정답 21 ③ 22 ④ 23 ④ 24 ① 25 ②

26 소화난이도등급 I에 해당하는 제조소 등의 종류, 규모 등 및 설치 가능한 소화설비에 대해 짝지은 것 중 틀린 것은?

① 제조소 – 연면적 1,000m² 이상인 것 – 옥내소화전설비
② 옥내저장소 – 처마높이가 6m 이상인 단층건물 – 이동식분말소화설비
③ 옥외탱크저장소(지중탱크) – 지정수량의 100배 이상인 것(제6류 위험물을 저장하는 것 및 고인화점 위험물만을 100℃ 미만의 온도에서 저장하는 것은 제외) – 고정식 불활성가스소화설비
④ 옥외저장소 – 제1석유류를 저장하는 것으로서 지정수량의 100배 이상인 것 – 물분무등소화설비(화재발생 시 연기가 충만할 우려가 있는 장소에는 스프링클러설비 또는 이동식 이외의 물분무 등 소화설비에 한함)

해설
소화 난이도 등급 I에 해당하는 제조소 등

제조소 등의 구분	소화설비
제조소 및 일반취급소	옥내소화전설비, 옥외소화전설비, 스프링클러설비 또는 물분무 등 소화설비(화재발생시 연기가 충만할 우려가 있는 장소에는 스프링클러설비 또는 이동식 외의 물분무 등 소화설비에 한한다)
옥내저장소 — 처마높이가 6m 이상인 단층 건물 또는 다른 용도의 부분이 있는 건축물에 설치한 옥내저장소	스프링클러설비 또는 이동식 외의 물분무 등 소화설비
옥내저장소 — 그 밖의 것	옥외소화전설비, 스프링클러설비, 이동식 외의 물분무 등 소화설비 또는 이동식 포소화설비(포소화전을 옥외에 설치하는 것에 한한다)

27 산과 접촉하였을 때 이산화염소가스를 발생하는 제1류 위험물은?

① 아이오딘산칼륨   ② 다이크로뮴산아연
③ 아염소산나트륨   ④ 브로민산암모늄

해설
3NaClO₂ + 2HCl ⟶ 3NaCl + 2ClO₂ + H₂O₂

28 디에틸에테르 50vol%, 이황화탄소 30vol%, 아세트알데하이드 20vol%인 혼합증기의 폭발하한값은? (단, 폭발범위는 디에틸에테르 1.9~48vol%, 이황화탄소 1.2~44vol%, 아세트알데하이드는 4.1~57vol%이다)

① 1.78vol%   ② 2.1vol%
③ 13.6vol%   ④ 48.3vol%

해설
$$\frac{100}{L} = \frac{V_1}{L_1} + \frac{V_2}{L_2} + \frac{V_3}{L_3} = \frac{50}{1.9} + \frac{30}{1.2} + \frac{20}{4.1}$$
$$L = \frac{100}{56.17} = 1.78 \text{vol}\%$$

29 물과 반응하였을 때 주요 생성물로 아세틸렌이 포함되지 않는 것은?

① Li₂C₂   ② Na₂C₂
③ MgC₂   ④ Mn₃C

해설
① Li₂C₂ + 2H₂O ⟶ 2LiOH + C₂H₂
② Na₂C₂ + 2H₂O ⟶ 2NaOH + C₂H₂
③ MgC₂ + 2H₂O ⟶ Mg(OH)₂ + C₂H₂
④ Mn₃C + 6H₂O ⟶ 3Mn(OH)₂ + CH₄ + H₂

30 1kg의 공기가 압축되어 부피가 0.1m³, 압력이 40kgf/cm²로 되었다. 이때 온도는 약 몇 ℃인가? (단, 공기의 분자량은 29이다)

① 1,026   ② 1,096
③ 1,138   ④ 1,186

해설
$$PV = \frac{W}{M}RT$$
$$T = \frac{PVM}{WR}$$
$$= \frac{\left(\frac{40 \text{kg/cm}^2}{1.0322 \text{kg/cm}^2} \times 1 \text{atm}\right) \times 0.1 \text{m}^3 \times 29}{1 \text{kg} \times 0.082}$$
$$= 1368.34 \text{K}$$
∴ 1,369K − 273 = 1,096℃

정답 26 ② 27 ③ 28 ① 29 ④ 30 ②

31 위험물운반용기의 외부에 표시하는 사항이 아닌 것은?

① 위험등급
② 위험물의 제조일자
③ 위험물의 품명
④ 주의사항

해설

위험물운반용기 외부에 표시하는 사항
㉠ 위험물의 품명 · 위험등급 · 화학명 및 수용성(수용성 표시는 제4류 위험물로서 수용성인 것에 한함)
㉡ 위험물의 수량
㉢ 주의사항

32 위험등급 Ⅱ의 위험물이 아닌 것은?

① 질산염류
② 황화인
③ 칼륨
④ 알코올류

해설

㉠ 위험등급 Ⅰ : ③
㉡ 위험등급 Ⅱ : ①, ②, ④

33 $KMnO_4$에 대한 설명으로 옳은 것은?

① 글리세린에 저장하여야 한다.
② 묽은질산과 반응하면 유독한 Cl_2가 생성된다.
③ 황산과 반응할 때는 산소와 열을 발생한다.
④ 물에 녹으면 투명한 무색을 나타낸다.

해설

① 직사광선을 차단하고 저장용기는 밀봉한다.
② 고농도의 과산화수소와 접촉할 때는 폭발하며 염산과 반응하면 유독성의 Cl_2 가스를 발생한다.
④ 물에 녹으면 진한 보라색을 띠며 강한 산화력과 살균력을 나타낸다.

34 다음 기체 중 화학적으로 활성이 가장 강한 것은?

① 질소
② 불소
③ 아르곤
④ 이산화탄소

해설

㉠ 전기음성도 : F > O > N > Cl > Br > C > S > I > H > P
㉡ 전기음성도가 클수록 화학적으로 활성이 강하다.

35 제4류 위험물에 해당하는 에어졸의 내장용기 등으로서 용기의 외부에 '위험물의 품명 · 위험등급 · 화학명 및 수용성'에 대한 표시를 하지 않을 수 있는 최대 용적은?

① 300mL
② 500mL
③ 150mL
④ 1,000mL

해설

용기의 외부에 위험물의 품명 · 위험등급 · 화학명 및 수용성에 대한 표시를 하지 않을 수 있는 것
제4류 위험물에 해당하는 에어졸의 운반용기로서 최대용적이 300mL 이하인 것

36 펌프의 공동현상을 방지하기 위한 방법으로 옳지 않은 것은?

① 펌프의 흡입관경을 크게 한다.
② 펌프의 회전수를 크게 한다.
③ 펌프의 위치를 낮게 한다.
④ 양흡입 펌프를 사용한다.

해설

(1) 공동현상(Cavitation)
밀폐된 용기 속에서 물의 증기압이 낮아지면 비점도 낮아지므로 펌프 본체, 내부의 저압부에서 물의 일부가 기화하여 기포가 생성되고 펌프에 큰 기계적 손상을 주는 현상이다.
(2) 발생원인
㉠ 펌프의 흡입측 수두가 클 경우(후두밸브와 펌프 사이의 배관이 긴 경우)
㉡ 펌프의 마찰손실이 과대할 경우
㉢ 펌프의 임펠러속도가 클 경우
㉣ 펌프의 흡입관경이 작을 경우
㉤ 펌프의 설치위치가 수원보다 높을 경우
㉥ 펌프의 흡입압력이 유체의 증기압보다 낮을 경우
㉦ 배관 내의 유체가 고온일 경우
(3) 방지대책
㉠ 펌프의 설치위치를 수원보다 낮게 한다.
㉡ 펌프의 흡입측 수두, 마찰손실, 임펠러속도를 적게 한다.
㉢ 펌프의 흡입관경을 크게 한다.
㉣ 양흡입 펌프를 사용한다(양쪽으로 빨아드린다.)
㉤ 양흡입 펌프로 부족 시 펌프를 2대로 나눈다.
㉥ 펌프흡입압력을 유체의 증기압보다 높게 한다.

정답 31 ② 32 ③ 33 ③ 34 ② 35 ① 36 ②

37 염소산칼륨에 대한 설명 중 틀린 것은?

① 약 400℃에서 분해되기 시작한다.
② 강산화제이다.
③ 분해촉매로 알루미늄이 혼합되면 염소가스가 발생한다.
④ 비중은 약 2.3이다.

해설
③ 염소산칼륨과 알루미늄 분말을 혼합하여 가열하면 매우 위험하다.

38 다음 중 휘발유에 대한 설명으로 틀린 것은?

① 증기는 공기보다 가벼워 위험하다.
② 용도별로 착색하는 색상이 다르다.
③ 비전도성이다.
④ 물보다 가볍다.

해설
① 증기비중이 3~4로 증기는 공기보다 무겁기 때문에 낮은 곳으로 흘러 체류하기 쉬우며 먼 곳에서도 인화하기 쉽다.

39 위험물안전관리법상 제6류 위험물의 판정시험인 연소시간 측정시험의 표준물질로 사용하는 물질은?

① 질산 85% 수용액
② 질산 90% 수용액
③ 질산 95% 수용액
④ 질산 100% 수용액

해설
연소시간 측정시험
㉠ 시험의 목적 : 산화성액체 물질이 가연성물질과 혼합했을 때, 가연성물질이 연소속도를 증대시키는 산화력의 잠재적 위험성을 판단하는 것을 목적으로 한다. 시험 물품과 가연성물질의 혼합비가 중량으로 8 : 2 및 1 : 1인 시험혼합시료를 만들고 그 연소에 소요되는 시간을, 표준물질과 가연성물질의 혼합비가 중량으로 1 : 1인 표준혼합시료의 연소에 필요한 시간과 비교하는 것이다.
㉡ 표준물질 : 90%의 농도인 질산수용액(순수한 물로 희석·조제한 것)

40 제6류 위험물의 운반 시 적용되는 위험등급은?

① 위험등급 Ⅰ   ② 위험등급 Ⅱ
③ 위험등급 Ⅲ   ④ 위험등급 Ⅳ

해설
제6류 위험물 : 위험등급 Ⅰ

41 나이트로셀룰로오스를 저장·운반할 때 가장 좋은 방법은?

① 질소가스를 충전한다.
② 유리병에 넣는다.
③ 냉동시킨다.
④ 함수알코올 등으로 습윤시킨다.

해설
나이트로셀룰로오스는 물과 혼합할수록 위험성이 감소되므로 운반 시 물(20%), 용제 또는 알코올(30%)을 첨가·습윤시킨다.

42 다음 중 나머지 셋과 가장 다른 온도값을 표현한 것은?

① 100℃   ② 273K
③ 32°F   ④ 492°R

해설
각 온도의 비교표

구 분	표준온도		절대온도	
	섭씨온도 (℃)	화씨온도 (°F)	켈빈온도 (K)	랭킨온도 (°R)
끓는점	100	212	373	672
어는점	0	32	273	492
절대영도	−273	−460	0	0

정답 37 ③ 38 ① 39 ② 40 ① 41 ④ 42 ①

43 지정수량이 같은 것끼리 짝지어진 것은?

① 톨루엔 – 피리딘
② 시안화수소 – 에틸알코올
③ 아세트산메틸 – 아세트산
④ 클로로벤젠 – 나이트로벤젠

해설
① 톨루엔(제1석유류 비수용성) : 200L, 피리딘(제1석유류 수용성) : 400L
② 시안화수소(제1석유류 수용성) : 400L, 에틸알코올(알코올류) : 400L
③ 아세트산메틸(제1석유류 비수용성) : 200L, 아세트산(제2석유류 수용성) : 2,000L
④ 클로로벤젠(제2석유류 비수용성) : 1,000L, 나이트로벤젠(제3석유류 비수용성) : 2,000L

44 원형 직관 속을 흐르는 유체의 손실수두에 관한 사항으로 옳은 것은?

① 유속에 비례한다.
② 유속에 반비례한다.
③ 유속의 제곱에 비례한다.
④ 유속의 제곱에 반비례한다.

해설
손실수두(Loss of Head)
단위체적당 유체가 잃어버린 에너지를 수두로 나타낸 것이다. 손실수두는 마찰과 국부적으로 발생하는 와류에 의해 물이 가지고 있는 역학적 에너지의 일부가 열에너지로 변하기 때문이다.

$$h_1 = f \frac{V^2}{2g}$$

여기서 h_1 : 손실수두, f : 손실계수, V : 속도, g : 중력 가속도
즉, $h_1 \propto V^2$ 이므로 손실수두는 유속의 제곱에 비례한다.

45 위험물안전관리법에서 정하고 있는 산화성액체에 해당되지 않는 것은?

① 삼불화브로민   ② 과아이오딘산
③ 과염소산   ④ 과산화수소

해설
과아이오딘산(HIO_4, H_4IO_6) : 제1류 위험물 중 무기과산화물류

46 위험물제조소 등에 설치하는 옥내소화전설비 또는 옥외소화전설비의 설치기준으로 옳지 않은 것은?

① 옥내소화전설비의 각 노즐선단 방수량 : 260L/min
② 옥내소화전설비의 비상전원용량 : 30분 이상
③ 옥외소화전설비의 각 노즐선단 방수량 : 450L/min
④ 표시등 회로의 배선공사 : 금속관 공사, 가요전선관 공사, 금속덕트 공사, 케이블 공사

해설
② 옥내소화전설비의 비상전원용량 : 45분 이상

47 펌프를 용적형 펌프(Positive Displacement Pump)와 터보펌프(Turbo Pump)로 구분할 때 터보펌프에 해당되지 않는 것은 어느 것인가?

① 원심펌프(Centrifugal Pump)
② 기어펌프(Gear Pump)
③ 축류펌프(Axial Flow Pump)
④ 사류펌프(Diagonal Flow Pump)

해설

펌프		
터보식 펌프	원심펌프	볼류트펌프
		터빈펌프
	사류 펌프	
	축류 펌프	
용적식 펌프	왕복펌프	피스톤펌프
		플런저펌프
		다이어프램펌프
	회전펌프	기어펌프
		나사펌프
		베인펌프
특수 펌프	재생펌프(마찰펌프, 웨스코펌프)	
	제트펌프	
	기포펌프	
	수격펌프	

정답 43 ② 44 ③ 45 ② 46 ② 47 ②

48 위험물안전관리법령에서 정한 소화설비의 적응성에서 인산염류 등 분말소화설비는 적응성이 있으나 탄산수소염류 등 분말소화설비는 적응성이 없는 것은?

① 인화성고체
② 제4류 위험물
③ 제5류 위험물
④ 제6류 위험물

해설
8번 해설 참조

49 다음 중 품명이 나머지 셋과 다른 하나는 어느 것인가?

① $C_6H_5CH_3$
② C_6H_6
③ $CH_3(CH_2)_3OH$
④ CH_3COCH_3

해설
㉠ 제1석유류 : ①, ②, ④
㉡ 알코올류 : ③

50 자동화재탐지설비에 대한 설명으로 틀린 것은?

① 원칙적으로 자동화재탐지설비의 경계구역은 건축물 그 밖의 공작물의 2 이상의 층에 걸치지 아니하도록 한다.
② 광전식분리형감지기를 설치할 경우 하나의 경계구역의 면적은 600m² 이하로 하고, 그 한 변의 길이는 50m 이하로 한다.
③ 자동화재탐지설비의 감지기는 지붕 또는 벽의 옥내에 면한 부분에 유효하게 화재의 발생을 감지할 수 있도록 설치한다.
④ 자동화재탐지설비에는 비상전원을 설치한다.

해설
② 하나의 경계구역의 면적은 600m² 이하로 하고 그 한 변의 길이는 50m(광전식분리형감지기를 설치할 경우에는 100m) 이하로 한다.

51 $KClO_3$의 일반적인 성질을 나타낸 것 중 틀린 것은?

① 비중은 약 2.32이다.
② 융점은 약 368℃이다.
③ 용해도는 20℃에서 약 7.3이다.
④ 단독 분해온도는 약 200℃이다.

해설
④ 단독 분해온도는 400℃ 정도이다.
$2KClO_3 \longrightarrow 2KCl + 3O_2$

52 소화약제가 환경에 미치는 영향을 표시하는 지수가 아닌 것은?

① ODP
② GWP
③ ALT
④ LOAEL

해설
① 오존파괴지수(ODP; Ozone Depletion Potential) : 오존을 파괴시키는 물질의 능력을 나타내는 척도로, 대기 내 수명, 안정성, 반응, 그리고 염소와 브로민과 같이 오존을 공격할 수 있는 원소의 양과 반응성 등에 그 근거를 두고 있다. 모든 오존파괴지수는 CFC-11을 1로 기준을 삼는다.
② 지구온난화지수(GWP; relative value of Global Warming Potential based on CFC-11) : 어떤 물질의 지구온난화에 기여하는 능력을 상대적으로 나타내는 지표로, 기준 물질 CFC-11의 GWP를 1로 하여 같은 무게의 어떤 물질을 지구온난화에 기여하는 양의 비로 나타낸 것을 말한다.
③ 대기권잔존수명(ALT; Atmospheric Life Time) : 대기권에서 분해되지 않고 존재하는 기간이다.
④ LOAEL(Lowest Observable Adverse Effect Level) : 신체에 악영향을 감지할 수 있는 최소농도, 즉 심장에 독성을 미칠 수 있는 최소농도이다.

53 알루미늄분이 NaOH 수용액과 반응하였을 때 발생하는 물질은?

① H_2
② O_2
③ Na_2O_2
④ NaAl

해설
$2Al + 2NaOH + 2H_2O \longrightarrow 2NaAlO_2 + 3H_2$

정답 48 ④ 49 ③ 50 ② 51 ④ 52 ④ 53 ①

54 다음 중 지정수량이 가장 적은 물질은?

① 금속분   ② 마그네슘
③ 황화인   ④ 철분

해설
㉠ 지정수량 500kg : ①, ②, ④
㉡ 지정수량 100kg : ③

55 여유시간이 5분, 정미시간이 40분일 경우 내경법으로 여유율을 구하면 약 몇%인가?

① 6.33   ② 9.05
③ 11.11   ④ 12.50

해설
표준시간의 계산
㉠ 외경법 : 표준시간 산정 시 여유율(A)을 정미시간을 기준으로 산정하여 사용하는 방식이다.
$A = \dfrac{AT}{NT}$, $AT = A \cdot NT$
㉡ 내경법 : 표준시간 산정 시 여유율은 근무시간을 기준으로, 산정하는 방법으로 정미시간이 명확하지 않은 경우에 사용한다.
$A = \dfrac{AT}{NT+AT}$, $AT = \dfrac{A \cdot NT}{1-A}$
$0.11 = \dfrac{5}{40+5}$ ∴ $0.11 \times 100 = 11.11\%$

56 로트에서 랜덤하게 시료를 추출하여 검사한 후 그 결과에 따라 로트의 합격, 불합격을 판정하는 검사방법을 무엇이라 하는가?

① 자주검사   ② 간접검사
③ 전수검사   ④ 샘플링검사

해설
① 자주검사 : 작업공정상 작업자 또는 반장, 조장 등 생산라인에서 이루어지는 검사
② 간접검사 : 불량의 원인을 발견하는 데 간접적으로 도출하는 검사
③ 전수검사 : 검사한 물품을 전부 한 개씩 조사하여 양품, 불량품으로 구분하고 양품만을 합격시키는 검사

57 다음과 같은 데이터에서 5개월 이동평균법에 의하여 8월의 수요를 예측한 값은 얼마인가?

월	1	2	3	4	5	6	7
판매실적	100	90	110	100	115	110	100

① 103   ② 105
③ 107   ④ 109

해설
$ED = \dfrac{\sum xi}{n}$
$= \dfrac{110+100+115+110+100}{5}$
$= 107$

58 다음 중 계량값 관리도만으로 짝지어진 것은?

① c 관리도, u 관리도
② $x-R_s$ 관리도, p 관리도
③ $\overline{x}-R$ 관리도, np 관리도
④ $Me-R$ 관리도, $\overline{x}-R$ 관리도

해설
관리도
공정의 상태를 나타내는 특성치에 관해 그린 그래프로서 공정의 관리상태 유무를 조사하여 공정을 안전상태로 유지하기 위해 사용하는 통계적 관리기법이다.

관리도	계량형	$\overline{x}-R$: 평균치와 범위(표준편차) 관리도
		$x-R_s$: 개개 측정치와 이동범위 관리도
		$Me-R$: 메디안과 범위 관리도
		$L-S$: 최대치, 최소치 관리도
	계수형	np : 부적합품수 관리도
		p : 부적합품률 관리도
		c : 부적합수 관리도
		u : 단위당 부적합수 관리도
	특수관리도 : 누적합 관리도, 이동평균 관리도, 가중이동 평균관리도, 차이 관리도(X_d-R_s), z변환 관리도	

정답 54 ③ 55 ③ 56 ④ 57 ③ 58 ④

59 관리 사이클의 순서를 가장 적절하게 표시한 것은?
[단, A는 조치(Action), C는 체크(Check), D는 실시(Do), P는 계획(Plan)]

① P → D → C → A
② A → D → C → P
③ P → A → C → D
④ P → C → A → D

해설
P → D → C → A를 되풀이함으로써 관리의 수준이 향상되는 것이다.

60 다음 중 모집단의 중심적 경향을 나타낸 측도에 해당하는 것은?

① 범위(Range)
② 최빈값(Mode)
③ 분산(Variance)
④ 변동계수(Coefficient of Variation)

해설
① 범위(Range) : n개의 데이터 중 최댓값(x_{max})과 최솟값(x_{min})의 차이를 말하는 것으로 음의 값을 취할 수 없다.
$R = x_{max} - x_{min}$
② 최빈값(Mode) : 정리된 자료(도수분포표)에서 도수가 최대인 계급의 최댓값이며, 정리되지 않은 자료인 경우에는 출현빈도가 높은 데이터 값이다.
③ 분산(Variance) : 편차 제곱의 기대가로서 최소단위당 편차 제곱을 뜻하며 σ^2으로 표시한다.
$$V(x) = \frac{\sum_{i=1}^{n}(x_i - \mu)^2}{N}$$
④ 변동계수(Coefficient of Variation) : 표준편차를 산술평균으로 나눈 값로서 단위가 다른 두 집단의 산포상태를 비교하는 척도로 사용된다.
$$CV(\%) = \frac{S}{\bar{x}} \times 100$$

정답 59 ① 60 ②

제72회 위험물기능장

시행일 : 2022년 6월 19일

01 위험물의 운반에 관한 기준에서 정한 유별을 달리하는 위험물의 혼재기준에 따르면 1가지 다른 유별의 위험물과만 혼재가 가능한 위험물은? (단, 지정수량의 1/10을 초과하는 경우이다)

① 제1류   ② 제2류
③ 제4류   ④ 제5류

해설

유별을 달리하는 위험물의 혼재기준

위험물의 구분	제1류	제2류	제3류	제4류	제5류	제6류
제1류		×	×	×	×	○
제2류	×		×	○	○	×
제3류	×	×		○	×	×
제4류	×	○	○		○	×
제5류	×	○	×	○		×
제6류	○	×	×	×	×	

02 이동탱크저장소에 설치하는 방파판의 기능으로 옳은 것은?

① 출렁임 방지   ② 유증기 발생의 억제
③ 정전기 발생 제거   ④ 파손 시 유출 방지

해설

방파판의 기능 : 출렁임 방지

03 광전식분리형감지기를 사용하여 자동화재탐지설비를 설치하는 경우 하나의 경계구역의 한 변의 길이를 얼마 이하로 하여야 하는가?

① 10m   ② 100m
③ 150m   ④ 300m

해설

하나의 경계구역의 면적은 600m² 이하로 하고 그 한 변의 길이는 50m(광전식분리형감지기를 설치할 경우에는 100m) 이하로 한다.

04 제5류 위험물의 화재 시 적응성이 있는 소화설비는?

① 포소화설비
② 불활성가스소화설비
③ 할로젠화합물소화설비
④ 분말소화설비

해설

소화설비의 적응성

소화설비의 구분			건축물·그 밖의 공작물	전기설비	제1류 위험물		제2류 위험물			제3류 위험물		제4류 위험물	제5류 위험물	제6류 위험물
					알칼리금속과산화물 등	그 밖의 것	철분·금속분·마그네슘 등	인화성고체	그 밖의 것	금수성물품	그 밖의 것			
옥내소화전 또는 옥외소화전설비			○			○		○	○		○		○	○
스프링클러설비			○			○		○	○		○		△	○
물분무등소화설비	물분무소화설비		○	○		○		○	○		○	○	○	○
	포소화설비		○			○		○	○		○	○	○	○
	불활성가스소화설비			○				○				○		
	할로젠화합물소화설비			○				○				○		
	분말소화설비	인산염류 등	○	○		○		○	○			○		○
		탄산수소염류 등		○	○		○	○			○	○		
		그 밖의 것			○			○			○			
대형·소형수동식소화기	봉상수(棒狀水)소화기		○			○		○	○		○		○	○
	무상수(霧狀水)소화기		○	○		○		○	○		○		○	○
	봉상강화액소화기		○			○		○	○		○		○	○
	무상강화액소화기		○	○		○		○	○		○	○	○	○
	포소화기		○			○		○	○		○	○	○	○
	이산화탄소소화기			○				○				○		△
	할론소화설비			○				○				○		
	분말소화기	인산염류소화기	○	○		○		○	○			○		○
		탄산수소염류소화기		○	○		○	○			○	○		
		그 밖의 것			○			○			○			
기타	물통 또는 수조		○			○		○	○		○		○	○
	건조사				○	○	○	○	○	○	○	○	○	○
	팽창질석 또는 팽창진주암				○	○	○	○	○	○	○	○	○	○

정답 01 ①   02 ①   03 ②   04 ①

05 위험물안전관리법상 위험등급 Ⅰ에 속하면서 제5류 위험물인 것은?

① CH_3ONO_2
② $C_6H_2CH_3(NO_2)_3$
③ $C_6H_4(NO)_2$
④ $N_2H_4 \cdot HCl$

해설
제5류 위험물과 위험등급

유별	성질	품명	지정수량	위험등급
제5류	자기반응성 물질	1. 유기과산화물 2. 질산에스터류(CH_3ONO_2) 3. 나이트로화합물 　[$C_6H_2CH_3(NO_2)_3$] 4. 나이트로소화합물 　[$C_6H_4(NO)_2$] 5. 아조화합물 6. 다이아조화합물 7. 하이드라진 유도체 　($N_2H_4 \cdot HCl$) 8. 하이드록실아민(NH_2OH) 9. 하이드록실아민염류 10. 그 밖에 행정안전부령이 정하는 것 11. 제1호부터 제10호까지의 어느 하나에 해당하는 위험물을 하나 이상 함유한 것	제1종 : 10kg 제2종 : 100kg	제1종 : Ⅰ 제2종 : Ⅱ

06 위험물탱크의 공간용적에 관한 기준에 대해 다음 ( ) 안에 알맞은 수치는?

> 암반탱크에 있어서는 해당 탱크 내에 용출하는 ( )일간의 지하수의 양에 상당하는 용적과 해당 탱크의 내용적의 100분의 ( )의 용적 중에서 보다 큰 용적을 공간용적으로 한다.

① 7, 1
② 7, 5
③ 10, 1
④ 10, 5

해설
공간용적
탱크가 숨을 쉴 수 있도록 유증기가 형성될 수 있는 공간을 만들어 통기관을 통해 배출시켜 압력이 형성되지 않도록 한다.

07 과염소산, 질산, 과산화수소의 공통점이 아닌 것은?

① 다른 물질을 산화시킨다.
② 강산에 속한다.
③ 산소를 함유한다.
④ 불연성물질이다.

해설
② H_2O_2를 제외하고, 모두 강산에 속한다.

08 포소화설비의 포방출구 중 고정지붕구조의 탱크에 저부포주입법을 이용하는 것으로서 송포관으로부터 포를 방출하는 방식은?

① Ⅰ형
② Ⅱ형
③ Ⅲ형
④ 특형

해설
포방출구의 종류

방출구 형식	지붕구조	주입방식
Ⅰ형	고정지붕구조	상부포주입법
Ⅱ형	고정지붕구조 또는 부상덮개부착 고정지붕구조	상부포주입법
특형	부상지붕구조	상부포주입법
Ⅲ형	고정지붕구조	저부포주입법
Ⅳ형	고정지붕구조	저부포주입법

09 위험물안전관리법령상 품명이 질산에스터류에 해당하는 것은?

① 피크린산
② 나이트로셀룰로오스
③ 트라이나이트로톨루엔
④ 트라이나이트로벤젠

해설
① 피크린산 : 나이트로화합물
② 나이트로셀룰로오스 : 질산에스터류
③ 트라이나이트로톨루엔 : 나이트로화합물
④ 트라이나이트로벤젠 : 나이트로화합물류

정답 05 ① 06 ① 07 ② 08 ③ 09 ②

10 옥외탱크저장소를 설치함에 있어서 탱크안전성능검사 중 용접부 검사의 대상이 되는 옥외저장탱크를 옳게 설명한 것은?

① 용량이 100만L 이상인 액체위험물탱크
② 액체위험물을 저장·취급하는 탱크 중 고압가스안전관리법에 의한 특정설비에 관한 검사에 합격한 탱크
③ 액체위험물을 저장·취급하는 탱크 중 산업안전보건법에 의한 성능검사에 합격한 탱크
④ 용량에 상관없이 액체위험물을 저장·취급하는 탱크

해설
탱크안전성능검사의 대상이 되는 탱크 등
① 기초·지반검사 : 옥외탱크저장소의 액체 위험물 탱크 중 그 용량이 100만ℓ 이상인 탱크
② 충수·수압검사 : 액체 위험물을 저장 또는 취급하는 탱크. 다만, 다음의 1에 해당하는 탱크를 제외한다.
 ㉠ 제조소 또는 일반취급소에 설치된 탱크로서 용량이 지정수량 미만인 것
 ㉡ 고압가스안전관리법 규정에 의한 특정설비에 관한 검사에 합격한 탱크
 ㉢ 산업안전보건법 규정에 의한 성능검사에 합격한 탱크
③ 용접부검사 : 옥외탱크저장소의 액체 위험물 탱크 중 그 용량이 100만ℓ 이상인 탱크. 다만, 탱크의 저부에 관계된 변경공사(탱크의 옆판과 관련되는 공사를 포함하는 것을 제외한다)시에 행하여진 규정에 의한 정기검사에 의하여 용접부에 관한 사항이 총리령으로 정하는 기준에 적합하다고 인정된 탱크를 제외 한다.
④ 암반탱크검사 : 액체 위험물을 저장 또는 취급하는 암반 내의 공간을 이용한 탱크

11 다음 중 지정수량이 가장 적은 것은?

① 다이크로뮴산염류 ② 철분
③ 인화성고체 ④ 질산염류

해설
① 1,000kg
② 500kg
③ 1,000kg
④ 300kg

12 알칼리금속의 원자반지름 크기를 큰 순서대로 나타낸 것은?

① Li > Na > K
② K > Na > Li
③ Na > Li > K
④ K > Li > Na

해설
원자 반지름
㉠ 같은 족에서는 원자번호가 증가할수록 원자반지름이 커진다.
㉡ 같은 주기에서는 Ⅰ족에서 Ⅶ족으로 갈수록 원자반지름이 작아진다.

13 다음 중 1기압에 가장 가까운 값을 갖는 것은?

① 760cmHg ② 101.3Pa
③ 29.92psi ④ 1033.6cmH$_2$O

해설
1atm = 76cmHg = 101,325Pa = 14.7psi = 1,033cmH$_2$O

14 지정수량 이상 위험물의 임시저장·취급기준에 대한 설명으로 옳은 것은?

① 군부대가 군사목적으로 임시로 저장·취급하는 경우에는 180일을 초과하지 못한다.
② 공사장의 경우에는 공사가 끝나는 날까지 저장·취급 할 수 있다.
③ 임시저장·취급기간은 원칙적으로 180일 이내에서 할 수 있다.
④ 임시저장·취급에 관한 기준은 시·도 별로 다르게 정할 수 있다.

해설
지정수량 이상의 위험물을 임시로 저장 또는 취급하는 장소에서의 기준은 시·도의 조례로 정한다.
㉠ 시·도의 조례가 정하는 바에 따라 관할소방서장의 승인을 받아 지정수량 이상의 위험물을 90일이내의 기간 동안 임시로 저장 또는 취급하는 경우
㉡ 군부대가 지정수량 이상의 위험물을 군사목적으로 임시저장 또는 취급하는 경우

정답 10 ① 11 ④ 12 ② 13 ④ 14 ④

15 인화칼슘과 탄화칼슘이 각각 물과 반응하였을 때 발생하는 가스를 차례대로 옳게 나열한 것은?

① 포스겐, 아세틸렌
② 포스겐, 에틸렌
③ 포스핀, 아세틸렌
④ 포스핀, 에틸렌

해 설
㉠ $Ca_3P_2 + 6H_2O \longrightarrow 3Ca(OH)_2 + 2PH_3$
㉡ $CaC_2 + 2H_2O \longrightarrow Ca(OH)_2 + C_2H_2$

16 완공검사의 신청시기에 대한 설명으로 옳은 것은?

① 이동탱크저장소는 이동저장탱크의 제작 중에 신청한다.
② 이송취급소에서 지하에 매설하는 이송배관공사의 경우는 전체의 이송배관공사를 완료한 후에 신청한다.
③ 지하탱크가 있는 제조소 등은 해당 지하탱크를 매설한 후에 신청한다.
④ 이송취급소에서 하천에 매설하는 이송배관공사의 경우에는 이송배관을 매설하기 전에 신청한다.

해 설
완공검사의 신청시기
① 지하탱크가 있는 제조소 등의 경우 : 해당 지하탱크를 매설하기 전
② 이동탱크저장소의 경우 : 이동저장탱크를 완공하고 상치장소를 확보한 후
③ 이송취급소의 경우 : 이송배관공사의 전체 또는 일부를 완료한 후. 다만, 지하·하천 등에 매설하는 이송배관의 공사의 경우에는 이송배관을 매설하기 전
④ 전체 공사가 완료된 후에는 완공검사를 실시하기 곤란한 경우 : 다음에서 정하는 시기
  ㉠ 위험물설비 또는 배관의 설치가 완료되어 기밀시험 또는 내압시험을 실시하는 시기
  ㉡ 배관을 지하에 설치하는 경우에는 시·도지사, 소방서장 또는 공사가 지정하는 부분을 매몰하기 직전
  ㉢ 공사가 지정하는 부분의 비파괴시험을 실시하는 시기
⑤ ① 내지 ④에 해당하지 아니하는 제조소 등의 경우 : 제조소 등의 공사를 완료한 후

17 위험물안전관리법상 위험등급이 나머지 셋과 다른 하나는?

① 아염소산염류
② 알킬알루미늄
③ 알코올류
④ 칼륨

해 설
① 아염소산염류 : 위험등급 Ⅰ
② 알킬알루미늄 : 위험등급 Ⅰ
③ 알코올류 : 위험등급 Ⅱ
④ 칼륨 : 위험등급 Ⅰ

18 위험물안전관리법령에 관한 내용으로 다음 ( ) 안에 알맞은 수치를 차례대로 나타낸 것은?

> 옥내저장소에서 동일 품명의 위험물이더라도 자연발화 할 우려가 있는 위험물 또는 재해가 현저하게 증대할 우려가 있는 위험물을 다량 저장하는 경우에는 지정수량의 ( )배 이하마다 구분하여 상호간 ( )m 이상의 간격을 두어 저장하여야 한다.

① 10, 0.3
② 10, 1
③ 100, 0.3
④ 100, 1

해 설
옥내저장소 자연 발화 위험이 있는 위험물 : 지정수량 10배 이하마다 0.3m 이상 간격을 둔다.

19 산화프로필렌에 대한 설명 중 틀린 것은?

① 무색의 휘발성 액체이다.
② 증기의 비중은 공기보다 작다.
③ 인화점은 약 -37℃이다.
④ 비점은 약 34℃이다.

해 설
② 증기의 비중은 공기보다 크다(증기비중 2.0).

정답 15 ③ 16 ④ 17 ③ 18 ① 19 ②

20 위험물안전관리법령에 따른 제1류 위험물의 운반 및 위험물제조소 등에서 저장·취급에 관한 기준으로 옳은 것은? (단, 지정수량의 10배인 경우)

① 제6류 위험물과는 운반 시 혼재할 수 있으며, 적절한 조치를 취하면 같은 옥내저장소에 저장할 수 있다.
② 제6류 위험물과는 운반 시 혼재할 수 있으나 같은 옥내저장소에 저장할 수는 없다.
③ 제6류 위험물과는 운반 시 혼재할 수 없으나 적절한 조치를 취하면 같은 옥내저장소에 저장할 수 있다.
④ 제6류 위험물과는 운반 시 혼재할 수 없으며, 같은 옥내저장소에 저장할 수도 없다.

해설
② 제6류 위험물과는 운반 시 혼재할 수 있으나 같은 옥내저장소에 저장할 수 있다.
③ 제6류 위험물과는 운반 시 혼재할 수 있고 적절한 조치를 취하면 같은 옥내저장소에 저장할 수 있다.
④ 제6류 위험물과 운반 시 혼재할 수 있고, 같은 옥내저장소에 저장할 수도 있다.

21 위험물안전관리법령에서 정하는 유별에 따른 위험물의 성질에 해당하지 않는 것은?

① 산화성고체 ② 산화성액체
③ 가연성고체 ④ 가연성액체

해설
위험물안전관리법령에서 정하는 유별에 따른 위험물의 성질
㉠ 제1류 위험물 : 산화성고체
㉡ 제2류 위험물 : 가연성고체
㉢ 제3류 위험물 : 자연발화성 및 금수성물질
㉣ 제4류 위험물 : 인화성액체
㉤ 제5류 위험물 : 자기반응성물질
㉥ 제6류 위험물 : 산화성액체

22 열처리 작업 등의 일반취급소를 건축물 내에 구획실 단위로 설치하는 데 필요한 요건으로서 옳지 않은 것은?

① 취급하는 위험물의 수량은 지정수량의 30배 미만일 것
② 위험물이 위험한 온도에 이르는 것을 경보할 수 있는 장치를 설치할 것
③ 열처리 또는 방전가공을 위하여 인화점 70℃ 이상의 제4류 위험물을 취급하는 것일 것
④ 다른 작업장의 용도로 사용 되는 부분과의 사이에는 내화구조로 된 격벽을 설치하되, 격벽의 양단, 및 상단이 외벽 또는 지붕으로 부터 50cm 이상 돌출되도록 할 것

해설
열처리 작업 등의 일반취급소를 건축물 내에 구획실 단위로 설치하는 데 필요한 요건
㉠ 취급하는 위험물의 수량은 지정수량의 30배 미만일 것
㉡ 위험물이 위험한 온도에 이르는 것을 경보할 수 있는 장치를 설치할 것
㉢ 열처리 또는 방전가공을 위하여 인화점 70℃ 이상의 제4류 위험물을 취급하는 것

23 제1류 위험물의 위험성에 관한 설명으로 옳지 않은 것은?

① 과망가니즈산나트륨은 에탄올과 혼촉발화의 위험이 있다.
② 과산화나트륨은 물과 반응 시 산소가스가 발생한다.
③ 염소산나트륨은 산과 반응하면 유독가스가 발생한다.
④ 질산암모늄 단독으로 안포폭약을 제조한다.

해설
④ 경유를 94wt% : 6wt% 비율로 혼합시키면 폭약이 되므로 질산암모늄은 단독으로 안포폭약을 제조할 수 없다.

정답 20 ① 21 ④ 22 ④ 23 ④

24 인화점이 0℃보다 낮은 물질이 아닌 것은?

① 아세톤 ② 톨루엔
③ 휘발유 ④ 벤젠

해설
① -18℃
② 4.5℃
③ -20~-43℃
④ -11.1℃

25 제조소 등의 외벽 중 연소의 우려가 있는 외벽을 판단하는 기산점이 되는 것을 모두 옳게 나타낸 것은?

① ㉠ 제조소 등이 설치된 부지의 경계선
　 ㉡ 제조소 등에 인접한 도로의 중심선
　 ㉢ 제조소 등의 외벽과 동일 부지 내의 다른 건축물의 외벽 간의 중심선
② ㉠ 제조소 등이 설치된 부지의 경계선
　 ㉡ 제조소 등에 인접한 도로의 경계선
　 ㉢ 제조소 등의 외벽과 동일 부지 내의 다른 건축물의 외벽 간의 중심선
③ ㉠ 제조소 등이 설치된 부지의 중심선
　 ㉡ 제조소 등에 인접한 도로의 중심선
　 ㉢ 동일 부지 내의 다른 건축물의 외벽
④ ㉠ 제조소 등이 설치된 부지의 중심선
　 ㉡ 제조소 등에 인접한 도로의 경계선
　 ㉢ 제조소 등의 외벽과 인근 부지의 다른 건축물의 외벽 간의 중심선

해설
연소의 우려가 있는 외벽을 판단하는 기산점이 되는 것
㉠ 제조소 등이 설치된 부지의 경계선
㉡ 제조소 등에 인접한 도로의 중심선
㉢ 제조소 등의 외벽과 동일 부지 내의 다른 건축물의 외벽 간의 중심선

26 다음 중 가장 강한 산은?

① $HClO_4$
② $HClO_3$
③ $HClO_2$
④ $HClO$

해설
강산의 세기
$HClO_4 > HClO_3 > HClO_2 > HClO$

27 제2류 위험물에 대한 설명 중 틀린 것은?

① 모두 가연성물질이다.
② 모두 고체이다.
③ 모두 주수소화가 가능하다.
④ 지정수량의 단위는 모두 kg이다.

해설
③ 금속분, 철분, 마그네슘, 황화인은 건조사, 건조분말 등으로 질식소화하며 적린과 황은 물에 의한 냉각소화가 적당하다.

28 제조소 등의 소화설비를 위한 소요단위 산정에 있어서 1소요단위에 해당하는 위험물의 지정수량 배수와 외벽이 내화구조인 제조소의 건축물 연면적을 각각 옳게 나타낸 것은?

① 10배, $100m^2$ ② 100배, $100m^2$
③ 10배, $150m^2$ ④ 100배, $150m^2$

해설
소요단위(1단위)
① 위험물 : 지정수량 10배
② 제조소 또는 취급소용 건축물의 경우
　 ㉠ 외벽이 내화구조로 된 것으로 연면적 $100m^2$
　 ㉡ 외벽이 내화구조가 아닌 것으로 연면적 $50m^2$

정답 24 ② 25 ① 26 ① 27 ③ 28 ①

29 물과 반응하였을 때 발생하는 가스가 유독성인 것은?

① 알루미늄   ② 칼륨
③ 탄화알루미늄   ④ 오황화인

해설
① $2Al + 6H_2O \longrightarrow 2Al(OH)_3 + 3H_2$
② $2K + 2H_2O \longrightarrow 2KOH + H_2$
③ $Al_4C_3 + 12H_2O \longrightarrow 4Al(OH)_3 + 3CH_4$
④ $P_2S_5 + 8H_2O \longrightarrow 5H_2S + 2H_3PO_4$

30 인화성액체위험물(CS_2는 제외)을 저장하는 옥외탱크저장소에서 방유제의 용량에 대해 다음 (   ) 안에 알맞은 수치를 차례대로 나열한 것은?

> 방유제의 용량은 방유제안에 설치된 탱크가 하나인 때에는 그 탱크용량의 (   )% 이상, 2기 이상인 때에는 그 탱크 중 용량이 최대인 것의 용량의 (   )% 이상으로 할 것. 이 경우 방유제의 용량은 해당 방유제의 내용적에서 용량이 최대인 탱크 외의 탱크의 방유제 높이 이하 부분의 용적, 해당 방유제 내에 있는 모든 탱크의 지반면 이상 부분의 기초의 체적, 간막이 둑의 체적 및 해당 방유제 내에 있는 배관 등의 체적을 뺀 것으로 한다.

① 100, 100   ② 100, 110
③ 110, 100   ④ 110, 110

해설
옥외저장소의 방유제의 용량
㉠ 1개 이상 : 탱크용량이 110% 이상(인화성이 없는 액체 위험물을 탱크용량의 100% 이상)
㉡ 2기 이상 : 최대용량이 110% 이상

31 유량을 측정하는 계측기구가 아닌 것은?

① 오리피스미터   ② 마노미터
③ 로터미터   ④ 벤투리미터

해설
마노미터(Manometer)는 압력을 측정하는 기기이다.

32 주유취급소 설치자가 변경허가를 받지 않고 주유취급소의 방화담 중 도로에 접한 부분을 철거한 사실이 기술기준에 부적합하여 적발된 경우에 위험물안전관리법상 조치사항으로 가장 적합한 것은?

① 변경허가 위반행위에 따른 형사처벌 행정처분 및 복구명령을 병과한다.
② 변경허가 위반행위에 따른 행정처분 및 복구명령을 병과한다.
③ 변경허가 위반행위에 따른 형사처벌 및 복구명령을 병과한다.
④ 변경허가 위반행위에 따른 형사처벌 및 행정처분을 병과한다.

해설
주유취급소의 설치자가 변경허가를 받지 않고 주유취급소의 방화담 중 도로에 접한 부분을 철거한 사실이 기술기준에 부적합하여 적발된 경우 : 변경허가 위반행위에 따른 형사처벌, 행정처분 및 복구 명령을 병과한다.

33 위험물시설에 설치하는 소화설비와 특성 등에 관한 설명 중 위험물관련법규내용에 적합한 것은?

① 제4류 위험물을 저장하는 옥외저장탱크에 포소화설비를 설치하는 경우에는 이동식으로 할 수 있다.
② 옥내소화전설비·스프링클러설비 및 불활성가스소화설비의 배관은 전용으로 하되 예외 규정이 있다.
③ 옥내소화전설비와 옥외소화전설비는 동결방지조치가 가능한 장소라면 습식으로 설치하여야 한다.
④ 물분무소화설비와 스프링클러설비의 기동장치에 관한 설치기준은 그 내용이 동일하지 않다.

해설
① 제4류 위험물을 저장하는 옥외저장탱크에 포소화설비를 설치하는 경우에는 고정식으로 할 수 있다.
② 옥내소화전설비·스프링클러설비 및 불활성가스소화설비의 배관은 전용으로 하되 예외 규정이 없다.
④ 물분무소화설비와 스프링클러설비의 기동 장치에 관한 설치 기준은 그 내용이 동일하다.

정답 29 ④ 30 ④ 31 ② 32 ① 33 ③

34 제2류 위험물로 금속이 덩어리 상태일 때보다 가루 상태일 때 연소위험성이 증가하는 이유가 아닌 것은?

① 유동성의 증가
② 비열의 증가
③ 정전기 발생 위험성 증가
④ 비표면적의 증가

해설

금속이 덩어리 상태일 때 보다 가루 상태일 때 연소위험성이 증가하는 이유
㉠ 유동성의 증가 : 정전기의 발생
㉡ 비열의 감소 : 적은 열로 고온 형성
㉢ 정전기 발생 위험성 증가 : 대전성의 증가
㉣ 비표면적의 증가 : 반응면적의 증가
㉤ 체적의 증가 : 인화, 발화의 위험성 증가
㉥ 보온성의 증가 : 발생열의 축적 용이
㉦ 부유성의 증가 : 분진운(Dust Cloud)의 형성
㉧ 복사선의 흡수율 증가 : 수광면의 증가

35 불활성기체소화설비가 적응성이 있는 위험물은?

① 제1류 위험물
② 제3류 위험물
③ 제4류 위험물
④ 제5류 위험물

해설

4번 해설 참조

36 다음 중 이송취급소의 안전설비에 해당하지 않는 것은?

① 운전상태 감시장치
② 안전제어장치
③ 통기장치
④ 압력안전장치

해설

③ 통기장치는 위험물탱크저장소의 안전설비이다.

37 다음 중 브로민산칼륨의 색상으로 옳은 것은?

① 백색
② 등적색
③ 황색
④ 청색

해설

브로민산칼륨은 백색의 결정 또는 결정성 분말이다.

38 CH_3CHO에 대한 설명으로 옳지 않은 것은?

① 끓는점이 상온(25℃) 이하이다.
② 완전연소 시 이산화탄소와 물이 생성된다.
③ 은·수은과 반응하면 폭발성 물질을 생성한다.
④ 에틸알코올을 환원시키거나 아세트산을 산화시켜 제조한다.

해설

아세트알데하이드의 제법
㉠ 에틸렌과 산소를 $PdCl_2$ 또는 $CuCl_2$의 촉매 하에서 반응시켜 만든다.
㉡ 에탄올을 백금 촉매로 하여 산화시켜 얻어진다.
㉢ $HgSO_4$ 촉매하에서 아세틸렌에 물을 첨가시켜 얻는다.

39 마그네슘과 염산이 반응 할 때 발화의 위험이 있는 이유로 가장 적합한 것은?

① 열전도율이 낮기 때문이다.
② 산소가 발생하기 때문이다.
③ 많은 반응열이 발생하기 때문이다.
④ 분진폭발의 민감성 때문이다.

해설

마그네슘과 염산이 반응 시 많은 반응열이 발생하여 발화의 위험이 있다.
$Mg + 2HCl \longrightarrow MgCl + H_2 + Q\,kcal$

정답 34 ② 35 ③ 36 ③ 37 ① 38 ④ 39 ③

40 다음 중 옥내저장소에 위험물을 저장하는 제한 높이가 가장 낮은 경우는?

① 기계에 의하여 하역하는 구조로 된 용기만을 겹쳐 쌓는 경우
② 중유를 수납하는 용기만을 겹쳐 쌓는 경우
③ 아마인유를 수납하는 용기만을 겹쳐 쌓는 경우
④ 적린을 수납하는 용기만을 겹쳐 쌓는 경우

해설
옥내저장소에 위험물을 저장하는 제한 높이
㉠ 기계에 의하여 하역하는 구조로 된 용기만을 겹쳐 쌓는 경우 : 6m
㉡ 제4류 위험물 중 제3석유류, 제4석유류 및 동·식물유류를 수납하는 용기만을 겹쳐 쌓는 경우 : 4m
㉢ 그 밖의 경우 : 3m

41 다음 표의 물질 중 제2류 위험물에 해당하는 것은 모두 몇 개인가?

황화인	칼륨	알루미늄의 탄화물
황린	금속의 수소화물	코발트분
황	무기과산화물	고형알코올

① 2 ② 3
③ 4 ④ 5

해설
㉠ 제1류 위험물 : 무기과산화물
㉡ 제2류 위험물 : 황화인, 코발트분, 황, 고형알코올
㉢ 제3류 위험물 : 칼륨, 알루미늄의 탄화물, 황린, 금속의 수소화물

42 과망가니즈산칼륨과 묽은황산이 반응하였을 때 생성물이 아닌 것은?

① MnO_2 ② K_2SO_4
③ $MnSO_4$ ④ O_2

해설
$4KMnO_4 + 6H_2SO_4 \longrightarrow 2K_2SO_4 + 4MnSO_4 + 6H_2O + 5O_2$

43 위험물인 아세톤을 용기에 담아 운반하고자 한다. 다음 중 위험물안전관리법의 내용과 배치되는 것은?

① 지정수량의 10배라면 비중이 1.52인 질산을 다른 용기에 수납하더라도 함께 적재·운반할 수 없다.
② 원칙적으로 기계로 하역되는 구조로 된 금속제 운반용기에 수납하는 경우 최대용적이 3,000L이다.
③ 뚜껑탈착식 금속제 드럼운반용기에 수납하는 경우 최대용적은 250L이다.
④ 유리용기, 플라스틱용기를 운반용기로 사용할 경우 내장용기로 사용할 수 없다.

해설
유리용기, 플라스틱용기를 운반용기로 사용할 경우 내장용기로 사용할 수 있다.

44 273℃에서 기체의 부피가 2L이다. 같은 압력에서 0℃일 때의 부피는 몇 L인가?

① 0.5 ② 1
③ 2   ④ 4

해설
샤를의 법칙
$$\frac{V}{T} = \frac{V_1}{T_1}$$
$$\frac{2}{273+273} = \frac{V_1}{0+273}$$
$$V' = \frac{2 \times (0+273)}{273+273} = 1L$$

45 0.2N-HCl 500mL에 물을 가해 1L로 하였을 때 pH는 약 얼마인가?

① 1.0 ② 1.2
③ 1.8 ④ 2.1

해설
0.2N-HCl 500mL에는 0.2mol/L×0.5L=0.1mol/L
$pH = -\log 0.1 = -\log 10^{-1} = 1$

정답 40 ④ 41 ③ 42 ① 43 ④ 44 ② 45 ①

46 메틸에틸케톤에 관한 설명으로 틀린 것은?

① 인화가 용이한 가연성액체이다.
② 완전연소 시 메탄과 이산화탄소를 생성한다.
③ 물보다 가벼운 휘발성액체이다.
④ 증기는 공기보다 무겁다.

해설
완전연소 시 탄산가스와 물을 생성한다.
$CH_3COC_2H_5 + 5.5O_2 \longrightarrow 4CO_2 + 4H_2O$

47 Ca_3P_2의 지정수량은 얼마인가?

① 50kg
② 100kg
③ 300kg
④ 500kg

해설
Ca_3P_2의 지정수량 : 300kg

48 과산화벤조일(벤조일퍼옥사이드)의 화학식을 옳게 나타낸 것은?

① CH_3ONO_2
② $(CH_3COC_2H_5)_2O_2$
③ $(CH_3CO)_2O_2$
④ $(C_6H_5CO)_2O_2$

해설
과산화벤조일(벤조일퍼옥사이드, BPO)의 화학식
$(C_6H_5CO)_2O_2$

49 질산암모늄에 대한 설명으로 옳지 않은 것은?

① 열분해 시 가스를 발생한다.
② 물에 녹을 때 발열반응을 나타낸다.
③ 물보다 무거운 고체 상태의 결정이다.
④ 급격히 가열하면 단독으로도 폭발할 수 있다.

해설
② 물에 잘 녹고 물에 녹을 때 흡열반응을 나타낸다.

50 제2류 위험물 중 철분 또는 금속분을 수납한 운반용기의 외부에 표시해야 하는 주의사항으로 옳은 것은?

① 화기엄금 및 물기엄금
② 화기주의 및 물기엄금
③ 가연물접촉주의 및 화기엄금
④ 가연물접촉주의 및 화기주의

해설
위험물운반용기의 주의사항

위험물		주의사항
제1류 위험물	알칼리금속의 과산화물	• 화기·충격주의 • 물기엄금 • 가연물접촉주의
	기 타	• 화기·충격주의 • 가연물접촉주의
제2류 위험물	철분·금속분·마그네슘	• 화기주의 • 물기엄금
	인화성고체	화기엄금
	기 타	화기주의
제3류 위험물	자연발화성 물질	• 화기엄금 • 공기접촉엄금
	금수성물질	물기엄금
제4류 위험물		화기엄금
제5류 위험물		• 화기엄금 • 충격주의
제6류 위험물		가연물접촉주의

51 트라이에틸알루미늄을 200℃ 이상으로 가열하였을 때 발생하는 가연성가스와 트라이에틸알루미늄이 염산과 반응하였을 때 발생하는 가연성가스의 명칭을 차례대로 나타낸 것은?

① 에틸렌, 메탄
② 아세틸렌, 메탄
③ 에틸렌, 에탄
④ 아세틸렌, 에탄

해설
㉠ 고온에서 불안정하며 200℃ 이상으로 가열하면 폭발적으로 분해하여 가연성가스를 발생한다.
$(C_2H_5)_3Al \longrightarrow (C_2H_5)_2AlH + C_2H_4$
　　　　　　　다이에틸수소알루미늄
$(C_2H_5)_2AlH \longrightarrow \frac{3}{2}H_2 + 2C_2H_4$

㉡ 염산과 격렬히 반응하여 에탄을 발생한다.
$(C_2H_5)_3Al + HCl \longrightarrow (C_2H_5)_2AlCl + C_2H_6$
　　　　　　　　　　다이에틸알루미늄클로라이드

정답 46 ② 47 ③ 48 ④ 49 ② 50 ② 51 ③

52 주유취급소의 변경허가대상이 아닌 것은?

① 고정주유설비 또는 고정급유설비를 신설 또는 철거하는 경우
② 유리를 부착하기 위하여 담의 일부를 철거하는 경우
③ 고정주유설비 또는 고정급유설비의 위치를 이전하는 경우
④ 지하에 설치한 배관을 교체하는 경우

해설
주유취급소의 변경허가 대상

제조소 등의 구분	변경허가를 받아야 하는 경우

주유취급소	가. 지하에 매설하는 탱크의 변경 중 다음의 어느 하나에 해당하는 경우
	  1) 탱크의 위치를 이전하는 경우
	  2) 탱크전용실을 보수하는 경우
	  3) 탱크를 신설·교체 또는 철거하는 경우
	  4) 탱크를 보수(탱크본체를 절개하는 경우에 한한다)하는 경우
	  5) 탱크의 노즐 또는 맨홀을 신설하는 경우(노즐 또는 맨홀의 직경이 250m를 초과하는 경우에 한한다)
	  6) 특수누설방지구조를 보수하는 경우
	나. 옥내에 설치하는 탱크의 변경 중 다음의 어느 하나에 해당하는 경우
	  1) 탱크의 위치를 이전하는 경우
	  2) 탱크를 신설·교체 또는 철거하는 경우
	  3) 탱크를 보수(탱크본체를 절개하는 경우에 한한다)하는 경우
	  4) 탱크의 노즐 또는 맨홀을 신설하는 경우(노즐 또는 맨홀의 직경이 250m를 초과하는 경우에 한한다)
	다. 고정주유설비 또는 고정급유설비를 신설 또는 철거하는 경우
	라. 고정주유설비 또는 고정급유설비의 위치를 이전하는 경우
	마. 건축물의 벽·기둥·바닥·보 또는 지붕을 증설 또는 철거하는 경우
	바. 담 또는 캐노피를 신설 또는 철거(유리를 부착하기 위하여 담의 일부를 철거하는 경우를 포함한다)하는 경우
	사. 주입구의 위치를 이전하거나 신설하는 경우
	아. 공작물(바닥면적이 4m2 이상인 것에 한한다)을 신설 또는 증축하는 경우
	자. 개질장치, 압축기, 충전설비, 축압기 또는 수입설비를 신설하는 경우
	차. 자동화재탐지설비를 신설 또는 철거하는 경우

53 어떤 기체의 확산속도가 SO₂의 2배일 때 이 기체의 분자량을 추정하면 얼마인가?

① 16 ② 32
③ 64 ④ 128

해설
어떤 기체의 확산속도를 u_x, 분자량을 M_x라 하면

$\dfrac{u_{so_2}}{u_x} = \sqrt{\dfrac{M_x}{M_{so_2}}}$ 에서 $\sqrt{M_x} = \sqrt{M_{so_2}} \times \dfrac{u_{so_2}}{u_x}$

$\therefore M_x = M_{so_2} \times \left(\dfrac{u_{so_2}}{u_x}\right)^2 = 64 \times \left(\dfrac{1}{2}\right)^2 = 16$

54 위험물제조소 등의 옥내소화전설비의 설치기준으로 틀린 것은?

① 수원의 수량은 옥내소화전이 가장 많이 설치된 층의 옥내소화전 설치개수(설치개수가 5개 이상인 경우는 5개)에 7.8m³를 곱한 양 이상이 되도록 설치할 것
② 옥내소화전은 제조소 등의 건축물의 층마다 해당 층의 각 부분에서 하나의 호스접속구까지의 수평거리가 50m 이하가 되도록 설치할 것
③ 옥내소화전설비는 각 층을 기준으로 하여 해당 층의 모든 옥내소화전(설치개수가 5개 이상인 경우는 5개의 옥내소화전)을 동시에 사용할 경우에 각 노즐선단의 방수압력이 350kPa 이상이고 방수량이 1분당 260L 이상의 성능이 되도록 할 것
④ 옥내소화전설비에는 비상전원을 설치할 것

해설
옥내소화전은 제조소 등의 건축물의 층마다 해당 층의 각 부분에서 하나의 호스접속구까지의 수평거리가 25m 이하가 되도록 설치한다.

정답 52 ④ 53 ① 54 ②

55 준비작업시간 100분, 개당 정미작업시간 15분, 로트 크기 20일 때 1개당 소요작업시간은 얼마인가? (단, 여유시간은 없다고 가정한다)

① 15분 ② 20분
③ 35분 ④ 45분

해설
소요작업시간
$= \dfrac{\text{준비작업시간} + \text{정미작업시간}(1+\text{여유율}) \times \text{로트 크기}}{\text{로트 크기}}$
$= \dfrac{100\text{분} + 15\text{분}(1+0) \times 20}{20} = 20\text{분}$

56 소비자가 요구하는 품질로서 설계와 판매정책에 반영되는 품질을 의미하는 것은?

① 시장품질 ② 설계품질
③ 제조품질 ④ 규격품질

해설
㉠ **시장품질** : 소비자가 요구하는 품질로서 설계와 판매정책에 반영되는 품질
㉡ **설계품질(Quality of Design)** : 제품의 시방, 성능, 외관 등을 규정지어 주는 품질규격을 표시한 것
㉢ **제조품질** : 적합품질이라고도 하며, 실제로 제조된 품질이다.
㉣ **규격품질** : 시방서 등에서 규정한 품질의 규격

57 로트의 크기가 시료의 크기에 비해 10배 이상 클 때, 시료의 크기와 합격판정 개수를 일정하게 하고 로트의 크기를 증가시킬 경우 검사특성곡선의 모양변화에 대한 설명으로 가장 적절한 것은?

① 무한대로 커진다.
② 별로 영향을 미치지 않는다.
③ 샘플링검사의 판별능력이 매우 좋아진다.
④ 검사특성곡선의 기울기 경사가 급해진다.

해설
로트의 크기가 시료의 크기에 비해 10배 이상 클 때 시료의 크기와 합격판정개수를 일정하게 하고 로트의 크기를 증가시킬 경우 검사특성곡선의 모양 변화는 별로 영향을 미치지 않는다.

58 축의 완성지름, 철사의 인장강도, 아스피린 순도와 같은 데이터를 관리하는 가장 대표적인 관리도는?

① c 관리도 ② np 관리도
③ u 관리도 ④ $\bar{x} - R$ 관리도

해설
① c 관리도 : 부적합수 관리도
② np 관리도 : 부적합품수 관리도
③ u 관리도 : 단위당 부적합수 관리도
④ $\bar{x} - R$: 평균치와 범위(표준편차) 관리도

59 다음 중 샘플링검사보다 전수검사를 실시하는 것이 유리한 경우는?

① 검사항목이 많은 경우
② 파괴검사를 해야 하는 경우
③ 품질특성치가 치명적인 결점을 포함하는 경우
④ 다수·다량의 것으로 어느 정도 부적합품이 섞여도 괜찮을 경우

해설
샘플링검사보다 전수검사를 실시하는 것이 유리한 경우
품질 특성치가 치명적인 결점을 포함하는 경우

60 작업시간 측정방법 중 직접측정법은?

① PTS법 ② 경험견적법
③ 표준자료법 ④ 스톱워치법

해설
작업시간 측정방법

직접측정	시간연구법	Stop-Watch
		전자식 자료집적기
		동작사진 촬영기
	WS(Work Sampling)	
간접측정	실적기록법	
	표준자료법	
	PTS (Predetermined Time Standard)	MTM
		WF

정답 55 ② 56 ① 57 ② 58 ④ 59 ③ 60 ④

제73회 위험물기능장

시행일 : 2023년 1월 28일

01 3.65kg의 염화수소 중에는 HCl 분자가 몇 개 있는가?

① 6.02×10^{23}
② 6.02×10^{24}
③ 6.02×10^{25}
④ 6.02×10^{26}

해설
- HCl의 분자량은 36.5g이다.
- 1몰속에는 6.02×10^{23}개의 분자가 존재한다.
- HCl 3.65kg의 몰수는 $\dfrac{3.65 \times 10^3 g}{36.5g} = 100$몰이다.
- 1몰 : 6.02×10^{23} = 100몰 : x
- ∴ $x = 6.02 \times 10^{23} \times 100 = 6.02 \times 10^{25}$개

02 다음 중 물과 접촉하여도 위험하지 않은 물질은?

① 과산화나트륨
② 과염소산나트륨
③ 마그네슘
④ 알킬알루미늄

해설
② 과염소산나트륨(NaClO₄)는 조해되기 쉽고 물에 매우 잘 녹는다.

03 옥외탱크저장소에 보냉장치 및 불연성가스 봉입장치를 설치해야 되는 위험물은?

① 아세트알데하이드
② 이황화탄소
③ 생석회
④ 염소산나트륨

해설
아세트알데하이드 옥외탱크저장소
연소성혼합기체의 생성에 의한 폭발을 방지하기 위한 불활성기체 또는 수증기를 봉입하는 장치를 갖춘다.

04 그림과 같은 예혼합화염 구조의 개략도에서 중간 생성물의 농도곡선은?

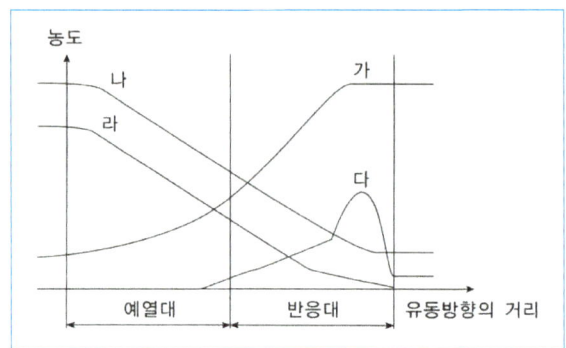

① 가
② 나
③ 다
④ 라

해설
① 최초 생성물 농도
② 산화제 농도
③ 중간 생성물 농도
④ 가연성기체 농도

05 수소화리튬의 위험성에 대한 설명 중 틀린 것은?

① 물과 실온에서 격렬히 반응하여 수소를 발생하므로 위험하다.
② 공기와 접촉하면 자연발화의 위험이 있다.
③ 피부와 접촉 시 화상의 위험이 있다.
④ 고온으로 가열하면 수산화리튬과 수소를 발생하므로 위험하다.

해설
④ 물과는 실온에서 격렬하게 반응하여 수산화리튬과 많은 양의 수소를 발생한다. 이 때 반응열에 의해 LiH를 태운다.
LiH + H₂O → LiOH + H₂

정답 01 ③ 02 ② 03 ① 04 ③ 05 ④

06 다음 중 비중이 가장 작은 금속은?

① 마그네슘 ② 알루미늄
③ 지르코늄 ④ 아연

해설
① 1.74 ② 2.7
③ 6.5 ④ 7.14

07 위험물안전관리법령상 소화설비의 적응성에서 제6류 위험물을 저장 또는 취급하는 제조소 등에 설치할 수 있는 소화설비는?

① 인산염류분말소화설비
② 탄산수소염류 분말소화설비
③ 불활성가스소화설비
④ 할로젠화합물소화설비

해설

소화설비의 구분			건축물·그 밖의 공작물	전기설비	제1류 위험물 알칼리금속과산화물 등	제1류 위험물 그 밖의 것	제2류 위험물 철분·금속분·마그네슘 등	제2류 위험물 인화성고체	제2류 위험물 그 밖의 것	제3류 위험물 금수성물품	제3류 위험물 그 밖의 것	제4류 위험물	제5류 위험물	제6류 위험물
옥내소화전 또는 옥외소화전설비			○			○		○	○		○		○	○
스프링클러설비			○			○		○	○		○	△	○	○
물분무등소화설비	물분무소화설비		○	○		○		○	○		○	○	○	○
	포소화설비		○			○		○	○		○	○	○	○
	불활성가스소화설비			○				○				○		
	할로젠화합물소화설비			○				○				○		
	분말소화설비	인산염류 등	○	○		○		○				○		○
		탄산수소염류 등		○	○		○	○		○		○		
		그 밖의 것			○		○			○				
대형·소형수동식소화기	봉상수(棒狀水)소화기		○			○		○	○		○		○	○
	무상수(霧狀水)소화기		○	○		○		○	○		○		○	○
	봉상강화액소화기		○			○		○	○		○		○	○
	무상강화액소화기		○	○		○		○	○		○	○	○	○
	포소화기		○			○		○	○		○	○	○	○
	이산화탄소소화기			○				○				○		△
	할론소화기			○				○				○		
	분말소화기	인산염류소화기	○	○		○		○				○		○
		탄산수소염류소화기		○	○		○	○		○		○		
		그 밖의 것			○		○			○				
기타	물통 또는 수조		○			○		○	○		○		○	
	건조사				○	○	○	○	○	○	○	○	○	
	팽창질석 또는 팽창진주암				○	○	○	○	○	○	○	○	○	

08 위험물안전관리법령상 유기과산화물을 함유하는 것 중에서 불활성고체를 함유하는 것으로서 다음에 해당하는 것은 위험물에서 제외된다. ( ) 안에 알맞은 수치는?

> 과산화벤조일의 함유량이 ( )중량퍼센트 미만인 것으로서 전분가루, 황산칼슘2수화물 또는 인산1수소칼슘2수화물과의 혼합물

① 30 ② 35.5
③ 40.5 ④ 50

해설
유기과산화물을 함유한 것 중에서 불활성(비활성) 고체를 함유하는 것으로서 다음에 해당 되는 것은 제5류 위험물에서 제외한다.
㉠ 과산화벤조일의 함유량이 35.5중량퍼센트(wt%) 미만인 것으로서 전분가루, 황산칼슘2수화물 또는 인산1수소칼슘2수화물과의 혼합물
㉡ 비스(4클로로벤조일)퍼옥사이드의 함유량이 30중량퍼센트(wt%) 미만인 것으로서 불활성고체와의 혼합물
㉢ 과산화지크밀의 함유량이 40중량퍼센트(wt%) 미만인 것으로서 불활성고체와의 혼합물
㉣ 1·4비스(2-터셔리부틸퍼옥시이소프로필)벤젠의 함유량이 40중량퍼센트(wt%) 미만인 것으로서 불활성고체와의 혼합물
㉤ 시크로헥사놀퍼옥사이드의 함유량이 0중량퍼센트(wt%) 미만인 것으로서 불활성고체와의 혼합물

09 옥외탱크저장소에 설치하는 높이가 1m를 넘는 방유제 및 간막이 둑의 안팎에 설치하는 계단 또는 경사로는 약 몇 m마다 설치하여야 하는가?

① 20 ② 30
③ 40 ④ 50

해설
인화성액체위험물(이황화탄소를 제외한다.)의 옥외탱크저장소의 탱크 주위의 방유제 설치기준
높이가 1m를 넘는 방유제 및 간막이 둑의 안팎에는 방유제 내에 출입하기 위한 계단 또는 경사로를 약 50m마다 설치한다.

정답 06 ① 07 ① 08 ② 09 ④

10 소화난이도등급 Ⅰ의 제조소 등 중 옥내탱크저장소의 규모에 대한 설명이 옳은 것은?

① 액체위험물을 저장하는 위험물의 액표면적이 20m² 이상인 것
② 바닥면으로부터 탱크 옆판의 상단까지 높이가 6m 이상인 것(제6류 위험물을 저장하는 것 및 고인화점위험물만을 100℃ 미만의 온도에서 저장하는 것은 제외)
③ 액체위험물을 저장하는 단층건축물 외의 건축물에 설치하는 것으로서 인화점이 40℃ 이상 70℃ 미만의 위험물은 지정수량의 40배 이상 저장 또는 취급하는 것
④ 고체위험물을 지정수량의 150배 이상 저장 또는 취급하는 것

해설

소화난이도등급 Ⅰ의 해당하는 제조소 등

제조소 등의 구분	제조소 등의 규모, 저장 또는 취급하는 위험물의 품명 및 최대수량 등
제조소 일반 취급소	연면적 1,000m² 이상인 것
	지정수량의 100배 이상인 것(고인화점위험물만을 100℃ 미만의 온도에서 취급하는 것 및 제48조의 위험물을 취급하는 것은 제외)
	지반면으로부터 6m 이상의 높이에 위험물 취급설비가 있는 것(고인화점위험물만을 100℃ 미만의 온도에서 취급하는 것은 제외)
	일반취급소로 사용되는 부분 외의 부분을 갖는 건축물에 설치된 것(내화구조로 개구부 없이 구획 된 것, 고인화점위험물만을 100℃ 미만의 온도에서 취급하는 것 및 화학실험의 일반취급소는 제외)
주유 취급소	업무를 위한 사무소, 간이정비 작업장, 주유취급소의 점포, 휴게음식점 및 전시장 등 주유취급소의 직원 외의 자가 출입하는 장소의 면적의 합이 500m²를 초과하는 것
옥내 저장소	지정수량의 150배 이상인 것(고인화점위험물만을 저장하는 것 및 제48조의 위험물을 저장하는 것은 제외)
	연면적 150m²를 초과하는 것(150m² 이내마다 불연재료로 개구부 없이 구획된 것 및 인화성고체 외의 제2류 위험물 또는 인화점 70℃ 이상의 제4류 위험물만을 저장하는 것은 제외)
	처마높이가 6m 이상인 단층건물의 것
	옥내저장소로 사용되는 부분 외의 부분이 있는 건축물에 설치된 것(내화구조로 개구부 없이 구획된 것 및 인화성고체 외의 제2류 위험물 또는 인화점 70℃ 이상의 제4류 위험물만을 저장하는 것은 제외)
옥외탱크 저장소	액표면적이 40m² 이상인 것(제6류 위험물을 저장하는 것 및 고인화점위험물만을 100℃ 미만의 온도에서 저장하는 것은 제외)
	지반면으로부터 탱크 옆판의 상단까지 높이가 6m 이상인 것(제6류 위험물을 저장하는 것 및 고인화점위험물만을 100℃ 미만의 온도에서 저장하는 것은 제외)
	지중탱크 또는 해상탱크로서 지정수량의 100배 이상인 것(제6류 위험물을 저장하는 것 및 고인화점위험물만을 100℃ 미만의 온도에서 저장하는 것은 제외)
	고체위험물을 저장하는 것으로서 지정수량의 100배 이상인 것
옥내탱크 저장소	액표면적이 40m² 이상인 것(제6류 위험물을 저장하는 것 및 고인화점위험물만을 100℃ 미만의 온도에서 저장하는 것은 제외)
	바닥면으로부터 탱크 옆판의 상단까지 높이가 6m 이상인 것(제6류 위험물을 저장하는 것 및 고인화점위험물만을 100℃ 미만의 온도에서 저장하는 것은 제외)
	탱크전용실이 단층건물 외의 건축물에 있는 것으로서 인화점 38℃ 이상 70℃ 미만의 위험물을 지정수량의 5배 이상 저장하는 것(내화구조로 개구부없이 구획된 것은 제외한다)
옥외 저장소	덩어리 상태의 황을 저장하는 것으로서 경계표시 내부의 면적(2 이상의 경계표시가 있는 경우에는 각 경계표시의 내부의 면적을 합한 면적)이 100m² 이상인 것
	제2류 위험물 중 또는 제4류 위험물 중 제1석유류 또는 알코올류의 위험물을 저장하는 것으로 지정수량의 100배 이상인 것
암반탱크 저장소	액표면적이 40m² 이상인 것(제6류 위험물을 저장하는 것 및 고인화점위험물만을 100℃ 미만의 온도에서 저장하는 것은 제외)
	고체위험물만을 저장하는 것으로서 지정수량의 100배 이상인 것
이송 취급소	모든 대상

11 과망가니즈산칼륨의 일반적인 성상에 관한 설명으로 틀린 것은?

① 단맛이 나는 무색의 결정성 분말이다.
② 산화제이고 황산과 접촉하면 격렬하게 반응한다.
③ 비중은 약 2.7이다.
④ 살균제, 소독제로 사용된다.

해설
① 흑자색 또는 적자색의 결정이다.

정답 10 ② 11 ①

12 제조소 등에서의 위험물 저장의 기준에 관한 설명 중 틀린 것은?

① 제3류 위험물 중 황린과 금수성물질은 동일한 저장소에서 저장하여도 된다.
② 옥내저장소에서 재해가 현저하게 증대할 우려가 있는 위험물을 다량 저장하는 경우에는 지정수량의 10배 이하마다 구분하여 상호 간 0.3m 이상의 간격을 두어 저장하여야 한다.
③ 옥내저장소에서는 용기에 수납하여 저장하는 위험물의 온도가 55℃를 넘지 아니하도록 필요한 조치를 강구하여야 한다.
④ 컨테이너식 이동탱크저장소 외의 이동탱크저장소에 있어서는 위험물을 저장한 상태로 이동저장탱크를 옮겨 싣지 아니하여야 한다.

해설
① 제3류 위험물 중 황린과 금수성물질은 각각 다른 저장소에 저장을 한다.

13 다음 물질과 제6류 위험물인 과산화수소와 혼합되었을 때 결과가 다른 하나는?

① 인산나트륨   ② 이산화망간
③ 요소   ④ 인산

해설
㉠ 분해방지안정제 : 인산나트륨, 인산, 요산, 요소, 글리세린 등
㉡ 분해속도증가제 : MnO_2, HF, HBr, KI, Fe_3^+, OH^- 등

14 273℃에서 기체의 부피가 4L이다. 같은 압력에서 25℃일 때의 부피는 약 몇 L인가?

① 0.5   ② 2.2
③ 3   ④ 4

해설
샤를의 법칙
$$\frac{V}{T} = \frac{V'}{T'}, \frac{4}{273+273} = \frac{V'}{25+273}$$
$$\therefore V' = \frac{4 \times (25+273)}{(273+273)} = 2.2L$$

15 나머지 셋과 지정수량이 다른 하나는?

① 칼슘   ② 알킬알루미늄
③ 칼륨   ④ 나트륨

해설
① 50kg, ② 10kg, ③ 10kg, ④ 10kg

16 다음 중 가연성이면서 폭발성이 있는 물질은?

① 과산화수소   ② 과산화벤조일
③ 염소산나트륨   ④ 과염소산칼륨

해설
① 산화성액체
② 가연성이면서 폭발성이 있는 물질
③ 산화성고체
④ 산화성고체

17 위험물안전관리법령상 이산화탄소소화기가 적응성이 없는 위험물은?

① 인화성고체   ② 톨루엔
③ 초산메틸   ④ 브로민산칼륨

해설
7번 해설 참조

18 황린과 적린에 대한 설명 중 틀린 것은?

① 적린은 황린에 비하여 안정하다.
② 비중은 황린이 크며, 녹는점은 적린이 낮다.
③ 적린과 황린은 모두 물에 녹지 않는다.
④ 연소할 때 황린과 적린은 모두 흰 연기를 발생한다.

해설

항목 \ 구분	황린	적린
비 중	1.82	2.2
녹는점	44.1℃	596℃

19 제3류 위험물의 종류에 따라 위험물을 수납한 용기에 부착하는 주의사항의 내용에 해당하지 않는 것은?

① 충격주의 ② 화기엄금
③ 공기접촉엄금 ④ 물기엄금

해설
위험물운반용기의 주의사항

위험물		주의사항
제1류 위험물	알칼리금속의 과산화물	• 화기·충격주의 • 물기엄금 • 가연물접촉주의
	기 타	• 화기·충격주의 • 가연물접촉주의
제2류 위험물	철분·금속분·마그네슘	• 화기주의 • 물기엄금
	인화성고체	화기엄금
	기 타	화기주의
제3류 위험물	자연발화성 물질	• 화기엄금 • 공기접촉엄금
	금수성물질	물기엄금
제4류 위험물		화기엄금
제5류 위험물		• 화기엄금 • 충격주의
제6류 위험물		가연물접촉주의

20 TNT가 분해될 때 발생하는 주요가스에 해당하지 않는 것은?

① 질소 ② 수소
③ 암모니아 ④ 일산화탄소

해설
트라이나이트로톨루엔을 분해하면 다량의 기체를 발생한다. 불완전연소 시는 유동성의 질소산화물과 CO를 발생한다.
$2C_6H_5CH(NO_2)_3 \longrightarrow 12CO + 2C + 3N_2 + 5H_2$

21 다음 중 서로 혼합하였을 경우 위험성이 가장 낮은 것은?

① 알루미늄분과 황화인
② 과산화나트륨과 마그네슘분
③ 염소산나트륨과 황
④ 나이트로셀룰로오스와 에탄올

해설
나이트로셀룰로오스와 물(20%), 에탄올(30%)은 혼합하였을 경우 위험성이 감소한다.

22 Al이 속하는 금속은 무슨 족 계열인가?

① 철족
② 알칼리금속족
③ 붕소족
④ 알칼리토금속족

해설
붕소족 원소(3B) : B, Al, Ga, In, Tl

23 오황화인의 성질에 대한 설명으로 옳은 것은?

① 청색의 결정으로 특이한 냄새가 있다.
② 알코올에는 잘 녹고 이황화탄소에는 잘 녹지 않는다.
③ 수분을 흡수하면 분해한다.
④ 비점은 약 325℃이다.

해설
① 담황색의 결정성 덩어리로 특이한 냄새를 가진다.
② 물, 알코올, 이황화탄소에 녹는다.
④ 비점은 514℃이다.

24 아세톤을 저장하는 옥외저장탱크 중 압력탱크 외의 탱크에 설치하는 대기밸브부착 통기관은 몇 kPa 이하의 압력 차이로 작동할 수 있어야 하는가?

① 5 ② 10
③ 15 ④ 20

해설
옥외저장탱크 중 압력탱크 외의 탱크에 있어서 밸브 없는 통기관 5kPa 이하의 압력차이로 작동할 수 있다.

정답 19 ①　20 ③　21 ④　22 ③　23 ③　24 ①

25 위험물제조소에 옥내소화전 6개와 옥외소화전 1개를 설치하는 경우 각각에 필요한 최소수원의 수량을 합한 값은? (단, 위험물제조소는 단층건축물이다)

① $7.8m^3$ ② $13.5m^3$
③ $21.3m^3$ ④ $52.5m^3$

해설
㉠ 옥내소화전 : $Q(m^3)$ = N(5개 이상인 경우 5개) × $7.8m^3$
㉡ 옥외소화전 : $Q(m^3)$ = N(4개 이상인 경우 4개) × $13.5m^3$
∴ 수원의 수량 = (5 × $7.8m^3$) + (1 × $13.5m^3$) = $52.5m^3$

26 시료를 가스화시켜 분리관 속에 운반기체(Carrier Gas)와 같이 주입하고 분리관(칼럼) 내에서 체류하는 시간의 차이에 따라 정성, 정량하는 기기분석은?

① FT-IR ② GC
③ UV-vis ④ XRD

해설
① FT-IR(Frustrated Total Internal Reflection) : 광학계에 분산형의 분광기 대신에 두 개의 광속간섭계를 이용하여 얻어지는 간섭줄무늬를 fourier 변환하고 적외선 흡수 스펙트럼을 얻는 방법으로 고속 Fourier 변환이 마이크로컴퓨터에 의해 용이하게 처리할 수 있게 됨으로서 가능하게 된 기술이다.
② GC(Gas Chromatography) : 시료를 가스화시켜 분리관 속에 운반기체(Carrier gas)와 같이 주입하고 분리관(칼럼) 내에서 체류하는 시간의 차이에 따라 정성·정량하는 기기분석이다.
③ UV-Vis(Ultraviolet-Visible Spectroscopy) : 자외선-가시광선 분광광도계하며, 분자마다 빛을 최대로 흡수하는 파장이 다르다는 것이 기본 개념이며 넓은 범위의 파장의 빛을 투과시키면서 흡광도를 측정하여 흡광도가 특히 높은 파장을 찾아 물질의 정성적인 분석을 한다.
④ XRD(X-Ray Diffraction) : X선 회절은 물질의 내부 미세구조를 밝히는 데 매우 유용한 수단이다.

27 위험물안전관리법령상 지정수량이 100kg이 아닌 것은?

① 적린 ② 철분
③ 황 ④ 황화인

해설
㉠ 100kg : ①, ③, ④
㉡ 500kg : ②

28 과산화마그네슘에 대한 설명으로 옳은 것은?

① 갈색 분말로 시판품은 함량이 80~90% 정도이다.
② 물에 잘 녹지 않는다.
③ 산에 녹아 산소를 발생한다.
④ 소화방법은 냉각소화가 효과적이다.

해설
① 무취, 백색의 분말이다.
③ 산과 접촉하여 과산화수소를 발생한다.
 $MgO_2 + 2HCl \longrightarrow MgCl_2 + H_2O_2$
④ 초기 소화에는 분말소화기가 유효하며 소량인 경우에는 다량의 물을 주수한다.

29 산화성고체위험물의 일반적인 성질로 옳은 것은?

① 불연성이며 다른 물질을 산화시킬 수 있는 산소를 많이 함유하고 있으며 강한 환원제이다.
② 가연성이며 다른 물질을 연소시킬 수 있는 염소를 함유하고 있으며 강한 산화제이다.
③ 불연성이며 다른 물질을 산화시킬 수 있는 산소를 많이 함유하고 있으며 강한 산화제이다.
④ 불연성이며 다른 물질을 연소시킬 수 있는 수소를 많이 함유하고 있으며 환원성 물질이다.

해설
산화성고체라 함은 액체 또는 기체 이외의 것으로서 산화성 또는 충격에 민감성을 가진 것을 말한다.

30 나이트로셀룰로오스에 대한 설명으로 옳지 않은 것은?

① 셀룰로오스를 진한황산과 질산으로 반응시켜 만들 수 있다.
② 품명이 나이트로화합물이다.
③ 질화도가 낮은 것보다 높은 것이 더 위험하다.
④ 수분을 함유하면 위험성이 감소된다.

해설
② 품명은 질산에스테르류이다.

정답 25 ④ 26 ② 27 ② 28 ② 29 ③ 30 ②

31 위험물의 취급 중 제조에 관한 기준으로 다음 사항을 유의하여야 하는 공정은?

> 위험물을 취급하는 설비의 내부압력의 변동 등에 의하여 액체 또는 증기가 새지 아니하도록 하여야 한다.

① 증류공정　　② 추출공정
③ 건조공정　　④ 분쇄공정

해설
② 추출공정 : 추출관의 내부압력이 이상 상승하지 않도록 해야 한다.
③ 건조공정 : 위험물의 온도가 국부적으로 상승하지 않는 방법으로 가열 또는 건조시켜야 한다.
④ 분쇄공정 : 위험물의 분말이 현저하게 부유하고 있거나 기계·기구 등에 위험물이 부착되어 있는 상태로 그 기계·기구는 사용해서는 안 된다.

32 제3류 위험물에 대한 설명으로 옳지 않은 것은?

① 탄화알루미늄은 물과 반응하여 에탄가스를 발생한다.
② 칼륨은 물과 반응하여 발열반응을 일으키며 수소가스를 발생한다.
③ 황린이 공기 중에서 자연발화하여 오산화린이 발생된다.
④ 탄화칼슘이 물과 반응하여 발생하는 가스의 연소범위는 2.5~81%이다.

해설
① 상온에서 물과 반응하여 발열하고 가연성, 폭발성의 메탄가스를 발생하고 발열한다.
$Al_4C_3 + 12H_2O \longrightarrow 4Al(OH)_3 + 3CH_4$

33 다음 금속원소 중 비점이 가장 높은 것은?

① 리튬　　② 나트륨
③ 칼륨　　④ 루비듐

해설
① 1,350℃, ② 882.9℃, ③ 774℃, ④ 688℃

34 위험물안전관리법상 제조소 등에 대한 과징금처분에 관한 설명으로 옳은 것은?

① 제조소 등의 관계인이 허가취소에 해당하는 위법행위를 한 경우 허가취소가 이용자에게 심한 불편을 주거나 공익을 해칠 우려가 있는 경우 허가취소처분에 갈음하여 2억원 이하의 과징금을 부과할 수 있다.
② 제조소 등의 관계인이 사용정지에 해당하는 위법행위를 한 경우 사용정지가 이용자에게 심한 불편을 주거나 공익을 해칠 우려가 있는 경우 사용정지처분에 갈음하여 2억원 이하의 과징금을 부과할 수 있다.
③ 제조소 등의 관계인이 허가취소에 해당하는 위법행위를 한 경우 허가취소가 이용자에게 심한 불편을 주거나 공익을 해칠 우려가 있는 경우 허가취소처분에 갈음하여 5억원 이하의 과징금을 부과할 수 있다.
④ 제조소 등의 관계인이 사용정지에 해당하는 위법행위를 한 경우 사용정지가 이용자에게 심한 불편을 주거나 공익을 해칠 우려가 있는 경우 사용정지처분에 갈음하여 5억원 이하의 과징금을 부과할 수 있다.

해설
시·도지사 : 사용정지에 해당하는 위법행위한 경우 사용정지처분에 갈음하여 2억 이하의 과징금 부과할 수 있다.

35 0.4N HCl 500mL에 물을 가해 1L로 하였을 때 pH는 약 얼마인가?

① 0.7　　② 1.2
③ 1.8　　④ 2.1

해설
$NV = N^1V^1$
$0.4N \times 0.5L = x \times 1L$
$x = 0.2N$

정답 31 ① 32 ① 33 ① 34 ② 35 ①

36 위험성 평가기법을 정량적 평가기법과 정성적 평가기법으로 구분할 때 다음 중 그 성격이 다른 하나는?

① HAZOP ② FTA
③ ETA   ④ CCA

해설

(1) 위험성 평가
  ㉠ 독성·가연성 물질 화학공장의 사고를 줄이기 위해 공장의 잠재위험성을 찾는 효과적인 방법
  ㉡ 대상물에 대한 위험요소를 발견하고 예상위험의 크기를 정량화하며 사고의 결과를 사전에 예측하는 과정

(2) (화학공장에서의) 위험성 평가방법

정량적 방법 (HAZAN)	위험요소를 확률적으로 분석·평가 하는 방법	• 결함수분석(FTA) • 사건수분석(ETA) • 원인결과분석(CCA)
정성적 방법 (HAZID)	어떤 위험요소가 존재하는지 찾아내는 방법	• 사고 예상 질문 분석법(What-If) • 체크리스트법 (Process/System Check-List) • 이상위험도 분석법(FMECA) • 작업자 실수 분석법 (Human Error Analysis) • 위험과 운전성 분석법(HAZOP) • 안전성 검토법(Safety Review) • 예비위험 분석법(PHA) • 상대위험순위 판정법 (Relative Ranking)

37 이동탱크저장소에 의하여 위험물 장거리운송 시 다음 중 위험물운송자를 2명 이상의 운전자로 하여야 하는 경우는?

① 운송책임자를 동승시킨 경우
② 운송위험물이 휘발유인 경우
③ 운송위험물이 질산인 경우
④ 운송 중 2시간이내 마다 20분 이상씩 휴식하는 경우

해설

위험물운송자는 장거리(고속국도 340km 이상, 그 밖에 도로 200km 이상)에 걸치는 운송을 할때는 2명 이상의 운전자로 한다. 다음의 어느 하나에 해당하는 경우에는 그러하지 아니하다.
㉠ 운송책임자를 동승시킨 경우
㉡ 운송하는 위험물이 제2류 위험물, 제3류 위험물(칼슘 또는 알루미늄의 탄화물과 이것만을 함유한 것) 또는 제4류 위험물(특수인화물 제외)인 경우
㉢ 운송도중 2시간 이내마다 20분 이상씩 휴식하는 경우

38 특정옥외저장탱크 구조기준 중 펠릿용접의 사이즈 [S(mm)]를 구하는 식으로 옳은 것은?[단, t_1 : 얇은 쪽 강판의 두께(mm), t_2 : 두꺼운 쪽 강판의 두께(mm)이며 $S \geq 4.5$이다]

① $t_1 \geq S \geq t_2$
② $t_1 \geq S \geq \sqrt{2t_2}$
③ $\sqrt{2t_1} \geq S \geq t_2$
④ $t_1 \geq S \geq 2t_2$

해설

㉠ 특정옥외탱크저장소 : 옥외탱크저장소 중 그 저장 또는 취급하는 액체위험물의 최대수량의 100만L 이상의 것
㉡ 펠릿용접의 사이즈(부등사이즈가 되는 경우에는 작은 쪽의 사이즈를 말한다)
$t_1 \geq S \geq \sqrt{2t_2}$ (단, $S \geq 4.5$)
[t_1 : 얇은 쪽 강판의 두께(mm), t_2 : 두꺼운 쪽 강판의 두께(mm), S : 사이즈(mm)]

39 내용적이 20,000L인 지하저장탱크(소화약제 방출구를 탱크 안의 윗부분에 설치하지 않은 것)를 구입하여 설치하는 경우 최대 몇 L까지 저장취급허가를 신청할 수 있는가?

① 18,000   ② 19,000
③ 19,800   ④ 20,000

해설

탱크의 공간용적은 탱크내용적의 100분의 5 이상 100분의 10 이하로 한다. 내용적 20,000L×0.95=19,000L

40 한 변의 길이는 10m, 다른 한 변의 길이는 50m인 옥내저장소에 자동화재탐지설비를 설치하는 경우 경계구역은 원칙적으로 최소한 몇 개로 하여야 하는가? (단, 차동식스포트형감지기를 설치한다)

① 1   ② 2
③ 3   ④ 4

해설

자동화재탐지설비 경계구역 : 하나의 경계구역의 면적을 600m² 이하로 하고 한 변의 길이는 50m 이하로 한다. 즉, 10×50m=500m²이므로 600m² 이하이다.

정답 36 ① 37 ③ 38 ② 39 ② 40 ①

41 다음 중 위험물안전관리법령에서 규정하는 이중벽탱크의 종류가 아닌 것은?

① 강제강화플라스틱제 이중벽탱크
② 강화플라스틱제 이중벽탱크
③ 강제이중벽탱크
④ 강화강판이중벽탱크

해설
이중벽탱크의 종류
㉠ 강제강화플라스틱제 이중벽탱크
㉡ 강화플라스틱제 이중벽탱크
㉢ 강제이중벽탱크

42 위험물안전관리자에 대한 설명으로 틀린 것은?

① 암반탱크저장소에는 위험물안전관리자를 선임하여야 한다.
② 위험물안전관리자가 일시적으로 직무를 수행할 수 없는 경우 대리자를 지정하여 그 직무를 대행하게 하여야 한다.
③ 위험물안전관리자와 위험물운송자로 종사하는 자는 신규 종사 후 2년마다 1회 실무교육을 받아야 한다.
④ 다수의 제조소 등을 동일인이 설치한 경우에는 일정한 요건에 따라 1인의 안전관리자를 중복하여 선임할 수 있다.

해설
안전교육의 과정·기간과 그 밖의 교육의 실시에 관한 사항 등

교육과정	교육대상자	교육시간	교육시기	교육기관
강습교육	안전 관리자가 되고자 하는 자	24시간	신규 종사 전	안전원
	위험물운송자가 되고자 하는 자	16시간		
실무교육	안전관리자	8시간 이내	신규 종사 후 2년마다 1회	안전원
	위험물운송자		신규 종사 후 3년마다 1회	
	탱크시험자의 기술인력		신규 종사 후 2년마다 1회	기술원

43 위험물안전관리법령상 품명이 나머지 셋과 다른 하나는? (단, 수용성과 비수용성은 고려하지 않는다)

① C_6H_5Cl ② $C_6H_5NO_2$
③ $C_2H_4(OH)_2$ ④ $C_3H_5(OH)_3$

해설
제4류 위험물의 품명과 지정수량

유별	성질	품명		지정수량	위험등급
제4류	인화성 고체	1. 특수인화물류		50L	I
		2. 제1석유류	비수용성액체	200L	II
			수용성액체	400L	
		3. 알코올류		400L	
		4. 제2석유류	비수용성액체 (C_6H_5Cl)	1,000L	III
			수용성액체	2,000L	
		5. 제3석유류	비수용성액체 ($C_6H_5NO_2$)	2,000L	
			수용성액체 [$C_3H_5(OH)_3$]	4,000L	
		6. 제4석유류		6,000L	
		7. 동·식물 유류		10,000L	

44 위험물안전관리법령상 기계에 의하여 하역하는 구조로 된 운반용기 외부에 표시하여야 하는 사항이 아닌 것은? [단, 원칙적인 경우에 한하며, 국제해상위험물규칙(IMDG Code)을 표시한 경우는 제외한다]

① 겹쳐쌓기 시험하중 ② 위험물의 화학명
③ 위험물의 위험등급 ④ 위험물의 인화점

해설
기계에 의하여 하역하는 구조로 된 운반용기 외부에 행하는 표시는 ①의 ㉠, ㉡의 규정에 의하는 외에 ②, ③, ④의 사항을 포함하여야 한다. 다만, 국제해상위험물규칙(IMDG Code)에 정한 기준에 적합한 표시를 한 경우에는 그러하지 아니하다.
① 운반용기의 외부 표시사항
  ㉠ 위험물의 품명·위험등급·화학명 및 수용성("수용성" 표시는 제4류 위험물로서 수용성인 것에 한한다)
  ㉡ 수납하는 위험물에 따른 규정에 의한 주의사항
② 운반용기의 제조년월 및 제조자의 명칭
③ 겹쳐쌓기 시험하중
④ 운반용기의 종류에 따라 다음의 규정에 의한 중량
  ㉠ 플렉시블 외의 운반용기 : 최대총중량(최대수용중량의 위험물을 수납하였을 경우의 운반용기의 전중량을 말한다)
  ㉡ 플렉시블 운반용기 : 최대수용중량

정답 41 ④ 42 ③ 43 ① 44 ④

45 삼산화크로뮴(chromium trioxide)을 융점 이상으로 가열(250℃)하였을 때 분해생성물은?

① CrO_2와 O_2
② Cr_2O_3와 O_2
③ Cr과 O_2
④ Cr_2O_5와 O_2

해 설
삼산화크로뮴(무수크로뮴산) CrO_3을 융점 이상으로 가열하면 200~250℃에서 분해하여 산소를 방출하고 녹색의 삼산화이크로뮴으로 변한다.
$4CrO_3 \longrightarrow 2Cr_2O_3 + 3O_2$
삼산화크로뮴   삼산화이크로뮴

46 과산화수소수용액은 보관 중 서서히 분해할 수 있으므로 안정제를 첨가하는데 그 안정제로 가장 적합한 것은?

① H_3PO_4
② MnO_2
③ C_2H_5OH
④ Cu

해 설
과산화수소는 농도가 클수록 위험성이 높아지므로 분해방지안정제(인산나트륨, 인산, 요산, 요소, 글리세린 등)를 넣어 산소분해를 억제시킨다.

47 주유취급소에 설치해야 하는 "주유 중 엔진정지" 게시판의 색상을 옳게 나타낸 것은?

① 적색 바탕에 백색 문자
② 청색 바탕에 백색 문자
③ 백색 바탕에 흑색 문자
④ 황색 바탕에 흑색 문자

해 설
주유 중 엔진정지 게시판 색상
황색 바탕에 흑색 문자

48 클로로벤젠 150,000L는 몇 소요단위에 해당하는가?

① 7.5단위
② 10단위
③ 15단위
④ 30단위

해 설
소요단위 $= \dfrac{저장량}{지정수량 \times 10} = \dfrac{150,000}{1,000 \times 10} = $ 15단위

49 다음의 성질을 모두 갖추고 있는 물질은?

> 액체, 자연발화성, 금수성

① 트라이에틸알루미늄
② 아세톤
③ 황린
④ 마그네슘

해 설
트라이에틸알루미늄의 설명이다.

50 다음 위험물 중 지정수량이 나머지 셋과 다른 것은?

① 아이오딘산염류
② 무기과산화물
③ 알칼리토금속
④ 염소산염류

해 설
① 300kg, ② 50kg, ③ 50kg, ④ 50kg

51 위험물제조소로부터 30m 이상의 안전거리를 유지하여야 하는 건축물 또는 공작물은?

① 문화재보호법에 따른 지정문화재
② 고압가스안전관리법에 따라 신고하여야 하는 고압가스저장시설
③ 주거용 건축물
④ 고등교육법에서 정하는 학교

해 설
① 50m 이상, ② 20m 이상, ③ 10m 이상, ④ 30m 이상

정답 45 ② 46 ① 47 ④ 48 ③ 49 ① 50 ① 51 ④

52 다음 중 과염소산의 화학적 성질에 관한 설명으로 잘못된 것은?

① 물에 잘 녹으며 수용액 상태는 비교적 안정하다.
② Fe, Cu, Zn과 격렬하게 반응하고 산화물을 만든다.
③ 알코올류와 접촉 시 폭발 위험이 있다.
④ 가열하면 분해하여 유독성의 HCl이 발생한다.

해설
① 물과 반응하면 소리를 내며 심하게 발열한다.

53 다음에서 설명하는 위험물의 지정수량으로 예상할 수 있는 것은?

- 옥외저장소에서 저장·취급할 수 있다.
- 운반용기에 수납하여 운반할 경우 내용적의 98% 이하로 수납하여야 한다.
- 위험등급 I에 해당하는 위험물이다.

① 10kg ② 300kg
③ 400L ④ 4,000L

해설
(1) 운반용기의 수납률

위험물	수납률
알킬알루미늄 등	90% 이하 (50℃에서 5% 이상 공간 용적 유지)
고체위험물	95% 이하
액체위험물	98% 이하 (55℃에서 누설되지 않을 것)

(2) 제6류 위험물의 품명과 지정수량

유별	성질	품명	지정수량	위험등급
제6류	산화성 고체	1. 과염소산	300kg	I
		2. 과산화수소	300kg	
		3. 질산	300kg	
		4. 그 밖의 행정안전부령이 정하는 것 할로겐간 화합물 (BrF$_3$, BrF$_5$, IF$_5$ 등)	300kg	
		5. 제1호 내지 제4호의1에 해당하는 어느 하나 이상을 함유한 것	300kg	

54 탱크안전성능검사의 내용을 구분하는 것으로 틀린 것은?

① 기초·지반검사
② 충수·수압검사
③ 용접부검사
④ 배관검사

해설
탱크안전 성능검사 내용 구분
㉠ 기초·지반검사
㉡ 충수·수압검사
㉢ 용접부검사
㉣ 암반탱크 검사

55 검사의 분류방법 중 검사가 행해지는 공정에 의한 분류에 속하는 것은?

① 관리샘플링검사
② 로트별샘플링검사
③ 전수검사
④ 출하검사

해설
(1) **출하검사** : 검사가 행해지는 공정에 의한 분류
(2) **검사 대상의 판정에 의한 샘플링**
  ① 관리샘플링검사
  ② 로트별샘플링검사
  ③ 전수검사
  ④ 자주검사
  ⑤ 무검사

56 다음 중 브레인스토밍(Brainstorming)과 가장 관계가 깊은 것은?

① 파레토도 ② 히스토그램
③ 회귀분석 ④ 특성요인도

해설
④ **특성요인도** : 특성과 요인관계를 도표로 하여 어골상으로 세분화한 것으로 재해의 통계적 원인분석 중 결과에 대한 원인요소 및 상호의 관계를 인간관계로 결부하여 나타내는 작업으로 브레인스토밍과 관계가 깊다.

정답 52 ① 53 ② 54 ④ 55 ④ 56 ④

57 단계여유(Slack)의 표시로 옳은 것은? (단, TE는 가장 이른 예정일, TL은 가장 늦은 예정일, TF는 총 여유 시간, FF는 자유여유시간이다)

① $TE-TL$ ② $TL-TE$
③ $FF-TF$ ④ $TE-TF$

해설

단계여유(Slack) : $S = TL - TE$
㉠ $S = 0$: 자원의 최적배분
㉡ $S > 0$: 자원의 과잉
㉢ $S < 0$: 자원의 부족

58 c 관리도에서 $k = 20$인 군의 총 부적합수 합계는 58이었다. 이 관리도의 UCL, LCL을 계산하면 약 얼마인가?

① UCL = 2.90, LCL = 고려하지 않음
② UCL = 5.90, LCL = 고려하지 않음
③ UCL = 6.92, LCL = 고려하지 않음
④ UCL = 8.01, LCL = 고려하지 않음

해설

총 부적합 수 $\bar{c} = \dfrac{\sum C}{K} = \dfrac{58}{20} = 2.9$

$\bar{c} \pm 3\sqrt{\bar{c}} = 2.9 \pm 3\sqrt{2.9} = 8.01$

∴ UCL = 8.01, LCL = 고려하지 않는다.

59 테일러(F.W. Taylor)에 의해 처음 도입된 방법으로 작업시간을 직접 관측하여 표준시간을 설정하는 표준시간 설정기법은?

① PTS법   ② 실적자료법
③ 표준자료법   ④ 스톱워치법

해설

작업시간 측정방법

직접 측정	시간연구법	Stop-Watch
		전자식 자료집적기
		동작사진 촬영기
	WS(Work Sampling)	
간접 측정	실적기록법	
	표준자료법	
	PTS (Predetermined Time Standard)	MTM
		WF

60 공정 중에 발생하는 모든 작업, 검사, 운반, 저장, 정체 등이 도식화된 것이며, 또한 분석에 필요하다고 생각되는 소요시간, 운반거리 등의 정보가 기재된 것은?

① 작업분석(Operation Analysis)
② 다중활동분석표(Multiple Activity Chart)
③ 사무공정분석(Form Process Chart)
④ 유통공정도(Flow Process Chart)

해설

① 작업분석 : 작업을 가장 합리적인 형식으로 안정시키기 위해 행하는 것
② 다중활동분석표 : 복수 Man-Machine이 관여되어 작업이 이루어지는 부문의 주체별 작업내용, 상호 관련성을 분석하여 작업시간의 비동기성을 제거하는 것
③ 사무공정분석 : 각종 사무의 흐름을 분석하며 애로나 결함을 시정하는 것

제74회 위험물기능장

시행일 : 2023년 6월 24일

01 다음 중 1차 이온화에너지가 가장 큰 것은?

① Ne   ② Na
③ K   ④ Be

해설

이온화에너지 : 중성인 원자로부터 전자 1개를 떼어 양이온으로 만드는 데 필요한 최소한의 에너지이며 이온화에너지가 가장 큰 것은 0족 원소인 불활성 원소이다. 즉 이온이 되기 어렵다.

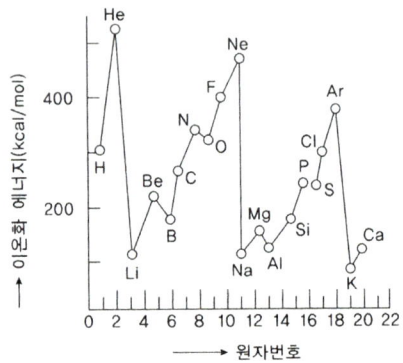

02 사용전압이 35,000V인 특고압 가공전선과 위험물 제조소와의 안전거리기준으로 옳은 것은?

① 3m 이상   ② 5m 이상
③ 10m 이상   ④ 15m 이상

해설

안전거리
㉠ 사용전압이 7,000V 초과, 35,000V 이하의 특고압 가공전선 : 3m 이상
㉡ 사용전압이 35,000V를 초과하는 특고압 가공전선 : 5m 이상

03 오존파괴지수를 나타내는 것은?

① CFC   ② ODP
③ GWP   ④ HCFC

해설

① 염화불화탄소(CFC; Chloro Fluoro Carbon) : 염화불화탄소라 하며, 냉매·발포제·분사제·세정제 등으로 산업계에 폭넓게 사용되는 가스이며 일명 프레온가스라고 불린다. 화학명이 클로로플로르카본인 CFC는 인체에 독성이 없고 불연성을 가진 이상적인 화합물이어서 한때 꿈의 물질이라고까지 불렸으나 CFC는 태양의 자외선에 의해 염소원소로 분해되어 오존층을 뚫는 주범으로 밝혀져 몬트리올 의정서에서 사용을 규제하고 있다.
② 오존파괴지수(ODP; Ozone Depletion Potential) : 오존을 파괴시키는 물질의 능력을 나타내는 척도로, 대기 내 수명, 안정성, 반응, 그리고 염소와 브로민과 같이 오존을 공격할 수 있는 원소의 양과 반응성 등에 그 근거를 두고 있다. 모든 오존파괴지수는 CFC-11로 1로 기준을 삼는다.
③ 지구온난화지수(GWP; relative value of Global Warming Potential based on CFC-11) : 어떤 물질의 지구온난화에 기여하는 능력을 상대적으로 나타내는 지표로, 기준 물질 CFC-11의 GWP를 1로 하여 같은 무게의 어떤 물질을 지구온난화에 기여하는 양의 비로 나타낸 것을 말한다.
④ 수소염화불화탄소(HCFC; Hydro Chloro Fluro Carbon) : 수소염화불화탄소라 하며, 오존층 파괴물질인 프레온가스, 즉 CFC의 대체 물질의 하나이며 HCFC는 CFC와 HFC의 중간물질로 주로 가정용 에어컨 냉매로 사용 중이다. HCFC는 탄소에 수소가 결합되어 있어 대류권에서 분해되기 쉬우나 CFC의 10% 정도의 염소성분을 가지고 있어 약간의 오존층 파괴효과를 나타내고 있다. 따라서 장기적인 CFC의 대체물이 될 수는 없으며 몬트리올 의정서의 코펜하겐 수정안에서는 2030년까지 HCFC를 모두 폐기시키도록 규정하고 있다.

04 무색무취, 사방정계 결정으로 융점이 약 610℃이고 물에 녹기 어려운 위험물은?

① $NaClO_3$ ② $KClO_3$
③ $NaClO_4$ ④ $KClO_4$

해설

$KClO_4$의 설명이다.

정답 01 ① 02 ① 03 ② 04 ④

05 다음 중 삼황화인의 주 연소생성물은?

① 오산화인과 이산화황
② 오산화인과 이산화탄소
③ 이산화황과 포스핀
④ 이산화황과 포스겐

해설

$P_4S_3 + 8O_2 \longrightarrow 2P_2O_5 + 3SO_2$

06 다음 중 과염소산칼륨과 접촉하였을 때의 위험성이 가장 낮은 물질은?

① 황
② 알코올
③ 알루미늄
④ 물

해설

과염소산칼륨($KClO_4$)는 강산류, 알코올, 금속분, 황, 알루미늄, 마그네슘 및 가연성 유기물과 혼합·혼입 되지 않도록 한다.

07 0℃, 2기압에서 질산 2mol은 몇 g인가?

① 31.5
② 63
③ 126
④ 252

해설

질산(HNO_3) 1mol=63g이므로,
∴ 질산 2mol=63×2=126g

08 토출량이 5m³/min이고 토출구의 유속이 2m/s인 펌프의 구경은 몇 mm인가?

① 100
② 230
③ 115
④ 120

해설

$Q = AV = \dfrac{\pi D^2}{4} V (\text{m}^3/\text{s})$

$d = \sqrt{\dfrac{4Q}{\pi V}} = \sqrt{\dfrac{4 \times \left(\dfrac{5}{60}\right)}{\pi \times 2}} = 0.23\text{m} = 230\text{mm}$

09 위험물안전관리법 시행규칙에 의하여 일반취급소의 위치·구조 및 설비의 기준은 제조소의 위치·구조 및 설비의 기준을 준용하거나 위험물의 취급유형에 따라 따로 정한 특례기준을 적용할 수 있다. 이러한 특례의 대상이 되는 일반취급소 중 취급 위험물의 인화점 조건이 나머지 셋과 다른 하나는?

① 열처리작업 등의 일반취급소
② 절삭장치 등을 설치하는 일반취급소
③ 윤활유순환장치를 설치하는 일반취급소
④ 유압장치를 설치하는 일반취급소

해설

일반취급소 중 취급 위험물의 인화점 조건
① 열처리작업 등의 일반취급소 : 인화점이 70℃ 이상인 제4류 위험물에 한한다.
② 절삭장치 등을 설치하는 일반취급소 : 고인화점위험물만을 100℃ 미만의 온도로 취급하는 것에 한한다.
③ 윤활유순환장치를 설치하는 일반취급소 : 고인화점위험물만을 100℃ 미만의 온도로 취급하는 것에 한한다.
④ 유압장치를 설치하는 일반취급소 : 고인화점위험물만을 100℃ 미만의 온도로 취급하는 것에 한한다.

10 인화성액체위험물을 저장하는 옥외탱크저장소의 주위에 설치하는 방유제에 관한 내용으로 틀린 것은?

① 방유제의 높이는 0.5m 이상 3m 이하로 하고, 면적은 8만 m² 이하로 한다.
② 2기 이상의 탱크가 있는 경우 방유제의 용량은 그 탱크 중 용량이 최대인 것의 용량의 110% 이상으로 한다.
③ 용량이 1,000만 L 이상인 옥외저장탱크의 주위에는 탱크마다 간막이 둑을 흙 또는 철근콘크리트로 설치한다.
④ 간막이 둑을 설치하는 경우 간막이 둑의 용량은 간막이 둑 안에 설치된 탱크용량의 110% 이상이어야 한다.

해설

④ 간막이 둑을 설치하는 경우 간막이 둑의 용량은 간막이 둑 안에 설치된 탱크용량의 10% 이상일 것

정답 05 ① 06 ④ 07 ③ 08 ② 09 ① 10 ④

11 다음 중 착화온도가 가장 낮은 물질은?

① 메탄올　　② 아세트산
③ 벤젠　　　④ 테레핀유

해설
① 464℃　　② 463℃
③ 498℃　　④ 253℃

12 다음 중 물보다 가벼운 물질로만 이루어진 것은?

① 에테르, 이황화탄소
② 벤젠, 폼산
③ 클로로벤젠, 글리세린
④ 휘발유, 에탄올

해설
① 에테르 : 0.71, 이황화탄소 : 1.26
② 벤젠 : 0.879, 폼산 : 1.22
③ 클로로벤젠 : 1.11, 글리세린 : 1.26
④ 휘발유 : 0.65~0.8, 에탄올 : 0.79

13 다음 중 위험물안전관리법령에 근거하여 할로겐화물 소화약제를 구성하는 원소가 아닌 것은?

① Ar　　② Br
③ F　　　④ Cl

해설
할로겐화물소화약제를 구성하는 원소 : F, Cl, Br, I

14 다음 위험물의 화재 시 알코올포소화약제가 아닌 보통의 포소화약제를 사용하였을 때 가장 효과가 있는 것은?

① 아세트산　　② 메틸알코올
③ 메틸에틸케톤　　④ 경유

해설
㉠ 알코올포소화약제 : 수용성인 인화성액체
　예) 아세트산, 메틸알코올, 메틸에틸케톤
㉡ 보통의 포소화약제 : 불용성인 인화성액체
　예) 경유

15 다음 소화설비 중 제6류 위험물에 대해 적응성이 없는 것은?

① 포소화설비　　② 스프링클러설비
③ 물분무소화설비　　④ 불활성가스소화설비

해설

소화설비의 구분		대상물 구분								
		건축물·그 밖의 공작물	전기설비	제1류 위험물		제2류 위험물			제3류 위험물		제4류 위험물	제5류 위험물	제6류 위험물
				알칼리금속과산화물 등	그 밖의 것	철분·금속분·마그네슘 등	인화성고체	그 밖의 것	금수성물품	그 밖의 것			
옥내소화전 또는 옥외소화전설비		○			○		○	○		○		○	○
스프링클러설비		○			○		○	○		○	△	○	○
물분무등소화설비	물분무소화설비	○	○		○		○	○		○	○	○	○
	포소화설비	○			○		○	○		○	○	○	○
	불활성가스소화설비		○					○			○		
	할로겐화합물소화설비		○					○			○		
	분말소화설비	인산염류 등	○	○		○		○	○			○		○
		탄산수소염류 등		○	○		○	○		○		○		
		그 밖의 것			○		○			○				
대형·소형수동식소화기	봉상수(棒狀水)소화기	○			○		○	○		○		○	○
	무상수(霧狀水)소화기	○	○		○		○	○		○		○	○
	봉상강화액소화기	○			○		○	○		○		○	○
	무상강화액소화기	○	○		○		○	○		○	○	○	○
	포소화기	○			○		○	○		○	○	○	○
	이산화탄소소화기		○					○			○		△
	할론소화기		○					○			○		
	분말소화기	인산염류소화기	○	○		○		○	○			○		○
		탄산수소염류소화기		○	○		○	○		○		○		
		그 밖의 것			○		○			○				
기타	물통 또는 수조	○			○		○	○		○		○	○
	건조사			○	○	○	○	○	○	○	○	○	○
	팽창질석 또는 팽창진주암			○	○	○	○	○	○	○	○	○	○

16 물과 반응하여 가연성가스를 발생하지 않는 것은?

① Ca_3P_2　　② K_2O_2
③ Na　　　　④ CaC_2

해설
① $Ca_3P_2 + 6H_2O \longrightarrow 3Ca(OH)_2 + \underline{2PH_3}$
　　　　　　　　　　　　　　　　　가연성가스
② $2K_2O_2 + 2H_2O \longrightarrow 4KOH + \underline{O_2}$
　　　　　　　　　　　　　　　지연(조연)성가스
③ $2Na + 2H_2O \longrightarrow 2NaOH + \underline{H_2}$
　　　　　　　　　　　　　　　　가연성가스
④ $CaC_2 + 2H_2O \longrightarrow Ca(OH)_2 + \underline{C_2H_2}$
　　　　　　　　　　　　　　　　　　가연성가스

정답　11 ④　12 ④　13 ①　14 ④　15 ④　16 ②

17 다음 ( ) 안에 알맞은 숫자를 순서대로 나열한 것은?

> 주유취급소 중 건축물의 ( )층의 이상의 부분을 점포, 휴게음식점 또는 전시장의 용도로 사용하는 것에 있어서는 해당 건축물의 ( )층 이상으로부터 직접 주유취급소의 부지 밖으로 통하는 출입구와 해당 출입구로 통하는 통로, 계단 및 출입구에 유도등을 설치하여야 한다.

① 2, 1 ② 1, 1
③ 2, 2 ④ 1, 2

해설
주유취급소 중 피난설비 기준 : 건축물의 2층

18 위험물안전관리법령상 옥내저장소에서 위험물을 저장하는 경우에는 규정에 의한 높이를 초과하여 용기를 겹쳐 쌓지 아니하여야 한다. 다음 중 제한 높이가 가장 낮은 경우는?

① 제4류 위험물 중 제3석유류를 수납하는 용기만을 겹쳐 쌓는 경우
② 제6류 위험물을 수납하는 용기만을 겹쳐 쌓는 경우
③ 제4류 위험물 중 제4석유류를 수납하는 용기만을 겹쳐 쌓는 경우
④ 기계에 의하여 하역하는 구조로 된 용기만을 겹쳐 쌓는 경우

해설
옥내저장소에서 위험물 용기를 겹쳐 쌓을 수 있는 높이
㉠ 기계에 의하여 하역하는 구조로 된 용기만을 겹쳐쌓는 경우 : 6m
㉡ 제4류 위험물 중 제3석유류, 제4석유류 및 동·식물유류를 수납하는 용기만을 겹쳐 쌓는 경우 : 4m
㉢ 그 밖의 경우 : 3m

19 $Sr(NO_3)_2$의 지정수량은?

① 50kg ② 100kg
③ 300kg ④ 1,000kg

해설
질산스트론튬[$Sr(NO_3)_2$]은 제1류 위험물 중 질산염류이므로 지정수량은 300kg이다.

20 IF_5의 지정수량으로서 옳은 것은?

① 50kg ② 100kg
③ 300kg ④ 1,000kg

해설
제6류 위험물의 품명과 지정수량

유별	성질	품명	지정수량	위험등급
제6류	산화성 고체	1. 과염소산	300kg	I
		2. 과산화수소	300kg	
		3. 질산	300kg	
		4. 그 밖의 행정안전부령이 정하는 것 할로겐간 화합물 (BrF_3, BrF_5, IF_5 등)	300kg	
		5. 제1호 내지 제4호의1에 해당하는어느 하나 이상을 함유한 것	300kg	

21 과산화수소에 대한 설명 중 틀린 것은?

① 농도가 36.5wt%인 것은 위험물에 해당한다.
② 불연성이지만, 반응성이 크다.
③ 표백제, 살균제, 소독제 등에 사용된다.
④ 지연성가스인 암모니아를 봉입해 저장한다.

해설
④ 햇빛차단, 화기엄금, 충격금지, 환기가 잘되는 냉암소에 저장한다.

정답 17 ③ 18 ② 19 ③ 20 ③ 21 ④

22 고정지붕구조로 된 위험물 옥외저장탱크에 설치하는 포방출구가 아닌 것은?

① Ⅰ형　　② Ⅱ형
③ Ⅲ형　　④ 특형

해설
위험물 옥외저장탱크에 설치하는 포 방출구

방출구 형식	지붕구조	주입방식
Ⅰ형	고정지붕구조	상부포주입법
Ⅱ형	고정지붕구조 또는 부상덮개부착 고정지붕구조	상부포주입법
특형	부상지붕구조	상부포주입법
Ⅲ형	고정지붕구조	저부포주입법
Ⅳ형	고정지붕구조	저부포주입법

23 다음은 위험물안전관리법령에서 정한 용어의 정의이다. ( ) 안에 알맞은 것은?

> "산화성고체"라 함은 고체로서 산화력의 잠재적인 위험성 또는 충격에 대한 민감성을 판단하기 위하여 ( )이 정하여 고시하는 시험에서 고시로 정하는 성질과 상태를 나타내는 것을 말한다.

① 대통령　　② 소방청장
③ 중앙소방학교장　　④ 산업통상자원부장관

해설
산화성고체라 함은 불연성이며 다른 물질을 산화시킬 수 있는 산소를 많이 함유하고 있으며 강한 산화제이다.

24 50℃, 0.948atm에서 시클로프로판의 증기밀도는 약 몇 g/L인가?

① 0.5　　② 1.5
③ 2.0　　④ 2.5

해설
시클로프로판(C_3H_6)의 분자량은 42이다.

$$d = \frac{PM}{RT}(g/L)$$

$$= \frac{0.948 \times 42}{0.082 \times (273+50)} = \frac{39.816}{26.486} = 1.5 g/L$$

25 제4류 위험물을 수납하는 운반용기의 내장용기가 플라스틱용기인 경우 최대용적은 몇 L인가? (단, 외장용기에 위험물을 직접 수납하지 않고 별도의 외장용기가 있는 경우이다)

① 5　　② 10
③ 20　　④ 30

해설
운반용기의 최대용적(액체위험물)

운반용기			
내장용기		외장용기	
용기의 종류	최대용적 또는 중량	용기의 종류	최대용적 또는 중량
유리용기	5L	나무 또는 플라스틱상자 (불활성의 완충재를 채울 것)	75kg
	10L		125kg
			225kg
	5L	파이버판상자 (불활성의 완충재를 채울 것)	40kg
	10L		55kg
플라스틱 용기	10L	나무 또는 플라스틱상자 (필요에 따라 불활성의 완충재를 채울 것)	75kg
			125kg
			225kg
		파이버판상자 (필요에 따라 불활성의 완충재를 채울 것)	40kg
			55kg

수납위험물의 종류

외장용기		제3류			제4류			제5류		제6류
용기의 종류	최대용적 또는 중량	Ⅰ	Ⅱ	Ⅲ	Ⅰ	Ⅱ	Ⅲ	Ⅰ	Ⅱ	Ⅰ
유리용기	75kg	○	○	○	○	○	○	○	○	○
	125kg		○	○		○	○		○	
	225kg						○			
	40kg	○	○	○	○	○	○	○	○	○
	55kg						○			
플라스틱 용기	75kg	○	○	○	○	○	○	○	○	○
	125kg		○	○		○	○		○	
	225kg						○			
	40kg	○	○	○	○	○	○	○	○	○
	55kg						○			

정답 22 ④　23 ②　24 ②　25 ②

26 $NH_4H_2PO_4$ 57.5kg이 완전 열분해하여 메타인산, 암모니아와 수증기로 되었을 때 메타인산은 몇 kg이 생성되는가? (단, P의 원자량은 31)

① 36   ② 40
③ 80   ④ 115

해설

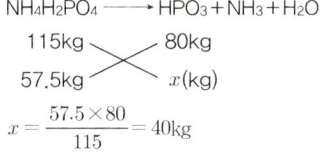

$$x = \frac{57.5 \times 80}{115} = 40 kg$$

27 주어진 탄소원자에 최대수의 수소가 결합되어 있는 것은?

① 포화탄화수소   ② 불포화탄화수소
③ 방향족탄화수소   ④ 지방족탄화수소

해설

포화탄화수소 : 탄소와 수소로만 구성되어 있는 화합물인 탄화수소 중에서 이중결합이나 삼중결합 등의 불포화 결합이 하나도 포함되어 있지 않은 것

28 위험물제조소 등에 전기설비가 설치된 경우에 해당 장소의 면적이 500m²이라면 몇 개 이상의 소형수동식소화기를 설치하여야 하는가?

① 1   ② 4
③ 5   ④ 10

해설

위험물제조소 등에 전기설비(전기배선, 조명기구 등을 제외)가 설치된 경우에는 해당 장소의 면적 100m²마다 소형수동식소화기를 1개 이상 설치한다.
∴ 500m² ÷ 100m² = 5개 이상

29 과산화벤조일을 가열하면 약 몇 ℃ 근방에서 흰 연기를 내며 분해하기 시작하는가?

① 50   ② 100
③ 200   ④ 400

해설

벤조일퍼옥사이드 : 과산화벤조일이라고도 하며, 가열하면 100℃ 전후에서 백연을 내면서 격렬하게 분해한다. 폭발의 위험성이 있으며 일단 착화되면 순간적으로 폭발하고 다량의 유독성 흑연(디페닐)을 내면서 연소한다.

30 운반 시 일광의 직사를 막기 위해 차광성이 있는 피복으로 덮어야 하는 위험물이 아닌 것은?

① 제1류 위험물 중 다이크로뮴산염류
② 제4류 위험물 중 제1석유류
③ 제5류 위험물 중 나이트로화합물
④ 제6류 위험물

해설

차광성이 있는 피복조치

유 별	적용대상
제1류 위험물	전부
제3류 위험물	자연발화성 물품
제4류 위험물	특수인화물
제5류 위험물	전부
제6류 위험물	

31 금속리튬이 고온에서 질소와 반응하였을 때 생성되는 질화리튬의 색상에 가장 가까운 것은?

① 회흑색   ② 적갈색
③ 청록색   ④ 은백색

해설

리튬(Li)은 활성이 대단히 커서 대부분의 다른 금속과 직접반응하며, 질소와는 25℃에서 서서히, 400℃에서는 빠르게 적갈색 결정의 질화물(Li_3N)을 만든다.
6Li + N₂ → 2Li₃N

정답 26 ②   27 ①   28 ③   29 ②   30 ②   31 ②

32 제조소 등의 건축물에서 옥내소화전이 가장 많이 설치된 층의 소화전의 수가 3개일 경우 확보해야 할 수원의 양은 몇 m³ 이상이어야 하는가?

① 7.8 ② 11.7
③ 15.6 ④ 23.4

해설
수원의 양
$Q(m^3) = N \times 7.8 m^3$
[N : 옥내소화전설비의 설치개수(설치개수가 5개 이상인 경우는 5개)]
∴ $Q = 3 \times 7.8 m^3 = 23.4 m^3$

33 방사구역의 표면적이 100m²인 곳에 물분무소화설비를 설치하고자 한다. 수원의 수량은 몇 L 이상이어야 하는가? (단, 분무헤드가 가장 많이 설치된 방사구역의 모든 분무헤드를 동시에 사용할 경우이다)

① 30,000 ② 40,000
③ 50,000 ④ 60,000

해설
수원의 수량
$Q(m^3) = 100 m^2 \times 20 L/m^2 \cdot 분 \times 30분 = 60,000 L$

34 다음 중 위험물의 유별 구분이 나머지 셋과 다른 하나는?

① 과아이오딘산 ② 염소화이소시아눌산
③ 질산구아니딘 ④ 퍼옥소붕산염류

해설
① 과아이오딘산 : 제1류 위험물
② 염소화이소시아눌산 : 제1류 위험물
④ 질산구아니딘 : 제5류 위험물
③ 퍼옥소붕산염류 : 제1류 위험물

35 KClO₃ 운반용기 외부에 표시하여야 할 주의사항으로 옳은 것은?

① 화기・충격주의 및 가연물접촉주의
② 화기・충격주의, 물기엄금 및 가연물접촉주의
③ 화기주의 및 물기엄금
④ 화기엄금 및 공기접촉엄금

해설
위험물운반용기의 주의사항

위험물		주의사항
제1류 위험물	알칼리금속의 과산화물	・화기・충격주의 ・물기엄금 ・가연물접촉주의
	기 타($KClO_3$)	・화기・충격주의 ・가연물접촉주의
제2류 위험물	철분・금속분・마그네슘	・화기주의 ・물기엄금
	인화성고체	화기엄금
	기 타	화기주의
제3류 위험물	자연발화성 물질	・화기엄금 ・공기접촉엄금
	금수성물질	물기엄금
제4류 위험물		화기엄금
제5류 위험물		・화기엄금 ・충격주의
제6류 위험물		가연물접촉주의

36 위험물의 운반에 관한 기준에서 정한 유별을 달리하는 위험물의 혼재기준에 따르면 1가지 다른 유별의 위험물과만 혼재가 가능한 위험물은? (단, 지정수량의 1/10을 초과하는 경우)

① 제2류 ② 제4류
③ 제5류 ④ 제6류

해설
유별을 달리하는 위험물의 혼재기준

위험물의 구분	제1류	제2류	제3류	제4류	제5류	제6류
제1류		×	×	×	×	○
제2류	×		×	○	○	×
제3류	×	×		○	×	×
제4류	×	○	○		○	×
제5류	×	○	×	○		×
제6류	○	×	×	×	×	

정답 32 ④ 33 ④ 34 ③ 35 ① 36 ④

37 다음 제4류 위험물 중 위험등급이 나머지 셋과 다른 하나는?

① 휘발유　　② 톨루엔
③ 에탄올　　④ 아세트산

해설
제4류 위험물의 위험등급 및 지정수량

유별	성질	품명		지정수량	위험등급
제4류	인화성 액체	1. 특수인화물류		50L	I
		2. 제1석유류	비수용성 (휘발유)	200L	II
			수용성액체	400L	
		3. 알코올류(에탄올)		400L	
		4. 제2석유류	비수용성액체	1,000L	III
			수용성액체 (아세트산)	2,000L	
		5. 제3석유류	비수용성액체	2,000L	
			수용성액체	4,000L	
		6. 제4석유류		6,000L	
		7. 동·식물유류		10,000L	

38 탄화알루미늄이 물과 반응하면 발생되는 가스는?

① 이산화탄소　　② 일산화탄소
③ 메탄　　　　　④ 아세틸렌

해설
$Al_4C_3 + 12H_2O \longrightarrow 4Al(OH)_3 + 3CH_4$

39 다음 중 분해온도가 가장 낮은 위험물은?

① KNO_3　　② BaO_2
③ $(NH_4)_2Cr_2O_7$　　④ NH_4ClO_3

해설
① 400℃　　② 840℃
③ 225℃　　④ 100℃

40 다음 중 혼성궤도함수의 종류가 다른 하나는?

① CH_4　　② BF_3
③ NH_3　　④ H_2O

해설
㉠ BF_3 : SP^2형
㉡ CH_4, NH_3, H_2O : sp^3형(NH_3, H_2O는 과거 p^3, p^2형으로 생각하였으나 최근에는 sp^3형으로 생각하는 경향이 있다)

41 바닥면적이 150m² 이상인 제조소에 설치하는 환기설비의 급기구는 얼마 이상의 크기로 하여야 하는가?

① 600cm²　　② 800cm²
③ 1,000cm²　　④ 1,500cm²

해설
환기설비 : 급기구는 해당 급기구가 설치된 실의 바닥면적 150m² 마다 1개 이상으로 하되, 급기구의 크기는 800cm² 이상으로 한다.

42 다음 중 아세틸퍼옥사이드와 혼재가 가능한 위험물은? (단, 지정수량 10배의 위험물인 경우이다)

① 질산칼륨
② 황
③ 트라이에틸알루미늄
④ 과산화수소

해설
(1) 유별을 달리하는 위험물의 혼재기준

위험물의 구분	제1류	제2류	제3류	제4류	제5류	제6류
제1류		×	×	×	×	○
제2류	×		×	○	○	×
제3류	×	×		○	×	×
제4류	×	○	○		○	×
제5류	×	○	×	○		×
제6류	○	×	×	×	×	

(2) 아세틸퍼옥사이드 : 제5류 위험물
　① 질산칼륨 : 제1류 위험물
　② 황 : 제2류 위험물
　③ 트라이에틸알루미늄 : 제3류 위험물
　④ 과산화수소 : 제6류 위험물

정답 37 ④　38 ③　39 ④　40 ②　41 ②　42 ②

43 하나의 옥내저장소에 칼륨과 황을 저장하고자 할 때 저장창고의 바닥면적에 관한 내용으로 적합하지 않은 것은?

① 만약 황이 없고 칼륨만을 저장하는 경우라면 저장창고의 바닥면적은 1,000m² 이하로 하여야 한다.
② 만약 칼륨이 없고 황만을 저장하는 경우라면 저장창고의 바닥면적은 2,000m² 이하로 하여야 한다.
③ 내화구조의 격벽으로 완전히 구획된 실에 각각 저장하는 경우 전체 바닥면적은 1,500m² 이하로 하여야 한다.
④ 내화구조의 격벽으로 완전히 구획된 실에 각각 저장하는 경우 칼륨의 저장실은 1,000m² 이하로, 황의 저장실은 500m² 이하로 한다.

해설

옥내저장소 저장창고의 바닥면적
① 바닥면적 1,000m² 이하로 하여야 하는 위험물
  ㉠ 제1류 위험물 중 아염소산염류, 염소산염류, 과염소산염류, 무기과산화물, 지정수량이 50kg인 위험물
  ㉡ 제3류 위험물 중 칼륨, 나트륨, 알킬알루미늄, 알킬리튬, 황린, 지정수량이 10kg인 위험물
  ㉢ 제4류 위험물 중 특수인화물, 제1석유류, 알코올류
  ㉣ 제5류 위험물 중 유기과산화물, 질산에스테르류, 지정수량이 10kg인 위험물
  ㉤ 제6류 위험물
② 바닥면적 2,000m² 이하로 하여야 하는 위험물 : ① 외의 위험물(제2류 위험물의 황)
③ 기타
  ①과 ②의 위험물을 내화구조의 격벽으로 완전히 구획된 실에 각각 저장하는 창고 : 1,500m² 이하(①의 위험물을 저장하는 창고의 면적 : 500m² 이하)
  ㉠ 칼륨을 저장 : 1,000m² 이하
  ㉡ 황을 저장 : 2,000m² 이하
  ㉢ 내화구조의 격벽으로 완전히 구획된 실
    • 황을 저장 : 1,500m² 이하
    • 칼륨을 저장 : 500m² 이하
※ 칼륨과 황은 옥내저장소에 같이 저장할 수 없다.

44 위험물안전관리법령상 위험물의 취급 중 소비에 관한 기준에서 방화상 유효한 격벽 등으로 구획된 안전한 장소에서 실시하여야 하는 것은?

① 분사도장작업 ② 담금질작업
③ 열처리작업   ④ 버너를 사용하는 작업

해설

취급 중 소비작업
① 분사도장작업 : 방화상 유효한 격벽 등으로 구획된 안전한 장소에서 실시한다.
② 담금질작업 또는 열처리작업 : 위험물이 위험한 온도에 이르지 않도록 실시한다.
③ 버너를 사용하는 작업 : 버너의 역화를 방지하고, 위험물이 넘치지 않도록 한다.

45 트라이에틸알루미늄이 물과 반응하였을 때의 생성물을 옳게 나타낸 것은?

① 수산화알루미늄, 메탄
② 수소화알루미늄, 메탄
③ 수산화알루미늄, 에탄
④ 수소화알루미늄, 에탄

해설

$(C_2H_5)_3Al + 3H_2O \longrightarrow Al(OH)_3 + 3C_2H_6$

46 Na_2O_2가 반응하였을 때 생성되는 기체가 같은 것으로만 나열된 것은?

① 물, 이산화탄소
② 아세트산, 물
③ 이산화탄소, 염산, 황산
④ 염산, 아세트산, 물

해설

과산화나트륨(Na_2O_2)
㉠ 온도가 높은 소량의 물과 반응하는 경우 발열하고, O_2를 발생한다.
  $2Na_2O_2 + 2H_2O \longrightarrow 4NaOH + O_2$
㉡ 공기 중에서 서서히 CO_2를 흡수반응하여 탄산염을 만들고 O_2를 방출한다.
  $2Na_2O_2 + 2CO_2 \longrightarrow 2Na_2CO_3 + O_2$
따라서 공통으로 생성되는 기체는 O_2이다.

정답 43 ④ 44 ① 45 ③ 46 ①

47 $C_6H_2CH_3(NO_2)_3$의 제조원료로 옳게 짝지어진 것은?

① 톨루엔, 황산, 질산 ② 톨루엔, 벤젠, 질산
③ 벤젠, 질산, 황산   ④ 벤젠, 질산, 염산

해설
트라이나이트로톨루엔(트로틸)[TNT ; trinitro toluene(trotyl)]의 제법 : 톨루엔에 질산, 황산을 반응시켜 mononitro toluene을 만든 후 나이트로화하여 만든다.

$$C_6H_5CH_3 + 3HNO_3 \xrightarrow{H_2SO_4} C_6H_2CH_3(NO_2)_3 + 3H_2O$$

48 산화성액체위험물의 취급에 관한 설명 중 틀린 것은?

① 과산화수소 30% 농도의 용액은 단독으로 폭발 위험이 있다.
② 과염소산의 융점은 약 −112℃이다.
③ 질산은 강산이지만 백금은 부식시키지 못한다.
④ 과염소산은 물과 반응하여 열을 발생한다.

해설
① 과산화수소 66% 농도 이상의 용액은 단독으로 폭발위험이 있다.

49 나이트로화합물 중 분자구조 내에 히드록시기를 갖는 위험물은?

① 피크린산
② 트라이나이트로톨루엔
③ 트라이나이트로벤젠
④ 테트릴

해설
(구조식 그림)

50 제1종 분말소화약제의 주성분은?

① $NaHCO_3$
② $NaHCO_2$
③ $KHCO_3$
④ $KHCO_2$

해설
분말소화약제의 종류
㉠ 제1종 분말소화약제 : $NaHCO_3$
㉡ 제2종 분말소화약제 : $KHCO_3$
㉢ 제3종 분말소화약제 : $NH_4H_2PO_4$
㉣ 제4종 분말소화약제 : $KHCO_3 + (NH_2)_2CO$

51 다음 중 가장 약산은?

① 염산
② 황산
③ 인산
④ 아세트산

해설
㉠ 강산 : 염산, 질산, 황산, 인산
㉡ 약산 : 아세트산

52 $KClO_3$의 일반적인 성질을 나타낸 것 중 틀린 것은?

① 비중은 약 2.32이다.
② 융점은 약 240℃이다.
③ 용해도는 20℃에서 약 7.3이다.
④ 단독 분해온도는 약 400℃이다.

해설
② 융점은 약 368.4℃이다.

정답 47 ① 48 ① 49 ① 50 ① 51 ④ 52 ②

53 나트륨에 대한 각종 반응식 중 틀린 것은?

① 연소반응식
   $4Na + O_2 \rightarrow 2Na_2O$
② 물과의 반응식
   $2Na + 3H_2O \rightarrow 2NaOH + 2H_2$
③ 알코올과의 반응식
   $2Na + 2C_2H_5OH \rightarrow 2C_2H_5ONa + H_2$
④ 액체암모니아와 반응식
   $2Na + 2NH_3 \rightarrow 2NaNH_2 + H_2$

해설
② 물과의 반응식 : $2Na + 2H_2O \longrightarrow 2NaOH + H_2$

54 다음 중 [보기]의 요건을 모두 충족하는 위험물은?

- 이 위험물이 속하는 전체 유별은 옥외저장소에 저장할 수 없다(국제해상위험물규칙에 적합한 용기에 수납하는 경우 제외).
- 제1류 위험물과 적정 간격을 유지하면 동일한 옥내저장소에 저장이 가능하다.
- 위험등급 I에 해당한다.

① 황린   ② 글리세린
③ 질산   ④ 질산염류

해설
황린의 설명이다.

55 예방보전(Preventive Maintenance)의 효과가 아닌 것은?

① 기계의 수리비용이 감소한다.
② 생산시스템의 신뢰도가 향상된다.
③ 고장으로 인한 중단시간이 감소한다.
④ 잦은 정비로 인해 제조원 단위가 증가한다.

해설
④ 납기지연으로 인한 고객불만이 없어지고 매출이 신장된다는 점이 있다.

56 이항분포(Binomial Distribution)의 특징에 대한 설명으로 옳은 것은?

① $P = 0.01$일 때는 평균치에 대하여 좌우대칭이다.
② $P \leq 0.1$이고, $nP = 0.1 \sim 10$일 때는 포아송분포에 근사한다.
③ 부적합품의 출현개수에 대한 표준편차는 $D(x) = nP$이다.
④ $P \leq 0.5$이고, $nP \leq 5$일 때는 정규분포에 근사한다.

해설
① $P = 0.5$일 때 평균치에 대해 좌우대칭의 분포를 한다.
③ 표준편차 $D(x) = \sqrt{n \cdot P(1-P)}$
④ $P \leq 0.5$, $nP \geq 5$일 때 정규분포에 근사한다.

57 제품공정도를 작성할 때 사용되는 요소(명칭)가 아닌 것은?

① 가공   ② 검사
③ 정체   ④ 여유

해설
제품공정도 작성 시 사용되는 요소
㉠ 가공, ㉡ 검사, ㉢ 정체, ㉣ 운반, ㉤ 저장

58 부적합수 관리도를 작성하기 위해 $\sum c = 559$, $\sum n = 222$를 구하였다. 시료의 크기가 부분군마다 일정하지 않기 때문에 u관리도를 사용하기로 하였다. $n = 10$일 경우 u관리도의 UCL 값은 약 얼마인가?

① 4.023   ② 2.518
③ 0.502   ④ 0.252

해설
$$UCL = \bar{u} + 3\sqrt{\frac{\bar{u}}{n}} = \frac{559}{222} + 3\sqrt{\frac{\frac{559}{222}}{10}} = 4.023$$

정답 53 ② 54 ① 55 ④ 56 ② 57 ④ 58 ①

59 작업방법 개선의 기본 4원칙을 표현한 것은?

① 층별 – 랜덤 – 재배열 – 표준화
② 배제 – 결합 – 랜덤 – 표준화
③ 층별 – 랜덤 – 표준화 – 단순화
④ 배제 – 결합 – 재배열 – 단순화

해설
작업방법 개선의 기본 4원칙
배제 – 결합 – 재배열 – 단순화

60 모집단으로부터 공간적, 시간적으로 간격을 일정하게 하여 샘플링하는 방식은?

① 단순랜덤샘플링(Simple Random Sampling)
② 2단계샘플링(Two-stage Sampling)
③ 취락샘플링(Cluster Sampling)
④ 계통샘플링(Systematic Sampling)

해설
① 단순랜덤샘플링 : 모집단의 크기 N개 중 1개를 $\frac{1}{N}$의 확률로 뽑고, 나머지 $N-1$개 중 1개를 $\frac{1}{N-1}$의 확률로 뽑아서 시료 n개가 뽑힐 때까지 반복하는 샘플링 방법
② 2단계샘플링 : 모집단(Lot)이 N_i개씩의 제품이 들어있는 M상자로 나누어져 있을 때 랜덤하게 m개 상자를 취하고, 각각의 상자로부터 m_i개의 제품을 랜덤하게 채취하는 샘플링 방법
③ 취락샘플링 : 모집단을 몇 개의 층으로 나누어 그 층 중에서 시료(n)수에 알맞게 몇 개의 층을 랜덤샘플링하여, 그것을 취한 층 안의 모든 것을 측정조사하는 방법

정답 59 ④ 60 ④

제75회 위험물기능장

시행일 : 2024년 1월 22일

01 위험물탱크안전성능시험자가 되고자하는 자가 갖추어야 할 장비로서 옳은 것은?

① 기밀시험장비 ② 타코미터
③ 페네스트로미터 ④ 인화점측정기

해설

위험물탱크시험자가 갖추어야 하는 장비
① 필수장비 : 자기탐상시험기, 초음파두께측정기 및 다음 중 어느 하나
  ㉠ 영상초음파탐상시험기
  ㉡ 방사선투과시험기 및 초음파탐상시험기
② 필요한 경우에 두는 장비
  ㉠ 충・수압시험, 진공시험, 기밀시험 또는 내압시험의 경우
    ⓐ 진공능력 53kPa 이상의 진공누설시험기
    ⓑ 기밀시험장비(안전장치가 부착된 것으로서 가압능력 200kPa 이상, 감압의 경우에는 감압능력 10kPa 이상, 감도 10Pa이하의 것으로서 각각의 압력 변화를 스스로 기록할 수 있는 것)
  ㉡ 수직・수평도시험의 경우 : 수직・수평도측정기

02 고속국도의 도로변에 설치한 주유취급소의 고정주유설비 또는 고정급유설비에 연결된 탱크의 용량은 얼마까지 할 수 있는가?

① 10만 L ② 8만 L
③ 6만 L ④ 5만 L

해설

전용 탱크 1개의 용량 기준
① 자동차 등에 주유하기 위한 고정주유설비에 직접 접속하는 전용탱크 : 50,000L 이하(고속국도 주유취급소는 60,000L 이하)
② 고정급유설비에 직접 접속하는 전용탱크 : 50,000L 이하
③ 보일러 등에 직접 접속하는 전용탱크 : 10,000L 이하
④ 자동차 등을 점검・정비하는 작업장 등(주유취급소안에 설치된 것에 한한다.)에서 사용하는 폐유・윤활유 등의 위험물을 저장하는 탱크로서 용량(2기 이상 설치하는 경우에는 각 용량의 합계를 말한다.) 2,000L 이하인 탱크
⑤ 고정주유설비 또는 고정급유설비에 직접 접속하는 3기 이하의 간이탱크

03 아이오딘폼 반응을 하는 물질로 연소범위가 약 2.5~12.8%이며, 끓는점과 인화점이 낮아 화기를 멀리해야 하고 냉암소에 보관하는 물질은?

① CH_3COCH_3 ② CH_3CHO
③ C_6H_6 ④ $C_6H_5NO_2$

해설

CH_3COCH_3(아세톤)의 설명이다.

04 체적이 50m³인 위험물옥내저장창고(개구부에는 자동폐쇄장치가 설치됨)에 전역방출방식의 불활성가스소화설비를 설치할 경우 소화약제의 저장량을 얼마 이상으로 하여야 하는가?

① 30kg ② 45kg
③ 60kg ④ 100kg

해설

전역방출방식의 불활성가스소화설비
㉠ 개구부에 자동폐쇄장치를 설치한 경우
  소화약제 저장량=방호구역 체적(m³)×방호구역 체적 1m³당 소화약제의 양(kg)×위험물의 종류에 따른 가스계소화약제의 계수=50m³×0.90kg/m³×1.0=45kg(문제에 가스계소화약제의 계수가 없으면 1.0으로 본다)
㉡ 개구부에 자동폐쇄장치를 설치하지 않은 경우
  소화약제 저장량=[방호구역 체적(m³)×방호구역의 체적 1m³당 소화약제의 양(kg)+개구부의 면적(m²)×5kg/m²]×위험물 종류에 따른 가스계소화약제의 계수

방호구역의 체적(m³)	방호구역의 체적 1m³당 소화약제의 양(kg)	소화약제 총량의 최저한도(kg)
5 미만	1.20	–
5 이상 15 미만	1.10	6
15 이상 45 미만	1.00	17
45 이상 150 미만	0.90	45
150 이상 1,500 미만	0.80	135
1,500 이상	0.75	1,200

정답 01 ① 02 ③ 03 ① 04 ②

05 제조소에서 취급하는 제4류 위험물의 최대수량의 합이 지정수량의 50만 배인 사업소의 자체소방대에 두어야 하는 화학소방자동차의 대수 및 자체소방대원의 수는? (단, 해당 사업소는 다른 사업소 등과 상호응원에 관한 협정을 체결하고 있지 아니하다)

① 4대, 20인
② 4대, 15인
③ 3대, 20인
④ 3대, 15인

해설
자체소방대

사업소의 구분	화학소방 자동차 대수	자체소방 대원 수
제조소 또는 일반취급소에서 취급하는 제4류 위험물의 최대수량의 합이 지정수량의 3천배 이상 12만배 미만인 사업소	1대	5인
제조소 또는 일반취급소에서 취급하는 제4류 위험물의 최대수량의 합이 지정수량의 12만배 이상 24만배 미만인 사업소	2대	10인
제조소 또는 일반취급소에서 취급하는 제4류 위험물의 최대수량의 합이 지정수량의 24만배 이상 48만배 미만인 사업소	3대	15인
제조소 또는 일반취급소에서 취급하는 제4류 위험물의 최대수량의 합이 지정수량의 48만배 이상인 사업소	4대	20인
옥외탱크저장소에 저장하는 제4류 위험물의 최대수량이 지정수량의 50만배 이상인 사업소	2대	10인

06 다음 물질 중 무색 또는 백색의 결정으로 비중 약 1.8, 융점 약 202℃이며, 물에는 불용인 것은?

① 피크린산
② 다이나이트로레조르신
③ 트라이나이트로톨루엔
④ 헥소겐

해설
④ 헥소겐[$(CH_3)_2(NNO_2)_3$]의 설명이다.

07 과염소산과 과산화수소의 공통적인 위험성을 나타낸 것은?

① 가열하면 수소를 발생한다.
② 불연성이지만 독성이 있다.
③ 물, 알코올에 희석하면 안전하다.
④ 농도가 36wt% 미만인 것은 위험물에 해당하지 않는다고 법령에서 정하고 있다.

해설

물 질	위험성
과염소산	눈에 들어가면 눈을 자극하고, 각막에 열상을 입히며 실명할 위험이 있다. 부식성이 강하여 피부점막에 대해 염증 또는 심한 화상을 입는다.
과산화수소	농도 25% 이상의 과산화수소에 접촉하면 피부나 점막에 염증을 일으키고 흡입하면 호흡기계통을 자극하며 식도, 위점막에 염증을 일으키고 출혈한다.

08 어떤 기체의 확산속도가 SO_2의 4배일 때 이 기체의 분자량을 추정하면 얼마인가?

① 4
② 16
③ 32
④ 64

해설
그레이엄의 확산속도법칙
일정한 온도에서 기체의 확산속도는 그 기체 분자량의 제곱근에 반비례한다.

$$\frac{U_A}{U_B} = \sqrt{\frac{M_B}{M_A}}$$

여기서 U_A, U_B : 기체의 확산속도, M_A, M_B : 분자량

$$\frac{U_A}{U_{SO_2}} = \sqrt{\frac{M_{SO_2}}{M_A}} = \sqrt{\frac{64}{M_A}} = 4$$

$$\frac{64}{M_A} = 16$$

$$\therefore M_A = 4$$

정답 05 ① 06 ④ 07 ② 08 ①

09 하나의 옥내저장소에 다음과 같이 제4류 위험물을 함께 저장하는 경우 지정수량의 총 배수는?

- 아세트알데하이드 200L
- 아세톤 400L
- 아세트산 1,000L
- 아크릴산 1,000L

① 6배　　② 7배
③ 7.5배　　④ 8배

해설

$\frac{200}{50} + \frac{400}{400} + \frac{1,000}{2,000} + \frac{1,000}{2,000} = 6$배

10 위험물을 저장 또는 취급하는 탱크의 용량은 해당 탱크의 내용적에서 공간용적을 뺀 용적으로 한다. 위험물안전관리법령상 공간용적을 옳게 나타낸 것은?

① 탱크용적의 2/100 이상, 5/100 이하
② 탱크용적의 5/100 이상, 10/100 이하
③ 탱크용적의 3/100 이상, 8/100 이하
④ 탱크용적의 7/100 이상, 10/100 이하

해설

공간용적 : 탱크가 숨을 쉴 수 있도록 유증기가 형성될 수 있는 공간을 만들어 통기관을 통해 배출시켜 압력이 형성되지 않도록 한다.

11 과산화수소의 분해방지안정제로 사용할 수 있는 물질은?

① 구리　　② 은
③ 인산　　④ 목탄분

해설

과산화수소의 분해방지안정제 : 인산, 인산나트륨, 요산, 요소, 글리세린 등

12 다음 중 하나의 옥내저장소에 제5류 위험물과 함께 저장할 수 있는 위험물은? (단, 위험물을 유별로 정리하여 저장하는 한편, 서로 1m 이상의 간격을 두는 경우이다)

① 제1류 위험물(알칼리금속의 과산화물 또는 이를 함유한 것 제외)
② 제2류 위험물 중 인화성고체
③ 제3류 위험물 중 알킬알루미늄 이외의 것
④ 유기과산화물 또는 이를 함유한 것 이외의 제4류 위험물

해설

상호 1m 이상의 간격을 유지하는 경우에도 동일한 옥내저장소에 저장할 수 있는 것
㉠ 제1류 위험물(알칼리금속 과산화물 또는 이를 함유한 것 제외) + 제5류 위험물
㉡ 제1류 위험물 + 제6류 위험물
㉢ 제1류 위험물 + 자연발화성 물품(황린)
㉣ 제2류 위험물(인화성고체) + 제4류 위험물
㉤ 제3류 위험물(알킬알루미늄 등) + 제4류 위험물(알킬알루미늄·알킬리튬 함유한 것)
㉥ 제4류 위험물(유기과산화물) + 제5류 위험물(유기과산화물)

13 다음 중 은백색의 광택성물질로서 비중이 약 1.74인 위험물은?

① Cu　　② Fe
③ Al　　④ Mg

해설

마그네슘(Mg)의 설명이다.

14 산화프로필렌에 대한 설명 중 틀린 것은?

① 무색의 휘발성액체이다.
② 증기의 비중은 공기보다 크다.
③ 인화점은 약 −37℃이다.
④ 발화점은 약 100℃이다.

해설

④ 발화점은 약 465℃이다.

정답 09 ① 10 ② 11 ③ 12 ① 13 ④ 14 ④

15 다음 중 1차 이온화에너지가 작은 금속에 대한 설명으로 잘못된 것은?

① 전자를 잃기 쉽다.　② 산화되기 쉽다.
③ 환원력이 작다.　　④ 양이온이 되기 쉽다.

해설
③ 환원력이 크다.

16 위험물안전관리법령상 스프링클러설비의 쌍구형 송수구를 설치하는 기준으로 틀린 것은?

① 송수구의 결합금속구는 탈착식 또는 나사식으로 한다.
② 송수구에는 그 직근의 보기 쉬운 장소에 송수용량 및 송수시간을 함께 표시하여야 한다.
③ 소방펌프자동차가 용이하게 접근할 수 있는 위치에 설치한다.
④ 송수구의 결합금속구는 지면으로부터 0.5m 이상, 1m 이하 높이의 송수에 지장이 없는 위치에 설치한다.

해설
스프링클러설비의 쌍구형 송수구를 설치하는 기준
㉠ 전용으로 한다.
㉡ 송수구의 결합금속구는 탈착식 또는 나사식으로 하고 내경을 63.5mm 내지 66.5mm로 한다.
㉢ 송수구의 결합금속구는 지면으로부터 0.5m 이상 1m 이하 높이의 송수에 지장이 없는 위치에 설치한다.
㉣ 송수구는 해당 스프링클러설비의 가압송수장치로부터 유수검지장치·압력검지장치 또는 일제개방형 밸브·수동식 개방밸브까지의 배관에 전용의 배관으로 접속한다.
㉤ 송수구에는 그 직근의 보기 쉬운 장소에 "스프링클러용 송수구"라고 표시하고, 그 송수 압력 범위를 함께 표시한다.
㉥ 소방펌프자동차가 용이하게 접근할 수 있는 위치에 설치한다.

17 알칼리금속의 과산화물에 물을 뿌렸을 때 발생하는 기체로 옳은 것은?

① 수소　　② 산소
③ 메탄　　④ 포스핀

해설
$2M_2O_2 + 2H_2O \longrightarrow 4MOH + O_2$

18 표준상태에서 질량이 0.8g이고 부피가 0.4L인 혼합기체의 평균 분자량은?

① 22.2　　② 32.4
③ 33.6　　④ 44.8

해설
$$PV = \frac{W}{M}RT$$
$$M = \frac{WRT}{PV}$$
$$= \frac{0.8 \times 0.082 \times 273}{1 \times 0.4} = 44.8$$

19 옥탄가에 대한 설명으로 옳은 것은?

① 노르말펜탄을 100, 옥탄을 0으로 한 것이다.
② 옥탄을 100, 펜탄을 0으로 한 것이다.
③ 이소옥탄을 100, 헥산을 0으로 한 것이다.
④ 이소옥탄을 100, 노르말헵탄을 0으로 한 것이다.

해설
㉠ 옥탄가(Octane Value) : 가솔린의 노킹(실린더 내의 이상폭발)을 일으키기 어려운 정도 즉, 앤티노크성을 수량으로 나타내는 지수이다. 앤티노크성이 가장 높은 이소옥탄을 100, 앤티노크성이 가장 낮은 노르말헵탄을 0으로 한다.
㉡ 앤티노크성(Antiknock Quality) : 노킹이 일어나기 어려운 성질

20 지정수량의 단위가 나머지 셋과 다른 하나는?

① 시클로헥산　　② 과염소산
③ 스타이렌　　　④ 초산

해설

물 질	지정수량
시클로헥산(cyclohexane, C_6H_{12}) – 제4류 위험물 제1석유류 비수용성	200L
과염소산($HClO_4$) – 제6류 위험물	600kg
스타이렌(styrene) – 제4류 위험물 제2석유류 비수용성	1,000L
초산(CH_3COOH) – 제4류 위험물 제2석유류 수용성	2,000L

정답　15 ③　16 ②　17 ②　18 ④　19 ④　20 ②

과년도 기출문제

21 위험물안전관리법령상 제1류 위험물에 해당하는 것은?

① 염소화이소시아눌산
② 질산구아니딘
③ 염소화규소화합물
④ 금속의 아지화합물

해설
① 염소화이소시아눌산 : 제1류 위험물
② 질산구아니딘 : 제5류 위험물
③ 염소화규소화합물 : 제3류 위험물
④ 금속의 아지화합물 : 제5류 위험물

22 다음 중 분해온도가 가장 높은 것은?

① KNO_3
② BaO_2
③ $(NH_4)_2Cr_2O_7$
④ NH_4ClO_3

해설
① 질산칼륨 400℃
② 과산화바륨 840℃
③ 다이크로뮴산암모늄 225℃
④ 염소산암모늄 100℃

23 위험물안전관리법령상 옥내저장소를 설치함에 있어서 저장창고의 바닥을 물이 스며 나오거나 스며들지 않는 구조로 하여야 하는 위험물에 해당하지 않는 것은?

① 제1류 위험물 중 알칼리금속의 과산화물
② 제2류 위험물 중 철분·금속분·마그네슘
③ 제4류 위험물
④ 제6류 위험물

해설
옥내저장소의 바닥 방수구조 적용 위험물

유 별	품 명
제1류 위험물	알칼리금속의 과산화물
제2류 위험물	·철분 ·금속분 ·마그네슘
제3류 위험물	금수성물질
제4류 위험물	전부

24 다음은 용량 100만L 미만의 액체위험물저장탱크에 실시하는 충수·수압시험의 검사기준에 관한 설명이다. 탱크 중 "압력탱크 외의 탱크"에 대해서 실시하여야 하는 검사의 내용이 아닌 것은?

① 옥외저장탱크 및 옥내저장탱크는 충수시험을 실시하여야 한다.
② 지하저장탱크는 70kPa의 압력으로 10분간 수압시험을 실시하여야 한다.
③ 이동저장탱크는 최대상용압력의 1.5배의 압력으로 10분간 수압시험을 실시하여야 한다.
④ 이중벽탱크 중 강제강화이중벽탱크는 70kPa의 압력으로 10분간 수압시험을 실시하여야 한다.

해설
③ 이동저장탱크는 70kPa의 압력으로 10분간 수압시험을 실시하여야 한다.

25 다음 A, B 같은 작업공정을 가진 경우 위험물안전관리법상 허가를 받아야 하는 제조소 등의 종류를 옳게 짝지은 것은? (단, 지정수량 이상을 취급하는 경우이다)

A : 원료(비위험물) →작업→ 제품(위험물)

B : 원료(위험물) →작업→ 제품(비위험물)

① A : 위험물제조소, B : 위험물제조소
② A : 위험물제조소, B : 위험물취급소
③ A : 위험물취급소, B : 위험물제조소
④ A : 위험물취급소, B : 위험물취급소

해설
㉠ 위험물제조소 : 위험물을 제조할 목적으로 지정수량 이상의 위험물을 취급하는 장소
㉡ 위험물취급소 : 지정수량 이상의 위험물을 제조외의 목적으로 취급하는 장소

정답 21 ① 22 ② 23 ④ 24 ③ 25 ②

26 다음 위험물이 속하는 위험물안전관리법령상 품명이 나머지 셋과 다른 하나는?

① 클로로벤젠 ② 아닐린
③ 나이트로벤젠 ④ 글리세린

해설
제4류 위험물의 품명과 지정수량

유별	성질	품명		지정수량	위험등급
제4류	인화성 고체	1. 특수인화물류		50L	I
		2. 제1석유류	비수용성액체	200L	II
			수용성액체	400L	
		3. 알코올류		400L	
		4. 제2석유류	비수용성액체 (클로로벤젠)	1,000L	III
			수용성액체	2,000L	
		5. 제3석유류	비수용성액체 (아닐린, 나이트로벤젠)	2,000L	
			수용성액체 (글리세린)	4,000L	
		6. 제4석유류		6,000L	
		7. 동·식물 유류		10,000L	

27 소화난이도등급 I 에 해당하는 옥외저장소 및 이송취급소의 소화설비로 적합하지 않은 것은?

① 화재발생 시 연기가 충만할 우려가 있는 장소에는 스프링클러설비
② 이동식 이외의 불활성가스소화설비
③ 옥외소화전설비
④ 옥내소화전설비

해설
소화난이도등급 I 에 해당하는 소화설비

제조소 등의 구분	소화설비
옥외저장소 및 이송취급소	옥내소화전설비, 옥외소화전설비, 스프링클러설비 또는 물분무등소화설비(화재발생 시 연기가 충만할 우려가 있는 장소에는 스프링클러설비 또는 이동식 이외의 물분무등소화설비에 한함)

28 자연발화를 일으키기 쉬운 조건으로 옳지 않은 것은?

① 표면적이 넓을 것
② 발열량이 클 것
③ 주위의 온도가 높을 것
④ 열전도율이 클 것

해설
④ 열전도율이 적을 것

29 원형관 속에서 유속 3m/s로 1일 동안 20,000m³의 물을 흐르게 하는 데 필요한 관의 내경은 약 몇 mm인가?

① 414 ② 313
③ 212 ④ 194

해설
$Q = AV$
[Q : 유량(m³/s), A : 단면적(m²), V : 유속(m/s)]
$$A = \frac{Q}{V} = \frac{20,000\text{m}^3/\text{일}}{3\text{m/s}} = \frac{20,000\text{m}^3/(24 \times 3,600)\text{s}}{3\text{m/s}} = 0.077\text{m}^2$$
$A = \frac{\pi}{4}D^2$ [D : 지름(m)]
$D^2 = \frac{4}{\pi}A$
$D = \sqrt{\frac{4}{\pi}A} = \sqrt{\frac{4}{\pi} \times 0.077} = 0.313\text{m} = 313\text{mm}$

30 다음 중 물속에 저장하여야 하는 위험물은?

① 적린 ② 황린
③ 황화인 ④ 황

해설

물질	보호액
황린(백린), CS₂	물 속
적린(붉은인), K, Na	석유 속

정답 26 ① 27 ② 28 ④ 29 ② 30 ②

31 분자량이 32이며, 물에 불용성인 황색 결정의 위험물은?

① 오황화인 ② 황린
③ 적린 ④ 황

해설
④ 황의 설명이다.

32 유별을 달리하는 위험물 중 운반 시에 혼재가 불가한 것은? (단, 모든 위험물은 지정수량 이상이다)

① 아염소산나트륨과 질산
② 마그네슘과 나이트로글리세린
③ 나트륨과 벤젠
④ 과산화수소와 경유

해설
(1) 유별을 달리하는 위험물의 혼재기준

위험물의 구분	제1류	제2류	제3류	제4류	제5류	제6류
제1류		×	×	×	×	○
제2류	×		×	○	○	×
제3류	×	×		○	×	×
제4류	×	○	○		○	×
제5류	×	○	×	○		×
제6류	○	×	×	×	×	

(2) 위험물의 구분
  ㉠ 아염소산나트륨(제1류 위험물), 질산(제6류 위험물)
  ㉡ 마그네슘(제2류 위험물), 나이트로글리세린(제5류 위험물)
  ㉢ 나트륨(제3류 위험물), 벤젠(제4류 위험물)
  ㉣ 과산화수소(제6류 위험물), 경유(제4류 위험물)

33 Halon 1211에 해당하는 할로젠화합물소화약제는?

① CH_2ClBr ② CF_2ClBr
③ CCl_2FBr ④ CBr_2FCl

해설
㉠ Halon 번호 : 첫째 – 탄소수, 둘째 – 불소수, 셋째 – 염소수, 넷째 – 브로민수
㉡ Halon 1211 : CF_2ClBr

34 금속나트륨의 성질에 대한 설명으로 옳은 것은?

① 불꽃반응은 파란색을 띤다.
② 물과 반응하여 발열하고 가연성가스를 만든다.
③ 은백색의 중금속이다.
④ 물보다 무겁다.

해설
① 불꽃반응은 황색을 띤다.
② 물과 반응하여 발열하고 가연성가스를 만든다.
  $2Na + 2H_2O \longrightarrow 2NaOH + H_2$
③ 은백색의 광택이 있는 경금속이다.
④ 물보다 가볍다(비중 0.97).

35 메탄 50%, 에탄 30%, 프로판 20%의 부피비로 혼합된 가스의 공기 중 폭발하한계 값은? (단, 메탄·에탄·프로판의 폭발하한계는 각각 5vol%, 3vol%, 2vol%이다)

① 1.1vol% ② 3.3vol%
③ 5.5vol% ④ 7.7vol%

해설
$$\frac{100}{L} = \frac{V_1}{L_1} + \frac{V_2}{L_2} + \frac{V_3}{L_3} = \frac{50}{5} + \frac{30}{3} + \frac{20}{2}, \ L = \frac{100}{30}$$
∴ L = 3.3vol%

36 가열하였을 때 열분해하여 질소가스가 발생하는 것은?

① 과산화칼슘 ② 브로민산칼륨
③ 삼산화크로뮴 ④ 다이크로뮴산암모늄

해설
① $CaO_2 \longrightarrow Ca + O_2$
② $2KBrO_3 \longrightarrow 2KBr + 3O_2$
③ $4CrO_3 \longrightarrow 2Cr_2O_3 + 3O_2$
④ $(NH_4)_2Cr_2O_7 \longrightarrow N_2 + 4H_2O + Cr_2O_3$

정답 31 ④ 32 ④ 33 ② 34 ② 35 ② 36 ④

37 연소 시 발생하는 유독가스의 종류가 동일한 것은?

① 칼륨, 나트륨
② 아세트알데하이드, 이황화탄소
③ 황린, 적린
④ 탄화알루미늄, 인화칼슘

해설

① $4K + O_2 \longrightarrow 2K_2O$
　$4Na + O_2 \longrightarrow 2Na_2O$
② $2CH_3CHO + 5O_2 \longrightarrow 4CO_2 + 4H_2O$
　$CS_2 + 3O_2 \longrightarrow CO_2 + 2SO_2$
③ (황린) $4P + 5O_2 \longrightarrow 2P_2O_5$ 유독가스
　(적린) $4P + 5O_2 \longrightarrow 2P_2O_5$ 유독가스
④ $Al_4C_3 + 3O_2 \longrightarrow 2Al_2O_3 + 3C$
　$Ca_3P_2 + 3O_2 \longrightarrow 3CaO_2 + 2P$

38 다음 위험물의 지정수량이 옳게 연결된 것은?

① $Ba(ClO_4)_2$ - 50kg　② $NaBrO_3$ - 100kg
③ $Sr(NO_3)_2$ - 500kg　④ $KMnO_4$ - 500kg

해설

물 질	지정수량
$Ba(ClO_4)_2$, (과염소산염류)	50kg
$NaBrO_3$, (브로민산염류)	300kg
$Sr(NO_3)_2$, (질산염류)	300kg
$KMnO_4$, (과망가니즈산염류)	1,000kg

39 과산화수소에 대한 설명 중 틀린 것은?

① 햇빛에 의해 분해되어 산소를 방출한다.
② 일정농도 이상이면 단독으로 폭발할 수 있다.
③ 벤젠이나 석유에 쉽게 용해되어 급격히 분해된다.
④ 농도가 진한 것은 피부에 접촉 시 수종을 일으킬 위험이 있다.

해설

③ 물과는 임의로 혼합되며 수용액 상태는 비교적 안정하여 알코올·에테르에는 녹지만, 벤젠·석유에는 녹지 않는다.

40 개방된 중유 또는 원유탱크화재 시 포를 방사하면 소화약제가 비등증발하며 확산의 위험이 발생한다. 이 현상을 무엇이라 하는가?

① 보일오버현상　② 슬롭오버현상
③ 플래시오버현상　④ 블레비현상

해설

① 보일오버현상 : 원추형 탱크의 지붕판이 폭발에 의해 날아가고 화재가 확대될 때 저장된 연소 중인 기름에서 발생할 수 있는 현상으로, 기름의 표면부에서 장시간 조용히 타고 있는 동안 갑자기 탱크로부터 연소 중인 기름이 폭발적으로 분출되어 화재가 일시에 격화된다.
③ 플래시오버현상 : 화재가 구획된 방 안에서 발생하면 플래시오버가 발생한다. 그러면 수초 안에 온도가 약 5배로 높아지고 산소는 급격히 감소되며, 일산화탄소가 치사량으로 발생하고 이산화탄소는 급격히 증가한다.
④ 블레비현상 : 비등상태의 액화가스가 기화하여 폭발하는 현상으로 파편이 중심에서 1,000m 이상까지 날아가며 화염전파속도는 대략 250m/s 전후이다.

41 위험물안전관리법령상 가연성고체위험물에 대한 설명 중 틀린 것은?

① 비교적 낮은 온도에서 착화되기 쉬운 가연물이다.
② 연소속도가 대단히 빠른 고체이다.
③ 철분 및 마그네슘을 포함하여 주수에 의한 냉각소화를 해야 한다.
④ 산화제와의 접촉을 피해야 한다.

해설

③ 철분 및 마그네슘을 포함하여 건조사에 의한 소화를 한다.

42 인화점이 0℃보다 낮은 물질이 아닌 것은?

① 아세톤　② 크실렌
③ 휘발유　④ 벤젠

해설

① -18℃　② 17.2℃
③ -20~-43℃　④ -11.1℃

정답　37 ③　38 ①　39 ③　40 ②　41 ③　42 ②

43 다음 중 산소와의 화합반응이 가장 일어나지 않는 것은?

① N ② S
③ He ④ P

해설
원소주기율표상의 0족 원소(He 등)는 다른 원소와 화합할 수 없으므로 산소와 화합반응이 일어나지 않는다.

44 위험물안전관리법령상 제3종 분말소화설비가 적응성이 있는 것은?

① 과산화바륨 ② 마그네슘
③ 질산에틸 ④ 과염소산

해설

소화설비의 구분			대상물 구분							
			건축물·그 밖의 공작물	전기설비	제1류 위험물		제2류 위험물			제3류 위험물		제4류 위험물	제5류 위험물	제6류 위험물
					알칼리금속과산화물 등	그 밖의 것	철분·금속분·마그네슘 등	인화성고체	그 밖의 것	금수성물품	그 밖의 것			

(표 내용 생략)

45 위험물안전관리법령상 제4류 위험물 중에서 제1석유류에 속하는 것은?

① CH_3CHOCH_2 ② $C_2H_5COCH_3$
③ CH_3CHO ④ CH_3COOH

해설
① CH_3CHOCH_2(산화프로필렌) : 제4류 위험물 중 특수인화물
② $C_2H_5COCH_3$(메틸에틸케톤) : 제4류 위험물 중 제1석유류
③ CH_3CHO(아세트알데하이드) : 제4류 위험물 중 특수인화물
④ CH_3COOH(초산) : 제4류 위험물 중 제2석유류

46 위험물안전관리법령상 품명이 무기과산화물에 해당하는 것은?

① 과산화리튬 ② 과산화수소
③ 과산화벤조일 ④ 과산화초산

해설
① 과산화리튬(Li_2O_2) : 제1류 위험물 중 무기과산화물
② 과산화수소(H_2O_2) : 제6류 위험물
③ 과산화벤조일[$(C_6H_5CO)_2O_2$] : 제5류 위험물
④ 과산화초산(CH_3COOOH) : 제4류 위험물 중 제2석유류

47 위험물의 화재위험에 대한 설명으로 옳지 않은 것은?

① 연소범위의 상한값이 높을수록 위험하다.
② 착화점이 높을수록 위험하다.
③ 폭발범위가 넓을수록 위험하다.
④ 연소속도가 빠를수록 위험하다.

해설
② 착화점이 낮을수록 위험하다.

정답 43 ③ 44 ④ 45 ② 46 ① 47 ②

48 다음의 저장소에 있어서 1인의 위험물안전관리자를 중복하여 선임할 수 있는 경우에 해당하지 않는 것은?

① 동일 구내에 있는 7개의 옥내저장소를 동일인이 설치한 경우
② 동일 구내에 있는 21개의 옥외탱크저장소를 동일인이 설치한 경우
③ 상호 100m이내의 거리에 있는 15개의 옥외저장소를 동일인이 설치한 경우
④ 상호 100m이내의 거리에 있는 6개의 암반탱크저장소를 동일인이 설치한 경우

해설
1인의 안전관리자를 중복하여 선임할 수 있는 경우
동일 구내에 있거나 상호 100m 이내의 거리에 있는 저장소로서 다음에 정하는 저장소
㉠ 10개 이하의 옥내저장소
㉡ 30개 이하의 옥외탱크저장소
㉢ 옥내탱크저장소
㉣ 지하탱크저장소
㉤ 간이탱크저장소
㉥ 10개 이하의 옥외저장소
㉦ 10개 이하의 암반탱크저장소

49 위험물제조소와 시설물 사이에 불연재료로 된 방화상 유효한 담을 설치하는 경우에는 법정의 안전거리를 단축할 수 있다. 다음 중 이러한 안전거리 단축이 가능한 시설물에 해당하지 않는 것은?

① 사용전압 7,000V 초과 35,000V 이하의 특고압 가공전선
② 문화재보호법에 의한 문화재 중 지정문화재
③ 초등학교
④ 주택

해설
위험물제조소와 시설물 사이에 불연재료로 된 유효한 담을 설치하는 경우 안전거리 단축이 가능한 시설물
㉠ 문화재보호법에 의한 문화재 중 지정문화재
㉡ 학교, 유치원
㉢ 주거용 주택

50 다음 중 위험물안전관리법상 알코올류가 위험물이 되기 위하여 갖추어야 할 조건이 아닌 것은?

① 한 분자 내에 탄소원자수가 1개부터 3개까지일 것
② 포화알코올일 것
③ 수용액일 경우 위험물안전관리법에서 정의한 알코올 함유량이 60wt% 이상일 것
④ 2가 이상의 알코올일 것

해설
알코올류 : 1분자를 구성하는 탄소원자의 수가 1개부터 3개까지인 포화 1가 알코올(변성알코올을 포함한다)을 말한다. 다만, 다음 각 목의 1에 해당하는 것은 제외한다.
㉠ 1분자를 구성하는 탄소원자의 수가 1개 내지 3개의 포화 1가 알코올의 함유량이 60 중량% 미만인 수용액
㉡ 가연성액체량이 60 중량% 미만이고 인화점 및 연소점(태그개방식인화점측정기에 의한 연소점을 말한다. 이하 같다)이 에틸알코올 60 중량% 수용액의 인화점 및 연소점을 초과하는 것

51 위험물안전관리법령상 나트륨의 위험등급은?

① 위험등급 Ⅰ
② 위험등급 Ⅱ
③ 위험등급 Ⅲ
④ 위험등급 Ⅳ

해설
제3류 위험물의 품명과 지정수량

성 질	품 명	지정수량	위험등급
자연발화성 물질 및 금수성물질	1. 칼륨 2. 나트륨 3. 알킬알루미늄 4. 알킬리튬	10kg	Ⅰ
	5. 황린	20kg	
	6. 알칼리금속(칼륨 및 나트륨을 제외한다) 및 알칼리토금속 7. 유기금속화합물(알킬알루미늄 및 알킬리튬을 제외한다)	50kg	Ⅱ
	8. 금속의 수소화물 9. 금속의 인화물 10. 칼슘 또는 알루미늄의 탄화물	300kg	Ⅲ
	11. 그 밖에 행정안전부령으로 정하는 것 12. 제1호 내지 제11호의 1에 해당하는 어느 하나 이상을 함유한 것	10kg, 20kg, 50kg 또는 300kg	Ⅰ~Ⅲ

정답 48 ③ 49 ① 50 ④ 51 ①

52 1기압, 100℃에서 1kg의 이황화탄소가 모두 증기가 된다면 부피는 약 몇 L가 되겠는가?

① 201
② 403
③ 603
④ 804

해설

$$PV = \frac{W}{M}RT$$

$$V = \frac{WRT}{PM} = \frac{1,000 \times 0.082 \times (273+100)}{1 \times 76} = 403L$$

53 위험물과 그 위험물이 물과 접촉하여 발생하는 가스를 틀리게 나타낸 것은?

① 탄화마그네슘 : 프로판
② 트라이에틸알루미늄 : 에탄
③ 탄화알루미늄 : 메탄
④ 인화칼슘 : 포스핀

해설

① $MgC_2 + 2H_2O \longrightarrow Mg(OH)_2 + C_2H_2$
② $(C_2H_5)_3Al + 3H_2O \longrightarrow Al(OH)_3 + 3C_2H_6$
③ $Al_4C_3 + 12H_2O \longrightarrow 4Al(OH)_3 + 3CH_4$
④ $Ca_3P_2 + 6H_2O \longrightarrow 3Ca(OH)_2 + 2PH_3$

54 다음의 요건을 모두 충족하는 위험물은?

- 과아이오딘산과 함께 적재하여 운반하는 것은 법령 위반이다.
- 위험등급 Ⅱ에 해당하는 위험물이다.
- 원칙적으로 옥외저장소에 저장·취급하는 것은 위법이다.

① 염소산염류
② 고형알코올
③ 질산에스테르류
④ 금속의 아지화합물

해설

금속의 아지화합물의 설명이다.

55 근래 인간공학이 여러 분야에서 크게 기여하고 있다. 다음 중 어느 단계에서 인간공학적 지식이 고려됨으로써 기업에 가장 큰 이익을 줄 수 있는가?

① 제품의 개발단계
② 제품의 구매단계
③ 제품의 사용단계
④ 작업자의 채용단계

해설

근래 인간공학은 '제품의 개발단계'에서 인간공학적 지식이 고려됨으로써 기업에 가장 큰 이익을 준다.

56 다음 [표]를 참조하여 6개월 단순이동평균법으로 7월의 수요를 예측하면 몇 개인가?

월	1	2	3	4	5	6
실적(개)	48	50	53	60	64	68

① 55개
② 57개
③ 58개
④ 59개

해설

$$ED = \frac{\sum x_i}{n} = \frac{48+50+53+60+64+68}{6} = 57$$

57 도수분포표에서 도수가 최대인 계급의 대푯값을 정확히 표현한 통계량은?

① 중위수
② 시료평균
③ 최빈수
④ 미드레인지(Midrange)

해설

① 중위수 : 한 변수의 관찰값들을 오름차순으로 배열했을 때 가운데 위치하는 값
② 시료평균 : 데이터의 중심을 나타내는 값
④ 미드레인지 : 자료의 최대치와 최소치 합의 절반

정답 52 ② 53 ① 54 ④ 55 ① 56 ② 57 ③

58 다음 중 두 관리도가 모두 포아송분포를 따르는 것은?

① $\bar{x}$ 관리도, R 관리도
② c 관리도, u 관리도
③ np 관리도, p 관리도
④ c 관리도, p 관리도

해 설

포아송분포(Poisson distribution)
단위시간이나 단위공간에서 어떤 사건의 출연횟수가 갖는 분포
㉠ c 관리도 : 일정한 단위의 제품에 나타나는 부적합수(결점수)의 관리에 사용한다.
㉡ u 관리도 : 부적합수(결점수)를 다룬다는 측면에서는 c 관리도와 동일하지만, 각 군의 시료의 크기(n)가 일정하지 않는 경우에 사용한다.

59 전수검사와 샘플링검사에 관한 설명으로 가장 올바른 것은?

① 파괴검사의 경우에는 전수검사를 적용한다.
② 전수검사가 일반적으로 샘플링검사보다 품질 향상에 자극을 더 준다.
③ 검사항목이 많을 경우 전수검사보다 샘플링검사가 유리하다.
④ 샘플링검사는 부적합품이 섞여서는 안 되는 경우에 적용한다.

해 설

① 파괴검사의 경우에는 샘플링검사를 실시하여야 한다.
② 샘플링검사가 일반적으로 전수검사보다 품질 향상에 자극을 더 준다.
④ 전수검사는 부적합품이 섞여서는 안 되는 경우에 적용한다.

60 다음 중 반즈(Ralph M. Barnes)가 제시한 동작경제원칙에 해당되지 않는 것은?

① 표준작업의 원칙
② 신체의 사용에 관한 원칙
③ 작업장의 배치에 관한 원칙
④ 공구 및 설비의 디자인에 관한 원칙

해 설

동작경제원칙
작업자가 에너지의 낭비 없이 효과적으로 작업할 수 있도록 작업자의 동작을 세밀하게 분석하여 가장 경제적이고 합리적인 표준동작을 설치하는 것
㉠ 신체의 사용에 관한 원칙
㉡ 작업장의 배치에 관한 원칙
㉢ 공구 및 설비의 디자인에 관한 원칙

정답 58 ② 59 ③ 60 ①

제76회 위험물기능장

시행일 : 2024년 6월 16일

01 다음 반응에서 과산화수소가 산화제로 작용한 것은?

> ⓐ $2HI + H_2O_2 \rightarrow I_2 + 2H_2O$
> ⓑ $MnO_2 + H_2O_2 + H_2SO_4 \rightarrow MnSO_4 + 2H_2O + O_2$
> ⓒ $PbS + 4H_2O_2 \rightarrow PbSO_4 + 4H_2O$

① ⓐ, ⓑ
② ⓐ, ⓒ
③ ⓑ, ⓒ
④ ⓐ, ⓑ, ⓒ

해설
과산화수소는 산화제로도 작용하지만, 환원제로도 작용한다.
㉠ 산화제
 • $2HI + H_2O_2 \rightarrow I_2 + 2H_2O$
 • $PbS + 4H_2O_2 \rightarrow PbSO_4 + 4H_2O$
㉡ 환원제 : $MnO_2 + H_2O_2 + H_2SO_4 \rightarrow MnSO_4 + 2H_2O + O_2$

02 위험물안전관리법령에서 정한 자기반응성물질이 아닌 것은?

① 유기금속화합물
② 유기과산화물
③ 금속의 아지화합물
④ 질산구아니딘

해설
① 유기금속화합물 : 제3류 위험물

03 다음 중 강화액 소화기의 방출방식으로 가장 많이 쓰이는 것은?

① 가스가압식
② 반응식(파병식)
③ 축압식
④ 전도식

해설
강화액 소화기의 방출방식은 축압식이 가장 많이 쓰인다.

04 다음 중 인화점이 가장 낮은 물질은?

① 아이소프로필알코올
② n-부틸알코올
③ 에틸렌글리콜
④ 아세트산

해설
① 12℃
② 28.8℃
③ 111℃
④ 42.8℃

05 위험물안전관리법령상 위험물의 운송 시 혼재할 수 없는 위험물은? (단, 지정수량의 초과의 위험물이다)

① 적린과 경유
② 칼륨과 등유
③ 아세톤과 나이트로셀룰로오스
④ 과산화칼륨과 크실렌

해설
유별을 달리하는 위험물의 혼재기준

위험물의 구분	제1류	제2류	제3류	제4류	제5류	제6류
제1류		×	×	×	×	○
제2류	×		×	○	○	×
제3류	×	×		○	×	×
제4류	×	○	○		○	×
제5류	×	○	×	○		×
제6류	○	×	×	×	×	

① 적린(제2류 위험물), 경유(제4류 위험물)
② 칼륨(제3류 위험물), 등유(제4류 위험물)
③ 아세톤(제4류 위험물), 나이트로셀룰로오스(제5류 위험물)
④ 과산화칼륨(제1류 위험물), 크실렌(제4류 위험물)

정답 01 ② 02 ① 03 ③ 04 ① 05 ④

06 스프링클러소화설비가 전체적으로 적응성이 있는 대상물은?

① 제1류 위험물　② 제2류 위험물
③ 제4류 위험물　④ 제5류 위험물

해설

소화설비의 구분		대상물 구분							
		건축물·그 밖의 공작물	전기설비	제1류 위험물 알칼리금속과산화물 등	제1류 위험물 그 밖의 것	제2류 위험물 철분·금속분·마그네슘 등	제2류 위험물 인화성고체	제2류 위험물 그 밖의 것	제3류 위험물 금수성물품	제3류 위험물 그 밖의 것	제4류 위험물	제5류 위험물	제6류 위험물

(표 생략 — 본 항목은 원문 표의 전체 구조를 간략 표시)

소화설비의 구분	건축물	전기	1류(알칼리등)	1류(기타)	2류(철분등)	2류(인화성)	2류(기타)	3류(금수)	3류(기타)	4류	5류	6류
옥내소화전 또는 옥외소화전설비	○			○		○	○		○		○	○
스프링클러설비	○			○		○	○		○	△	○	○
물분무소화설비	○	○		○		○	○		○	○	○	○
포소화설비	○			○		○	○		○	○	○	○
불활성가스소화설비		○				○				○		
할로젠화합물소화설비		○				○				○		
분말소화설비 인산염류 등	○	○		○		○	○			○		○
분말소화설비 탄산수소염류 등		○	○		○	○		○		○		
분말소화설비 그 밖의 것			○		○			○				
봉상수(棒狀水)소화기	○			○		○	○		○		○	○
무상수(霧狀水)소화기	○	○		○		○	○		○		○	○
봉상강화액소화기	○			○		○	○		○		○	○
무상강화액소화기	○	○		○		○	○		○	○	○	○
포소화기	○			○		○	○		○	○	○	○
이산화탄소소화기		○				○				○		△
할론소화설비		○				○				○		
인산염류소화기	○	○		○		○	○			○		○
탄산수소염류소화기		○	○		○	○		○		○		
그 밖의 것			○		○			○				
물통 또는 수조	○			○		○	○		○		○	○
건조사			○	○	○	○	○	○	○	○	○	○
팽창질석 또는 팽창진주암			○	○	○	○	○	○	○	○	○	○

07 비중이 1.15인 소금물이 무한히 큰 탱크의 밑면에서 내경 3cm인 관을 통하여 유출된다. 유출구 끝이 탱크 수면으로부터 3.2m 하부에 있다면 유출 속도는 얼마인가? (단, 배출 시의 마찰손실은 무시한다)

① 2.92m/s　② 5.92m/s
③ 7.92m/s　④ 12.92m/s

해설

$V = \sqrt{2gh} = \sqrt{2 \times 9.8 \times 3.2} = 7.92\text{m/s}$

여기서 V : 유속(m/s), g : 중력가속도(9.8m/s), h : 높이(m)

08 위험물안전관리법령에서 정한 위험물을 수납하는 경우의 운반용기에 관한 기준으로 옳은 것은?

① 고체위험물은 운반용기 내용적의 98% 이하로 수납한다.
② 액체위험물은 운반용기 내용적의 95% 이하로 수납한다.
③ 고체위험물의 내용적은 25℃를 기준으로 한다.
④ 액체위험물은 55℃에서 누설되지 않도록 공간용적을 유지하여야 한다.

해설

운반용기의 수납률

위험물	수납률
알킬알루미늄 등	90% 이하(50℃에서 5% 이상 공간용적 유지)
고체위험물	95% 이하
액체위험물	98% 이하(55℃에서 누설되지 않을 것)

09 물체의 표면온도가 200℃에서 500℃로 상승하면 열복사량은 약 몇 배 증가하는가?

① 3.3　② 7.1
③ 18.5　④ 39.2

해설

슈테판–볼츠만의 법칙

$\dfrac{Q_2}{Q_1} = \dfrac{(273+t_2)^4}{(273+t_1)^4}$, $\dfrac{Q_2}{Q_1} = \dfrac{(273+500)^4}{(273+200)^4} = 7.1$배

10 과염소산의 취급·저장 시 주의사항으로 틀린 것은?

① 가열하면 폭발할 위험이 있으므로 주의한다.
② 종이, 나뭇조각 등과 접촉을 피하여야 한다.
③ 구멍이 뚫린 코르크 마개를 사용하여 통풍이 잘 되는 곳에 저장한다.
④ 물과 접촉하면 심하게 반응하므로 접촉을 금지한다.

해설

③ 유리나 도자기 등의 밀폐용기에 넣어 저장하고 저온에서 통풍이 잘 되는 곳에 저장한다.

정답 06 ④　07 ③　08 ④　09 ②　10 ③

11 Halon 1211과 Halon 1301소화약제에 대한 설명 중 틀린 것은?

① 모두 부촉매효과가 있다.
② 증기는 모두 공기보다 무겁다.
③ 증기비중과 액체비중 모두 Halon 1211이 더 크다.
④ 소화기의 유효방사거리는 Halon 1301이 더 길다.

해설
할로겐 소화약제

종류	Halon 1211	Halon 1301
소화효과	질식, 냉각, 부촉매효과	질식, 냉각, 부촉매효과
증기비중	5.7	5.13
액체비중	1.83	1.57
방사거리	4~5m	3~4m

12 TNT와 나이트로글리세린에 대한 설명 중 틀린 것은?

① TNT는 햇빛에 노출되면 다갈색으로 변한다.
② 모두 폭약의 원료로 사용될 수 있다.
③ 위험물안전관리법령상 품명은 서로 다르다.
④ 나이트로글리세린은 상온(약 25℃)에서 고체이다.

해설
④ 나이트로글리세린은 상온(약 25℃)에서 순수한 것은 무색 투명한 기름상의 액체이며, 시판공업용 제품은 담황색이다.

13 단백질 검출반응과 관련이 있는 위험물은?

① HNO_3 ② $HClO_3$
③ $HClO_2$ ④ H_2O_2

해설
크산토프로테인(Xantho protein) 반응

(단백질 검출) : 단백질용액 $\xrightarrow[\text{가열}]{HNO_3}$ 노란색

14 휘발유를 저장하는 옥외탱크저장소의 하나의 방유제 안에 10,000L, 20,000L 탱크 각각 1기가 설치되어 있다. 방유제의 용량은 몇 L 이상이어야 하는가?

① 11,000   ② 20,000
③ 22,000   ④ 30,000

해설
옥외탱크저장소의 방유제 용량
방유제의 용량 = 20,000×1.1 = 22,000L
㉠ 1기 이상 : 탱크용량의 110% 이상
㉡ 2기 이상 : 최대용량의 110% 이상

15 위험물제조소 내의 위험물을 취급하는 배관은 최대상용압력의 몇 배 이상의 압력으로 수압시험을 실시하여 이상이 없어야 하는가?

① 1.1   ② 1.5
③ 2.1   ④ 2.5

해설
위험물제조소 내의 위험물을 취급하는 배관
최대상용압력의 1.5배 이상의 압력으로 수압시험을 실시하여 이상이 없어야 한다.

16 위험물의 저장 또는 취급하는 방법을 설명한 것 중 틀린 것은?

① 산화프로필렌 : 저장 시 은으로 제작된 용기에 질소가스와 같은 불연성가스를 충전하여 보관한다.
② 이황화탄소 : 용기나 탱크에 저장 시 물로 덮어서 보관한다.
③ 알킬알루미늄 : 용기는 완전 밀봉하고 질소 등 불활성가스를 충전한다.
④ 아세트알데하이드 : 냉암소에 저장한다.

해설
① 산화프로필렌 : 저장 시 은, 수은, 구리, 마그네슘 및 합금성분으로 된 것은 아세틸라이트의 폭발물을 생성하므로 피한다.

정답 11 ④ 12 ④ 13 ① 14 ③ 15 ② 16 ①

17 다음 중 품목을 달리하는 위험물을 동일 장소에 저장할 경우 위험물시설로서 허가를 받아야 할 수량을 저장하고 있는 것은? (단, 제4류 위험물의 경우 비수용성이고 수량 이외의 저장기준은 고려하지 않는다)

① 이황화탄소 10L, 가솔린 20L와 칼륨 3kg을 취급하는 곳
② 가솔린 60L, 등유 300L와 중유 950L를 취급하는 곳
③ 경유 600L, 나트륨 1kg과 무기과산화물 10kg을 취급하는 곳
④ 황 10kg, 등유 300L와 황린 10kg을 취급하는 곳

해설

위험물시설로서 허가를 받아야 할 수량은 지정수량의 1배 이상 저장하고 있는 것이다.

① $\dfrac{10L}{50L} + \dfrac{20L}{200L} + \dfrac{3kg}{10kg} = 0.2 + 0.1 + 0.3 = 0.6$배

② $\dfrac{60L}{200L} + \dfrac{300L}{1,000L} + \dfrac{950L}{2,000L} = 0.3 + 0.3 + 0.475 = 1.075$배

③ $\dfrac{600L}{1,000L} + \dfrac{1kg}{10kg} + \dfrac{10kg}{50kg} = 0.6 + 0.1 + 0.2 = 0.9$배

④ $\dfrac{10kg}{100kg} + \dfrac{300L}{1,000L} + \dfrac{10kg}{20kg} = 0.1 + 0.3 + 0.5 = 0.9$배

18 위험물제조소의 환기설비에 대한 기준에 대한 설명 중 옳지 않은 것은?

① 환기는 팬을 사용한 국소배기방식으로 설치하여야 한다.
② 급기구는 바닥면적 150m²마다 1개 이상으로 한다.
③ 급기구는 낮은 곳에 설치하고 가는 눈의 구리망 등으로 인화방지망을 설치해야 한다.
④ 환기구는 회전식 고정벤틸레이터 또는 루프팬방식으로 설치한다.

해설

① 환기는 자연배기방식으로 한다.

19 하나의 특정한 사고원인의 관계를 논리게이트를 이용하여 도해적으로 분석하여 연역적·정량적 기법으로 해석해 가면서 위험성을 평가하는 방법은?

① FTA(결함수분석기법)
② PHA(예비위험분석기법)
③ ETA(사건수분석기법)
④ FMECA(이상위험도분석기법)

해설

② PHA(Preliminary Hazards Analysis) : 시스템 안전프로그램에 있어서 최초개발단계의 분석으로 위험요소가 얼마나 위험한 상태인가를 정성적으로 평가함으로써 설계변경 등을 하지 않고 효과적이고 경제적인 시스템의 안전성을 확보할 수 있는 것이며, 분석방법에는 점검카드의 사용, 경험에 따른 방법, 기술적 판단에 의한 방법이 있다.
③ ETA(Event Tree Analysis) : 미국에서 개발된 DT(Decision Tree)에서 변천해 온 것으로 설비의 설계, 심사, 제작, 검사, 보전, 운전, 안전대책의 과정에서 그 대응조치가 성공인가 실패인가를 확대해 가는 과정을 검토한다. 귀납적 해석방법으로서 일반적으로 성공하는 것이 보통이고, 실패가 드물게 일어나므로 실패의 확률만으로 계산하면 되게끔 되어 있다. 실패가 거듭될수록 피해가 커지는 것으로서 그 발생확률을 최소로 줄이기 위해서는 어디에 중점을 둘 것인가를 읽어낼 수 있어야 한다.
④ FMECA(Failure Modes Effect and Criticality Analysis) : 전형적인 정성적, 귀납적 분석 방법으로서 시스템에 영향을 미칠 것으로 생각되는 전체요소의 고장을 형별로 분석해서 그 영향을 검토하는 것이며 각 요소의 한 형식 고장이 시스템의 한 영향에 대응한다.

20 제4류 위험물 중 점도가 높고 비휘발성인 제3석유류 또는 제4석유류의 주된 연소형태는?

① 증발연소
② 표면연소
③ 분해연소
④ 불꽃연소

해설

분해연소 : 중유(제3석유류), 윤활유(제4석유류)

정답 17 ② 18 ① 19 ① 20 ③

과년도 기출문제

21 산소 16g과 수소 4g이 반응할 때 몇 g의 물을 얻을 수 있는가?

① 9g ② 16g
③ 18g ④ 36g

해설

$2H_2 + O_2 \longrightarrow 2H_2O$
4g   32g   36g
4g   16g xg

$x = \dfrac{16 \times 36}{32}$ $x = 18g$

22 마그네슘화재를 소화할 때 사용하는 소화약제의 적응성에 대한 설명으로 잘못된 것은?

① 건조사에 의한 질식소화는 오히려 폭발적인 반응을 일으키므로 소화적응성이 없다.
② 물을 주수하면 폭발의 위험이 있으므로 소화 적응성이 없다.
③ 이산화탄소는 연소반응을 일으키며 일산화탄소를 발생하므로 소화적응성이 없다.
④ 할로젠화합물과 반응하므로 소화적응성이 없다.

해설
6번 해설 참조

23 다음 물질이 연소의 3요소 중 하나의 역할을 한다고 했을 때 그 역할이 나머지 셋과 다른 하나는?

① 삼산화크로뮴 ② 적린
③ 황린 ④ 이황화탄소

해설
① 삼산화크로뮴 : 지연물(조연물)
② 적린 : 가연물
③ 황린 : 가연물
④ 이황화탄소 : 가연물

24 다음 중 위험물안전관리법령에서 정한 위험물의 지정수량이 가장 작은 것은?

① 브로민산염류 ② 금속의 인화물
③ 나이트로소화합물 ④ 과염소산

해설
① 300kg ② 300kg
③ 200kg ④ 300kg

25 황이 연소하여 발생하는 가스의 성질로 옳은 것은?

① 무색무취이다.
② 물에 녹지 않는다.
③ 공기보다 무겁다.
④ 분자식은 H_2S이다.

해설
㉠ 황이 연소하면 매우 유독한 아황산가스를 발생한다.
$S + O_2 \longrightarrow SO_2$
㉡ 아황산가스(SO_2)는 64÷29=2.21배, 즉 공기보다 2.21배 무겁다.

26 정전기와 관련해서 유체 또는 고체에 의해 한 표면에서 다른 표면으로 전자가 전달될 때 발생하는 전기의 흐름을 무엇이라고 하는가?

① 유도전류 ② 전도전류
③ 유동전류 ④ 변위전류

해설
① 유도전류 : 전자기 유도법칙에 따른 유도기전력에 의해 회로에 흐르는 전류
② 전도전류 : 전자나 이온과 같은 하전입자들이 전계에 의해서 쿨롱력을 받음으로써 가속되어 음전하는 전계의 반대방향, 양전하는 전계방향으로 유동하는 현상으로 전도전류는 주로 도체나 반도체에서 형성된다.
④ 변위전류 : 원자의 변위에 의해서 생기는 전류

정답 21 ③ 22 ① 23 ① 24 ① 25 ③ 26 ③

27 다음과 같은 공통점을 갖지 않는 것은?

- 탄화수소이다.
- 치환반응보다는 첨가반응을 잘 한다.
- 석유화학공업 공정으로 얻을 수 있다.

① 에텐 ② 프로필렌
③ 부텐 ④ 벤젠

해설
벤젠의 설명이다.

28 에탄올과 진한황산을 섞고 170℃로 가열하여 얻어지는 기체탄화수소(A)에 브로민을 작용시켜 20℃에서 액체 화합물(B)을 얻었다. 화합물 A와 B의 화학식은?

① A : C_2H_2, B : CH_3-CHBr_2
② A : C_2H_4, B : CH_2Br-CH_2Br
③ A : $C_2H_5OC_2H_5$, B : $C_2H_4BrOC_2H_4Br$
④ A : C_2H_6, B : $CHBr=CHBr$

해설
㉠ 에틸렌(C_2H_4)의 제법 : 에탄올과 진한황산을 섞고 170℃로 가열하여 얻어지는 기체탄화수소

$$C_2H_5OH \xrightarrow[170℃]{C-H_2SO_4} C_2H_4 + H_2O$$

㉡ CH_2Br-CH_2Br : 에틸렌(C_2H_4)에 브로민을 작용시켜 20℃에서 액체화합물을 얻는다.

$C_2H_4 + Br_2 \longrightarrow CH_2Br-CH_2Br$

29 다음 위험물 중에서 지정수량이 나머지 셋과 다른 것은?

① $KBrO_3$ ② KNO_3
③ KIO_3 ④ $KClO_3$

해설
㉠ 300kg : ①, ②, ③
㉡ 50kg : ④

30 위험물안전관리법령상 할로겐화물소화설비의 기준에서 용적식 국소방출방식에 대한 저장소화약제의 양은 다음 식을 이용하여 산출한다. 할론 1211의 경우에 해당하는 X와 Y의 값으로 옳은 것은? [단, Q는 단위체적당소화약제의 양(kg/m³), a는 방호대상물 주위에 실제로 설치된 고정벽의 면적합계(m²), A는 방호공간 전체 둘레의 면적(m²)이다]

$$Q = X - Y\frac{a}{A}$$

① X : 5.2, Y : 3.9 ② X : 4.4, Y : 3.3
③ X : 4.0, Y : 3.0 ④ X : 3.2, Y : 2.7

해설
X 및 Y : 다음 표의 수치

소화약제의 종별	X의 수치	Y의 수치
할론 2402	5.2	3.9
할론 1211	4.4	3.3
할론 1301	4.0	3.0

31 다음 중 알칼리토금속의 과산화물로서 비중이 약 4.96, 융점이 약 450℃인 것으로 비교적 안정한 물질은?

① BaO_2 ② CaO_2
③ MgO_2 ④ BeO_2

해설
과산화바륨의 설명이다.

32 제2종 분말소화약제가 열분해할 때 생성되는 물질로 4℃ 부근에서 최대밀도를 가지며, 분자 내 104.5°의 결합각을 갖는 것은?

① CO_2 ② H_2O
③ H_3PO_4 ④ K_2CO_3

해설
$2KHCO_3 \longrightarrow K_2CO_3 + CO_2 + H_2O$

H_2O : 4℃ 부근에서 최대밀도를 가지며, 분자 내 104.5°의 결합각을 갖는다.

정답 27 ④ 28 ② 29 ④ 30 ② 31 ① 32 ②

33 다음 중 제1류 위험물이 아닌 것은?

① LiClO ② NaClO₂
③ KClO₃ ④ HClO₄

해설
④ 제6류 위험물

34 임계온도에 대한 설명으로 옳은 것은?

① 임계온도보다 낮은 온도에서 기체는 압력을 가하면 액체로 변화할 수 있다.
② 임계온도보다 높은 온도에서 기체는 압력을 가하면 액체로 변화할 수 있다.
③ 이산화탄소의 임계온도는 약 -119℃이다.
④ 물질의 종류에 상관없이 동일부피, 동일압력에서는 같은 임계온도를 갖는다.

해설
㉠ 임계온도(Critical Temperature) : 기체상과 액체상, 고체상의 상전이 현상에서 나타나는 특이점인 임계점의 온도를 말하며, 임계온도보다 낮은 온도에서 기체는 압력을 가하면 액체로 변화할 수 있다.
㉡ 임계압력(Critical Pressure) : 임계온도에서 기체를 액화시키는 데 필요한 가장 낮은 압력이다. 액체와 기체로 나눌 수 없는 상태로 증기압력곡선은 이 지점까지만 그릴 수 있다.

35 위험물안전관리법령에서 정한 위험물의 유별에 따른 성질에서 물질의 상태는 다르지만 성질이 같은 것은?

① 제1류와 제6류 ② 제2류와 제5류
③ 제3류와 제5류 ④ 제4류와 제6류

해설
㉠ 제1류 : 산화성
㉡ 제2류 : 가연성
㉢ 제3류 : 자연발화성 및 금수성
㉣ 제4류 : 인화성
㉤ 제5류 : 자기반응성
㉥ 제6류 : 산화성

36 다음 중 물보다 무거운 물질은?

① 디에틸에테르 ② 칼륨
③ 산화프로필렌 ④ 탄화알루미늄

해설
① 0.71 ② 0.83
③ 0.86 ④ 2.36

37 위험물안전관리법령상 국소방출방식의 불활성가스소화설비 중 저압식 저장용기에 설치되는 압력경보장치는 어느 압력범위에서 작동하는 것으로 설치하여야 하는가?

① 2.3MPa 이상의 압력과 1.9MPa 이하의 압력에서 작동하는 것
② 2.5MPa 이상의 압력과 2.0MPa 이하의 압력에서 작동하는 것
③ 2.7MPa 이상의 압력과 2.3MPa 이하의 압력에서 작동하는 것
④ 3.0MPa 이상의 압력과 2.5MPa 이하의 압력에서 작동하는 것

해설
국소방출방식의 불활성가스소화설비 중 저압식 저장용기에 설치하는 압력경보장치
2.3MPa 이상의 압력과 1.9MPa 이하의 압력에서 작동하는 것

38 옥내저장소에 가솔린 18L 용기 100개, 아세톤 200L 드럼통 10개, 경유 200L 드럼통 8개를 저장하고 있다. 이 저장소에는 지정수량의 몇 배를 저장하고 있는가?

① 10.8배 ② 11.6배
③ 15.6배 ④ 16.6배

해설
㉠ 가솔린 18L×100개=1,800L
㉡ 아세톤 200L×10개=2,000L
㉢ 경유 200L×8개=1,600L

즉, $\frac{1,800L}{200L} + \frac{2,000L}{400L} + \frac{1,600L}{1,000L} = 9+5+1.6 = 15.6$배

정답 33 ④ 34 ① 35 ① 36 ④ 37 ① 38 ③

39 공기 중 약 34℃에서 자연발화의 위험이 있기 때문에 물속에 보관해야 하는 위험물은?

① 황화인
② 이황화탄소
③ 황린
④ 탄화알루미늄

해 설
황린(P_4)의 설명이다.

40 어떤 액체연료의 질량조성이 C 75%, H 25%일 때 C : H의 mole비는?

① 1 : 3
② 1 : 4
③ 4 : 1
④ 3 : 1

해 설
$C : H = \frac{75}{12} : \frac{25}{1} = 1 : 4$

41 다음 중 은백색의 금속으로 가장 가볍고, 물과 반응 시 수소가스를 발생시키는 것은?

① Al
② Na
③ Li
④ Si

해 설
리튬(Li)은 물과는 상온에서 천천히, 고온에서는 격렬하게 반응하여 수소를 발생한다.
$2Li + 2H_2O \longrightarrow 2LiOH + H_2$

42 위험물안전관리법령상 원칙적인 경우에 있어서 이동저장탱크의 내부는 몇 리터 이하마다 3.2mm 이상의 강철판으로 칸막이를 설치해야 하는가?

① 2,000
② 3,000
③ 4,000
④ 5,000

해 설
이동저장탱크의 내부
4,000L 이하마다 3.2mm 이상의 강철판으로 칸막이를 설치한다.

43 다음 중 아이오딘값이 가장 높은 것은?

① 참기름
② 채종유
③ 동유
④ 땅콩기름

해 설
① 104~118
② 97~107
③ 145~176
④ 82~109

44 위험물이송취급소에 설치하는 경보설비가 아닌 것은?

① 비상벨장치
② 확성장치
③ 가연성증기경보장치
④ 비상방송설비

해 설
① 이송취급소에 설치하는 경보설비
  ㉠ 비상벨장치
  ㉡ 확성장치
  ㉢ 가연성증기경보장치
② 제조소 등에 설치하는 경보설비
  ㉠ 자동화재탐지설비
  ㉡ 비상방송설비
  ㉢ 비상경보설비
  ㉣ 확성장치

45 위험물제조소 등에 설치하는 옥내소화전설비 또는 옥외소화전설비의 설치기준으로 옳지 않은 것은?

① 옥내소화전설비의 각 노즐선단 방수량 : 260L/min
② 옥내소화전설비의 비상전원 용량 : 45분 이상
③ 옥외소화전설비의 각 노즐선단 방수량 : 260L/min
④ 표시등 회로의 배선공사 : 금속관공사, 가요전선관공사, 금속덕트공사, 케이블공사

해 설
③ 옥외소화전설비의 각 노즐선단 방수량 : 450L/min 이상

정답 39 ③ 40 ② 41 ③ 42 ③ 43 ③ 44 ④ 45 ③

46 NH_4NO_3에 대한 설명으로 옳은 것은?

① 물에 녹을 때는 발열반응을 일으킨다.
② 트라이나이트로페놀과 혼합하여 안포폭약을 제조하는 데 사용된다.
③ 가열하면 수소, 발생기산소 등 다량의 가스를 발생한다.
④ 비중이 물보다 크고, 흡습성과 조해성이 있다.

해설
① 물에 녹을 때는 다량의 물을 흡수하여 흡열반응을 일으킨다.
② ANFO 폭약은 NH_4NO_3 : 경유를 94wt% : 6wt% 비율로 혼합시키면 폭약이 된다.
③ 가열하면 250~260℃에서 분해가 급격히 일어나 폭발한다.
$$2NH_4NO_3 \longrightarrow 2N_2 + 4H_2O + O_2$$
(다량의 가스)
④ 비중이 물보다 크고(비중 1.75), 흡습성과 조해성이 있다.

47 다음 중 Cl의 산화수가 +3인 물질은?

① $HClO_4$
② $HClO_3$
③ $HClO_2$
④ $HClO$

해설
① $1+x-8=0$ ∴ $x=7$
② $1+x-6=0$ ∴ $x=5$
③ $1+x-4=0$ ∴ $x=3$
④ $1+x-2=0$ ∴ $x=1$

48 위험물안전관리법령상 제조소 등의 관계인은 그 제조소 등의 용도를 폐지한 때에는 폐지한 날로부터 며칠 이내에 신고하여야 하는가?

① 7일
② 14일
③ 30일
④ 90일

해설
제조소 등의 승계 및 용도 폐지

제조소 등의 승계	제조소 등의 용도 폐지
• 신고처 : 시·도지사 • 신고기간 : 30일 이내	• 신고처 : 시·도지사 • 신고기간 : 14일 이내

49 과산화나트륨의 저장법으로 가장 옳은 것은?

① 용기는 밀전 및 밀봉하여야 한다.
② 안정제로 황분 또는 알루미늄분을 넣어준다.
③ 수증기를 혼입해서 공기와 직접접촉을 방지한다.
④ 저장시설 내에 스프링클러설비를 설치한다.

해설
② 직사광선 차단, 화기와의 접속을 피하고 충격, 마찰 등 분해요인을 제거한다.
③ 수증기를 피한다.
④ 저장실 내에는 스프링클러설비, 옥내소화전, 포소화설비 또는 물분무소화설비 등을 설치하여도 안 되며, 이러한 소화설비에서 나오는 물과의 접촉도 피해야 한다.

50 황화인에 대한 설명으로 틀린 것은?

① P_4S_3, P_2S_5, P_4S_7은 동소체이다.
② 지정수량은 100kg이다.
③ 삼황화인의 연소생성물에는 이산화황이 포함된다.
④ 오황화인은 물 또는 알칼리에 분해하여 이황화탄소와 황산이 된다.

해설
④ 오황화인은 물 또는 알칼리에 분해하여 가연성가스인 황화수소와 인산이 된다.
$$P_2S_5 + 8H_2O \longrightarrow 5H_2S + 2H_3PO_4$$

51 위험물안전관리법령상 위험등급 Ⅱ에 속하는 위험물은?

① 제1류 위험물 중 과염소산염류
② 제4류 위험물 중 제2석유류
③ 제5류 위험물 중 나이트로화합물
④ 제3류 위험물 중 황린

해설
(1) 위험등급 Ⅰ
 ㉠ 제1류 위험물 중 과염소산염류
 ㉡ 제3류 위험물 중 황린
(2) 위험등급 Ⅱ : 제5류 위험물 중 나이트로화합물
(3) 위험등급 Ⅲ : 제4류 위험물 중 제2석유류

정답 46 ④ 47 ③ 48 ② 49 ① 50 ④ 51 ③

52 소화약제가 환경에 미치는 영향을 표시하는 지수가 아닌 것은?

① ODP
② GWP
③ ALT
④ LOAEL

해설
① 오존파괴지수(ODP; Ozone Depletion Potential) : 오존을 파괴시키는 물질의 능력을 나타내는 척도로서 대기 내 수명, 안정성, 반응, 그리고 염소와 브로민과 같이 오존을 공격할 수 있는 원소의 양과 반응성 등에 그 근거를 두고 있다. 모든 오존파괴지수는 CFC-11을 1로 기준을 삼는다.
② 지구온난화지수(GWP; relative value of Global Warming Potential based on CFC-11) : 어떤 물질의 지구온난화에 기여하는 능력을 상대적으로 나타내는 지표로, 기준물질 CFC-11의 GWP를 1로 하여 같은 무게의 어떤 물질을 지구온난화에 기여하는 양의 비로 나타낸 것을 말한다.
③ 대기권 잔존수명(ALT; Atmospheric Life Time) : 대기권에서 분해되지 않고 존재하는 기간이다.
④ LOAEL(Lowest Observable Adverse Effect Level) : 신체에 악영향을 감지할 수 있는 최소농도. 즉 심장에 독성을 미칠 수 있는 최소농도이다.

53 황에 대한 설명 중 옳지 않은 것은?

① 물에 녹지 않는다.
② 일정 크기 이상을 위험물로 분류 한다.
③ 고온에서 수소와 반응할 수 있다.
④ 청색 불꽃을 내며 연소한다.

해설
② 황은 순도가 60wt% 이상인 것을 위험물로 본다.

54 위험물의 반응에 대한 설명 중 틀린 것은?

① 트라이에틸알루미늄은 물과 반응하여 수소가스를 발생한다.
② 황린의 연소생성물은 P_2O_5이다.
③ 리튬은 물과 반응하여 수소가스를 발생한다.
④ 아세트알데하이드의 연소생성물은 CO_2와 H_2O이다.

해설
① $(C_2H_5)_3Al + 3H_2O \longrightarrow Al(OH)_3 + 3C_2H_6$

55 다음 그림의 OC곡선을 보고 가장 올바른 내용을 나타낸 것은?

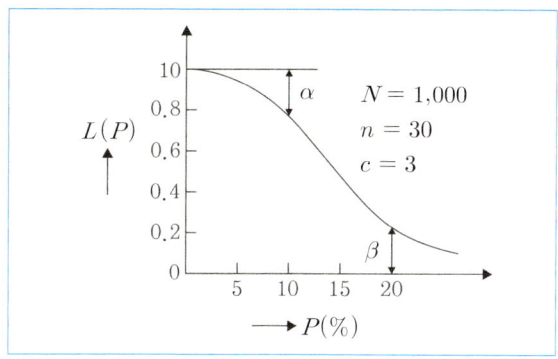

① α : 소비자 위험
② $L(P)$: 로트가 합격할 확률
③ β : 생산자 위험
④ 부적합품률 : 0.03

해설
① α : 생산자 위험
③ β : 소비자 위험
④ $P(\%)$: 부적합품률

56 미국의 마틴 마리에타 사(Martin Marietta Corp.)에서 시작된 품질개선을 위한 동기부여 프로그램으로, 모든 작업자가 무결점을 목표로 설정하고 처음부터 작업을 올바르게 수행함으로써 품질비용을 줄이기 위한 프로그램은 무엇인가?

① TPM 활동
② 6시그마 운동
③ ZD 운동
④ ISO 9001 인증

해설
① TPM(Total Productive Maintenance) : 생산효율을 높이기 위한 전사적 생산혁신활동
② 6시그마 : 모든 공정 및 업무에서 과학적 통계기법을 적용하여 결함을 발생시키는 원인을 찾아 분석·개선하는 활동으로, 불량 감소·수율향상·고객만족도 향상을 통해 경영성과에 기여하는 경영혁신기법, 문제해결 및 개선과정 5단계는 정의(Define)-측정(Measure)-분석(Analysis)-개선(Improve)-관리(Control)
④ ISO 9001 인증 : 제품 또는 서비스의 실현시스템이 규정된 요구사항을 충족하고 이를 유효하게 운영하고 있음을 제3자가 객관적으로 인증해주는 제도

정답 52 ④ 53 ② 54 ① 55 ② 56 ③

57 np 관리도에서 시료군마다 시료수(n)는 100이고, 시료군의 수(k)는 20, $\sum np = 77$이다. 이때 np 관리도의 관리상한선(UCL)을 구하면 약 얼마인가?

① 8.94　　② 3.85
③ 5.77　　④ 9.62

해설

$n\bar{p} = \dfrac{\sum np}{K} = \dfrac{77}{20} = 3.85$

$\bar{p} = \dfrac{3.85}{100} = 0.0385$

UCL $= n\bar{p} + 3\sqrt{n\bar{p}(1-\bar{p})} = 3.85 + 3\sqrt{3.85(1-0.0385)} = 9.62$

58 다음 중 단속생산 시스템과 비교한 연속생산 시스템의 특징으로 옳은 것은?

① 단위당 생산원가가 낮다.
② 다품종 소량생산에 적합하다.
③ 생산방식은 주문생산방식이다.
④ 생산설비는 범용설비를 사용한다.

해설

② 소품종 대량생산에 적합하다.
③ 생산방식은 예측생산방식이다.
④ 생산설비는 전용설비를 사용한다.

59 일정통제를 할 때 1일당 그 작업을 단축하는 데 소요되는 비용의 증가를 의미하는 것은?

① 정상소요시간(Normal Duration Time)
② 비용견적(Cost Estimation)
③ 비용구배(Cost Slope)
④ 총비용(Total Cost)

해설

③ 비용구배(Cost Slope)의 설명이다.

60 MTM(Method Time Measurement)법에서 사용되는 1TMU(Time Measurement Unit)는 몇 시간인가?

① $\dfrac{1}{100,000}$시간　　② $\dfrac{1}{10,000}$시간
③ $\dfrac{6}{10,000}$시간　　④ $\dfrac{36}{1,000}$시간

해설

㉠ 1TMU(Time Measurement Unit) : $\dfrac{1}{100,000}$(0.00001시간)
㉡ 1TMU = 0.0006분
㉢ 1TMU = 0.036초
㉣ 1초 = 27.8TMU
㉤ 1분 = 1666.7TMU
㉥ 1시간 = 100,000TMU

정답　57 ④　58 ①　59 ③　60 ①

M/E/M/O

제77회 위험물기능장

시행일 : 2025년 1월 25일

01 고속국도의 도로변에 설치한 주유취급소의 고정주유설비 또는 고정급유설비에 연결된 탱크의 용량은 얼마까지 할 수 있는가?

① 10만 L
② 8만 L
③ 6만 L
④ 5만 L

해설

전용 탱크 1개의 용량 기준
① 자동차 등에 주유하기 위한 고정주유설비에 직접 접속하는 전용탱크 : 50,000L 이하(고속국도 주유취급소는 60,000L 이하)
② 고정급유설비에 직접 접속하는 전용탱크 : 50,000L 이하
③ 보일러 등에 직접 접속하는 전용탱크 : 10,000L 이하
④ 자동차 등을 점검·정비하는 작업장 등(주유취급소안에 설치된 것에 한한다.)에서 사용하는 폐유·윤활유 등의 위험물을 저장하는 탱크로서 용량(2기 이상 설치하는 경우에는 각 용량의 합계를 말한다.) 2,000L 이하인 탱크
⑤ 고정주유설비 또는 고정급유설비에 직접 접속하는 3기 이하의 간이탱크

02 다음 물질 중 무색 또는 백색의 결정으로 비중 약 1.8, 융점 약 202℃이며, 물에는 불용인 것은?

① 피크린산
② 다이나이트로레조르신
③ 트라이나이트로톨루엔
④ 헥소겐

해설

④ 헥소겐[$(CH_3)_2(NNO_2)_3$]의 설명이다.

03 체적이 50m³인 위험물옥내저장창고(개구부에는 자동폐쇄장치가 설치됨)에 전역방출방식의 불활성가스소화설비를 설치할 경우 소화약제의 저장량을 얼마 이상으로 하여야 하는가?

① 30kg
② 45kg
③ 60kg
④ 100kg

해설

전역방출방식의 불활성가스소화설비
㉠ 개구부에 자동폐쇄장치를 설치한 경우
  소화약제 저장량 = 방호구역 체적(m³) × 방호구역 체적 1m³당 소화약제의 양(kg) × 위험물의 종류에 따른 가스계소화약제의 계수 = 50m³ × 0.90kg/m³ × 1.0 = 45kg(문제에 가스계소화약제의 계수가 없으면 1.0으로 본다)
㉡ 개구부에 자동폐쇄장치를 설치하지 않은 경우
  소화약제 저장량 = [방호구역 체적(m³) × 방호구역의 체적 1m³당 소화약제의 양(kg) + 개구부의 면적(m²) × 5kg/m²] × 위험물 종류에 따른 가스계소화약제의 계수

방호구역의 체적(m³)	방호구역의 체적 1m³당 소화약제의 양(kg)	소화약제 총량의 최저한도(kg)
5 미만	1.20	–
5 이상 15 미만	1.10	6
15 이상 45 미만	1.00	17
45 이상 150 미만	0.90	45
150 이상 1,500 미만	0.80	135
1,500 이상	0.75	1,200

04 위험물을 저장 또는 취급하는 탱크의 용량은 해당 탱크의 내용적에서 공간용적을 뺀 용적으로 한다. 위험물안전관리법령상 공간용적을 옳게 나타낸 것은?

① 탱크용적의 2/100 이상, 5/100 이하
② 탱크용적의 5/100 이상, 10/100 이하
③ 탱크용적의 3/100 이상, 8/100 이하
④ 탱크용적의 7/100 이상, 10/100 이하

해설

공간용적 : 탱크가 숨을 쉴 수 있도록 유증기가 형성될 수 있는 공간을 만들어 통기관을 통해 배출시켜 압력이 형성되지 않도록 한다.

정답 01 ③ 02 ④ 03 ② 04 ②

05 어떤 기체의 확산속도가 SO_2의 4배일 때 이 기체의 분자량을 추정하면 얼마인가?

① 4
② 16
③ 32
④ 64

해설

그레이엄의 확산속도법칙

일정한 온도에서 기체의 확산속도는 그 기체 분자량의 제곱근에 반비례한다.

$$\frac{U_A}{U_B} = \sqrt{\frac{M_B}{M_A}}$$

여기서 U_A, U_B : 기체의 확산속도, M_A, M_B : 분자량

$$\frac{U_A}{U_{SO_2}} = \sqrt{\frac{M_{SO_2}}{M_A}} = \sqrt{\frac{64}{M_A}} = 4$$

$$\frac{64}{M_A} = 16$$

$$\therefore M_A = 4$$

06 다음 중 하나의 옥내저장소에 제5류 위험물과 함께 저장할 수 있는 위험물은? (단, 위험물을 유별로 정리하여 저장하는 한편, 서로 1m 이상의 간격을 두는 경우이다)

① 제1류 위험물(알칼리금속의 과산화물 또는 이를 함유한 것 제외)
② 제2류 위험물 중 인화성고체
③ 제3류 위험물 중 알킬알루미늄 이외의 것
④ 유기과산화물 또는 이를 함유한 것 이외의 제4류 위험물

해설

상호 1m 이상의 간격을 유지하는 경우에도 동일한 옥내저장소에 저장할 수 있는 것

㉠ 제1류 위험물(알칼리금속 과산화물 또는 이를 함유한 것 제외) + 제5류 위험물
㉡ 제1류 위험물 + 제6류 위험물
㉢ 제1류 위험물 + 자연발화성 물품(황린)
㉣ 제2류 위험물(인화성고체) + 제4류 위험물
㉤ 제3류 위험물(알킬알루미늄 등) + 제4류 위험물(알킬알루미늄 · 알킬리튬 함유한 것)
㉥ 제4류 위험물(유기과산화물) + 제5류 위험물(유기과산화물)

07 산화프로필렌에 대한 설명 중 틀린 것은?

① 무색의 휘발성액체이다.
② 증기의 비중은 공기보다 크다.
③ 인화점은 약 −37℃이다.
④ 발화점은 약 100℃이다.

해설

④ 발화점은 약 465℃이다.

08 위험물안전관리법령상 스프링클러설비의 쌍구형 송수구를 설치하는 기준으로 틀린 것은?

① 송수구의 결합금속구는 탈착식 또는 나사식으로 한다.
② 송수구에는 그 직근의 보기 쉬운 장소에 송수용량 및 송수시간을 함께 표시하여야 한다.
③ 소방펌프자동차가 용이하게 접근할 수 있는 위치에 설치한다.
④ 송수구의 결합금속구는 지면으로부터 0.5m 이상, 1m 이하 높이의 송수에 지장이 없는 위치에 설치한다.

해설

스프링클러설비의 쌍구형 송수구를 설치하는 기준

㉠ 전용으로 한다.
㉡ 송수구의 결합금속구는 탈착식 또는 나사식으로 하고 내경을 63.5mm 내지 66.5mm로 한다.
㉢ 송수구의 결합금속구는 지면으로부터 0.5m 이상 1m 이하 높이의 송수에 지장이 없는 위치에 설치한다.
㉣ 송수구는 해당 스프링클러설비의 가압송수장치로부터 유수검지장치 · 압력검지장치 또는 일제개방형 밸브 · 수동식 개방밸브까지의 배관에 전용의 배관으로 접속한다.
㉤ 송수구에는 그 직근의 보기 쉬운 장소에 "스프링클러용 송수구"라고 표시하고, 그 송수 압력 범위를 함께 표시한다.
㉥ 소방펌프자동차가 용이하게 접근할 수 있는 위치에 설치한다.

정답 05 ① 06 ① 07 ④ 08 ②

09 표준상태에서 질량이 0.8g이고 부피가 0.4L인 혼합기체의 평균 분자량은?

① 22.2　　② 32.4
③ 33.6　　④ 44.8

해설

$PV = \dfrac{W}{M}RT$

$M = \dfrac{WRT}{PV}$

$= \dfrac{0.8 \times 0.082 \times 273}{1 \times 0.4} = 44.8$

10 지정수량의 단위가 나머지 셋과 다른 하나는?

① 시클로헥산　　② 과염소산
③ 스타이렌　　　④ 초산

해설

물 질	지정수량
시클로헥산(cyclohexane, C_6H_{12}) – 제4류 위험물 제1석유류 비수용성	200L
과염소산($HClO_4$) – 제6류 위험물	600kg
스타이렌(styrene, 스타이렌) – 제4류 위험물 제2석유류 비수용성	1,000L
초산(CH_3COOH) – 제4류 위험물 제2석유류 수용성	2,000L

11 다음 중 분해온도가 가장 높은 것은?

① KNO_3　　　　② BaO_2
③ $(NH_4)_2Cr_2O_7$　④ NH_4ClO_3

해설
① 질산칼륨 400℃
② 과산화바륨 840℃
③ 다이크로뮴산암모늄 225℃
④ 염소산암모늄 100℃

12 다음은 용량 100만L 미만의 액체위험물저장탱크에 실시하는 충수·수압시험의 검사기준에 관한 설명이다. 탱크 중 "압력탱크 외의 탱크"에 대해서 실시하여야 하는 검사의 내용이 아닌 것은?

① 옥외저장탱크 및 옥내저장탱크는 충수시험을 실시하여야 한다.
② 지하저장탱크는 70kPa의 압력으로 10분간 수압시험을 실시하여야 한다.
③ 이동저장탱크는 최대상용압력의 1.5배의 압력으로 10분간 수압시험을 실시하여야 한다.
④ 이중벽탱크 중 강제강화이중벽탱크는 70kPa의 압력으로 10분간 수압시험을 실시하여야 한다.

해설
③ 이동저장탱크는 70kPa의 압력으로 10분간 수압시험을 실시하여야 한다.

13 다음 위험물이 속하는 위험물안전관리법령상 품명이 나머지 셋과 다른 하나는?

① 클로로벤젠　　② 아닐린
③ 나이트로벤젠　④ 글리세린

해설
제4류 위험물의 품명과 지정수량

유별	성질	품 명		지정수량	위험등급
제4류	인화성 고체	1. 특수인화물류		50L	I
		2. 제1석유류	비수용성액체	200L	II
			수용성액체	400L	
		3. 알코올류		400L	
		4. 제2석유류	비수용성액체 (클로로벤젠)	1,000L	III
			수용성액체	2,000L	
		5. 제3석유류	비수용성액체 (아닐린, 나이트로벤젠)	2,000L	
			수용성액체 (글리세린)	4,000L	
		6. 제4석유류		6,000L	
		7. 동·식물 유류		10,000L	

정답 09 ④　10 ②　11 ②　12 ③　13 ①

14 자연발화를 일으키기 쉬운 조건으로 옳지 않은 것은?

① 표면적이 넓을 것
② 발열량이 클 것
③ 주위의 온도가 높을 것
④ 열전도율이 클 것

해설
④ 열전도율이 적을 것

15 다음 중 물속에 저장하여야 하는 위험물은?

① 적린
② 황린
③ 황화인
④ 황

해설

물 질	보호액
황린(백린), CS_2	물 속
적린(붉은인), K, Na	석유 속

16 유별을 달리하는 위험물 중 운반 시에 혼재가 불가한 것은? (단, 모든 위험물은 지정수량 이상이다)

① 아염소산나트륨과 질산
② 마그네슘과 나이트로글리세린
③ 나트륨과 벤젠
④ 과산화수소와 경유

해설
(1) 유별을 달리하는 위험물의 혼재기준

위험물의 구분	제1류	제2류	제3류	제4류	제5류	제6류
제1류		×	×	×	×	○
제2류	×		×	○	○	×
제3류	×	×		○	×	×
제4류	×	○	○		○	×
제5류	×	○	×	○		×
제6류	○	×	×	×	×	

(2) 위험물의 구분
  ㉠ 아염소산나트륨(제1류 위험물), 질산(제6류 위험물)
  ㉡ 마그네슘(제2류 위험물), 나이트로글리세린(제5류 위험물)
  ㉢ 나트륨(제3류 위험물), 벤젠(제4류 위험물)
  ㉣ 과산화수소(제6류 위험물), 경유(제4류 위험물)

17 금속나트륨의 성질에 대한 설명으로 옳은 것은?

① 불꽃반응은 파란색을 띤다.
② 물과 반응하여 발열하고 가연성가스를 만든다.
③ 은백색의 중금속이다.
④ 물보다 무겁다.

해설
① 불꽃반응은 황색을 띤다.
② 물과 반응하여 발열하고 가연성가스를 만든다.
   $2Na + 2H_2O \longrightarrow 2NaOH + H_2$
③ 은백색의 광택이 있는 경금속이다.
④ 물보다 가볍다(비중 0.97).

18 가열하였을 때 열분해하여 질소가스가 발생하는 것은?

① 과산화칼슘
② 브로민산칼륨
③ 삼산화크로뮴
④ 다이크로뮴산암모늄

해설
① $CaO_2 \longrightarrow Ca + O_2$
② $2KBrO_3 \longrightarrow 2KBr + 3O_2$
③ $4CrO_3 \longrightarrow 2Cr_2O_3 + 3O_2$
④ $(NH_4)_2Cr_2O_7 \longrightarrow N_2 + 4H_2O + Cr_2O_3$

19 다음 위험물의 지정수량이 옳게 연결된 것은?

① $Ba(ClO_4)_2$ – 50kg
② $NaBrO_3$ – 100kg
③ $Sr(NO_3)_2$ – 500kg
④ $KMnO_4$ – 500kg

해설

물 질	지정수량
$Ba(ClO_4)_2$, (과염소산염류)	50kg
$NaBrO_3$, (브로민산염류)	300kg
$Sr(NO_3)_2$, (질산염류)	300kg
$KMnO_4$, (과망가니즈산염류)	1,000kg

정답 14 ④ 15 ② 16 ④ 17 ② 18 ④ 19 ①

20 개방된 중유 또는 원유탱크화재 시 포를 방사하면 소화약제가 비등증발하며 확산의 위험이 발생한다. 이 현상을 무엇이라 하는가?

① 보일오버현상 ② 슬롭오버현상
③ 플래시오버현상 ④ 블레비현상

해설
① 보일오버현상 : 원추형 탱크의 지붕판이 폭발에 의해 날아가고 화재가 확대될 때 저장된 연소 중인 기름에서 발생할 수 있는 현상으로, 기름의 표면부에서 장시간 조용히 타고 있는 동안 갑자기 탱크로부터 연소 중인 기름이 폭발적으로 분출되어 화재가 일시에 격화된다.
③ 플래시오버현상 : 화재가 구획된 방 안에서 발생하면 플래시오버가 발생한다. 그러면 수초 안에 온도가 약 5배로 높아지고 산소는 급격히 감소되며, 일산화탄소가 치사량으로 발생하고 이산화탄소는 급격히 증가한다.
④ 블레비현상 : 비등상태의 액화가스가 기화하여 폭발하는 현상으로 파편이 중심에서 1,000m 이상까지 날아가며 화염전파속도는 대략 250m/s 전후이다.

21 인화점이 0℃보다 낮은 물질이 아닌 것은?

① 아세톤 ② 크실렌
③ 휘발유 ④ 벤젠

해설
① -18℃ ② 17.2℃
③ -20~-43℃ ④ -11.1℃

22 다음 중 위험물안전관리법상 알코올류가 위험물이 되기 위하여 갖추어야 할 조건이 아닌 것은?

① 한 분자 내에 탄소원자수가 1개부터 3개까지일 것
② 포화알코올일 것
③ 수용액일 경우 위험물안전관리법에서 정의한 알코올 함유량이 60wt% 이상일 것
④ 2가 이상의 알코올일 것

해설
알코올류 : 1분자를 구성하는 탄소원자의 수가 1개부터 3개까지인 포화 1가 알코올(변성알코올을 포함한다)을 말한다. 다만, 다음 각 목의 1에 해당하는 것은 제외한다.
㉠ 1분자를 구성하는 탄소원자의 수가 1개 내지 3개의 포화 1가 알코올의 함유량이 60 중량% 미만인 수용액
㉡ 가연성액체량이 60 중량% 미만이고 인화점 및 연소점(태그개방식인화점측정기에 의한 연소점을 말한다. 이하 같다)이 에틸알코올 60 중량% 수용액의 인화점 및 연소점을 초과하는 것

23 위험물안전관리법령상 제3종 분말소화설비가 적응성이 있는 것은?

① 과산화바륨 ② 마그네슘
③ 질산에틸 ④ 과염소산

해설

소화설비의 구분		건축물·그 밖의 공작물	전기설비	제1류 위험물		제2류 위험물			제3류 위험물		제4류 위험물	제5류 위험물	제6류 위험물
				알칼리금속과산화물 등	그 밖의 것	철분·금속분·마그네슘 등	인화성고체	그 밖의 것	금수성물품	그 밖의 것			
옥내소화전 또는 옥외소화전설비		○			○		○	○		○		○	○
스프링클러설비		○			○		○	○		○	△	○	○
물분무등소화설비	물분무소화설비	○	○		○		○	○		○	○	○	○
	포소화설비	○			○		○	○		○	○	○	○
	불활성가스소화설비		○				○				○		
	할로젠화합물소화설비		○				○				○		
	분말소화설비 인산염류 등	○	○		○		○	○			○		○
	탄산수소염류 등		○	○		○	○		○		○		
	그 밖의 것			○		○			○				
대형·소형수동식소화기	봉상수(棒狀水)소화기	○			○		○	○		○		○	○
	무상수(霧狀水)소화기	○	○		○		○	○		○		○	○
	봉상강화액소화기	○			○		○	○		○		○	○
	무상강화액소화기	○	○		○		○	○		○	○	○	○
	포소화기	○			○		○	○		○	○	○	○
	이산화탄소소화기		○				○				○		△
	할론소화기		○				○				○		
	분말소화기 인산염류소화기	○	○		○		○	○			○		○
	탄산수소염류소화기		○	○		○	○		○		○		
	그 밖의 것			○		○			○				
기타	물통 또는 수조	○			○		○	○		○		○	○
	건조사			○	○	○	○	○	○	○	○	○	○
	팽창질석 또는 팽창진주암			○	○	○	○	○	○	○	○	○	○

24 위험물안전관리법령상 품명이 무기과산화물에 해당하는 것은?

① 과산화리튬 ② 과산화수소
③ 과산화벤조일 ④ 과산화초산

해설
① 과산화리튬(Li_2O_2) : 제1류 위험물 중 무기과산화물
② 과산화수소(H_2O_2) : 제6류 위험물
③ 과산화벤조일[$(C_6H_5CO)_2O_2$] : 제5류 위험물
④ 과산화초산(CH_3COOOH) : 제4류 위험물 중 제2석유류

정답 20 ② 21 ② 22 ④ 23 ④ 24 ①

25 다음의 저장소에 있어서 1인의 위험물안전관리자를 중복하여 선임할 수 있는 경우에 해당하지 않는 것은?

① 동일 구내에 있는 7개의 옥내저장소를 동일인이 설치한 경우
② 동일 구내에 있는 21개의 옥외탱크저장소를 동일인이 설치한 경우
③ 상호 100m이내의 거리에 있는 15개의 옥외저장소를 동일인이 설치한 경우
④ 상호 100m이내의 거리에 있는 6개의 암반탱크저장소를 동일인이 설치한 경우

해설
1인의 안전관리자를 중복하여 선임할 수 있는 경우
동일 구내에 있거나 상호 100m 이내의 거리에 있는 저장소로서 다음에 정하는 저장소
㉠ 10개 이하의 옥내저장소
㉡ 30개 이하의 옥외탱크저장소
㉢ 옥내탱크저장소
㉣ 지하탱크저장소
㉤ 간이탱크저장소
㉥ 10개 이하의 옥외저장소
㉦ 10개 이하의 암반탱크저장소

26 다음의 요건을 모두 충족하는 위험물은?

- 과아이오딘산과 함께 적재하여 운반하는 것은 법령 위반이다.
- 위험등급 Ⅱ에 해당하는 위험물이다.
- 원칙적으로 옥외저장소에 저장·취급하는 것은 위법이다.

① 염소산염류
② 고형알코올
③ 질산에스테르류
④ 금속의 아지화합물

해설
금속의 아지화합물의 설명이다.

27 1기압, 100℃에서 1kg의 이황화탄소가 모두 증기가 된다면 부피는 약 몇 L가 되겠는가?

① 201
② 403
③ 603
④ 804

해설
$$PV = \frac{W}{M}RT$$
$$V = \frac{WRT}{PM} = \frac{1,000 \times 0.082 \times (273+100)}{1 \times 76} = 403L$$

28 다음 반응에서 과산화수소가 산화제로 작용한 것은?

ⓐ $2HI + H_2O_2 \rightarrow I_2 + 2H_2O$
ⓑ $MnO_2 + H_2O_2 + H_2SO_4 \rightarrow MnSO_4 + 2H_2O + O_2$
ⓒ $PbS + 4H_2O_2 \rightarrow PbSO_4 + 4H_2O$

① ⓐ, ⓑ
② ⓐ, ⓒ
③ ⓑ, ⓒ
④ ⓐ, ⓑ, ⓒ

해설
과산화수소는 산화제로도 작용하지만, 환원제로도 작용한다.
㉠ 산화제
 · $2HI + H_2O_2 \rightarrow I_2 + 2H_2O$
 · $PbS + 4H_2O_2 \rightarrow PbSO_4 + 4H_2O$
㉡ 환원제 : $MnO_2 + H_2O_2 + H_2SO_4 \rightarrow MnSO_4 + 2H_2O + O_2$

29 다음 중 강화액 소화기의 방출방식으로 가장 많이 쓰이는 것은?

① 가스가압식
② 반응식(파병식)
③ 축압식
④ 전도식

해설
강화액 소화기의 방출방식은 축압식이 가장 많이 쓰인다.

정답 25 ③ 26 ④ 27 ② 28 ② 29 ③

30 위험물안전관리법령상 위험물의 운송 시 혼재할 수 없는 위험물은? (단, 지정수량의 초과의 위험물이다)

① 적린과 경유
② 칼륨과 등유
③ 아세톤과 나이트로셀룰로오스
④ 과산화칼륨과 크실렌

해설
유별을 달리하는 위험물의 혼재기준

위험물의 구분	제1류	제2류	제3류	제4류	제5류	제6류
제1류		×	×	×	×	○
제2류	×		×	○	○	×
제3류	×	×		○	×	×
제4류	×	○	○		○	×
제5류	×	○	×	○		×
제6류	○	×	×	×	×	

① 적린(제2류 위험물), 경유(제4류 위험물)
② 칼륨(제3류 위험물), 등유(제4류 위험물)
③ 아세톤(제4류 위험물), 나이트로셀룰로오스(제5류 위험물)
④ 과산화칼륨(제1류 위험물), 크실렌(제4류 위험물)

31 비중이 1.15인 소금물이 무한히 큰 탱크의 밑면에서 내경 3cm인 관을 통하여 유출된다. 유출구 끝이 탱크 수면으로부터 3.2m 하부에 있다면 유출 속도는 얼마인가? (단, 배출 시의 마찰손실은 무시한다)

① 2.92m/s ② 5.92m/s
③ 7.92m/s ④ 12.92m/s

해설
$V = \sqrt{2gh} = \sqrt{2 \times 9.8 \times 3.2} = 7.92\text{m/s}$
여기서 V : 유속(m/s), g : 중력가속도(9.8m/s), h : 높이(m)

32 물체의 표면온도가 200℃에서 500℃로 상승하면 열복사량은 약 몇 배 증가하는가?

① 3.3   ② 7.1
③ 18.5 ④ 39.2

해설
슈테판-볼츠만의 법칙
$\dfrac{Q_2}{Q_1} = \dfrac{(273+t_2)^4}{(273+t_1)^4}$, $\dfrac{Q_2}{Q_1} = \dfrac{(273+500)^4}{(273+200)^4} = 7.1$배

33 Halon 1211과 Halon 1301소화약제에 대한 설명 중 틀린 것은?

① 모두 부촉매효과가 있다.
② 증기는 모두 공기보다 무겁다.
③ 증기비중과 액체비중 모두 Halon 1211이 더 크다.
④ 소화기의 유효방사거리는 Halon 1301이 더 길다.

해설
할로겐 소화약제

종류	Halon 1211	Halon 1301
소화효과	질식, 냉각, 부촉매효과	질식, 냉각, 부촉매효과
증기비중	5.7	5.13
액체비중	1.83	1.57
방사거리	4~5m	3~4m

34 단백질 검출반응과 관련이 있는 위험물은?

① HNO_3 ② $HClO_3$
③ $HClO_2$ ④ H_2O_2

해설
크산토프로테인(Xantho protein) 반응

(단백질 검출) : 단백질용액 $\xrightarrow[\text{가열}]{HNO_3}$ 노란색

35 위험물제조소 내의 위험물을 취급하는 배관은 최대 상용압력의 몇 배 이상의 압력으로 수압시험을 실시하여 이상이 없어야 하는가?

① 1.1 ② 1.5
③ 2.1 ④ 2.5

해설
위험물제조소 내의 위험물을 취급하는 배관
최대상용압력의 1.5배 이상의 압력으로 수압시험을 실시하여 이상이 없어야 한다.

정답 30 ④ 31 ③ 32 ② 33 ③ 34 ① 35 ②

36 다음 중 품목을 달리하는 위험물을 동일 장소에 저장할 경우 위험물시설로서 허가를 받아야 할 수량을 저장하고 있는 것은? (단, 제4류 위험물의 경우 비수용성이고 수량 이외의 저장기준은 고려하지 않는다)

① 이황화탄소 10L, 가솔린 20L와 칼륨 3kg을 취급하는 곳
② 가솔린 60L, 등유 300L와 중유 950L를 취급하는 곳
③ 경유 600L, 나트륨 1kg과 무기과산화물 10kg을 취급하는 곳
④ 황 10kg, 등유 300L와 황린 10kg을 취급하는 곳

해설

위험물시설로서 허가를 받아야 할 수량은 지정수량의 1배 이상 저장하고 있는 것이다.

① $\frac{10L}{50L} + \frac{20L}{200L} + \frac{3kg}{10kg} = 0.2 + 0.1 + 0.3 = 0.6$배

② $\frac{60L}{200L} + \frac{300L}{1,000L} + \frac{950L}{2,000L} = 0.3 + 0.3 + 0.475 = 1.075$배

③ $\frac{600L}{1,000L} + \frac{1kg}{10kg} + \frac{10kg}{50kg} = 0.6 + 0.1 + 0.2 = 0.9$배

④ $\frac{10kg}{100kg} + \frac{300L}{1,000L} + \frac{10kg}{20kg} = 0.1 + 0.3 + 0.5 = 0.9$배

37 산소 16g과 수소 4g이 반응할 때 몇 g의 물을 얻을 수 있는가?

① 9g ② 16g
③ 18g ④ 36g

해설

$2H_2 + O_2 \rightarrow 2H_2O$
4g   32g   36g
4g   16g xg

$x = \frac{16 \times 36}{32}$ $x = 18g$

38 하나의 특정한 사고원인의 관계를 논리게이트를 이용하여 도해적으로 분석하여 연역적·정량적 기법으로 해석해 가면서 위험성을 평가하는 방법은?

① FTA(결함수분석기법)
② PHA(예비위험분석기법)
③ ETA(사건수분석기법)
④ FMECA(이상위험도분석기법)

해설

② PHA(Preliminary Hazards Analysis) : 시스템 안전프로그램에 있어서 최초개발단계의 분석으로 위험요소가 얼마나 위험한 상태인가를 정성적으로 평가함으로써 설계변경 등을 하지 않고 효과적이고 경제적인 시스템의 안전성을 확보할 수 있는 것이며, 분석방법에는 점검카드의 사용, 경험에 따른 방법, 기술적 판단에 의한 방법이 있다.

③ ETA(Event Tree Analysis) : 미국에서 개발된 DT(Decision Tree)에서 변천해 온 것으로 설비의 설계, 심사, 제작, 검사, 보전, 운전, 안전대책의 과정에서 그 대응조치가 성공인가 실패인가를 확대해 가는 과정을 검토한다. 귀납적 해석방법으로서 일반적으로 성공하는 것이 보통이고, 실패가 드물게 일어나므로 실패의 확률만으로 계산하면 되게끔 되어 있다. 실패가 거듭될수록 피해가 커지는 것으로서 그 발생확률을 최소로 줄이기 위해서는 어디에 중점을 둘 것인가를 읽어낼 수 있어야 한다.

④ FMECA(Failure Modes Effect and Criticality Analysis) : 전형적인 정성적, 귀납적 분석 방법으로서 시스템에 영향을 미칠 것으로 생각되는 전체요소의 고장을 형별로 분석해서 그 영향을 검토하는 것이며 각 요소의 한 형식 고장이 시스템의 한 영향에 대응한다.

39 다음 물질이 연소의 3요소 중 하나의 역할을 한다고 했을 때 그 역할이 나머지 셋과 다른 하나는?

① 삼산화크로뮴 ② 적린
③ 황린   ④ 이황화탄소

해설

① 삼산화크로뮴 : 지연물(조연물)
② 적린 : 가연물
③ 황린 : 가연물
④ 이황화탄소 : 가연물

정답 36 ② 37 ③ 38 ① 39 ①

40 황이 연소하여 발생하는 가스의 성질로 옳은 것은?

① 무색무취이다.
② 물에 녹지 않는다.
③ 공기보다 무겁다.
④ 분자식은 H_2S이다.

해설
㉠ 황이 연소하면 매우 유독한 아황산가스를 발생한다.
$S + O_2 \longrightarrow SO_2$
㉡ 아황산가스(SO_2)는 $64 \div 29 = 2.21$배, 즉 공기보다 2.21배 무겁다.

41 다음과 같은 공통점을 갖지 않는 것은?

- 탄화수소이다.
- 치환반응보다는 첨가반응을 잘 한다.
- 석유화학공업 공정으로 얻을 수 있다.

① 에텐
② 프로필렌
③ 부텐
④ 벤젠

해설
벤젠의 설명이다.

42 다음 위험물 중에서 지정수량이 나머지 셋과 다른 것은?

① $KBrO_3$
② KNO_3
③ KIO_3
④ $KClO_3$

해설
㉠ 300kg : ①, ②, ③
㉡ 50kg : ④

43 다음 중 알칼리토금속의 과산화물로서 비중이 약 4.96, 융점이 약 450℃인 것으로 비교적 안정한 물질은?

① BaO_2
② CaO_2
③ MgO_2
④ BeO_2

해설
과산화바륨의 설명이다.

44 다음 중 제1류 위험물이 아닌 것은?

① $LiClO$
② $NaClO_2$
③ $KClO_3$
④ $HClO_4$

해설
④ 제6류 위험물

45 위험물안전관리법령에서 정한 위험물의 유별에 따른 성질에서 물질의 상태는 다르지만 성질이 같은 것은?

① 제1류와 제6류
② 제2류와 제5류
③ 제3류와 제5류
④ 제4류와 제6류

해설
㉠ 제1류 : 산화성
㉡ 제2류 : 가연성
㉢ 제3류 : 자연발화성 및 금수성
㉣ 제4류 : 인화성
㉤ 제5류 : 자기반응성
㉥ 제6류 : 산화성

46 위험물안전관리법령상 국소방출방식의 불활성가스소화설비 중 저압식 저장용기에 설치되는 압력경보장치는 어느 압력범위에서 작동하는 것으로 설치하여야 하는가?

① 2.3MPa 이상의 압력과 1.9MPa 이하의 압력에서 작동하는 것
② 2.5MPa 이상의 압력과 2.0MPa 이하의 압력에서 작동하는 것
③ 2.7MPa 이상의 압력과 2.3MPa 이하의 압력에서 작동하는 것
④ 3.0MPa 이상의 압력과 2.5MPa 이하의 압력에서 작동하는 것

해설
국소방출방식의 불활성가스소화설비 중 저압식 저장용기에 설치하는 압력경보장치
2.3MPa 이상의 압력과 1.9MPa 이하의 압력에서 작동하는 것

정답 40 ③ 41 ④ 42 ④ 43 ① 44 ④ 45 ① 46 ①

47 공기 중 약 34℃에서 자연발화의 위험이 있기 때문에 물속에 보관해야 하는 위험물은?

① 황화인
② 이황화탄소
③ 황린
④ 탄화알루미늄

해설
황린(P_4)의 설명이다.

48 다음 중 은백색의 금속으로 가장 가볍고, 물과 반응 시 수소가스를 발생시키는 것은?

① Al
② Na
③ Li
④ Si

해설
리튬(Li)은 물과는 상온에서 천천히, 고온에서는 격렬하게 반응하여 수소를 발생한다.
$2Li + 2H_2O \longrightarrow 2LiOH + H_2$

49 다음 중 아이오딘값이 가장 높은 것은?

① 참기름
② 채종유
③ 동유
④ 땅콩기름

해설
① 104~118
② 97~107
③ 145~176
④ 82~109

50 위험물제조소 등에 설치하는 옥내소화전설비 또는 옥외소화전설비의 설치기준으로 옳지 않은 것은?

① 옥내소화전설비의 각 노즐선단 방수량 : 260L/min
② 옥내소화전설비의 비상전원 용량 : 45분 이상
③ 옥외소화전설비의 각 노즐선단 방수량 : 260L/min
④ 표시등 회로의 배선공사 : 금속관공사, 가요전선관공사, 금속덕트공사, 케이블공사

해설
③ 옥외소화전설비의 각 노즐선단 방수량 : 450L/min 이상

51 다음 중 Cl의 산화수가 +3인 물질은?

① $HClO_4$
② $HClO_3$
③ $HClO_2$
④ $HClO$

해설
① $1+x-8=0$ ∴ $x=7$
② $1+x-6=0$ ∴ $x=5$
③ $1+x-4=0$ ∴ $x=3$
④ $1+x-2=0$ ∴ $x=1$

52 과산화나트륨의 저장법으로 가장 옳은 것은?

① 용기는 밀전 및 밀봉하여야 한다.
② 안정제로 황분 또는 알루미늄분을 넣어준다.
③ 수증기를 혼입해서 공기와 직접접촉을 방지한다.
④ 저장시설 내에 스프링클러설비를 설치한다.

해설
② 직사광선 차단, 화기와의 접속을 피하고 충격, 마찰 등 분해요인을 제거한다.
③ 수증기를 피한다.
④ 저장실 내에는 스프링클러설비, 옥내소화전, 포소화설비 또는 물분무소화설비 등을 설치하여도 안 되며, 이러한 소화설비에서 나오는 물과의 접촉도 피해야 한다.

53 위험물안전관리법령상 위험등급 Ⅱ에 속하는 위험물은?

① 제1류 위험물 중 과염소산염류
② 제4류 위험물 중 제2석유류
③ 제5류 위험물 중 나이트로화합물
④ 제3류 위험물 중 황린

해설
(1) 위험등급 I
  ㉠ 제1류 위험물 중 과염소산염류
  ㉡ 제4류 위험물 중 제2석유류
  ㉢ 제3류 위험물 중 황린
(2) 위험등급 Ⅱ : 제5류 위험물 중 나이트로화합물

정답 47 ③ 48 ③ 49 ③ 50 ③ 51 ③ 52 ① 53 ③

54 황에 대한 설명 중 옳지 않은 것은?

① 물에 녹지 않는다.
② 일정 크기 이상을 위험물로 분류 한다.
③ 고온에서 수소와 반응할 수 있다.
④ 청색 불꽃을 내며 연소한다.

해설
② 황은 순도가 60wt% 이상인 것을 위험물로 본다.

55 다음 [표]를 참조하여 6개월 단순이동평균법으로 7월의 수요를 예측하면 몇 개인가?

월	1	2	3	4	5	6
실적(개)	48	50	53	60	64	68

① 55개
② 57개
③ 58개
④ 59개

해설
$ED = \dfrac{\sum x_i}{n} = \dfrac{48+50+53+60+64+68}{6} = 57$

56 다음 중 두 관리도가 모두 포아송분포를 따르는 것은?

① $\bar{x}$ 관리도, R 관리도
② c 관리도, u 관리도
③ np 관리도, p 관리도
④ c 관리도, p 관리도

해설
포아송분포(Poisson distribution)
단위시간이나 단위공간에서 어떤 사건의 출연횟수가 갖는 분포
㉠ c 관리도 : 일정한 단위의 제품에 나타나는 부적합수(결점수)의 관리에 사용한다.
㉡ u 관리도 : 부적합수(결점수)를 다룬다는 측면에서는 c 관리도와 동일하지만, 각 군의 시료의 크기(n)가 일정하지 않은 경우에 사용한다.

57 다음 중 반즈(Ralph M. Barnes)가 제시한 동작경제원칙에 해당되지 않는 것은?

① 표준작업의 원칙
② 신체의 사용에 관한 원칙
③ 작업장의 배치에 관한 원칙
④ 공구 및 설비의 디자인에 관한 원칙

해설
동작경제원칙
작업자가 에너지의 낭비 없이 효과적으로 작업할 수 있도록 작업자의 동작을 세밀하게 분석하여 가장 경제적이고 합리적인 표준동작을 설치하는 것
㉠ 신체의 사용에 관한 원칙
㉡ 작업장의 배치에 관한 원칙
㉢ 공구 및 설비의 디자인에 관한 원칙

58 np 관리도에서 시료군마다 시료수(n)는 100이고, 시료군의 수(k)는 20, $\sum np = 77$이다. 이때 np 관리도의 관리상한선(UCL)을 구하면 약 얼마인가?

① 8.94
② 3.85
③ 5.77
④ 9.62

해설
$\overline{np} = \dfrac{\sum np}{K} = \dfrac{77}{20} = 3.85$
$\bar{p} = \dfrac{3.85}{100} = 0.0385$
$UCL = \overline{np} + 3\sqrt{\overline{np}(1-\bar{p})} = 3.85 + 3\sqrt{3.85(1-0.0385)} = 9.62$

59 다음 중 단속생산 시스템과 비교한 연속생산 시스템의 특징으로 옳은 것은?

① 단위당 생산원가가 낮다.
② 다품종 소량생산에 적합하다.
③ 생산방식은 주문생산방식이다.
④ 생산설비는 범용설비를 사용한다.

해설
② 소품종 대량생산에 적합하다.
③ 생산방식은 예측생산방식이다.
④ 생산설비는 전용설비를 사용한다.

정답 54 ② 55 ② 56 ② 57 ① 58 ④ 59 ①

60 MTM(Method Time Measurement)법에서 사용되는 1TMU(Time Measurement Unit)는 몇 시간인가?

① $\dfrac{1}{100,000}$ 시간   ② $\dfrac{1}{10,000}$ 시간

③ $\dfrac{6}{10,000}$ 시간   ④ $\dfrac{36}{1,000}$ 시간

해설

㉠ 1TMU(Time Measurement Unit) : $\dfrac{1}{100,000}$ (0.00001시간)
㉡ 1TMU = 0.0006분
㉢ 1TMU = 0.036초
㉣ 1초 = 27.8TMU
㉤ 1분 = 1666.7TMU
㉥ 1시간 = 100,000TMU

정답 60 ①

제78회 위험물기능장

시행일 : 2025년 6월 28일

01 인화성 액체위험물 중 운반할 때 차광성이 있는 피복으로 가려야 하는 위험물은?

① 특수 인화물 ② 제2석유류
③ 제3석유류 ④ 제4석유류

해설

차광성이 있는 피복 조치

유 별	적용대상
제1류 위험물	전부
제3류 위험물	자연발화성 물품
제4류 위험물	특수인화물
제5류 위험물	전부
제6류 위험물	

02 인화성 액체위험물인 제2석유류(비수용성 액체) 60,000L에 대한 소화설비의 소요단위는?

① 2단위 ② 4단위
③ 6단위 ④ 8단위

해설

소요단위 = $\dfrac{저장량}{지정수량 \times 10} = \dfrac{60,000}{1,000 \times 10}$ = 6단위

03 화상은 정도에 따라서 여러 가지로 나뉜다. 제2도 화상의 증상은?

① 괴사성 ② 홍반성
③ 수포성 ④ 화침성

해설
① 1도 화상 : 화상의 부위가 분홍색이 되고 가벼운 부음과 통증을 수반한다.
② 2도 화상 : 화상의 부위가 분홍색이 되고 분배액이 많이 분비된다.
③ 3도 화상 : 화상의 부위가 벗겨지고 검게 된다.
④ 4도 화상 : 전기화재에서 입은 화상으로 피부가 탄화되고 뼈까지 도달된다.

04 탄화칼슘(카바이드)의 저장방법을 옳게 나타낸 것은?

① 석유 속에 저장한다.
② 에틸알코올 속에 저장한다.
③ 질소가스 등 불활성 가스로 봉입한다.
④ 톱밥 속에 저장한다.

해설

탄화칼슘(카바이드, CaC_2) 저장취급방법
㉠ 밀폐된 저장용기 중에 저장하며 물 또는 습기, 눈, 얼음 등의 침투를 막아야 한다. 산화성 물질과의 접촉을 방지한다.
㉡ 화기엄금, 주위에 가연성 물질을 방치하지 말아야 한다.
㉢ 대량 저장 시 불연성 가스를 봉입한다.
㉣ 용기를 밀전하고 용기의 파손에 주의하며, 차고 건조하고 환기가 잘되는 곳에 저장한다.

05 다음 중 비독성 가스는?

① F_2
② C_2H_4O
③ N_2O
④ CH_3Cl

해설
③ 조연성 가스

06 옥외탱크저장소의 보냉장치 및 불연성가스 봉입장치를 설치해야 되는 위험물은?

① 아세트알데하이드 ② 이황화탄소
③ 생석회 ④ 염소산나트륨

해설
아세트알데하이드 등의 옥외탱크저장소 : 옥외저장탱크에는 냉각장치 또는 보냉장치 그리고 연소성 혼합기체의 생성에 의한 폭발을 방지하기 위한 불활성의 기체를 봉입하는 장치를 설치한다.

정답 01 ① 02 ③ 03 ③ 04 ③ 05 ③ 06 ①

07 자기반응성 물질의 화재초기에 가장 적응성 있는 소화설비는?

① 분말 소화설비
② 이산화탄소 소화설비
③ 할로젠화합물 소화설비
④ 물분무 소화설비

해설

소화설비의 구분			대상물 구분							
			건축물·그 밖의 공작물	전기설비	제1류 위험물 알칼리금속과산화물등	제1류 위험물 그 밖의 것	제2류 위험물 철분·금속분·마그네슘등	제2류 위험물 인화성고체	제2류 위험물 그 밖의 것	제3류 위험물 금수성물품	제3류 위험물 그 밖의 것	제4류 위험물	제5류 위험물	제6류 위험물
옥내소화전 또는 옥외소화전설비			○			○		○	○		○		○	○
스프링클러설비			○			○		○	○		○	△	○	○
물분무등소화설비	물분무소화설비		○	○		○		○	○		○	○	○	○
	포소화설비		○			○		○	○		○	○	○	○
	불활성가스소화설비			○				○				○		
	할로젠화합물소화설비			○				○				○		
	분말소화설비	인산염류 등	○	○		○		○	○			○		○
		탄산수소염류 등		○	○		○	○		○		○		
		그 밖의 것			○		○			○				
대형·소형수동식소화기	봉상수(棒狀水)소화기		○			○		○	○		○		○	○
	무상수(霧狀水)소화기		○	○		○		○	○		○		○	○
	봉상강화액소화기		○			○		○	○		○		○	○
	무상강화액소화기		○	○		○		○	○		○	○	○	○
	포소화기		○			○		○	○		○	○	○	○
	이산화탄소소화기			○				○				○		△
	할론소화기			○				○				○		
	분말소화기	인산염류소화기	○	○		○		○	○			○		○
		탄산수소염류소화기		○	○		○	○		○		○		
		그 밖의 것			○		○			○				
기타	물통 또는 수조		○			○		○	○		○		○	○
	건조사				○	○	○	○	○	○	○	○	○	○
	팽창질석 또는 팽창진주암				○	○	○	○	○	○	○	○	○	○

08 위험물 연소의 특징으로 옳은 것은?

① 연소속도가 대단히 빠르다.
② 마찰, 충격은 위험물의 점화원이 되지 않는다.
③ 점화 에너지를 많이 필요로 한다.
④ 폭발한계가 매우 좁다.

해설

연소란 발열산화반응으로 발열반응에 의해 온도가 높아지고 점차 높아진 온도에 의해서 분자의 운동이 증가하여서 에너지가 증가되면 그에 따라 열복사선이 방출되는 현상이다.

09 기체의 연소형태에 해당하는 것은?

① 표면연소   ② 증발연소
③ 분해연소   ④ 확산연소

해설

(1) 기체(발염, 확산)연소 : 산소, 아세틸렌 등
(2) 액체(증발)연소 : 에테르, 가솔린, 석유, 알코올 등
(3) 고체연소
   ① 표면(직접)연소 : 목탄, 코크스, 금속분 등
   ② 분해연소 : 목재, 석탄, 종이, 플라스틱 등
   ③ 증발연소 : 황, 나프탈렌, 장뇌, 촛불 등
   ④ 내부(자기)연소 : 질산에스테르류, 셀룰로이드류, 나이트로화합물, 하이드라진 유도체, 제5류 위험물 등

10 위험물 운반용기 외부에 표시하는 주의사항을 모두 나타낸 것 중 틀린 것은?

① 질산나트륨 : 화기・충격주의, 가연물 접촉주의
② 마그네슘 : 화기주의, 물기엄금
③ 황린 : 공기노출금지
④ 과염소산 : 가연물 접촉주의

해설

위험물운반용기의 주의사항

위험물		주의사항
제1류 위험물	알칼리금속의 과산화물	・화기・충격주의 ・물기엄금 ・가연물접촉주의
	기타(질산나트륨)	・화기・충격주의 ・가연물접촉주의
제2류 위험물	철분・금속분・마그네슘	・화기주의 ・물기엄금
	인화성고체	화기엄금
	기타	화기주의
제3류 위험물	자연발화성 물질(황린)	・화기엄금 ・공기접촉엄금
	금수성물질	물기엄금
제4류 위험물		화기엄금
제5류 위험물		・화기엄금 ・충격주의
제6류 위험물(과염소산)		가연물접촉주의

정답 07 ④ 08 ① 09 ④ 10 ③

11 위험물의 화재위험에 대한 설명으로 옳지 않은 것은?

① 인화점이 낮을수록 위험하다.
② 착화점이 높을수록 위험하다.
③ 폭발한계가 넓을수록 위험하다.
④ 연소속도가 클수록 위험하다.

해설
② 착화점이 낮을수록 위험하다.

12 금속나트륨의 성질에 대한 설명으로 옳은 것은?

① 불꽃반응은 파란색을 띤다.
② 물과 반응하여 발열하고 가연성 폭발 가스를 만든다.
③ 은백색의 중금속이다.
④ 물보다 무겁다.

해설
$2Na + 2H_2O \longrightarrow 2NaOH + H_2 + 88.2kcal$

13 산화프로필렌의 특징으로 옳지 않은 것은?

① 무색의 휘발성 액체로 에테르 냄새가 난다.
② 반응성이 적고 기체밀도는 공기보다 낮다.
③ 용기는 구리, 마그네슘 또는 이의 합금을 사용하지 못한다.
④ 피부에 접촉 시 또는 증기를 흡입하면 해롭다.

해설
② 반응성이 풍부하며 기체밀도는 공기보다 높다.

14 크세렌의 일반적인 성질에 대한 설명으로 옳지 않은 것은?

① 3가지 이성질체가 있다.
② 독특한 냄새를 가지며 갈색이다.
③ 유지나 수지 등을 녹인다.
④ 증기의 비중이 높아 낮은 곳에 체류하기 쉽다.

해설
② 독특한 냄새를 가지며 무색 투명하다.

15 인화성 액체위험물에 해당하는 에어졸의 내장용기 등으로서 용기포장에 표시하지 아니할 수 있는 포장의 최대용적은?

① 300mL   ② 500mL
③ 150mL   ④ 1,000mL

해설
제4류 위험물에 해당하는 에어졸의 운반용기로서 최대용적이 300mL 이하의 것에 대하여는 용기포장에 표시를 하지 아니할 수 있다.

16 다음 중 아염소산은 어느 것인가?

① $HClO$ ② $HClO_2$
③ $HClO_3$ ④ $HClO_4$

해설
① $HClO$: 차아염소산
③ $HClO_3$: 염소산
④ $HClO_4$: 과염소산

17 유류나 전기화재에 가장 부적당한 소화기는?

① 산, 알칼리 소화기   ② 이산화탄소 소화기
③ 할로젠화물 소화기   ④ 분말 소화기

해설
① 산, 알칼리 소화기 : A, C급
② 이산화탄소 소화기 : B, C급
③ 할로젠화물 소화기 : A, B, C급
④ 분말 소화기 : A, B, C급

18 다음 중 단당류가 아닌 것은?

① 맥아당   ② 포도당
③ 과당   ④ 갈락토오스

해설
① 맥아당은 이당류이다.

정답 11 ② 12 ② 13 ② 14 ② 15 ① 16 ② 17 ① 18 ①

19 다음 중 무색의 결정이 아닌 것은?

① $NaClO_3$ ② $NaBrO_3$
③ NH_4NO_3 ④ $KMnO_4$

해설
④ $KMnO_4$은 흑자색 또는 적자색의 결정을 가지고 있다.

20 칼륨에 대한 설명으로 옳지 않은 것은?

① 제3류 위험물이다.
② 지정수량은 10kg이다.
③ 피부에 닿으면 화상을 입는다.
④ 알코올과는 반응하지 않는다.

해설
④ $2K + 2C_2H_5OH \longrightarrow 2C_2H_5OK + H_2$

21 다음 중 연소되기 어려운 물질은?

① 산소와 접촉 표면적이 넓은 물질
② 발열량이 큰 물질
③ 열전도율이 큰 물질
④ 건조한 물질

해설
연소는 열전도율이 작을수록 잘 된다.

22 산화열에 의한 발열로 인하여 자연발화가 가능한 물질은?

① 셀룰로이드   ② 건성유
③ 활성탄   ④ 퇴비

해설
① 셀룰로이드 : 분해열
③ 활성탄 : 흡착열
④ 퇴비 : 미생물

23 다음에서 설명하는 법칙은 무엇인가?

> 일정한 온도에서 비휘발성이며, 비전해질인 용질이 녹는 묽은 용액의 증기압력 내림은 일정량의 용매에 녹아 있는 용질의 몰 수에 비례한다.

① 헨리의 법칙   ② 라울의 법칙
③ 아보가드로의 법칙 ④ 보일 – 샤를의 법칙

해설
라울의 법칙의 설명이다.

24 화학포 소화약제의 반응식은?

① $6NaHCO_3 + Al(SO_4)_3 \cdot 18H_2O$
  $\rightarrow 2Al(OH)_3 + 3Na_2SO_4 + 6CO_2 + 18H_2O$
② $2NaHCO_3 \rightarrow Na_2CO_3 + CO_2 + H_2O$
③ $NH_4H_2PO_4 \rightarrow HPO_3 + NH_3 + H_2O$
④ $2NaHCO_3 + H_2SO_4 \rightarrow Na_2SO_4 + CO_2 + H_2O$

해설
화학포 소화약제는 황산알루미늄[$Al_2(SO_4)_3 \cdot 18H_2O$]과 탄산수소나트륨($NaHCO_3$)으로 구성되어 있으며 황산알루미늄의 수용액과 탄산수소나트륨의 수용액을 혼합하는 경우 화학반응을 일으켜 이때 발생하는 포로 화재를 소화한다.

25 산화성 고체위험물의 위험성에 해당하지 않은 것은?

① 불연성 물질로 산소를 방출하고 산화력이 강하다.
② 단독으로 분해폭발하는 물질도 있지만 가열, 충격, 이물질 등과의 접촉으로 분해를 하여 가연물과 접촉, 혼합에 의하여 폭발할 위험성이 있다.
③ 유독성 및 부식성 등 손상의 위험성에 있는 물질도 있다.
④ 착화온도가 높아서 연소확대의 위험이 크다.

해설
④ 착화온도가 낮아서 폭발 위험이 크다.

정답 19 ④ 20 ④ 21 ③ 22 ② 23 ② 24 ① 25 ④

26 다음 중 전기 음성도가 가장 작은 것은?

① Br ② F
③ H   ④ S

해설
전기 음성도
F > O > N > Cl > Br > C > S > I > H > P

27 제1류 위험물 중 알칼리 금속의 과산화물 제조소에 설치하여야 하는 주의사항을 표시한 게시판은?

① 물기주의 ② 화기엄금
③ 화기주의 ④ 물기엄금

해설
제조소의 게시판 주의사항

위험물		주의사항
제1류 위험물	알칼리금속의 과산화물	물기엄금
	기 타	별도의 표시를 하지 않는다.
제2류 위험물	인화성고체	화기엄금
	기 타	화기주의
제3류 위험물	자연발화성 물질	화기엄금
	금수성물질	물기엄금
제4류 위험물		화기엄금
제5류 위험물		
제6류 위험물		별도의 표시를 하지 않는다.

28 간이탱크저장소의 탱크에 설치하는 통기관 기준에 대한 설명으로 옳은 것은?

① 통기관의 지름은 20mm 이상으로 한다.
② 통기관은 옥내에 설치하고 선단의 높이는 지상 1.5m 이상으로 한다.
③ 가는 눈의 동망 등으로 인화방지장치를 한다.
④ 통기관의 선단은 수평면에 대하여 아래로 35도 이상 구부려 빗물 등이 들어가지 않도록 한다.

해설
① 통기관의 지름은 25mm 이상으로 한다.
② 통기관은 옥외에 설치하고 선단의 높이는 지상 1.5m 이상으로 한다.
④ 통기관의 선단은 수평면에 대하여 아래로 45도 이상 구부려 빗물 등이 들어가지 않도록 한다.

29 파라핀계 탄화수소의 일반적인 연소성에 대한 설명으로 옳은 것은? (단, 탄소수가 증가할수록)

① 연소범위의 하한이 커진다.
② 연소속도가 늦어진다.
③ 발화온도가 높아진다.
④ 발열량(kcal/m³)이 작아진다.

해설
탄소수가 증가할수록
① 연소범위의 하한이 낮아진다.
② 연소속도가 빨라진다.
③ 발화온도가 낮아진다.
④ 발열량(kcal/m³)이 작아진다.
⑤ 비등점이 높아진다.

30 27℃, 20atm에서 20.0g의 CO_2기체가 차지하는 부피는? (단, 기체상수 $R = 0.082 L \cdot atm/mole \cdot K$이다.)

① 5.59L ② 2.80L
③ 1.40L ④ 0.50L

해설
이상기체 상태 방정식 $PV = \dfrac{W}{M}RT$에서,

$$V = \dfrac{WRT}{PM} = \dfrac{20 \times 0.082 \times (273+27)}{2 \times 44} = 5.59L$$

31 0.2N HCl 500mL를 물을 가해 2L로 하였을 때 pH는? (단, log5 = 0.7)

① 1.3 ② 2.3
③ 3.0 ④ 4.3

해설
$HCl + H_2O \rightarrow Cl^- + H_3O^+$

HCl 0.2N는 0.2M과 같다. 따라서 $\dfrac{x}{0.5l} = 0.2$

∴ $x = 0.5 \times 0.2 = 0.1 mol$이 존재
0.1mol HCl이 물과 반응하여 0.1mol H_3O^+를 생성시킨다. 또한 몰농도로 환산하면 $\dfrac{0.1mol}{2l} = 0.05M$

$pH = -\log[H^+] = -\log(0.05) = -(\log 5 \times 10^{-2}) = -(\log 5 - 2)$
    $= 2 - \log 5 = 1.3$

32 제3종 분말소화약제의 주성분은?

① $NaHCO_3$
② $KHCO_3$
③ $NH_4H_2PO_4$
④ $KHCO_3 + (NH_2)_2CO$

해설

종류	명칭	착색
제1종	중탄산나트륨($NaHCO_3$)	백색
제2종	탄산수소칼륨($KHCO_3$)	보라색(담회색)
제3종	제1인산암모늄($NH_4H_2PO_4$)	담홍색(핑크색)
제4종	탄산수소칼륨 + 요소 [$KHCO_3 + (NH_2)_2CO$]	회백색

33 산업재해에 의한 기업손실을 하인리히방식으로 산출할 때 직접비용과 간접비용의 비율(직접비율 : 간접비율)은 얼마인가?

① 1 : 2
② 1 : 3
③ 1 : 4
④ 1 : 5

해설
하인리히는 직접비를 1, 간접비를 4의 비율로 계산하고 있다.

34 60°F에서 비중이 0.641인 나프타(naphtha)의 API (American Petroleum Institute)도는?

① 81.2
② 88.4
③ 89.2
④ 99.4

해설
API는 석유류 제품의 비중을 측정할 때 쓰이는 것으로,
API = (141.5/비중) − 131.5 = (141.5/0.641) − 131.5 = 89.2

35 과산화나트륨과 묽은 산이 반응하여 생성되는 것은?

① $NaOH$
② H_2O
③ Na_2O
④ H_2O_2

해설
$Na_2O_2 + 2CH_3COOH \longrightarrow 2CH_3COONa + H_2O_2$

36 수소화칼륨에 대한 설명으로 옳은 것은?

① 회갈색의 등축정계 결정이다.
② 낮은 온도(150℃)에서 분해된다.
③ 물과 작용하여 수소를 발생한다.
④ 물과의 반응은 흡열반응이다.

해설
① 백색 또는 회색의 결정 또는 분말
② 600℃에서 분해된다.
④ 물과의 반응은 발열반응이다.

37 하이드라진에 대한 설명으로 옳지 않은 것은?

① NH_3을 ClO^- 이온으로 산화시켜 얻는다.
② Raschig법에 의하여 제조한다.
③ 주된 용도는 산화제로서의 작용이다.
④ 수소결합에 의해 강하게 결합되어 있다.

해설
③ 주된 용도는 로켓, 항공기연료, 플라스틱 발포제, 환원제, 시약 등에 사용된다.

38 위험물로서 철분에 대한 정의가 옳은 것은?

① $40\mu m$의 표준체를 통과하는 것이 50중량% 이상인 것
② $53\mu m$의 표준체를 통과하는 것이 50중량% 이상인 것
③ $60\mu m$의 표준체를 통과하는 것이 50중량% 이상인 것
④ $150\mu m$의 표준체를 통과하는 것이 50중량% 이상인 것

해설
표준체의 크기
① 철분 : $53\mu m$
② 금속분 : $150\mu m$

정답 32 ③ 33 ③ 34 ③ 35 ④ 36 ③ 37 ③ 38 ②

39 수소화나트륨이 물과 반응하여 생성되는 물질은?

① Na_2O_2와 H_2
② Na_2O와 H_2O
③ $NaOH$와 H_2
④ $NaOH$와 H_2O

해설

$NaH + H_2O \longrightarrow NaOH + H_2$

40 아닐린 취급을 주된 작업내용으로 하는 장소에 스프링클러설비를 설치할 경우 확보하여야 하는 1분당 방사밀도는 몇 L/m^2 이상이어야 하는가?(단, 살수기준면적은 $250m^2$이다.)

① 12.2
② 13.9
③ 15.5
④ 16.3

해설

아닐린($C_6H_5NH_2$)은 제3석유류이므로 인화점이 70℃이다.

살수기준면적(m^2)	방사밀도($ℓ/m^2$분)		비고
	인화점 38℃ 미만	인화점 38℃ 이상	
279 미만	16.3 이상	12.2 이상	살수기준면적은 내화구조의 벽 및 바닥으로 구획된 하나의 실의 바닥면적을 말하고, 하나의 실의 바닥면적이 $465m^2$ 이상인 경우의 살수기준면적은 $465m^2$로 한다. 다만, 위험물의 취급을 주된 작업내용으로 하지 아니하고 소량의 위험물을 취급하는 설비 또는 부분이 넓게 분산되어 있는 경우에는 방사밀도는 8.2 $ℓ/m^2$분 이상, 살수기준 면적은 $279m^2$ 이상으로 할 수 있다.
279 이상 372 미만	15.5 이상	11.8 이상	
372 이상 465 미만	13.9 이상	9.8 이상	
465 이상	12.2 이상	8.1 이상	

41 다음 중 물보다 무거운 물질은?

① 에테르
② 이소프렌
③ 산화프로필렌
④ 이황화탄소

해설

위험물	에테르	이소프렌	산화프로필렌	이황화탄소
비중	0.719	0.7	0.83	1.26

42 다음 중 지하탱크저장소의 수압시험기준으로 옳은 것은?

① 압력 외 탱크는 상용압력의 30kPa의 압력으로 10분간 실시하여 새거나 변형이 없을 것
② 압력탱크는 최대 상용압력의 1.5배의 압력으로 10분간 실시하여 새거나 변형이 없을 것
③ 압력 외 탱크는 상용압력의 30kPa의 압력으로 20분간 실시하여 새거나 변형이 없을 것
④ 압력탱크는 최대 상용압력의 1.1배의 압력으로 10분간 실시하여 새거나 변형이 없을 것

해설

지하탱크저장소의 수압시험
① 압력탱크 : 최대 상용압력의 1.5배 압력으로 10분간 실시
① 압력탱크 외 : 70kPa의 압력으로 10분간 실시

43 다음 중 프로필렌의 시성식은?

① $CH_2 = CH - CH_2 - CH_3$
② $CH_2 = CH - CH_3$
③ $CH - CH = CH - CH_3$
④ $CH_2 = C(CH_3)CH_3$

해설

시성식
분자식 속에 원자단(라디칼) 등의 결합상태를 나타낸 식으로서, 물질의 성질을 나타낸 것이다.

44 소금물을 전기분해하여 염소가스 22.4L를 얻으려면 표준상태에서 이론상 소금 몇 g이 필요한가?

① 18g
② 58.5g
③ 36g
④ 117g

해설

$2NaCl + 2H_2O \rightarrow 2NaOH + H_2 + \underline{Cl_2}$
$2 \times 58.5 = 117g$ 　　　　　　　　22.4L

정답 39 ③　40 ①　41 ④　42 ②　43 ②　44 ④

45 콜로이드용액의 성질에 대한 설명으로 옳지 않은 것은?

① 틴들현상은 콜로이드용액에 빛을 통과시켜 빛의 방향과 수직으로 보면 빛의 진로가 보이는 것이다.
② 브라운 운동은 콜로이드 입자가 분산매의 분자와의 충돌 때문에 일어나는 계속적인 불규칙 운동이다.
③ 흡착은 콜로이드 입자가 전기를 띠고 있으므로 전해질을 가하면 전해질과 반대의 전기가 띠는 입자가 모여 엉기는 현상이다.
④ 전기영도은 콜로이드용액 중에 존재하는 양이온이나 음이온을 선택적으로 흡착하는 성질이 있다.

해설
③ 엉김에 대한 설명이다.

46 제4석유류의 인화점 범위는?

① 21℃ 미만인 것
② 21℃ 이상 70℃ 미만인 것
③ 70℃ 이상 200℃ 미만인 것
④ 200℃ 이상 250℃ 미만인 것

해설
① 제1석유류 : 21℃ 미만인 것
② 제2석유류 : 21℃ 이상 70℃ 미만인 것
③ 제3석유류 : 70℃ 이상 200℃ 미만인 것

47 다음 결합종류 중 결합력이 가장 작은 것은?

① 공유결합   ② 이온결합
③ 금속결합   ④ 수소결합

해설
결합력의 세기순서
공유결합 > 이온결합 > 금속결합 > 수소결합 > 반 데르 발스 결합이다.

48 위험물의 자연발화를 방지하기 위한 방법으로 틀린 것은?

① 통풍이 잘 되게 한다.
② 습도를 높게 한다.
③ 저장실의 온도를 낮춘다.
④ 열이 축적되지 않도록 한다.

해설
② 습도를 낮게 하여야 한다.

49 다음 동소체와 연소 생성물의 연결이 잘못된 것은?

① 다이아몬드, 흑연 – 일산화탄소
② 사방황, 단사황 – 이산화황
③ 흰 인, 붉은 인 – 오산화인
④ 산소, 오존 – 없음

해설
① 다이아몬드, 흑연 – 이산화탄소

50 건성유는 아이오딘값이 얼마인 것을 말하는가?

① 100 미만   ② 100 이상 130 미만
③ 130 미만   ④ 130 이상

해설
동·식물유류
㉠ 건성유 : 아이오딘값이 130 이상
㉡ 반건성유 : 아이오딘값이 100 ~ 130인 것
㉢ 불건성유 : 아이오딘값이 100 이하

51 자동차의 부동액으로 많이 사용되는 에틸렌글리콜을 가열하거나 연소할 때 주로 발생되는 가스는?

① 일산화탄소   ② 인화수소
③ 포스겐가스   ④ 메탄

해설
에틸렌글리콜은 상온에서는 인화위험이 없으나, 가열하면 연소 위험성이 증가하고 가열하거나 연소에 의해 자극성 또는 유독성의 일산화탄소를 발생한다.

정답 45 ③ 46 ④ 47 ④ 48 ② 49 ① 50 ④ 51 ①

52 알코올류 위험물에 대한 설명으로 옳지 않은 것은?

① 탄소수가 1개부터 3개까지인 포화 1가 알코올을 말한다.
② 포 소화약제 중 단백포를 사용하는 것이 효과적이다.
③ 메탈알코올은 산화되면 최종적으로 폼산이 된다.
④ 포화 1가 알코올의 함유량이 60중량% 이상인 것을 말한다.

해설
② 알코올류는 알코올 포 소화약제를 사용하여 소화하여야 한다.

53 제1류 위험물인 염소산나트륨의 위험성에 대한 설명으로 옳지 않은 것은?

① 산과 반응하여 이산화염소를 발생시킨다.
② 가연물과 혼합되어 있으면 약간의 자극에도 폭발할 수 있다.
③ 조해성이 좋으며 철재용기를 잘 부식시킨다.
④ CO_2 등의 질식소화가 효과적이며 물과 접촉 시 단독 폭발할 수 있다.

해설
④ 소량인 경우와 초기소화인 경우에는 물, 강화액, 포, 분말 소화가 유효하나 기타의 경우에는 다량의 물로 냉각소화한다. 물에 잘 녹는다.

54 정압비열을 C_p, 정적비열을 C_v, A를 열의 일당량, R을 가스정수라고 할 때 이들 관계식을 바르게 표시한 것은?

① $C_p + C_v = AR$
② $C_v - C_p = AR$
③ $C_p - C_v = AR$
④ $C_v = C_p - AR$

해설
㉠ 정압비열(C_p) : 압력을 일정하게 유지하고 기체 단위 질량을 1℃ 높이는데 필요한 열량이다.
㉡ 정적비열(C_v) : 체적을 일정하게 유지하고 기체 단위 질량을 1℃ 높이는데 필요한 열량이다.
∴ $C_p > C_v$, $C_p - C_v = AR$ 이다.

55 미리 정해진 일정단위 중에 포함된 부적합(결정) 수에 의거 공정을 관리할 때 사용하는 관리도는?

① p 관리도
② np 관리도
③ c 관리도
④ u 관리도

해설
① p 관리도 : 공정을 불량률 p에 의거 관리할 경우에 사용하며, 작성방법은 np관리도와 같으나 다만, 관리 한계의 계산식이 약간 다르며 시료의 크기가 다를 때는 n에 따라 한계의 폭이 변한다.
② np 관리도 : 공정을 불량개수 np에 의해 관리할 경우에 사용한다. 이 경우에 시료의 크기는 일정하지 않으면 안된다.
④ u 관리도 : 검사하는 시료의 면적이나 길이 등이 일정하지 않는 경우에 사용한다.

56 도수분포표에서 도수가 최대인 곳의 대표치를 말하는 것은?

① 중위수
② 비대칭도
③ 모드(mode)
④ 첨도

해설
① 중위도
② 비대칭도 : 히스
③ 모드(mode) : 최빈수라 하며 도수분포에서 최대의 도수를 가지는 변량의 값이다.
④ 첨도 : 뾰족한 정도 · 정규분포의 경우를 표준으로 한다.

57 로트 수가 10이고 준비작업시간이 20분이며 로트별 정미작업시간이 60분이라면 1로트당 작업시간은?

① 90분
② 62분
③ 26분
④ 13분

해설
① lot란 단위 생산수량이라고도 하며 생산이 이루어지는 단위수량으로서 여러개 혹은 그 이상의 상당한 수량을 한 묶음 내지 한 단위로 하여 생산이 이루어지는 경우이다.
② 1lot당 작업시간 = $\frac{20 + 60 \times 10}{10}$ = 62분

정답 52 ② 53 ④ 54 ③ 55 ③ 56 ③ 57 ②

58 더미활동(dummy activity)에 대한 설명 중 가장 적합한 것은?

① 가장 긴 작업시간이 예상되는 공정을 말한다.
② 공정의 시작에서 그 단계에 이르는 공정별 소요시간들 중 가장 큰 값이다.
③ 실제활동은 아니며, 활동의 선행조건을 네트워크에 명확히 표현하기 위한 활동이다.
④ 각 활동별 소요시간이 베타분포를 따른다고 가정할 때의 활동이다.

해설
더미활동(dummy activity)은 실제활동은 아니며, 활동의 선행조건을 네트워크에 명확히 표현하기 위한 활동이다.

59 단순지수평활법을 이용하여 금월의 수요를 예측하려고 한다면 이때 필요한 자료는 무엇인가?

① 일정기간의 평균값, 가중값, 지수평활계수
② 추세선, 최소자승법, 매개변수
③ 전월의 예측치와 실제치, 지수평활계수
④ 추세변동, 순환변동, 우연변동

해설
지수평활법은 과거의 자료에 따라 예측을 행할 경우 현시점에서 가장 가까운 자료에 가장 비중을 많이 주고 거슬러 올라갈수록 그 비중을 지수적으로 감소해가는 소위 지수형의 가중이동평균법이다.

60 다음 중 검사항목에 의한 분류가 아닌 것은?

① 자주검사   ② 수량검사
③ 중량검사   ④ 성능검사

해설
②, ③, ④항 외에 외관검사, 치수검사 등이 있다.

정답 58 ③ 59 ③ 60 ①

저자약력

저자_ **김재호**
- 경남정보대학 외래교수
- 한국폴리텍 I 대학 겸임교수
- 한국소방안전원 외래교수

2026 NEW 개정판
위험물기능장 기출문제집 필기

초판 1쇄 인쇄	2023년 10월 15일
초판 1쇄 발행	2023년 10월 20일
초판 2쇄 발행	2024년 02월 15일
초판 3쇄 발행	2024년 07월 30일
초판 4쇄 발행	2025년 02월 20일
2판 1쇄 인쇄	2025년 08월 10일

저자	김재호
발행처	도서출판 북엠(Book Maker)
주소	서울특별시 영등포구 경인로82길 3-4
전화	070-7008-4060
교재문의	bookmaker20@naver.com
ISBN	979-11-92584-11-9 13570

정가 29,000원

이 책의 무단 전재 또는 복제 행위는 저작권법 제136조 제1항에 의해 5년 이하의 징역 또는 5,000만원 이하의 벌금에 처하거나 이를 병과할 수 있습니다.

파본은 교환해 드립니다.